T0225158

Heinz W. Engl

Integralgleichungen

SpringerWienNewYork

o. Univ.-Prof. Dr. Heinz W. Engl

Institut für Industriemathematik, Johannes-Kepler-Universität, Linz, Österreich

© 1997 Springer-Verlag/Wien

Druck: Novographic, A-1238 Wien
Bindearbeiten: Papyrus, A-1100 Wien
Graphisches Konzept: Ecke Bonk
Gedruckt auf säurefreiem, chlorfrei gebleichtem Papier – TCF
SPIN: 10637809

Mit 11 Abbildungen

ISBN 3-211-83071-5 Springer-Verlag Wien New York

Inhaltsverzeichnis

Vorwort

Dieses Lehrbuch entstand aus einer zweisemestrigen Vorlesung, die ich an der Johannes-Kepler-Universität Linz (mehrmals) und an der Universität Wien gehalten habe. Die nun vorliegende Form berücksichtigt die dabei (und bei den zugehörigen mündlichen Prüfungen) gemachten Erfahrungen. Der Stoff ist bequem in einer Jahresvorlesung mit vier Wochenstunden unterzubringen und für Studenten, die die grundlegende Analysisausbildung (inklusive der Grundlagen der linearen Funktionalanalysis) absolviert haben, verständlich.

Der Schwerpunkt des Buchs ist die analytische Theorie der Integralgleichungen, numerische Aspekte werden behandelt, aber eher vom funktionalanalytischen Standpunkt her. Die Stoffauswahl ist natürlich einerseits zwingend vorgegeben, andererseits aber auch durch den Forschunsschwerpunkt meines Instituts, der im Bereich der inversen Probleme liegt, geprägt. So werden in Kapitel 7 Integralgleichungen 1. Art als Prototyp inkorrekt gestellter Probleme, wie sie bei der mathematischen Modellierung linearer inverser Probleme auftreten, und Regularisierungsverfahren zu ihrer numerischen Lösung ausführlich behandelt. Auch auf nichtlineare inverse Probleme wird am Beispiel inverser Streuprobleme in Kapitel 6 eingegangen, und zwar im Anschluß an die Behandlung der für die Überführung direkter Streuprobleme in Randintegralgleichungen notwendigen potentialtheoretischen Methoden. Die Bedürfnisse von Kapitel 6 prägen wiederum die Darstellung des an sich klassischen Stoffs in Kapitel 2 in der Weise, daß die Fredholmalternative in Dualsystemen behandelt wird. Hier folge ich dem Vorbild von Rainer Kreß.

Neben der ausführlichen Behandlung von Integralgleichungen 1. Art ist ein Spezifikum dieses Buchs auch, daß nichtlineare Integralgleichungen als Vorwand zu einer Einführung in die nichtlineare Funktionalanalysis genommen werden: In Kapitel 10 werden der Abbildungsgrad, Fixpunktsätze und die Grundlagen der Verzweigungstheorie behandelt. Hier und auch in Kapitel 9, wo stark singuläre Integralgleichungen betrachtet werden, werden manche Aussagen ohne Beweis angegeben, weil ich den Umfang dieses Buchs dem in einer vierstündigen Jahresvorlesung tatsächlich Behandelbaren entsprechen lassen wollte. Eine detaillierte Herleitung etwa des Abbildungsgrads, die nur in groben Zügen erläutert wird, würde den dadurch vorgegebenen zeitlichen Rahmen sprengen.

Ich danke dem Springer-Verlag Wien/New York für die Bereitschaft, dieses Lehrbuch (das nicht den Anspruch einer Monographie stellt) zu publizieren, allen aktiven Hörern, insbesondere Wolfram Mühlhuber und Christoph Stroh für ihre konstruktive Kritik, und Martina Kiesenhofer sowie Doris Nikolaus für die Abfassung des Textes in LaTeX. Nicht zuletzt danke ich meiner Familie für die Geduld, die sie in den Sommern, in denen das Manuskript entstand, aufbrachte, und meiner Frau für die angenehme Arbeitsatmosphäre in Kärnten.

Keutschach am See, im August 1997

1. Klassifikation, einige Beispiele

Neben Differentialgleichungen gehören Integralgleichungen zu den wichtigsten mathematischen Modellen realer Prozesse etwa aus Physik, Technik und Biologie. Auch beim Studium von Differentialgleichungen sind Integralgleichungsmethoden ein wertvolles Hilfsmittel. Mathematisch sind Integralgleichungen als Modell für viele Aussagen der Funktionalanalysis interessant, ja es ist sogar so, daß viele Begriffsbildungen der Funktionalanalysis durch das Studium von Integralgleichungen angeregt wurden.

Allgemein bezeichnet man eine Gleichung, bei der gesuchte Funktionen unter einem Integral vorkommen, als Integralgleichung.

Sind also etwa $f : [0,1]^2 \times \mathbb{R} \to \mathbb{R}$, $g : [0,1] \to \mathbb{R}$ gegeben, so ist

$$x(s) - \int\limits_0^1 f\big(s, t, x(t)\big)dt = g(s) \quad (s \in [0,1]) \tag{1.1}$$

eine Integralgleichung für die gesuchte Funktion $x : [0,1] \to \mathbb{R}$.

Mit solchen allgemeinen nichtlinearen Integralgleichungen werden wir uns erst in Kapitel 10 beschäftigen. Bis dahin beschränken wir uns fast ausschließlich auf den Fall, daß die unbekannte Funktion linear in die Gleichung eingeht ("lineare Integralgleichungen"). Bei diesen Gleichungen ist folgende Klassifizierung üblich, die sich auf die äußere Gestalt der Integralgleichung bezieht:

1. Kommt die unbekannte Funktion nur unter dem Integral vor, so nennt man die Gleichung eine "1.Art", sonst eine "2.Art" oder "3.Art" , je nachdem, ob die unbekannte Funktion außerhalb des Integrals mit einer Konstanten oder einer Funktion multipliziert wird.

2. Sind die Integrationsgrenzen fix, so nennt man die Gleichung "Fredholmsch", hängen sie von der freien Variable ab, "Volterrasch":

Es ist also etwa

$$\int\limits_0^1 k(s,t)x(t)dt = f(s) \quad (s \in [0,1]) \tag{1.2}$$

eine (lineare) Fredholmsche Integralgleichung 1.Art,

$$\int\limits_0^s k(s,t)x(t)dt = f(s) \quad (s \in [0,1]) \tag{1.3}$$

eine (lineare) Volterrasche Integralgleichung 1.Art,

$$a(s)x(s) - \int_0^1 k(s,t)x(t)dt = f(s) \quad (s \in [0,1]) \tag{1.4}$$

eine (lineare) Fredholmsche Integralgleichung 3.Art,

$$x(s) - \lambda \int_0^s k(s,t)x(t)dt = f(s) \quad (s \in [0,1]) \tag{1.5}$$

eine (lineare) Volterrasche Integralgleichung 2.Art für die gesuchte Funktion x.

Diese Unterscheidung ist nicht immer zwingend; ist etwa in (1.4) $a(s) \neq 0$ für alle $s \in [0,1]$, so kann man durch Division durch a (1.4) auch als Integralgleichung 2.Art schreiben. Die Volterrasche Gleichung (1.3) ist andererseits auch als Spezialfall der Fredholmschen Gleichung (1.2) auffaßbar: Mit

$$\tilde{k}(s,t) := \left\{ \begin{array}{cc} k(s,t) & t \leq s \\ 0 & t > s \end{array} \right\}$$

ist (1.3) äquivalent zu

$$\int_0^1 \tilde{k}(s,t)x(t)dt = f(s) \quad (s \in [0,1]).$$

Da aber Volterrasche Gleichungen Eigenschaften haben, die sich nicht als Spezialfall von Eigenschaften Fredholmscher Gleichungen ergeben, ist diese Klassifizierung sinnvoll.

Die Klassifizierung von Integralgleichungen nach dem "äußeren Erscheinungsbild" ist oberflächlich und wäre unnötig, wenn sie sich nicht in wesentlichen Unterschieden im Verhalten dieser Gleichungen widerspiegeln würde. So werden wir sehen, daß sich Gleichungen 1.Art von denen 2.Art in Theorie und Numerik ganz wesentlich unterscheiden: Unter geeigneten Voraussetzungen sind Gleichungen 1.Art "inkorrekt gestellt" in dem Sinn, daß ihre Lösung nicht stetig von den Daten abhängt, was zu beträchtlichen numerischen Schwierigkeiten führt. Dafür sind funktionalanalytische Eigenschaften der entsprechenden Integraloperatoren verantwortlich (vgl. Kapitel 2 und 7), durch die sich Gleichungen 1.Art und 2.Art i.a. unterscheiden und die zu einer tieferliegenden Klassifizierung heranzuziehen wären.

Die Funktion k in den obigen Beispielen heißt "Kern" der Integralgleichungen. Besitzt der Kern Singularitäten, so spricht man von "singulären Integralgleichungen", wobei man je nach Stärke der Singularität noch zwischen "schwach singulären" und "stark singulären" Integralgleichungen unterscheidet (vgl. Kapitel 2). So ist etwa

$$x(s) - \int_{-1}^1 \frac{x(t)}{s-t}dt = f(s) \quad (s \in [-1,1]) \tag{1.6}$$

stark singulär,

$$x(s) - \int_{-1}^{1} \ln|s - t| x(t) dt = f(s) \quad (s \in [-1, 1]) \tag{1.7}$$

schwach singulär.

Bei welchem Grad der Singularität diese Unterscheidung zu treffen ist, ist dimensionsabhängig. Die Unterscheidung in schwach und stark singuläre Gleichungen ist keine willkürliche, sondern ist wegen des stark unterschiedlichen Verhaltens dieser Gleichungen notwendig.

Es soll nun in einigen Beispielen illustriert werden, in welchen Zusammenhängen Integralgleichungen in natürlicher Weise auftreten:

Beispiel 1.1 Wir betrachten die Anfangswertaufgabe

$$\left. \begin{array}{rcl} x''(t) & = & f\big(x(t)\big), \quad t \in [0, 1] \\ x(0) & = & 1, \quad\quad\quad x'(0) = 0 \end{array} \right\} \tag{1.8}$$

mit gegebenem stetigen f. Durch Integration erhalten wir

$$x'(t) = \int_0^t f\big(x(\tau)\big) d\tau + c_1, \ x(s) = \int_0^s \int_0^t f\big(x(\tau)\big) d\tau dt + c_1 s + c_2.$$

Aus den Anfangsbedingungen folgt: $c_1 = 0, c_2 = 1$, also:

$$\begin{array}{rcl} x(s) & = & \displaystyle\int_0^s \int_0^t f\big(x(\tau)\big) d\tau dt + 1 = \int_{\{(t,\tau)|t\in[0,s],\tau\in[0,t]\}} f\big(x(\tau)\big) d(t,\tau) + 1 \\[4mm] & \overset{\text{vgl.Abb.1.1}}{=} & \displaystyle\int_0^s \int_\tau^s f\big(x(\tau)\big) dt d\tau + 1 = \int_0^s (s - \tau) f\big(x(\tau)\big) d\tau + 1. \end{array}$$

Also ist x die Lösung der (i.a. nichtlinearen) Volterraschen Integralgleichung 2.Art

$$x(s) = \int_0^s (s - t) f\big(x(t)\big) dt + 1 \quad (s \in [0, 1]). \tag{1.9}$$

Daß Anfangswertprobleme wie (1.8) auf eine Volterrasche und nicht auf eine Fredholmsche Integralgleichung führen müssen, wird klar, wenn man bedenkt, daß die Lösung im Punkt s nur von Werten $x(t)$ mit $t < s$ abhängen darf. Bei Randwertproblemen ist das anders: $x(s)$ hängt auch von "zukünftigen" Werten ab, es liegt also nahe zu vermuten, daß die entstehende Integralgleichung eine Fredholmsche sein wird:

Beispiel 1.2 Wir betrachten die Randwertaufgabe

$$\left. \begin{array}{rcl} x''(t) & = & f\big(x(t)\big) \quad\quad t \in [0, 1] \\ x(0) & = & x(1) = 0 \end{array} \right\} \tag{1.10}$$

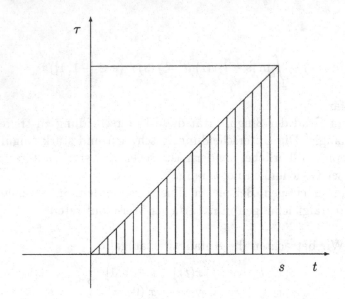

Abb. 1.1.

mit gegebenem stetigen f. Wie in Beispiel 1.1 folgt

$$x(s) = \int_0^s (s-t)f\big(x(t)\big)\,dt + c_1 s + c_2 \quad (s \in [0,1]).$$

Aus den Randbedingungen erhalten wir: $c_2 = 0, c_1 = \int_0^1 (t-1)f\big(x(t)\big)\,dt$.

Damit erfüllt x die (i.a. nichtlineare) Fredholmsche Integralgleichung 2.Art

$$x(s) = \int_0^1 k(s,t)f\big(x(t)\big)\,dt \tag{1.11}$$

mit

$$k(s,t) = \begin{cases} t(s-1) & t \le s \\ s(t-1) & t \ge s, \end{cases} \tag{1.12}$$

denn:

$$x(s) = \int_0^s (s-t)f\big(x(t)\big)\,dt + \int_0^1 s(t-1)f\big(x(t)\big)\,dt =$$

$$= \int_0^s \underbrace{[(s-t) + s(t-1)]}_{t(s-1)} f\big(x(t)\big)\,dt + \int_s^1 s(t-1)f\big(x(t)\big)\,dt.$$

Das Auftreten einer Fredholmschen Integralgleichung ist typisch für Randwertprobleme (auch für partielle Differentialgleichungen, wie wir in Kapitel 6 sehen werden), ebenso die Gesalt des Kerns k in (1.12): k ist stetig in $[0,1]^2$, die ersten partiellen Ableitungen von k sind stetig außerhalb der Diagonale $\{(t,t) \,|t \in [0,1]\}$, auf der Diagonale springen sie. Wir werden auf Kerne dieser Art, wie sie typischerweise bei der Formulierung von Randwertproblemen für gewöhnliche Differentialgleichungen als Integralgleichungen auftreten, in Kapitel 5 zurückkommen.

In den Kapiteln 4 und 5 werden wir in Verallgemeinerung von Beispiel 1.1 und 1.2 den Zusammenhang allgemeinerer Anfangs– und Randwertprobleme für gewöhnliche Differentialgleichungen 2.Ordnung mit Integralgleichungen diskutieren. In Kapitel 6 beschäftigen wir uns mit der Überführung von Randwertproblemen für elliptische partielle Differentialgleichungen in Integralgleichungen.

Beispiel 1.3 Sei $f :]0, +\infty[\to \mathbb{R}$ stetig. Die "Laplacetransformierte" von f ist definiert als Funktion $(\mathcal{L}f)(s) := \int_0^\infty e^{-st} f(t)dt$ (definiert für diejenigen s, für die das uneigentliche Integral existiert; wir gehen auf eine Diskussion der Existenz und des Definitionsbereiches von $\mathcal{L}f$ nicht genauer ein und nehmen im weiteren die Existenz aller vorkommenden Integrale als uneigentliche Integrale an). $\mathcal{L}$ heißt Laplacetransformation.

Eine wesentliche Eigenschaft der Laplacetransformation ist, daß sie das Differenzieren zu einer algebraischen Operation macht: $(\mathcal{L}f')(s) = \int_0^\infty e^{-st} f'(t)dt = f(t)e^{-st}|_{t=0}^{t=+\infty} + \int_0^\infty se^{-st} f(t)dt = -f(0) + s \cdot (\mathcal{L}f)(s)$, da wegen der Existenz des $(\mathcal{L}f)$ definierenden uneigentlichen Integrals $\lim_{t\to+\infty} f(t)e^{-st} = 0$ gelten muß. Also gilt

$$(\mathcal{L}f')(s) = s \cdot (\mathcal{L}f)(s) - f(0). \tag{1.13}$$

Auf dieselbe Weise erhält man Ausdrücke für die Laplacetransformierte höherer Ableitungen. Die Eigenschaft der Laplacetransformation, aus dem Differenzieren einfach die Multiplikation mit s zu machen, kann genutzt werden, um (Systeme) lineare(r) Differentialgleichungen auf algebraische Gleichungen zurückzuführen. Wollen wir etwa das Anfangswertproblem

$$\left.\begin{array}{rl} f_1'(t) + f_2(t) &= e^t \\ f_2'(t) - f_1(t) &= -e^t \qquad (t \geq 0) \\ f_1(0) = 1, f_2(0) &= 1 \end{array}\right\} \tag{1.14}$$

für die unbekannten Funktionen f_1, f_2 mit Hilfe der Laplacetransformation lösen, so gehen wir wie folgt vor:

Da $(\mathcal{L}\exp)(s) = \frac{1}{s-1}$ (für $s > 1$) gilt, wie man leicht berechnet oder einer der umfangreichen Tabellen über Laplacetransformierte entnimmt (etwa [17]), erhält man aus (1.14) durch Anwenden der Laplacetransformation unter Berücksichtigung von (1.13):

$$\left.\begin{array}{rl} s \cdot (\mathcal{L}f_1)(s) - 1 + (\mathcal{L}f_2)(s) &= \frac{1}{s-1} \\ s \cdot (\mathcal{L}f_2)(s) - 1 - (\mathcal{L}f_1)(s) &= -\frac{1}{s-1}. \end{array}\right\} \tag{1.15}$$

Dieses lineare Gleichungssystem für $\mathcal{L}f_1$ und $\mathcal{L}f_2$ hat die Lösung

$$\left.\begin{array}{rcl}(\mathcal{L}f_1)(s) & = & \frac{1}{s-1} - \frac{1}{s^2+1} \\ (\mathcal{L}f_2)(s) & = & \frac{s}{s^2+1}.\end{array}\right\} \qquad (1.16)$$

Aus einer Tabelle von Laplacetransformierten entnimmt man, daß $(\mathcal{L}\cos)(s) = \frac{s}{s^2+1}$ und $(\mathcal{L}\sin)(s) = \frac{1}{s^2+1}$ gilt. Damit erhält man aus (1.16)

$$\left.\begin{array}{rcl}f_1(t) & = & e^t - \sin\ t, \\ f_2(t) & = & \cos\ t.\end{array}\right\} \qquad (1.17)$$

Wie hätte man vorgehen müssen, wenn man in (1.16) Funktionen erhalten hätte, die nicht in einer Tabelle von Laplacetransformierten aufzufinden gewesen wären, was eigentlich der Normalfall ist? Man hätte etwa zur Bestimmung von f_1 aus $\mathcal{L}f_1$ die Integralgleichung 1.Art

$$\int_0^\infty e^{-st} f_1(t)dt = (\mathcal{L}f_1)(s) \qquad (1.18)$$

lösen müssen. Diese Integralgleichung ist inkorrekt gestellt (siehe Bezeichnung 7.1), ihre numerische Lösung nicht einfach; bei Verwendung "naiver" Methoden ohne Rücksicht auf die inkorrekte Gestelltheit wird man Schiffbruch erleiden. Für die grundlegende Theorie inkorrekt gestellter Probleme verweisen wir auf Kapitel 7 und zitieren [25], [29], [35], [37], [54].

Seit der Verfügbarkeit von numerischen Methoden zur Lösung gewöhnlicher Differentialgleichungen ist die Bedeutung der Laplacetransformation dafür zurückgegangen. Allerdings tritt das Problem der Inversion der Laplacetransformation, also die Integralgleichung (1.18), auch direkt als mathematisches Modell physikalischer Fragestellungen auf (vgl. [52]).

Von weit größerer Bedeutung als die Laplacetransformation ist die "Fouriertransformation". Für geeignete $f : \mathbb{R} \to \mathbb{R}$ ist die Fouriertransformation $\hat{f}$ definiert durch

$$\hat{f}(s) := \frac{1}{\sqrt{2\pi}} \int_{-\infty}^{+\infty} e^{ist} f(t)dt. \qquad (1.19)$$

Damit ist die Bestimmung von f aus der fouriertransformierte $\hat{f}$ wieder die Lösung einer Integralgleichung 1.Art. Bemerkenswerterweise kann man diese explizit lösen, es gilt (ohne daß wir hier die genauen Bedingungen angeben wollen):

$$f(t) = \frac{1}{\sqrt{2\pi}} \int_{-\infty}^{+\infty} e^{-ist} \hat{f}(s)ds. \qquad (1.20)$$

Diese "Fouriersche Umkehrformel" war eines der ersten Ergebnisse, das man als Lösung einer Integralgleichung auffassen kann (1811). Wir kommen auf die Fouriertransformation in Kapitel 8 zurück. Wir werden dort sehen, daß die

Integralgleichung 1.Art (1.19) (im Gegensatz zu (1.18)) korrekt gestellt ist. Diese beiden Integralgleichungen 1.Art verhalten sich völlig unterschiedlich, was zeigt, daß die Unterscheidung von Integralgleichungen 1. und 2.Art nach dem äußeren Erscheinungsbild nicht den Kern des Problems trifft.

Beispiel 1.4 Es sei $g : \mathbb{R}^2 \to \mathbb{R}$ eine Funktion mit kompaktem Träger; für $t \in \mathbb{R}^+, \theta \in [0, 2\pi[$ sei $\mathcal{L}(t, \theta) := \{x \in \mathbb{R}^2 / \langle x, (\cos\theta, \sin\theta)\rangle = t\}$, also die Gerade mit Normalvektor $(\cos\theta, \sin\theta)$ Abstand t vom Ursprung (Abbildung 1.2).

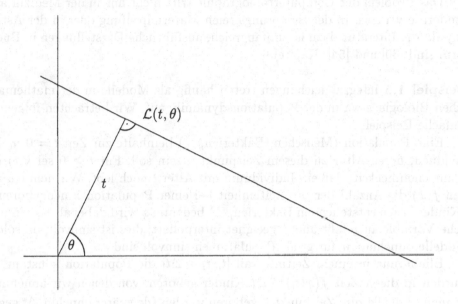

Abb. 1.2.

Die Funktion

$$(Rg)(t, \theta) := \int_{\mathcal{L}(t,\theta)} g \, ds \quad (t > 0) \tag{1.21}$$

heißt "Radontransformierte von g", die Abbildung $R : g \mapsto Rg$ "Radontransformation". Die Werte der Radontransformation sind also die Linienintegrale von g längs aller möglichen Geraden. Das Problem der "Inversion der Radontransformation", also der Bestimmung von g aus Werten von Rg, wurde 1917 vom österreichischen Mathematiker Johann Radon gestellt und durch Angabe einer "Umkehrformel" analytisch gelöst ([62]). Dieses Problem hat in den letzten Jahren enorme praktische Bedeutung gewonnen, insbesondere in der medizinischen Anwendung der "Computertomographie". Dabei repräsentiert g die Dichte des Gewebes in einem gewissen ebenen Querschnitt des Körpers. Aus der Kenntnis von g kann man natürlich medizinische Information gewinnen. Andererseits kann aus der Schwächung eines Röntgenstrahls längs der Geraden $\mathcal{L}(t, \theta)$ der Wert von $(Rg)(t, \theta)$ berechnet werden. Damit kann das Problem der Computertomographie, nämlich aus Röntgenmessungen die Dichte des Gewebes in der Ebene dieser Messungen zu berechnen, auf das Problem der Rekonstruktion von

g aus Werten von Rg zurückgeführt werden, also auf das Lösen der Integralgleichung (1.21).

Es handelt sich bei diesem Problem um ein sogenanntes "inverses Problem", also ein Problem, bei dem aus einer beobachteten (oder beabsichtigten) Wirkung (hier: den Werten von Rg) auf die diese hervorrufende Ursache (hier: die Dichteverteilung von g) geschlossen werden soll. Solche inverse Probleme führen häufig auf Integralgleichungen 1.Art (vgl. [20]), die i.a. inkorrekt gestellt sind (vgl. Kapitel 7).

Das Problem der Computertomographie tritt nicht nur in der Medizin auf, sondern etwa auch in der zerstörungsfreien Materialprüfung oder in der Astrophysik; die Literatur dazu ist umfangreich, ausführliche Darstellungen in Buchform sind [60] und [54], Kapitel 6.

Beispiel 1.5 Integralgleichungen treten häufig als Modelle in der mathematischen Biologie, etwa in der Populationsdynamik, auf. Wir betrachten folgendes einfache Beispiel:

Eine Population (Menschen, Bakterien, ...) beinhalte zur Zeit $t = 0$ n_0 Individuen, deren Alter zu diesem Zeitpunkt 0 sein soll. Für $t \geq 0$ sei $k(t)$ die Wahrscheinlichkeit, daß ein Individuum mit Alter t noch lebt. Wir nehmen an, daß $f(x)$ die Anzahl der pro Zeiteinheit bei einer Population x neugeborenen "Kinder" (neu entstehenden Bakterien, ...) bedeute; x wird dabei als kontinuierliche Variable aufgefaßt und f geeignet interpoliert; dies ist sinnvoll, da solche Modelle ohnehin nur für große Populationen sinnvoll sind.

Bliebe nun in einem Zeitintervall $[t_i, t_i + \Delta t]$ die Population konstant, so würden in dieser Zeit $f\big(x(t_i)\big) \cdot \Delta t$ Kinder geboren, von denen wir annehmen können, daß alle zum Zeitpunkt t_i geboren werden (da später ohnehin Δt gegen 0 gehen wird). Wir teilen nun $[0, t]$ in m äquidistante Intervalle $[t_{i-1}, t_i]$ mit $t_i = \frac{it}{m}$ ($i \in \{1, \ldots, m\}$), $\Delta t := \frac{t}{m}$.

Unter obiger Annahme ist die zum Zeitpunkt t zu erwartende Anzahl von Individuen näherungsweise gegeben durch $n_0 \cdot k(t) + \sum_{i=1}^{m} k(t - t_i) \cdot f\big(x(t_i)\big)\Delta t$, wobei x die Anzahl der Individuen in Abhängigkeit von der Zeit bezeichne; dabei ist zu beachten, daß das Alter eines zur Zeit t_i geborenen Individuums eben zur Zeit t den Wert $t - t_i$ hat.

Existenz des Integrals vorausgesetzt, folgt also mit $\Delta t \to 0$

$$x(t) = n_0 k(t) + \int_0^t k(t - s) f\big(x(s)\big) ds \quad (t > 0) \tag{1.22}$$

also eine nichtlineare Integralgleichung für x.

Nimmt man an, daß f linear ist, etwa $f(x) = c \cdot x$ gilt, also die Geburtenzahl proportional zur Bevölkerung ist, so ergibt sich die lineare Volterrasche Integralgleichung 2.Art

$$x(t) = \int_0^t ck(t - s)x(s)ds + n_0 k(t) \quad (t > 0) \tag{1.22}$$

deren Kern $c \cdot k(t - s)$ nur von der Differenz der Argumente abhängt ("Differenzenkern"). Die Annahme der Linearität von f ist allerdings nicht immer gerechtfertigt, da ja Überbevölkerung einen geburtendämpfenden Effekt haben kann.

Modelle dieser Art betrachtet man nun auch für den realistischeren Fall, daß mehrere Populationen vorliegen, die sich gegenseitig beeinflussen, und daß auch externe Steuergrößen existieren. Man verwendet solche Modelle etwa in der Epidemologie oder in "fishery management", wo man untersucht, wie sich Fischbestände unter verschiedenen Umwelt- und Abfischbedingungen entwickeln. Es ist hier weniger interessant, die entstehenden Gleichungen tatsächlich (numerisch) zu lösen, vielmehr stehen qualitative Fragestellungen wie die, ob sich ein stabiles Gleichgewicht einstellt oder ob einzelne Populationen langfristig "explodieren" oder verschwinden, im Vordergrund.

Beispiel 1.6 Ein einfaches Beispiel aus der Mechanik: Es soll die Frage untersucht werden, wie ein horizontal gespanntes Seil belastet werden muß, damit es eine vorgegebene Form erreicht. Es handelt sich wieder um ein "inverses Problem":

Das Seil sei als zwischen den Punkten $(0, 0)$ und $(1, 0)$ mit Anfangsspannung T_0 gespannt angenommen. Wenn nun an der Stelle $t \in \,]0, 1[$ eine vertikale Kraft F wirkt, so muß sich F mit den von T_0 stammenden vertikalen Kräften die Waage halten, also gelten (vgl. Abb.1.3):

$$F = T_0 \sin \alpha + T_0 \sin \beta. \tag{1.23}$$

Ist die Auslenkung y relativ klein, so können wir $\sin \alpha$ und $\sin \beta$ näherungsweise durch $\tan \alpha = \frac{y(t)}{t}$ und $\tan \beta = \frac{y(t)}{1-t}$ ersetzen, wodurch (1.23) in

$$F = T_0 \left[\frac{y(t)}{t} + \frac{y(t)}{1 - t} \right] \tag{1.24}$$

übergeht. Die erzeugte Auslenkung $y(s)$ für $s \neq t$ ergibt sich dann als

$$\left. \begin{aligned} y(s) &= \tfrac{s}{t} y(t) \quad (0 \leq s \leq t) \\ y(s) &= \tfrac{1-s}{1-t} y(t) \quad (t < s \leq 1). \end{aligned} \right\} \tag{1.25}$$

Aus (1.24) und (1.25) ergibt sich

$$y(s) = \frac{F}{T_0} k(s, t) \quad (0 \leq s \leq 1) \tag{1.26}$$

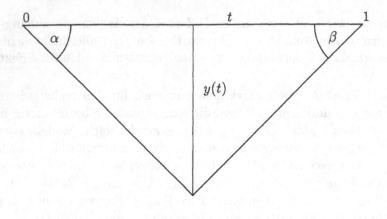

Abb. 1.3.

mit

$$k(s,t) = \left. \begin{array}{ll} s(1-t) & s \le t \\ t(1-s) & s > t. \end{array} \right\} \tag{1.27}$$

Wirkt nun in jedem Punkt t eine Kraft $F(t)$, so folgt durch Superposition für die Auslenkung y

$$y(s) = \int_0^1 \frac{k(s,t)}{T_0} F(t)dt. \tag{1.28}$$

Ist also die Auslenkung y vorgegeben und die Kraft F gesucht, so handelt es sich um die Lösung einer Fredholmschen Integralgleichung 1.Art (die nach unserer Herleitung allerdings nur für eine kleine Auslenkung näherungsweise gültig ist). Ein Vergleich mit Beispiel 1.2 zeigt, daß (1.28) auch aus dem einfachen Randwertproblem

$$\left. \begin{array}{rcl} y''(s) & = & \frac{F(s)}{T_0} \\ y(0) & = & y(1) = 0 \end{array} \quad (s \in [0,1]) \right\} \tag{1.29}$$

hergeleitet werden könnte, was physikalisch einleuchtend ist. Man sieht an diesem einfachen Beispiel, daß Integralgleichungen, die aus einem Differentialgleichungsmodell abgeleitet werden, manchmal auch direkt aus dem physikalischen Problem auf natürliche Weise hergeleitet werden können.

Beispiel 1.7 Schon von N.H.Abel um 1823 formuliert und gelöst wurde folgendes Problem: Entlang welcher ebenen Kurve muß ein Massepunkt geführt werden, damit er reibungsfrei unter dem Einfluß der Schwerkraft aus der Höhe s in der als Funktion von s vorgegebenen Zeit $f(s)$ den Boden erreicht?

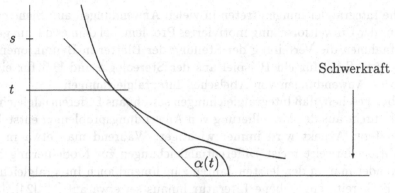

Abb. 1.4.

Zu jeder Höhe t sei $\alpha(t)$ der Winkel zwischen x–Achse und Kurventangente. Aus α kann die Gestalt der gesuchten Kurve berechnet werden.

Wenn ein Punkt in der Höhe s von der Ruhelage aus startet, so hat er in der Höhe $t < s$ die kinetische Energie $\frac{mv^2}{2}$, die aus der Potentialdifferenz $mg(s-t)$ stammt; dabei ist m die Masse, g die Erdbeschleunigung und $v = v(t)$ die Geschwindigkeit. Also gilt $v(t) = \sqrt{2g(s-t)}$. Die Vertikalgeschwindigkeit ist damit $v(t) \cdot \sin\alpha(t) = \sqrt{2g(s-t)} \cdot \sin\alpha(t)$. Andererseits ist die Vertikalgeschwindigkeit $-\frac{dt}{d\tau}$, wobei τ die Zeit bedeutet. Unter der (sinnvollen) Annahme, daß t streng monoton (und differenzierbar) von der Zeit τ abhängt, existiert die Umkehrfunktion $\tau = \tau(t)$, und es folgt aus

$$\frac{dt}{d\tau} = -\sqrt{2g \cdot (s - t(\tau))} \cdot \sin\alpha\big(t(\tau)\big) \tag{1.30}$$

$$\frac{d\tau}{dt} = -\frac{1}{\sqrt{2g(s-t)}}x(t) \tag{1.31}$$

mit

$$x(t) := \frac{1}{\sin\alpha(t)}. \tag{1.32}$$

Aus der Kenntnis von x kann α und damit die Kurve eindeutig bestimmt werden, da nur Werte von α in $[\frac{\pi}{2}, \pi[$ sinnvoll sind (vgl. Abbildung 1.4).

Damit ergibt sich durch Integration über t von 0 bis s: $\tau(s) - \tau(0) = -\int_0^s \frac{x(t)}{\sqrt{2g(s-t)}}dt$. Nach Definition von f und der Funktion τ ist $\tau(s) - \tau(0) = 0 - f(s)$, sodaß folgende Volterrasche Integralgleichung 1.Art für x entsteht:

$$\int_0^s \frac{x(t)}{\sqrt{s-t}}dt = \sqrt{2g}f(s). \tag{1.33}$$

Die singuläre Integralgleichung (1.33) heißt "Abelsche Integralgleichung". Mit diesem Namen bezeichnet man allgemeiner auch singuläre Integralgleichungen, deren Kern den Ausdruck $(s-t)^\alpha$ mit $\alpha \in\,]0,1[$ im Nenner enthält (vgl. Kapitel 4).

Abelsche Integralgleichungen treten in vielen Anwendungen auf: Siehe etwa [1] für ein aus der Umweltforschung motiviertes Problem, bei dem es darum geht, aus Luftaufnahmen die Verteilung der Stellung der Blätter in Baumkronen zu bestimmen, [54], S.17, für ein Beispiel aus der Stereologie und [34] für einen Überblick über Anwendungen von Abelschen Integralgleichungen.

Wir haben gesehen, daß Integralgleichungen sowohl aus Differentialgleichungen als auch direkt aus der Modellierung von Anwendungsproblemen entstehen können. Letzterer Aspekt wird immer wichtiger: Während man etwa in der Physik traditionellerweise meist Differentialgleichungen zur Modellierung heranzog, verwendet man in den letzten Jahren zunehmend auch Integralgleichungen. Über die bereits angegebene Literatur hinaus sei etwa auf [5], [24], [38], [44], [45], [46], [51] verwiesen. Eine Integralgleichung aus der Theorie konformer Abbildungen findet man in [33].

2. Theorie Fredholmscher Integralgleichungen 2.Art

Wir betrachten in diesem Kapitel Gleichungen der Art

$$\lambda x(s) - \int\limits_G k(s,t)x(t)dt = f(s) \quad (s \in G), \qquad (2.1)$$

mit $\lambda \neq 0$, wobei $G \subseteq \mathbb{R}^N$ kompakt und Jordan–meßbar mit positivem Inhalt sei. x ist eine gesuchte, f eine gegebene Funktion (meist in $C(G)$ oder $L^2(G)$); Voraussetzungen über den Kern k werden wir später treffen. Der "Eigenparameter" λ wird erst im Zusammenhang mit Eigenwertproblemen interessant; wir setzen deshalb manchmal $\lambda = 1$. Zum Teil werden wir uns auf $G = [0,1] \subseteq \mathbb{R}$ spezialisieren, sodaß wir dann die Gleichung

$$x(s) - \int\limits_0^1 k(s,t)x(t)dt = f(s) \quad (s \in [0,1]) \qquad (2.2)$$

betrachten.

Der Kern k erzeugt einen "Integraloperator" K, definiert durch

$$(Kx)(s) := \int\limits_G k(s,t)x(t)dt. \qquad (2.3)$$

Der nächste Satz gibt an, unter welchen Bedingungen an den Kern k der erzeugte Operator den Raum $L^2(G)$ bzw. $C(G)$ jeweils in sich abbildet, eine weitere Aussage darüber ist in Satz 2.13 enthalten.

Satz 2.1 *Ist $k \in C(G \times G)$, so ist $K(L^2(G)) \subseteq C(G)$, insbesondere auch $K(C(G)) \subseteq C(G)$. Ist $k \in L^2(G \times G)$, so ist $K(L^2(G)) \subseteq L^2(G)$. Dabei ist K der durch den Kern k erzeugte Integraloperator.*

Beweis. Ist $x \in L^2(G), k \in C(G \times G)$, so gilt für $s, \sigma \in G$

$$|(Kx)(s) - (Kx)(\sigma)|^2 \leq \left[\int_G |k(s,t) - k(\sigma,t)| \cdot |x(t)| dt\right]^2 \leq$$

$$\leq \int_G |k(s,t) - k(\sigma,t)|^2 dt \|x\|_2^2 \leq \sup_{t \in G} |k(s,t) - k(\sigma,t)|^2 |G| \|x\|_2^2.$$

|

Cauchy–Schwarz–Ungleichung

Da $G \times G$ kompakt ist, ist k gleichmäßig stetig. Damit folgt:

$$\lim_{\sigma \to s} \sup_{t \in G} |k(s,t) - k(\sigma,t)| = 0,$$

woraus mit obiger Abschätzung die Stetigkeit von Kx folgt. Also gilt: $K(L^2(G)) \subseteq C(G) \subseteq L^2(G)$, falls k stetig ist.

Sei nun $k \in L^2(G \times G), x \in L^2(G)$. Dann gilt:

$$\|Kx\|_2^2 = \int_G |(Kx)(s)|^2 ds = \int_G |\int_G k(s,t)x(t)dt|^2 ds \leq \int_G \left[\int_G |k(s,t)|^2 dt \int_G |x(t)|^2 dt\right] ds =$$

|

Cauchy–Schwarz–Ungleichung

$$= \int_G \int_G |k(s,t)|^2 dt \, ds \|x\|_2^2 = \int_{G \times G} |k(s,t)|^2 d(s,t) \|x\|_2^2 = \|k\|_2^2 \|x\|_2^2 < \infty$$

|

Satz von Fubini

Damit ist $Kx \in L^2(G)$. (Mit $\| \cdot \|_2$ bezeichnen wir stets die L^2–Norm über die jeweilige Menge, also hier die Norm in $L^2(G \times G)$ bzw. in $L^2(G)$.)

□

Natürlich sind hier (und im folgenden) alle Integrale Lebesgueintegrale; sonst wäre ja der Raum $L^2(G)$ gar nicht unmittelbar definierbar (und speziell im letzten Beweis der Satz von Fubini nicht so einfach anwendbar). Für Borel–meßbare, Riemann–integrierbare (insbesondere also stetige) Funktionen stimmen ohnehin die beiden Integralbegriffe überein.

Satz 2.1 sagt also aus, daß je nach Kerntyp ein Integraloperator als Operator von $L^2(G)$ nach $C(G)$ oder nach $L^2(G)$ oder von $C(G)$ nach $C(G)$ oder ebenfalls nach $L^2(G)$ aufgefaßt werden kann. Die Operatornorm dieses (wie wir sehen werden, beschränkten) Operators hängt natürlich vom Bild– und Urbildraum ab. Aus dem Beweis von Satz 2.1 folgt etwa, daß $\|K\|^2 \leq \int_{G \times G} |k(s,t)|^2 d(s,t)$

gilt, wenn K als Operator von $L^2(G)$ nach $L^2(G)$ aufgefaßt wird.

Eine besonders einfache Art von Kernen sind die sogenannten "ausgearteten Kerne":

Definition 2.2 $k : G \times G \to \mathbb{R}$ *heißt "ausgearteter" Kern, wenn es endlich viele Funktionen* $\varphi_1, \dots, \varphi_n, \psi_1, \dots, \psi_n \in L^2(G)$ *gibt so, daß*

$$k(s,t) = \sum_{i=1}^{n} \varphi_i(s)\psi_i(t) \quad \text{fast überall} \tag{2.4}$$

gilt.

Wie hier ist Gleichheit von Funktionen in L^2 stets "fast überall" zu verstehen, auch wenn das nicht immer explizit angeführt wird.

Ausgeartete Kerne erzeugen Integraloperatoren mit endlichdimensionalem Wertebereich und umgekehrt, wie folgender Satz zeigt:

Satz 2.3 *Sei* $K : L^2(G) \to L^2(G)$ *ein durch den* L^2-*Kern* k *erzeugter Integraloperator mit Wertebereich* $R(K)$. *Dann ist* k *genau dann ausgeartet, wenn* $R(K)$ *endlichdimensional ist.*

Beweis. Mit $\langle \cdot, \cdot \rangle$ bezeichnen wir das übliche innere Produkt in $L^2(G)$ bzw. in $L^2(G \times G)$. Es sei zunächst k ausgeartet, also $k(s,t) = \sum_{i=1}^{n} \varphi_i(s)\psi_i(t)$ mit $\varphi_1, \dots, \varphi_n, \psi_1, \dots, \psi_n \in L^2(G)$. Dann gilt für alle $x \in L^2(G) : Kx = \sum_{i=1}^{n} \left(\int_G \psi_i(t)x(t)dt \right) \cdot \varphi_i \in \operatorname{lin}\{\varphi_1, \dots, \varphi_n\}$. Also ist $R(K) \subseteq \operatorname{lin}\{\varphi_1, \dots, \varphi_n\}$ und damit endlichdimensional.

Sei umgekehrt $n := \dim R(K)$ und $\varphi_1, \dots, \varphi_n$ eine orthonormale Basis von $R(K)$, die wir zu einem VONS (vollständigen Orthonormalsystem) $(\varphi_1, \varphi_2, \dots)$ von $L^2(G)$ ergänzen können. Man rechnet leicht nach, daß dann $\{\alpha_{ij}(s,t) := \varphi_i(s)\varphi_j(t)/i, j \in \mathbb{N}\}$ ein VONS von $L^2(G \times G)$ ist; dazu zeigt man, daß $\int_{G \times G} \varphi_i(s)\varphi_j(t)\varphi_k(s)\varphi_m(t)d(s,t) = \delta_{ik} \cdot \delta_{jm}$ gilt und daß für $x \in L^2(G \times G)$ aus der Gültigkeit von $\int_{G \times G} x(s,t)\varphi_i(s)\varphi_j(t)d(s,t) = 0$ für alle $i, j \in \mathbb{N}$ folgt, daß $x = 0$ ist.

Da $k \in L^2(G \times G)$ ist, kann man damit k in eine Fourierreihe nach $\{\alpha_{ij}/i, j \in \mathbb{N}\}$ entwickeln; damit existiert eine Folge $(a_{ij})_{(i,j)\in\mathbb{N}\times\mathbb{N}}$ mit $\sum_{i,j\in\mathbb{N}} a_{ij}^2 < \infty$ so, daß $k = \sum_{i,j\in\mathbb{N}} a_{ij} \cdot \alpha_{ij}$ gilt (Konvergenz in $L^2(G \times G)$!). Für alle $x \in L^2(G), m \in \mathbb{N}$ gilt damit:

$$\langle Kx, \varphi_m \rangle = \int_G \int_G k(s,t)x(t)dt\, \varphi_m(s)ds = \int_{G \times G} k(s,t)x(t)\varphi_m(s)d(s,t) = \langle k, x_m \rangle$$

$$|$$
$$\text{Satz von Fubini}$$

mit $x_m(s,t) := x(t)\varphi_m(s)$. Damit gilt: $\langle Kx, \varphi_m \rangle = \sum_{i,j\in\mathbb{N}} a_{ij}\langle \alpha_{ij}, x_m \rangle$. Da

$$\langle \alpha_{ij}, x_m \rangle = \int\limits_{G \times G} \varphi_i(s)\varphi_j(t)x(t)\varphi_m(s)d(s,t)$$

$$= \int\limits_{G} x(t)\varphi_j(t) \int\limits_{G} \varphi_i(s)\varphi_m(s)ds \, dt = \delta_{im}\langle x, \varphi_j \rangle$$

Satz von Fubini

ist, folgt $\langle Kx, \varphi_m \rangle = \sum\limits_{j \in \mathbb{N}} a_{mj}\langle x, \varphi_j \rangle$.

Für $m > n$ ist aber nach Konstruktion $\varphi_m \in R(K)^{\perp}$, sodaß $\langle Kx, \varphi_m \rangle = 0$ gilt.

Wir spezialisieren nun $x = \varphi_r$ ($r \in \mathbb{N}$) und erhalten damit für $m > n$:

$$0 = \langle K\varphi_r, \varphi_m \rangle = \sum\limits_{j \in \mathbb{N}} a_{mj} \underbrace{\langle \varphi_r, \varphi_j \rangle}_{=\delta_{rj}} = a_{mr}.$$

Also folgt: $k = \sum\limits_{i=1}^{n} \sum\limits_{j=1}^{\infty} a_{ij}\alpha_{ij}$, da die Fourierreihe nach den $\{\alpha_{ij}\}$ ohne Beeinträchtigung der L^2–Konvergenz umgeordnet werden kann. Mit $\psi_i := \sum\limits_{j=1}^{\infty} a_{ij}\varphi_j$

(wodurch wegen $\sum\limits_{j=1}^{\infty} a_{ij}^2 < \infty$ ein Element von $L^2(G)$ dargestellt wird) folgt

$k(s,t) = \sum\limits_{i=1}^{n} \varphi_i(s)\psi_i(t)$; also ist der Kern k ausgeartet.

$\square$

Aus dem Beweis folgt also, daß der Wertebereich $R(K)$ durch $\varphi_1, \ldots, \varphi_n$ aufgespannt wird und damit höchstens Dimension n hat.

Die Lösung einer Fredholmschen Integralgleichung 2.Art mit ausgeartetem Kern kann auf das Lösen eines linearen Gleichungssystems zurückgeführt werden:

Wir betrachten (2.1) mit einem Kern der Gestalt (2.4), wobei wir o.B.d.A. annehmen, daß die Funktionen $\varphi_1, \ldots, \varphi_n$ linear unabhängig sind. Alle beteiligten Funktionen seien reellwertig; der komplexwertige Fall läßt sich analog behandeln. Siehe dazu die Bemerkung nach Satz 2.5.

Wenn wir (2.4) in (2.1) einsetzen, so erhalten wir

$$\lambda x(s) - \sum\limits_{i=1}^{n} \varphi_i(s) \int\limits_{G} \psi_i(t)x(t)dt = f(s) \quad (s \in G). \tag{2.5}$$

Mit den Bezeichnungen

$$y_j := \int\limits_{G} \psi_j(s)x(s)ds \quad (1 \leq j \leq n), \quad y := \begin{pmatrix} y_1 \\ \vdots \\ y_n \end{pmatrix}, \tag{2.6}$$

$$g_j := \int\limits_G f(s)\psi_j(s)ds \ (1 \le j \le n), \quad g := \begin{pmatrix} g_1 \\ \vdots \\ g_n \end{pmatrix} \tag{2.7}$$

und

$$a_{ij} := \int\limits_G \varphi_i(s)\psi_j(s)ds \ (1 \le i,j \le n), \quad A := (a_{ji})_{1 \le i,j \le n} \tag{2.8}$$

erhalten wir aus (2.5) durch Bilden des L^2–inneren Produkts mit $\psi_j (1 \le j \le n)$:

$$\lambda \int\limits_G x(s)\psi_j(s)ds - \sum_{i=1}^n \int\limits_G \varphi_i(s)\psi_j(s) \int\limits_G \psi_i(t)x(t)dt \ ds = \int\limits_G f(s)\psi_j(s)ds,$$

also mit obigen Bezeichnungen das lineare Gleichungssystem

$$\lambda y - Ay = g. \tag{2.9}$$

Wenn λ kein Eigenwert von A ist, so hat dieses System eine eindeutige Lösung y. Aus (2.5) folgt dann

$$x = \frac{1}{\lambda}f + \frac{1}{\lambda}\sum_{i=1}^n y_i\varphi_i, \tag{2.10}$$

man erhält also die (eindeutige) Lösung von (2.5) (entweder als Element von $L^2(G)$ oder, wenn f und $\varphi_1, \ldots, \varphi_n$ stetig sind, als Element von $C(G)$) aus der expliziten Formel (2.10), in die die Lösung des linearen Gleichungssystems (2.9) eingeht. Die Lösung einer Fredholmschen Gleichung 2.Art mit ausgeartetem Kern ist also eigentlich nicht ein unendlichdimensionales, sondern ein endlichdimensionales Problem. Damit kann man aus der aus der linearen Algebra wohlbekannten Lösungstheorie für lineare Gleichungssysteme Aussagen über die Existenz und Eindeutigkeit von Lösungen Fredholmscher Integralgleichungen 2.Art gewinnen. Wir formulieren diese Aussagen so, daß sie sich später als Spezialfall der grundlegenden Existenz– und Eindeutigkeitsaussage für Fredholmsche Integralgleichungen 2.Art mit allgemeinem Kern, der "Fredholmschen Alternative", erweisen werden. Dazu formulieren wir zuerst die Fredholmsche Alternative für reelle lineare Gleichungssysteme:

Satz 2.4 *Sei B eine $n \times n$–Matrix mit Rang* rg $B = m \le n$. *Dann haben die homogenen Systeme*

$$By = 0 \tag{2.11a}$$

und

$$B^T z = 0 \tag{2.11b}$$

die gleiche Anzahl linear unabhängiger Lösungen, nämlich $n - m$. Die inhomogene Gleichung

$$By = g \tag{2.12}$$

ist genau dann lösbar, wenn für alle Lösungen z von (2.11b)

$$\langle g, z \rangle = 0 \tag{2.13}$$

gilt, wobei $\langle \cdot, \cdot \rangle$ das gewöhnliche innere Produkt im $\mathbb{R}^n$ ist.

Beweis. Da der Zeilenrang einer Matrix gleich ihrem Spaltenrang ist, folgt rg $(B^T) = m$. Die Anzahl der linear unabhängigen Lösungen von (2.11a) bzw. (2.11b) ist

$$\dim N(B) = n - \dim R(B) = n - m = n - \dim R(B^T) = \dim N(B^T).$$

Damit ist die erste Aussage gezeigt.

Sei nun (2.12) lösbar, z eine beliebige Lösung von (2.11b). Da dann ein y mit $By = g$ existiert, folgt $\langle g, z \rangle = \langle By, z \rangle = \langle y, B^T z \rangle = 0$; damit gilt (2.13). Wir haben damit zugleich gezeigt, daß $R(B) \subseteq N(B^T)^\perp$ ist.

Es gelte umgekehrt (2.13) für alle Lösungen z von (2.11b), also für alle $z \in N(B^T)$. Das heißt, daß

$$g \in N(B^T)^\perp. \tag{2.14}$$

Es wurde bereits gezeigt, daß $R(B) \subseteq N(B^T)^\perp$ ist. Da $\dim R(B) = m$ und $\dim N(B^T)^\perp = n - \dim N(B^T) = n - (n - m) = m$ gilt, folgt

$$R(B) = N(B^T)^\perp. \tag{2.15}$$

Damit ist wegen (2.14) $g \in R(B)$, also (2.12) lösbar.

$\square$

Man beachte, daß dieser Beweis einige Schritte enthält, die nur im Endlich-dimensionalen funktionieren, nämlich alle Dimensionsüberlegungen.

Die Gleichung (2.11b) heißt "(homogene) adjungierte Gleichung".

Wir wenden nun Satz 2.4 auf das spezielle System (2.9) an. Die homogene adjungierte Gleichung lautet

$$\lambda z - A^T z = 0. \tag{2.16}$$

Wie oben (bei der Herleitung von (2.10)) leitet man her, daß für jede Lösung z von (2.16) die Funktion

$$v := \frac{1}{\lambda} \sum_{j=1}^n z_j \psi_j \tag{2.17}$$

Lösung der Gleichung

$$\lambda v(s) - \int_G k(t,s) v(t) dt = 0 \quad (s \in G) \tag{2.18}$$

und umgekehrt für jede Lösung v von (2.18) der Vektor $(\int_G v(t)\varphi_i(t)dt)_{1 \le i \le n}$ Lösung von (2.16) ist. In diesem Sinn sind also (2.16) und (2.18) zueinander äquivalent. Damit folgt sofort aus Satz 2.4, daß die zu (2.1) gehörige homogene Gleichung (also (2.1) mit $f = 0$) und (2.18) dieselbe Anzahl linear unabhängiger

Lösungen haben, die zugleich dim $N(\lambda I - A)$ ist, also die geometrische Vielfachheit des Eigenwertes λ von A.

Die inhomogene Gleichung (2.1) ist lösbar genau dann, wenn (2.9) lösbar ist. Das ist nach Satz 2.4 äquivalent dazu, daß für alle Lösungen z von (2.16)

$$\sum_{i=1}^{n} z_i g_i = 0 \qquad (2.19)$$

gilt. Wegen des Zusammenhangs zwischen den Lösungen von (2.16) und (2.18) und wegen der Beziehung $\int_G f(s) \left[\frac{1}{\lambda} \sum_{i=1}^{n} z_i \psi_i(s) \right] ds = \frac{1}{\lambda} \sum_{i=1}^{n} z_i \int_G f(s) \psi_i(s) ds = \frac{1}{\lambda} \sum_{i=1}^{n} z_i g_i$ ist (2.19) dazu äquivalent, daß für alle Lösungen v von (2.18)

$$\int_G v(s) f(s) ds = 0 \qquad (2.20)$$

gilt.

Wir haben also die "Fredholmsche Alternative" für Fredholmsche Gleichungen 2.Art mit ausgeartetem Kern bewiesen:

Satz 2.5 *Es sei k ein ausgearteter L^2-Kern gemäß Definition 2.2, $\lambda \neq 0, f \in L^2(G)$. Dann besitzen die Gleichungen*

$$\lambda x(s) - \int_G k(s,t) x(t) dt = 0 \quad (s \in G) \qquad (2.21)$$

und

$$\lambda v(s) - \int_G k(t,s) v(t) dt = 0 \quad (s \in G) \qquad (2.18)$$

die gleiche Anzahl linear unabhängiger Lösungen.

Die inhomogene Gleichung

$$\lambda x(s) - \int_G k(s,t) x(t) dt = f(s) \quad (s \in G) \qquad (2.1)$$

besitzt eine Lösung $x \in L^2(G)$ genau dann, wenn für alle Lösungen $v \in L^2(G)$ von (2.18)

$$\int_G v(s) f(s) ds = 0 \qquad (2.20)$$

gilt.

Wir werden zeigen, daß diese "Fredholmsche Alternative" auch für allgemeine L^2-Kerne gilt. Der Beweis dieser Tatsache, der natürlich wesentlich andere, nämlich funktionalanalytische, Hilfsmittel als der Beweis von Satz 2.5 gebraucht, ist ein Hauptanliegen dieses Abschnitts.

Aus Satz 2.5 folgt natürlich sofort die Lösbarkeit von (2.1) für **alle** rechten Seiten $f \in L^2(G)$, falls (2.21) (bzw. (2.18)) nur die triviale Lösung $x = 0$ (bzw. $v = 0$) besitzt, also λ kein "Eigenwert des durch k erzeugten Integraloperators" ist.

Den durch $k(t, s)$ anstatt $k(s, t)$ erzeugten Integraloperator nennt man den "adjungierten Integraloperator"; im Fall eines L^2-Kerns ist sein Kern, der "adjungierte Kern", natürlich nur fast überall eindeutig bestimmt. Für Gleichungen mit komplexwertigen Kernen und Funktionen kann man entweder Satz 2.5 in derselben Form beweisen oder den adjungierten Kern durch $\overline{k(t, s)}$ definieren; im letzten Fall muß natürlich in der adjungierten Gleichung (2.18) λ durch $\bar{\lambda}$ ersetzt werden.

Die Fredholmsche Alternative für allgemeine Kerne wurde zuerst mit funktionentheoretischen Mitteln bewiesen. Wir werden darauf später (in Bemerkung 2.32) zurückkommen. Heute ist ein funktionalanalytischer Zugang üblich. Dazu ist es notwendig, die vorkommenden Integraloperatoren als Operatoren zwischen Banach– und Hilberträumen zu interpretieren und ihre Eigenschaften als lineare Operatoren zu untersuchen. Eine für die Theorie linearer Integralgleichungen wesentliche Eigenschaft gewisser Integraloperatoren ist ihre "Kompaktheit". Dazu folgende Definition:

Definition 2.6 *Seien X, Y normierte Räume, $K : X \to Y$ linear; K heißt "kompakt (vollstetig)", wenn für jede beschränkte Menge $B \subseteq X$ $\overline{K(B)}$ kompakt ist.*

Im folgenden Satz fassen wir einige Grundaussagen über kompakte lineare Operatoren zusammen:

Satz 2.7 *Seien X, Y, Z normiert, $K : X \to Y$ linear. Dann gilt:*

a) *K ist genau dann kompakt, wenn für alle beschränkten Folgen (x_n) (Kx_n) eine konvergente Teilfolge besitzt.*

b) *Ist K kompakt, so ist K beschränkt, also $K \in L(X, Y)$.*

c) *Linearkombinationen kompakter linearer Operatoren sind kompakt.*

d) *Sei $K_1 \in L(X, Y), K_2 \in L(Y, Z)$. Dann ist $K_1 K_2$ kompakt, falls K_1 oder K_2 kompakt ist.*

e) *Sei Y Banachraum; für alle $n \in \mathbb{N}$ sei $K_n : X \to Y$ linear und kompakt. Es gelte $\lim_{n \to \infty} \|K - K_n\| = 0$. Dann ist K kompakt.*

f) *Ist K beschränkt und $\dim R(K) < \infty$, so ist K kompakt.*

Beweis. a) – d) folgen direkt aus der Definition und einfachen Eigenschaften kompakter Mengen.

e) Sei (x_n) beschränkt in $X, C \geq \sup_{n \in \mathbb{N}} \|x_n\|$. Da K_1 kompakt ist, hat die Folge $(K_1 x_m)_{m \in \mathbb{N}}$ eine konvergente Teilfolge $(K_1 x_{m_1(k)})_{k \in \mathbb{N}}$. Da K_2 kompakt ist, hat die Folge $(K_2 x_{m_1(k)})_{k \in \mathbb{N}}$ eine konvergente Teilfolge $(K_2 x_{m_2(k)})_{k \in \mathbb{N}}$. Indem wir dieses Prinzip (genau gesagt: mittels vollständiger Induktion) immer wieder anwenden, erzeugen wir Teilfolgen $(x_{m_i(k)})_{k \in \mathbb{N}}$ von (x_m) so, daß stets $(x_{m_i(k)})_{k \in \mathbb{N}}$ eine Teilfolge von $(x_{m_{i-1}(k)})_{k \in \mathbb{N}}$ ist und für alle $i \in \mathbb{N}$ jeweils $(K_i x_{m_i(k)})_{k \in \mathbb{N}}$ konvergiert; damit ist aber auch für alle $i \in \mathbb{N}$ und $j \geq i$ die Folge $(K_i x_{m_j(k)})_{k \in \mathbb{N}}$ konvergent. Wir konstruieren nun eine "Diagonalfolge", indem wir aus der i–ten Teilfolge von (x_m) das i–te Element auswählen, also: Für alle $i \in \mathbb{N}$ sei $y_i := x_{m_i(i)}$; (y_i) ist eine Teilfolge von (x_m) und ab dem i–ten Glied auch von $(x_{m_i(k)})_{k \in \mathbb{N}}$. Wir zeigen

$$(K y_i) \quad \text{ist konvergent.} \tag{2.22}$$

Sei $\varepsilon > 0$ beliebig, $n \in \mathbb{N}$ so, daß

$$\|K_n - K\| < \frac{\varepsilon}{3C},$$

was wegen der Voraussetzung, daß $\lim_{n \to \infty} \|K - K_n\| = 0$ ist, möglich ist.

Aus der Konstruktion von (y_i) folgt, daß $(K_n y_i)_{i \in \mathbb{N}}$ konvergiert. Es sei $i_0 \in \mathbb{N}$ so, daß für $i, j \geq i_0$ $\|K_n y_i - K_n y_j\| < \frac{\varepsilon}{3}$ gilt. Dann gilt für $i, j \geq i_0$:

$$\begin{aligned}
\|K y_i - K y_j\| &\leq \|K y_i - K_n y_i\| + \|K_n y_i - K_n y_j\| + \|K_n y_j - K y_j\| \leq \\
&\leq \|K - K_n\|(\|y_i\| + \|y_j\|) + \frac{\varepsilon}{3} < \frac{\varepsilon}{3C} \cdot 2C + \frac{\varepsilon}{3} = \varepsilon.
\end{aligned}$$

Damit ist $(K y_i)$ Cauchyfolge, woraus wegen der Annahme, daß Y Banachraum, also vollständig ist, (2.22) folgt. Da (x_n) eine beliebige beschränkte Folge war, folgt daraus die Kompaktheit von K.

f) folgt sofort aus dem Satz von Heine–Borel, da danach der Abschluß beschränkter Teilmengen des endlichdimensionalen Raumes $R(K)$ kompakt ist.

$\square$

Bemerkung 2.8 Nach Satz 2.7 e), f) ist also der Norm–Grenzwert endlichdimensionaler beschränkter linearer Operatoren kompakt, was wir mehrmals in Kompaktheitsbeweisen für Integraloperatoren ausnützen werden. Es gilt folgende Umkehrung (in dem Sinn, daß unter gewissen Voraussetzungen kompakte Operatoren Norm–Grenzwerte endlichdimensionaler Operatoren sind):

Sei Y Banachraum; es mögen beschränkte lineare Operatoren $P_n : Y \to Y$ $(n \in \mathbb{N})$ mit $\dim R(P_n) < \infty$ existieren so, daß $(P_n) \to I$ punktweise, also $(P_n y) \to y$ für alle $y \in Y$. Dann gilt, wenn K ein kompakter linearer Operator von X nach Y ist, daß $(\|P_n K - K\|) \to 0$.

Diese Aussage beweist man etwa wie folgt:

Nach dem Satz von Banach–Steinhaus ist $\sup_{m \in \mathbb{N}} \|P_m - I\| < \infty$. Sei A eine kompakte Teilmenge von Y, $\varepsilon > 0$ beliebig. Dann existieren $k \in \mathbb{N}$ und $y_1, \ldots, y_k \in A$ so, daß für alle $y \in A$ gilt: $\inf\{\|y - y_i\|/i \in \{1, \ldots, k\}\} < \varepsilon$. (Dies

ist die "Total–Beschränktheit" von A; $y_1, \ldots, y_k$ heißt ein "endliches ε–Netz".)
Damit gilt für alle $n \in \mathbb{N}$:

$$\sup_{y \in A} \|(P_n - I)y\| \leq \sup\{\|(P_n - I)y_i\|/i \in \{1, \ldots, k\}\}$$

$$+ \|(P_n - I)\| \cdot \inf\{\|y - y_i\|/i \in \{1, \ldots, k\}\}$$

$$\leq \sup\{\|P_n y_i - y_i\|/i \in \{1, \ldots, k\}\} + \sup m \in \mathbb{N} \|P_m - I\| \cdot \varepsilon$$

Da $\lim_{n \to \infty} \sup\{\|P_n y_i - y_i\|/i \in \{1, \ldots, k\}\} = 0$ gilt, folgt daraus, daß
$\lim \sup_{n \to \infty}$
$\sup_{y \in A} \|(P_n - I)y\| \leq \varepsilon \cdot \sup_{m \in \mathbb{N}} \|P_m - I\|$ ist. Da dies für alle $\varepsilon > 0$ gilt,
muß $\lim_{n \to \infty} \sup_{y \in A} \|(P_n - I)y\| = 0$ sein.

Wenn nun U die Einheitskugel von X bezeichnet, so ist $\overline{K(U)}$ wegen der
Kompaktheit von K kompakt. Damit gilt:

$$0 \leq \limsup_{n \to \infty} \|P_n K - K\| = \limsup_{n \to \infty} \sup_{x \in U} \|P_n K x - K x\|$$

$$\leq \limsup_{n \to \infty} \sup_{y \in \overline{K(U)}} \|(P_n - I)y\| = 0$$

und damit $\lim_{n \to \infty} \|P_n K - K\| = 0$. Wir haben dabei die eben bewiesene Aussage mit $A := \overline{K(U)}$ verwendet.

Ein praktisch wichtiges Beispiel einer solchen Folge (P_n) ist etwa die Folge
der Orthogonalprojektoren von einem separablen Hilbertraum Y auf eine Folge
(Y_n) endlichdimensionaler Unterräume mit der Eigenschaft $\overline{\bigcup_{n \in \mathbb{N}} Y_n} = Y$. Also
ist ein kompakter linearer Operator mit Werten in einem separablen Hilbertraum Norm–Grenzwert endlichdimensionaler beschränkter linearer Operatoren.

Bemerkung 2.9 Wir werden in Lemma 2.16 beweisen, daß der Einheitsoperator $I : X \to X$ genau dann kompakt ist, wenn X endlichdimensional ist. Da I
aber natürlich stets beschränkt ist, gilt in unendlichdimensionalen Räumen die
Umkehrung von Satz 2.7 b) nicht; es gibt nicht–kompakte beschränkte lineare
Operatoren.

Wir beschäftigen uns nun mit der Frage, unter welchen Bedingungen Integraloperatoren kompakt sind. In den letzten Jahren hat die umgekehrte Fragestellung, nämlich unter welchen Bedingungen kompakte Operatoren als Integraloperatoren darstellbar sind, einige Beachtung gefunden (vgl. etwa [39], [64],
[65], [66]).

Zunächst ist ein Integraloperator mit stetigem Kern kompakt auf $L^2(G)$
bzw. $C(G)$:

Satz 2.10 *Sei* $k \in C(G \times G)$, K *der durch* k *erzeugte Integraloperator gemäß
(2.3). Dann ist* K *kompakt als Operator von jedem der Räume* $L^2(G)$ *und* $C(G)$
in jeden dieser Räume.

Beweis. Der Satz besteht eigentlich aus vier Sätzen (je nach gewähltem Bild–
und Urbildraum). Da für alle $x \in C(G) \|x\|_2 \leq \sqrt{|G|} \|x\|_\infty$ gilt, ist die Ein-

bettungsabbildung $I : C(G) \to L^2(G)$ beschränkt. Da $K : C(G) \to C(G)$, $K : C(G) \to L^2(G), K : L^2(G) \to L^2(G)$ jeweils als Hintereinanderausführung von $K : L^2(G) \to C(G)$ mit dieser Einbettung darstellbar ist, folgt die Kompaktheit jeder dieser drei Abbildungen aus Satz 2.7 d), sobald die Kompaktheit von $K : L^2(G) \to C(G)$ bewiesen ist. Diese werden wir so beweisen, daß wir K im Sinn der Operatornorm durch eine Folge endlichdimensionaler Operatoren approximieren und dann Satz 2.7 e) anwenden. Wir konstruieren zunächst diese endlichdimensionalen Operatoren:

Für jedes $n \in \mathbb{N}$ seien $\Delta_{1,n}, \dots, \Delta_{n,n} \subseteq \mathbb{R}^N$ paarweise disjunkte offene Jordan–meßbare Mengen (etwa kartesische Produkte offener Intervalle) mit $\bigcup_{i=1}^n \overline{(\Delta_{i,n} \cap G)} = G$. Da G beschränkt ist, können wir die "Zerlegungen" $\{\Delta_{i,n}\}$ so wählen, daß die "Feinheit" mit $n \to \infty$ gegen 0 geht, also

$$\lim_{n \to \infty} \max_{1 \le i \le n} \sup_{t,\tau \in \Delta_{i,n}} \|t - \tau\| = 0 \tag{2.23}$$

gilt.

Wir wählen nun ein System von "Zwischenpunkten" $t_{i,n} \in \Delta_{i,n} \cap G$ und definieren

$$
\begin{aligned}
k_n : G \times G &\to \qquad \mathbb{R} \\
(s,t) &\to \left. \begin{cases} k(s, t_{i,n}) & \text{falls } t \in \Delta_{i,n} \cap G \\ 0 & \text{falls } t \in G \setminus \bigcup_{i=1}^n \Delta_{i,n} \end{cases} \right\}
\end{aligned}
\tag{2.24}
$$

und K_n als den durch k_n erzeugten Integraloperator gemäß (2.3). Das dabei in (2.3) auftretende Integral existiert im Lebesqueschen Sinn, da $G \setminus \bigcup_{i=1}^n \Delta_{i,n}$ nur Randpunkte der $\Delta_{i,n}$ enthalten kann und die Ränder Jordan–meßbarer Mengen (Jordansche) Nullmengen sind; damit ist $|G \setminus \bigcup_{i=1}^n \Delta_{i,n}| = 0$. Damit gilt auch für alle $x \in L^2(G)$ und $s \in G, n \in \mathbb{N}$:

$$(K_n x)(s) = \sum_{i=1}^n k(s, t_{i,n}) \int_{\Delta_{i,n} \cap G} x(t) dt.$$

Daraus folgt, daß K_n ein linearer Operator von $L^2(G)$ nach $C(G)$ mit endlichdimensionalem Wertebereich $R(K_n) \subseteq \text{lin}\{k(., t_{i,n})/1 \le i \le n\} \subseteq C(G)$ ist.

Da

$$\|K_n x\|_\infty \le \sum_{i=1}^n \|k(., t_{i,n})\|_\infty \int_{\Delta_{i,n} \cap G} |x(t)| dt \le \|k\|_\infty \int_G |x(t)| dt \le \|k\|_\infty \|x\|_2 \sqrt{|G|}$$

$$|$$

Cauchy–Schwarz–Ungleichung

gilt, ist $K_n : L^2(G) \to C(G)$ beschränkt. Damit folgt mit Satz 2.7 f) die Kompaktheit von $K_n : L^2(G) \to C(G)$.

Sei $\varepsilon > 0$ beliebig, aber fix. Da k auf der kompakten Menge $G \times G$ gleichmäßig stetig ist, existiert ein $\delta > 0$ so, daß für $\|t - \tau\| < \delta$ auch

$|k(s,t) - k(s,\tau)| < \frac{\varepsilon}{\sqrt{|G|}}$ für alle $s \in G$ gilt. Zusammen mit (2.23) impliziert das, daß ein $n_0 \in \mathbb{N}$ existiert so, daß für alle $n \geq n_0$ und alle $s \in G$ $|k(s,t) - k(s,t_{i,n})| < \frac{\varepsilon}{\sqrt{|G|}}$ für alle $i \in \{1,\ldots,n\}$ und alle $t \in \Delta_{i,n}$ gilt. Für $n \geq n_0$ gilt damit für alle $x \in L^2(G)$ und $s \in G$:

$$|(Kx)(s) - (K_n x)(s)| = \left| \sum_{i=1}^{n} \int_{\Delta_{i,n} \cap G} k(s,t)x(t)dt - \sum_{i=1}^{n} k(s,t_{i,n}) \int_{\Delta_{i,n} \cap G} x(t)dt \right| \leq$$

$$\leq \sum_{i=1}^{n} \left| \int_{\Delta_{i,n} \cap G} (k(s,t) - k(s,t_{i,n}))x(t)dt \right| \leq$$

$$\Big|$$

Cauchy–Schwarz–
Ungleichung in $L^2(\Delta_{i,n} \cap G)$

$$\leq \sum_{i=1}^{n} \sqrt{\int_{\Delta_{i,n} \cap G} |k(s,t) - k(s,t_{i,n})|^2 dt} \sqrt{\int_{\Delta_{i,n} \cap G} |x(t)|^2 dt} \leq$$

$$\Big|$$

Cauchy–Schwarz–
Ungleichung in $\mathbb{R}^n$

$$\leq \sqrt{\sum_{i=1}^{n} \int_{\Delta_{i,n} \cap G} |k(s,t) - k(s,t_{i,n})|^2 dt \sum_{i=1}^{n} \int_{\Delta_{i,n} \cap G} |x(t)|^2 dt} \leq$$

$$\leq \sqrt{\sum_{i=1}^{n} \frac{\varepsilon^2}{|G|} |\Delta_{i,n} \cap G| \|x\|_2^2} = \varepsilon \|x\|_2.$$

Daraus folgt, daß

$$\|K - K_n\| = \sup_{\|x\|_2 \leq 1} \sup_{s \in G} |(Kx)(s) - (K_n x)(s)| \leq \varepsilon$$

ist, wobei $\|K - K_n\|$ die Operatornorm für lineare Operatoren von $L^2(G)$ nach $C(G)$ bedeutet.

Da $\varepsilon > 0$ beliebig war, folgt $\lim_{n \to \infty} \|K - K_n\| = 0$, was mit Satz 2.7 e) die Kompaktheit von $K : L^2(G) \to C(G)$ impliziert. Wie zu Beginn des Beweises ausgeführt, folgen damit alle Aussagen des Satzes.

$\square$

Auch Integraloperatoren mit L^2–Kernen sind kompakt auf $L^2(G)$, wie wir durch Approximation solcher Operatoren durch solche mit stetigem Kern und Anwendung von Satz 2.7 e) zeigen.

Satz 2.11 *Sei* $k \in L^2(G \times G)$, K *der von* k *erzeugte Integraloperator gemäß (2.3). Dann ist* K *kompakt als Operator von* $L^2(G)$ *nach* $L^2(G)$.

Beweis. Da $C(G \times G)$ dicht liegt in $L^2(G \times G)$, existiert eine Folge k_n in $C(G \times G)$ mit $\lim_{n\to\infty} \|k_n - k\|_2 \to 0$. Die von k_n erzeugten Integraloperatoren K_n sind nach Satz 2.10 kompakt als Operatoren von $L^2(G)$ nach $L^2(G)$. Wie im Beweis zu Satz 2.1 sieht man, daß $\|K_n - K\|_{L^2(G),L^2(G)} \leq \|k_n - k\|_2$. Also ist $\lim_{n\to\infty} \|K_n - K\|_{L^2(G),L^2(G)} = 0$. Damit folgt die Kompaktheit von $K : L^2(G) \to L^2(G)$ mit Satz 2.7 e).

$\square$

Bei der Überführung von Randwertproblemen für elliptische Differentialgleichungen in Integralgleichungen (vgl. Kapitel 6) spielen Integraloperatoren mit Kernen, die Singularitäten aufweisen, etwa Polstellen, eine große Rolle. Dabei stellt sich heraus, daß das funktionalanalytische Verhalten dieser Operatoren ganz wesentlich davon abhängt, "wie stark" die Singularitäten im Kern sind. Dies führt auf die Unterscheidung zwischen "schwach singulären" und "stark singulären" Kernen. Die Trennungslinie zwischen diesen Begriffen ist dimensionsabhängig und, wie wir sehen werden, so gezogen, daß schwach singuläre Integraloperatoren noch kompakt sind, stark singuläre dagegen nicht mehr. Wir führen den entsprechenden Begriff für den wichtigen Fall ein, daß die Singularitäten in $k(s,t)$ auf der "Diagonale" $\{(s,s)/s \in G\}$ liegen:

Definition 2.12 *Sei* $G \subseteq \mathbb{R}^N$ *kompakt und Jordan–meßbar mit positivem Inhalt;* $k : (G \times G) \setminus \{(s,s)/s \in G\} \to \mathbb{R}$ *heißt "schwach singulärer Kern", wenn* $k|_{(G\times G)\setminus\{(s,s)/s\in G\}}$ *stetig ist und ein* $M > 0$ *und* $\alpha > 0$ *existieren mit*

$$|k(s,t)| \leq M\|s-t\|_N^{\alpha-N} \quad (s \neq t \in G). \tag{2.25}$$

Mit $\|\cdot\|_N$ *bezeichnen wir dabei die Euklidische Norm auf* $\mathbb{R}^N$.

Satz 2.13 *Sei* k *ein schwach singulärer Kern; der nach (2.3) definierte Integraloperator existiert auf* $C(G)$ *(wenn man das Integral als uneigentliches Integral auffaßt) und ist ein kompakter Operator von* $C(G)$ *in sich.*

Beweis. Für $x \in C(G)$ und $s \neq t \in G$ gilt nach Voraussetzung: $|k(s,t)x(t)| \leq M.\|s-t\|_N^{\alpha-N}.\|x\|_\infty$ und daher

$$\int_G |k(s,t)x(t)|dt \leq M\|x\|_\infty \int_G \|s-t\|_N^{\alpha-N}dt \leq$$

$$\leq M\|x\|_\infty \int_{\{\tau/\|\tau\|_N \leq \text{diam}(G)\}} \|\tau\|_N^{\alpha-N}d\tau =$$

|

Übergang auf N–dimensionale Kugelkoordinaten

$$= CM\|x\|_\infty \int\limits_0^{\mathrm{diam}(G)} r^{\alpha-N} r^{N-1} dr = CM\|x\|_\infty \frac{\mathrm{diam}(G)^\alpha}{\alpha},$$

wobei C durch den Übergang auf N–dimensionale Kugelkoordinaten bestimmt ist; $\mathrm{diam}(G)$ ist der Durchmesser von G. Damit ist für jedes $s \in G$ das uneigentliche Integral $\int\limits_G k(s,t)x(t)dt$ absolut konvergent und damit der durch (2.3) definierte Integraloperator K sinnvoll definiert.

Wir approximieren nun K durch eine Folge von Integraloperatoren (K_n) mit stetigem Kern:

Für $n \in \mathbb{N}$ sei

$$k_n : \mathbb{R}^+ \to \mathbb{R}$$
$$r \to \begin{cases} 0 & r \in [0, \frac{1}{2n}] \\ 2nr - 1 & r \in [\frac{1}{2n}, \frac{1}{n}] \\ 1 & r \geq \frac{1}{n} \end{cases}$$

und K_n der Integraloperator gemäß (2.3) mit dem stetigen Kern $k_n(|s-t|) \cdot k(s,t)$ (was für $s = t$ als 0 definiert sein soll). Nach Satz 2.1 und Satz 2.10 ist jedes K_n ein kompakter linearer Operator von $C(G)$ in sich.

Für $x \in C(G), n \in \mathbb{N}$ und $s \in G$ gilt nun:

$$|(Kx)(s) - (K_n x)(s)| \leq \int\limits_G |k(s,t) - k_n(|s-t|)k(s,t)| dt\, \|x\|_\infty =$$

$$= \|x\|_\infty \int\limits_{\{t\in G/\|t-s\|_N \leq \frac{1}{n}\}} |k(s,t)|[1 - k_n(|s-t|)]dt \leq$$

$$\leq \|x\|_\infty \int\limits_{\{t\in G/\|t-s\|_N \leq \frac{1}{n}\}} |k(s,t)|dt \leq$$

$$\leq \|x\|_\infty M \int\limits_{\{\tau/\|\tau\|_N \leq \frac{1}{n}\}} \|\tau\|_N^{\alpha-N} d\tau \leq$$

$$\Big|$$

Übergang auf
N–dimensionale
Kugelkoordinaten

$$\leq CM\|x\|_\infty \int\limits_0^{\frac{1}{n}} r^{\alpha-N} r^{N-1} dr = CM\|x\|_\infty \frac{1}{\alpha n^\alpha}.$$

Daraus folgt, daß $(K_n x)$ gleichmäßig (in s) gegen Kx strebt, also ist $Kx \in C(G)$; ferner ist diese Konvergenz gleichmäßig (bzgl. x) auf beschränkten Mengen in $C(G)$, sodaß $\|K - K_n\| \to 0$ gilt. Damit folgt die Kompaktheit von K mit Satz 2.7 e).

□

Der Integraloperator in der Abelschen Integralgleichung (vgl. Beispiel 1.7)

$$\int_0^s \frac{x(t)}{\sqrt{s-t}} dt = \sqrt{2g} f(s) \tag{2.26}$$

kann in der Form (2.3) mit

$$k(s,t) = \begin{cases} (s-t)^{-\frac{1}{2}} & t \in [0,s[\\ 0 & t > s \end{cases}$$

geschrieben werden. Da $N = 1$ ist, kann man in (2.25) $\alpha = \frac{1}{2}, M = 1$ setzen und sieht damit aus Definition 2.12, daß k schwach singulär ist. Andere typische Beispiele schwach singulärer Integraloperatoren sind etwa

$$(Kx)(s) := \int_0^1 \ln (|s-t|) x(t) dt$$

oder

$$(Kx)(s) = \int_G \frac{x(t)}{\|s-t\|_N^{N-1}} dt \quad (G \subseteq \mathbb{R}^N).$$

Wir werden später in diesem Kapitel auch Beispiele von Integraloperatoren kennenlernen, die nicht kompakt sind; wir werden die Nicht–Kompaktheit dieser Operatoren indirekt beweisen, indem wir zeigen, daß ihr Spektrum nicht die speziellen Eigenschaften des Spektrums kompakter Operatoren hat. Wir müssen dazu aber diese speziellen Eigenschaften erst zur Verfügung haben.

Wir wenden uns nun der systematischen Entwicklung der Eigenschaften kompakter Operatoren zu, die für das Lösen von Fredholmschen Integralgleichungen 2.Art von Bedeutung sind:

Wir beginnen mit Aussagen über Gleichungen (2.Art) mit kompakten Operatoren, die ohne die adjungierte Gleichung (vgl. Satz 2.5) auskommen ("Riesz–(Schauder)–Theorie") und ziehen dann die adjungierte Gleichung in die Betrachtung ein ("Fredholm–Theorie").

Bis auf weiteres sei $K : X \to X$ kompakt auf dem normierten Raum X,

$$L := I - K. \tag{2.22}$$

Die Riesz–Theorie beinhaltet Aussagen über Operatoren der Gestalt (2.22), also über "kompakte Störungen der Identität".

Satz 2.14 *Sei $K : X \to X$ kompakt, L wie in (2.22). Dann gilt:*

a) ("1.Rieszscher Satz") $\dim N(L) < \infty$.

b) ("2.Rieszscher Satz") $R(L)$ ist abgeschlossen.

Zum Beweis benötigen wir einige Vorbereitungen; die folgende Aussage besagt, daß es in einem normierten Raum zu jedem echten abgeschlossenen Unterraum ein Element mit Länge 1 gibt, das von diesem Unterraum einen gewissen beliebigen (zwischen 0 und 1) vorgegebenen Abstand hat. In einem Hilbertraum bräuchte man dazu nur ein Element zu nehmen, das orthogonal auf den Unterraum steht. Diese Konstruktion ist natürlich in Räumen ohne inneres Produkt nicht möglich. Man beachte, daß die Aussage ohne Voraussetzung der Abgeschlossenheit des Unterraums nicht richtig ist; ein echter Unterraum eines unendlichdimensionalen normierten Raums kann ja dicht liegen, jedes Element des ganzen Raums hat damit Abstand 0 von einem solchen Unterraum.

Lemma 2.15 *("Rieszsches Lemma") Sei X normiert, $Y \subseteq X, Y \neq X$ ein abgeschlossener Unterraum, $\varepsilon \in \,]0,1[$. Dann existiert ein $x \in X$ mit $\|x\| = 1$ so, daß für alle $y \in Y$ $\|y - x\| \geq \varepsilon$ gilt.*

Beweis. Sei $z \in X \setminus Y$. Da Y abgeschlossen ist, ist $\alpha := \inf\{\|z-y\|/y \in Y\} > 0$. Nach Definition von α und da $\frac{\alpha}{\varepsilon} > \alpha$ ist, können wir ein $w \in Y$ so wählen, daß $\alpha \leq \|z - w\| \leq \frac{\alpha}{\varepsilon}$ gilt; sei $x := \frac{z-w}{\|z-w\|}$. Dann ist $\|x\| = 1$, für alle $y \in Y$ gilt:

$$\|y - x\| = \frac{1}{\|z-w\|} \cdot \Big\|z - w - \|z-w\|y\Big\| =$$

$$= \frac{1}{\|z-w\|}\Big\|z - \underbrace{(w + \|z-w\|y)}_{\in Y}\Big\| \geq$$

$$\geq \frac{\alpha}{\|z-w\|} \geq \frac{\alpha}{\left(\frac{\alpha}{\varepsilon}\right)} = \varepsilon.$$

$\square$

Aus dem Rieszschen Lemma kann man folgende auch unabhängig vom Folgenden interessante Folgerung ziehen:

Lemma 2.16 *Der Einheitsoperator $I : X \to X$ ist genau dann kompakt, wenn X endlichdimensional ist.*

Beweis. Ist $\dim X < \infty$, so folgt die Kompaktheit von I aus Satz 2.7 f).

Zum Beweis der Umkehrung nehmen wir an, daß $\dim X = \infty$ sei. Wir definieren eine Folge (x_n) in X und eine Folge (Y_n) von abgeschlossenen Unterräumen induktiv wie folgt: $x_1 \in X$ mit $\|x_1\| = 1, Y_1 := \lim\{x_1\}$. Sei $Y_n := \lim\{x_1, \ldots, x_n\}$ bereits definiert. Nach Lemma 2.15 (mit $\varepsilon = \frac{1}{2}$) existiert (da der endlichdimensionale Raum Y_n ein echter abgeschlossener Unterraum des als unendlichdimensional angenommenen Raums X ist) ein $x_{n+1} \in X$

mit $\|x_{n+1}\| = 1$ und $\|x_{n+1} - x_m\| \geq \frac{1}{2}$ für alle $m \leq n$. Wir definieren $Y_{n+1} := \lin\{x_1, \ldots, x_n, x_{n+1}\}$.

Die Folge (x_n) liegt in der "Einheitskugel" $\{x \in X/\|x\| \leq 1\}$ und enthält nach Konstruktion keine konvergente Teilfolge; also ist die Einheitskugel nicht (relativ) kompakt. Das müßte sie aber sein, wenn I kompakt wäre, da sie ja beschränkt und ihr eigenes Bild unter I ist. Damit kann I nicht kompakt sein.

$\square$

Beweis von Satz 2.14:

a) Da L stetig ist, ist $N(L) = L^{-1}(\{0\})$ abgeschlossen. Sei $\tilde{K} := K|_{N(L)}$. Aus der Definition eines kompakten Operators folgt, daß auch die Einschränkung eines kompakten Operators auf einen Teilraum kompakt ist. Damit ist $\tilde{K}$ kompakt. Für $x \in N(L)$ ist $\tilde{K}x = x - Lx = x$. Also ist $\tilde{K}$ der Einheitsoperator auf $N(L)$. Aus Lemma 2.16 folgt damit, daß $\dim N(L) < \infty$.

b) Sei $y \in \overline{R(L)}$ beliebig. Wir zeigen, daß y in $R(L)$ selbst liegt, nicht nur im Abschluß. Es existiert eine Folge $(\bar{x}_n)$ in X mit

$$(L\bar{x}_n) \to y. \tag{2.23}$$

Das folgende Vorgehen wird in der nachfolgenden Bemerkung 2.17 etwas motiviert. Für alle $n \in \mathbb{N}$ sei $z_n \in N(L)$ so, daß

$$\|\bar{x}_n - z_n\| \leq d(\bar{x}_n, N(L)) + \frac{1}{n} \tag{2.24}$$

gilt,

$$x_n := \bar{x}_n - z_n. \tag{2.25}$$

Wir zeigen:

$$(x_n) \quad \text{ist beschränkt.} \tag{2.26}$$

Andernfalls existiert eine Teilfolge $(x_{n_k})_{k \in \mathbb{N}}$ mit

$$\|x_{n_k}\| \geq k \quad (k \in \mathbb{N}). \tag{2.27}$$

Da $\left(\frac{x_{n_k}}{\|x_{n_k}\|}\right)$ beschränkt und K kompakt ist, hat $\left(K\left(\frac{x_{n_k}}{\|x_{n_k}\|}\right)\right)$ eine konvergente Teilfolge

$$\left(K\left(\frac{x_{n_{k_j}}}{\|x_{n_{k_j}}\|}\right)\right) \to z \in X. \tag{2.28}$$

Da $(L\bar{x}_n)$ als konvergente Folge beschränkt und $Lx_n = L\bar{x}_n$ ist, gilt wegen (2.27)

$$\left\|L\left(\frac{x_{n_k}}{\|x_{n_k}\|}\right)\right\| = \frac{1}{\|x_{n_k}\|}\|L\bar{x}_{n_k}\| \to 0 \quad \text{mit} \quad k \to \infty.$$

Zusammen mit (2.28) impliziert das:

$$\left(\frac{x_{n_{k_j}}}{\|x_{n_{k_j}}\|}\right) = \left(L\left(\frac{x_{n_{k_j}}}{\|x_{n_{k_j}}\|}\right)\right) + \left(K\left(\frac{x_{n_{k_j}}}{\|x_{n_{k_j}}\|}\right)\right) \to z. \qquad (2.29)$$

Damit ist (da L stetig ist) $Lz = \lim_{j\to\infty} L\left(\frac{x_{n_{k_j}}}{\|x_{n_{k_j}}\|}\right) = 0$, also ist $z \in N(L)$.
Damit gilt auch

$$z_{n_k} + \|x_{n_k}\| \cdot z \in N(L) \quad (k \in \mathbb{N}). \qquad (2.30)$$

Für alle $k \in \mathbb{N}$ gilt:

$$\left\|\frac{x_{n_k}}{\|x_{n_k}\|} - z\right\| = \frac{1}{\|x_{n_k}\|} \|x_{n_k} - \|x_{n_k}\|z\| =$$

$$= \frac{1}{\|x_{n_k}\|} \|\bar{x}_{n_k} - (z_{n_k} + \|x_{n_k}\|z)\| \geq \frac{1}{\|x_{n_k}\|} d(\bar{x}_{n_k}, N(L)) \geq$$

$$\underset{(2.25)}{|} \qquad\qquad\qquad \underset{(2.30)}{|}$$

$$\geq \frac{1}{\|x_{n_k}\|}\left[\|\bar{x}_{n_k} - z_{n_k}\| - \frac{1}{n_k}\right] = 1 - \frac{1}{n_k\|x_{n_k}\|} \overset{k\to\infty}{\longrightarrow} 1.$$

Dies ist ein Widerspruch zu (2.29). Also kann keine Teilfolge mit (2.27) existieren; damit gilt (2.26).

Da K kompakt ist, hat also die Folge (Kx_n) eine konvergente Teilfolge (Kx_{n_k}). Wegen $x_{n_k} = Lx_{n_k} + Kx_{n_k} = L\bar{x}_{n_k} + Kx_{n_k}$ folgt zusammen mit (2.23), daß (x_{n_k}) konvergiert. Sei $x := \lim_{k\to\infty} x_{n_k}$. Dann gilt, da L stetig ist:

$$Lx = \lim_{k\to\infty} Lx_{n_k} = \lim_{k\to\infty} L\bar{x}_{n_k} = y.$$

$$\underset{(2.23)}{|}$$

Also ist $y \in R(L)$. Da y ein beliebiges Element aus $\overline{R(L)}$ war, folgt, daß $R(L)$ abgeschlossen ist.

□

Bemerkung 2.17 Zum Beweis von Satz 2.14 b) einige Bemerkungen:

Wir werden dem verwendeten Beweisprinzip immer wieder begegnen. Ziel des Beweises war es, ein Element x zu konstruieren mit $Lx = y$. Dieses Element x wurde als Grenzwert einer Teilfolge der Folge (x_n) konstruiert, deren Bilder unter L gegen y konvergierten. Um zu zeigen, daß (x_n) überhaupt eine konvergente Teilfolge hat, wurde zunächst (x_n) so konstruiert, daß diese Folge beschränkt war; dazu später. Dann wurde die Kompaktheit von K ausgenützt, um eine konvergente Teilfolge von (Kx_n) zu erzeugen. Da auch (Lx_n) konvergent war, konnte wegen der Beziehung $x_n = Lx_n + Kx_n$ auf die Existenz einer konvergenten Teilfolge von (x_n) geschlossen werden. Diese Schlußfolge, die uns noch mehrmals begegnen wird, war nur möglich, weil wir es mit einer Gleichung 2.Art zu tun haben, bei der die Unbekannte sowohl explizit als auch über den kompakten Operator K mit der rechten Seite verknüpft ist.

Zunächst war aber die Beschränktheit der Folge (x_n) zu sichern. Die ursprünglich gewählte Folge $(\bar{x}_n)$ ist nicht notwendigerweise beschränkt, da ja in jedem Element beliebig große Anteile in $N(L)$ vorkommen können, ohne (2.23) zu stören. Daher mußte zunächst eine Folge mit der Eigenschaft (2.23) gefunden werden, deren Elemente möglichst kleine Norm hatten. Im Hilbertraum würde man dazu wie folgt vorgehen: Man würde $\bar{x}_n$ auf $N(L)$ orthogonal projizieren, also das Element z_n mit $\|\bar{x}_n - z_n\| = d(\bar{x}_n, N(L))$ konstruieren und dann x_n durch (2.25) definieren. Damit wäre gewährleistet, daß x_n jeweils kleinste Norm unter allen möglichen $\bar{x}_n$, die (2.23) erfüllen, hat (vgl. Abbildung 2.1). Da in einem beliebigen normierten Raum keine Orthogonalprojektion existiert, ist dieser Weg i.a. nicht gangbar. Der Beweis ist aber durch diese Überlegungen motiviert: z_n ist wieder ein $\bar{x}_n$ möglichst nahe (umso näher dem Minimalabstand, je größer n ist) gelegenes Element in $N(L)$. Es werden also in (2.25) Nullraumanteile, die die Unbeschränktheit von $(\bar{x}_n)$ verursachen könnten, abgezogen.

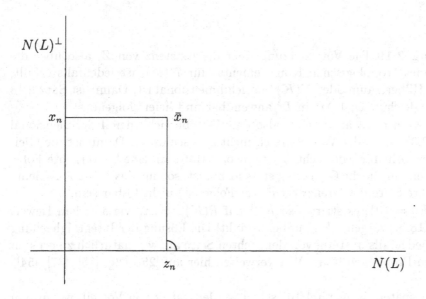

Abb. 2.1.

Schon aus Satz 2.14 kann man einige Information über Fredholmsche Integralgleichungen 2.Art gewinnen: Für jede rechte Seite hat die Lösungsmenge, wenn sie nicht leer ist, endliche Dimension, nämlich die des Lösungsraumes der homogenen Gleichung. Approximiert man die rechte Seite durch eine konvergente Folge so, daß alle Näherungsprobleme lösbar sind, so ist das ursprüngliche Problem ebenfalls lösbar. Aus dem Beweis von Satz 2.14 geht auch folgendes hervor:

Hat man eine Folge von lösbaren Problemen, deren rechte Seiten konvergieren, so kann man stets eine Folge zugehöriger Lösungen auswählen, die beschränkt bleibt (nämlich die x_n nach (2.25)), ja sogar eine gegen eine Lösung des Grenzproblems konvergente Teilfolge hat.

Integralgleichungen 1.Art haben alle diese angesprochenen Eigenschaften i.a. nicht, wie folgender Satz andeutet:

Satz 2.18 *Seien X, Y Banachräume, $K : X \to Y$ kompakt und so, daß ein abgeschlossener Unterraum $Z \subseteq X$ mit $X = N(K) \oplus Z$ existiert. Dann ist $R(K)$ abgeschlossen genau dann, wenn $R(K)$ endlichdimensional ist. In diesem Fall ist auch Z endlichdimensional.*

Beweis. Sei $\tilde{K} := K|_Z : Z \to R(K)$. $\tilde{K}$ ist ein bijektiver linearer Operator.

Ist $R(K)$ endlichdimensional, dann ist $R(K)$ abgeschlossen. Ist umgekehrt $R(K)$ abgeschlossen, also ein Banachraum, so ist nach dem Satz der offenen Abbildung $\tilde{K}^{-1}$ beschränkt und damit nach Satz 2.7 d) auch $\tilde{K}\tilde{K}^{-1} = I_{R(K)}$ kompakt. Damit ist nach Lemma 2.16 $R(K)$ endlichdimensional. Da $\tilde{K}^{-1}\tilde{K} = I_Z$, folgt analog, daß Z endlichdimensional ist.

$\square$

Bemerkung 2.19 Die Voraussetzung über die Existenz von Z, also über die Existenz eines "topologischen Komplements" für $N(K)$, ist jedenfalls erfüllt, falls X ein Hilbertraum oder $N(K)$ endlichdimensional ist. Damit ist Satz 2.18 auf Integralgleichungen 1.Art in L^2 anwendbar und liefert folgendes:

Ist der Kern nicht ausgeartet, also der Wertebereich unendlichdimensional (vgl. Satz 2.3), so ist der Wertebereich nicht abgeschlossen. Damit ist die Gleichung sicher nicht für jede rechte Seite lösbar! Hat man eine konvergente Folge rechter Seiten, für die die Gleichung stets lösbar ist, so muß das "Grenzproblem" (dessen rechte Seite der Grenzwert dieser Folge ist) nicht lösbar sein.

Ist $N(K) = \{0\}$, existiert also K^{-1} auf $R(K)$, so ist, wie aus dem Beweis von Satz 2.18 hervorgeht, K^{-1} unbeschränkt! Die Lösung der Integralgleichung hängt also jedenfalls unstetig von der rechten Seite ab, was natürlich zu ernsten numerischen Problemen führt. Wir verweisen hier auf [25], [29], [35], [37], [54].

Wie wir später (in Kapitel 10) sehen werden, ist es von Vorteil, wenn man für einen Operator $L : X \to X$ den Raum X in die direkte Summe aus $N(L)$ und $R(L)$ aufspalten kann. Das geht i.a. nicht einmal im Endlichdimensionalen, wie etwa folgendes Beispiel zeigt:

Sei $L := \begin{pmatrix} 0 & 0 \\ 1 & 0 \end{pmatrix}$. Dann ist $N(L) = \{0\} \times \mathbb{R}, R(L) = \{0\} \times \mathbb{R} = N(L)$, also ist sicherlich <u>nicht</u> $\mathbb{R}^2 = N(L) \oplus R(L)$. Man beachte, daß 0 für L ein

Eigenwert mit geometrischer Vielfachheit 1, aber algebraischer Vielfachheit 2 ist; damit existieren "Hauptvektoren", also Vektoren $\binom{x}{y} \neq 0$ mit $L\binom{x}{y} \neq 0$, aber $L^2\binom{x}{y} = 0$, nämlich z.B. $\binom{x}{y} = \binom{1}{0}$. Da $L^2 = \left(\begin{smallmatrix} 0 & 0 \\ 0 & 0 \end{smallmatrix}\right)$, ist trivialerweise $\mathbb{R}^2 = N(L^2) \oplus R(L^2)$. Wir werden nun sehen, daß eine ähnliche Aufspaltung auch bei Operatoren $L = I - K$ mit kompaktem $K : X \to X$ stets möglich ist: Es gibt ein $\nu \in \mathbb{N}_0$ (den sogenannten "Rieszindex"), sodaß $X = N(L^\nu) \oplus R(L^\nu)$ gilt. Diese Tatsache ist Teil der sogenannten "Riesz–(Schauder)–Theorie", die wir nun entwickeln und die für Existenz–, Eindeutigkeits– und Stabilitätsfragen bei Integralgleichungen 2.Art ganz wesentlich ist.

Satz 2.20 ("3.Rieszscher Satz") *Sei X normiert, $K : X \to X$ kompakt, $L := I - K$. Dann existiert eine (eindeutig bestimmte) Zahl $\nu \in \mathbb{N}_0$ mit*

$$\{0\} = N(L^0) \underset{\neq}{\subset} N(L) \underset{\neq}{\subset} N(L^2) \underset{\neq}{\subset} \ldots \underset{\neq}{\subset} N(L^\nu) = N(L^{\nu+1}) = \ldots, \quad (2.31)$$

$$X = R(L^0) \underset{\neq}{\supset} R(L) \underset{\neq}{\supset} R(L^2) \underset{\neq}{\supset} \ldots \underset{\neq}{\subset} R(L^\nu) = R(L^{\nu+1}) = \ldots, \quad (2.32)$$

genannt "Rieszindex" von L (oder von K). (Man beachte, daß ν auch gleich 0 sein kann!)

Es gilt: $\dim N(L^\nu) < \infty$ *und*

$$X = N(L^\nu) \oplus R(L^\nu). \quad (2.33)$$

Die durch die Aufspaltung (2.33) induzierten Projektoren auf $N(L^\nu)$ und $R(L^\nu)$ sind stetig. L bildet den abgeschlossenen Teilraum $R(L^\nu)$ bijektiv auf sich ab und hat (auf $R(L^\nu)$) eine stetige Inverse.

Beweis. Wir zeigen zuerst die Existenz eines $\nu_1 \in \mathbb{N}_0$ so, daß mit $\nu = \nu_1$ (2.31) gilt. Offenbar gilt $N(L^k) \subseteq N(L^{k+1})$ für alle $k \in \mathbb{N}$; ist $N(L^k) = N(L^{k+1})$, so gilt auch $N(L^{p+1}) = N(L^p)$ für alle $p > k$, denn: Ist $x \in N(L^{p+1})$, gilt also $0 = L^{p+1}x = L^{k+1}(L^{p-k}x)$, so ist $L^{p-k}x \in N(L^{k+1}) = N(L^k)$; also ist auch $L^p x = L^k(L^{p-k}x) = 0$ und damit $x \in N(L^p)$. Damit gilt $N(L^{p+1}) \subseteq N(L^p)$. Da die umgekehrte Inklusion stets richtig ist, ist gezeigt, daß $N(L^p) = N(L^{p+1})$ gilt.

Wir brauchen also nur zu zeigen, daß ein $\nu_1 \in \mathbb{N}_0$ mit $N(L^{\nu_1}) = N(L^{\nu_1+1})$ existiert. Dazu nehmen wir das Gegenteil an, also, daß für alle $k \in \mathbb{N}_0$ $N(L^k) \underset{\neq}{\subset} N(L^{k+1})$ gilt. Damit folgt aus Lemma 2.15, daß für alle $k \in \mathbb{N}_0$ ein $x_k \in N(L^{k+1})$ existiert mit $\|x_k\| = 1$ und $\|x_k - x\| \geq \frac{1}{2}$ für alle $x \in N(L^k)$. Lemma 2.15 ist anwendbar, da $N(L^k)$ als Nullraum eines stetigen Operators abgeschlossen ist. Wir betrachten die so definierte Folge (x_k). Für $n > m$ gilt: $L^n(x_m + Lx_n - Lx_m) = L^{n-m-1}L^{m+1}x_m + L^{n+1}x_n - L^{n-m}L^{m+1}x_m = 0$, da nach Definition der Folge $x_n \in N(L^{n+1}), x_m \in N(L^{m+1})$. Also ist $x_m + Lx_n - Lx_m \in N(L^n)$ und damit $\|x_n - (x_m + Lx_n - Lx_m)\| \geq \frac{1}{2}$, da diese Ungleichung für alle Elemente aus $N(L^n)$ gilt. Da $x_n - (x_m + Lx_n - Lx_m) = Kx_n - Kx_m$ ist, folgt also $\|Kx_n - Kx_m\| \geq \frac{1}{2}$ für alle $n > m$, sodaß (Kx_n) keine konvergente

Teilfolge besitzen kann. Da (x_n) beschränkt ist, widerspricht dies aber der Kompaktheit von K. Damit war unsere indirekte Annahme falsch, ihr Gegenteil ist richtig. Also existiert ein $\nu_1 \in \mathbb{N}_0$ so, daß mit $\nu = \nu_1$ (2.31) gilt.

Wir zeigen nun, daß $\nu_2 \in \mathbb{N}_0$ existiert so, daß mit $\nu = \nu_2$ (2.32) gilt. Offenbar gilt $R(L^k) \supseteq R(L^{k+1})$ für alle $k \in \mathbb{N}$; ist $R(L^k) = R(L^{k+1})$, so gilt auch $R(L^{p+1}) = R(L^p)$ für alle $p > k$, denn: Ist $x \in R(L^p)$, so hat x die Form $x = L^p z = L^{p-k}(L^k z)$. Da $L^k z \in R(L^k) = R(L^{k+1})$, existiert ein y so, daß $L^k z = L^{k+1} y$. Damit ist aber $x = L^{p-k}(L^k z) = L^{p-k}(L^{k+1} y) = L^{p+1} y \in R(L^{p+1})$. Also ist $R(L^p) \subseteq R(L^{p+1})$. Da die umgekehrte Inklusion stets richtig ist, ist gezeigt, daß $R(L^p) = R(L^{p+1})$ gilt.

Es genügt also zu zeigen, daß ein $\nu_2 \in \mathbb{N}_0$ mit $R(L^{\nu_2}) = R(L^{\nu_2+1})$ existiert. Dazu nehmen wir das Gegenteil an, also, daß für alle $k \in \mathbb{N}_0$ $R(L^k) \underset{\neq}{\supseteq} R(L^{k+1})$ gilt. Aus dem binomischen Lehrsatz folgt, daß für alle $n \in \mathbb{N}$ $L^n = (I - K)^n = I - K_n$ mit $K_n = \sum_{i=1}^{n} (-1)^{i-1} \binom{n}{i} K^i$ ist. Da Produkte und Summen kompakter Operatoren wieder kompakt sind (Satz 2.7), ist K_n kompakt. Also gelten die Aussagen von Satz 2.14 auch für L^n statt L.

Insbesondere ist $R(L^{k+1})$ abgeschlossen. Wir können also Lemma 2.15 anwenden und erhalten, daß für alle $k \in \mathbb{N}_0$ ein $y_k \in R(L^k)$ mit $\|y_k\| = 1$ existiert so, daß $\|y_k - y\| \geq \frac{1}{2}$ ist für alle $y \in R(L^{k+1})$.

Wir betrachten die so entstehende Folge (y_k):

Da $y_k \in R(L^k)$ ist, existiert jeweils ein x_k mit $L^k x_k = y_k$. Da für $m > n \in \mathbb{N}$ $y_m + Ly_n - Ly_m = L^{n+1}(L^{m-n-1} x_m + x_n - L^{m-n} x_m)$, ist $y_m + Ly_n - Ly_m \in R(L^{n+1})$, sodaß $\frac{1}{2} \leq \|y_n - (y_m + Ly_n - Ly_m)\| = \|Ky_n - Ky_m\|$ für $m > n$ gilt, was wie oben im Widerspruch zur Kompaktheit von K steht. Damit war unsere indirekte Annahme falsch, ihr Gegenteil ist richtig. Also existiert ein $\nu_2 \in \mathbb{N}_0$ so, daß mit $\nu = \nu_2$ (2.32) gilt.

Wir setzen ν_1, ν_2 so fest, daß sie jeweils minimal mit der Eigenschaft $N(L^{\nu_1}) = N(L^{\nu_1+1})$ bzw. $R(L^{\nu_2}) = R(L^{\nu_2+1})$ sind und zeigen, daß

$$\nu_1 = \nu_2 \tag{2.34}$$

gilt.

Wir nehmen zunächst an, es wäre $\nu_1 > \nu_2$. Dann ist nach Definition von ν_2 $R(L^{\nu_1}) = R(L^{\nu_1-1}) = \ldots = R(L^{\nu_2})$. Ist nun $x \in N(L^{\nu_1})$, so ist also $L^{\nu_1-1} x \in R(L^{\nu_1-1}) = R(L^{\nu_1})$. Damit existiert ein $\bar{x}$ mit $L^{\nu_1-1} x = L^{\nu_1} \bar{x}$. Aus $0 = L^{\nu_1} x = L^{\nu_1+1} \bar{x}$ folgt also mit der Definition von ν_1, daß $\bar{x} \in N(L^{\nu_1+1}) = N(L^{\nu_1})$, also $0 = L^{\nu_1} \bar{x} = L^{\nu_1-1} x$ und damit $x \in N(L^{\nu_1-1})$ ist. Damit ist gezeigt, daß $N(L^{\nu_1}) \subseteq N(L^{\nu_1-1})$ gilt, was im Widerspruch zur Minimalität von ν_1 steht. Also muß $\nu_1 \leq \nu_2$ sein.

Wir nehmen nun an, es wäre $\nu_1 < \nu_2$. Es sei $y = L^{\nu_2-1} x \in R(L^{\nu_2-1})$. Da $Ly = L^{\nu_2} x \in R(L^{\nu_2}) = R(L^{\nu_2+1})$, existiert ein $\bar{x}$ mit $Ly = L^{\nu_2+1} \bar{x}$. Es ist $L^{\nu_2}(x - L\bar{x}) = Ly - Ly = 0$, also $x - L\bar{x} \in N(L^{\nu_2})$. Nach Definition von ν_1 ist, da laut Annahme $\nu_2 > \nu_1$ ist, $N(L^{\nu_1}) = N(L^{\nu_1+1}) = \ldots = N(L^{\nu_2-1}) = N(L^{\nu_2})$. Damit ist $x - L\bar{x} \in N(L^{\nu_2-1})$, also gilt $0 = L^{\nu_2-1}(x - L\bar{x}) = L^{\nu_2-1} x - L^{\nu_2} \bar{x}$. Damit ist $y = L^{\nu_2-1} x = L^{\nu_2} \bar{x} \in R(L^{\nu_2})$, womit gezeigt ist, daß $R(L^{\nu_2-1}) \subseteq R(L^{\nu_2})$ gilt im Widerspruch zur Minimalität von ν_2. Damit gilt (2.34), was insgesamt den Existenzbeweis für den Rieszindex ν abschließt.

Wir zeigen nun (2.33).

Es sei $x \in N(L^\nu) \cap R(L^\nu)$, also $x = L^\nu \bar{x}$ mit geeignetem $\bar{x}$ und $L^\nu x = 0$ Dann ist $L^{2\nu} \bar{x} = 0$, also $\bar{x} \in N(L^{2\nu}) = N(L^\nu)$ und damit $x = L^\nu \bar{x} = 0$. Wir haben also

$$N(L^\nu) \cap R(L^\nu) = \{0\} \qquad (2.35)$$

gezeigt.

Wir zeigen nun, daß

$$X = N(L^\nu) + R(L^\nu), \qquad (2.36)$$

was zusammen mit (2.35) dann (2.33) impliziert. Es sei dazu $x \in X$ beliebig. Wir müssen Elemente aus $N(L^\nu)$ und aus $R(L^\nu)$ konstruieren, deren Summe x ist: Da $L^\nu x \in R(L^\nu) = R(L^{2\nu})$, existiert ein $\bar{x}$ mit $L^\nu x = L^{2\nu} \bar{x}$. Es sei $n := x - L^\nu \bar{x}$. Dann ist $L^\nu n = L^\nu x - L^{2\nu} \bar{x} = 0$, also $n \in N(L^\nu)$. Da $x = n + L^\nu \bar{x}$, ist $x \in N(L^\nu) + R(L^\nu)$. Dies beweist (2.36) und damit zusammen mit (2.35) auch (2.33).

Die Aufspaltung (2.33) induziert einen Projektor $P : X \to N(L^\nu)$. Wir zeigen, daß P stetig ist:

Für $n \in N(L^\nu)$ sei

$$|n| := \inf\{\|n + r\|/r \in R(L^\nu)\} = \inf\{\|n - r'\|/r' \in R(L^\nu)\} = d(n, R(L^\nu)).$$

Da, wie bereits gezeigt wurde, $R(L^\nu)$ abgeschlossen ist, ist $|n| > 0$, sobald $n \notin R(L^\nu)$ ist. Ist also $|n| = 0$, so muß $n \in R(L^\nu)$ sein; da zugleich $n \in N(L^\nu)$ ist, folgt aus (2.35), daß in diesem Fall $n = 0$ ist. Ist $\lambda \in \mathbb{R} \setminus \{0\}$, so ist

$$\begin{aligned} |\lambda n| &= \inf\{\|\lambda n + r\|/r \in R(L^\nu)\} = \\ &= \inf\{|\lambda| \cdot \|n + \frac{r}{\lambda}\|/r \in R(L^\nu)\} = \\ &= |\lambda| \cdot \inf\{\|n + r'\|/r' \in R(L^\nu)\} = |\lambda|\,|n|. \end{aligned}$$

Für alle $r, s \in R(L^\nu)$ ist $\|n + m + r + s\| \le \|n + r\| + \|n + s\|$.

Bildet man in dieser Ungleichung nacheinander das Infimum über r und s, so folgt, daß für $n, m \in N(L^\nu)$ $|n + m| \le |n| + |m|$ gilt. Insgesamt haben wir also gezeigt, daß $|\ |$ eine Norm auf $N(L^\nu)$ ist. Eine andere Norm auf $N(L^\nu)$ ist die Einschränkung der ursprünglichen Norm. Nach Satz 2.14, der, wie oben erwähnt, auch auf L^ν statt L anwendbar ist, folgt, daß $N(L^\nu)$ endlichdimensional ist. Da auf einem endlichdimensionalen Raum alle Normen äquivalent sind, muß ein $C > 0$ existieren so, daß für alle $n \in N(L^\nu)$ $\|n\| \le C|n|$ gilt. Daraus folgt, daß für alle $x \in X$ $\|Px\| \le C \cdot |Px| = C \inf\{\|Px + r\|/r \in R(L^\nu)\} \le C\|Px + (x - Px)\| = C\|x\|$, da nach Definition von Px auch $x - Px \in R(L^\nu)$ ist. Damit ist P beschränkt, also stetig.

Es bleibt zu zeigen, daß $L|_{R(L^\nu)}$ eine stetig invertierbare Bijektion auf $R(L^\nu)$ ist.

Es sei $\bar{L} := L|_{R(L^\nu)}$. Da $R(\bar{L}) = L(R(L^\nu)) = R(L^{\nu+1}) = R(L^\nu)$ und $N(\bar{L}) = N(L) \cap R(L^\nu) \subseteq N(L^\nu) \cap R(L^\nu) = \{0\}$, ist $\bar{L} : R(L^\nu) \to R(L^\nu)$ bijektiv, also existiert $\bar{L}^{-1}$, die (algebraische) Inverse; ist $\nu = 0$, so ist $\bar{L} = L, R(L^\nu) = X$.

Wir nehmen an, die Inverse $\bar{L}^{-1}$ wäre unbeschränkt. Dann existiert eine Folge (x_n) in $R(L^\nu)$ mit $\|x_n\| = 1$ für alle $n \in \mathbb{N}$ und $\|\bar{L}^{-1}x_n\| \xrightarrow{n \to \infty} +\infty$. Es sei $y_n := \frac{x_n}{\|\bar{L}^{-1}x_n\|}$. Dann gilt $(y_n) \to 0$. Da $\left\|\frac{\bar{L}^{-1}x_n}{\|\bar{L}^{-1}x_n\|}\right\| = 1$ gilt und $K|_{R(L^\nu)}$ als Einschränkung eines kompakten Operators kompakt ist, hat $\left(K\left(\frac{\bar{L}^{-1}x_n}{\|\bar{L}^{-1}x_n\|}\right)\right)$ eine konvergente Teilfolge $\left(K\left(\frac{\bar{L}^{-1}x_{n_k}}{\|\bar{L}^{-1}x_{n_k}\|}\right)\right)$, deren Grenzwert wir mit y bezeichnen. Da, wie bereits gezeigt wurde, $R(L^\nu)$ abgeschlossen ist, ist $y \in R(L^\nu)$. Mit $\frac{\bar{L}^{-1}x_n}{\|\bar{L}^{-1}x_n\|} - K\left(\frac{\bar{L}^{-1}x_n}{\|\bar{L}^{-1}x_n\|}\right) = \frac{1}{\|\bar{L}^{-1}x_n\|} \cdot \left[\bar{L}\bar{L}^{-1}x_n\right] = y_n$ folgt damit, daß

$$\lim_{k \to \infty} \frac{\bar{L}^{-1}x_{n_k}}{\|\bar{L}^{-1}x_{n_k}\|} = \lim_{k \to \infty}\left(y_{n_k} + K\left(\frac{\bar{L}^{-1}x_{n_k}}{\|\bar{L}^{-1}x_{n_k}\|}\right)\right) = y.$$

gilt. Damit ist $\bar{L}y = \lim_{k \to \infty} \bar{L}\left(\frac{\bar{L}^{-1}x_{n_k}}{\|\bar{L}^{-1}x_{n_k}\|}\right) = \lim_{k \to \infty} y_{n_k} = 0$ und damit $y = 0$, was ein Widerspruch dazu ist, daß $\|y\| = \lim_{k \to \infty}\left\|\frac{\bar{L}^{-1}x_{n_k}}{\|\bar{L}^{-1}x_{n_k}\|}\right\| = 1$ sein müßte. Also war unsere Annahme, $\bar{L}^{-1}$ wäre unbeschränkt, falsch. $\bar{L}^{-1}$ ist also beschränkt.

$\square$

Bemerkung 2.21

a) Das im letzten Beweisteil verwendete Beweisprinzip wird noch häufig verwendet werden: Zunächst wird eine beschränkte Folge z_n (hier: $\frac{\bar{L}^{-1}x_n}{\|\bar{L}^{-1}x_n\|}$) konstruiert. Mit Hilfe der Kompaktheit wird aus der Bildfolge (Kz_n) eine konvergente Teilfolge (Kz_{n_k}) ausgewählt. Ist nun $y_n := z_n - Kz_n$ konvergent, so folgt, daß $z_{n_k} = y_{n_k} + Kz_{n_k}$ konvergiert. Dieser Schluß, bei dem aus der Konvergenz einer Bildfolge (Kz_{n_k}) die Konvergenz der Urbildfolge (z_{n_k}) gefolgert wird, beruht darauf, daß wir es mit einer Gleichung 2.Art zu tun haben, die unbekannte Funktion also sowohl "innerhalb" als auch "außerhalb" des kompakten Operators K auftritt. Der letzte Beweisteil wäre übrigens im Fall eines vollständigen Raumes X einfacher gegangen: Die Beschränktheit von $\bar{L}^{-1}$ würde dann sofort aus dem Satz von Banach ("Open Mapping Theorem") folgen.

b) Alle Aussagen sind unverändert gültig für $L = S - K$ mit kompaktem K und stetig invertierbarem S, da ja die Gleichung $Sx - Kx = f$ äquivalent zu $x - S^{-1}Kx = S^{-1}f$ ist und $S^{-1}K$ nach Satz 2.7 d) kompakt ist.

c) Aus den Sätzen von Riesz können wir folgendes über die Gleichungen

$$x - Kx = f \tag{2.37}$$

und die homogene Version

$$x - Kx = 0 \qquad (2.38)$$

mit kompaktem $K : X \to X$ (und damit über Fredholmsche Integralglei-chungen 2.Art) ableiten:

1) Besitzt (2.38) nur die triviale Lösung $x = 0$, so ist (2.37) für jedes $f \in X$ eindeutig lösbar; die Lösung hängt stetig von f ab. Man sagt: "Das Problem (2.37) ist korrekt gestellt." Diese Aussage leitet man wie folgt aus Satz 2.20 ab: Da $N(I - K) = \{0\}$, ist der Rieszindex $\nu = 0$, also gilt $R(I - K) = R((I - K)^0) = X$, d.h., $I - K$ ist surjektiv. Ferner ist $L|_{R(L^\nu)} = L$, also L^{-1} stetig.

2) (2.38) besitzt nichttriviale Lösungen genau dann, wenn (2.37) nicht für alle $f \in X$ lösbar ist. Läßt man nur rechte Seiten $f \in R((I-K)^\nu)$ und Lösungen $x \in R((I - K)^\nu)$ zu, so ist (2.37) eindeutig lösbar, die Lösung hängt stetig von f ab. Dies ist besonders dann wichtig, wenn $\nu = 1$ ist (wofür wir in Satz 2.30 eine Bedingung angeben werden), da dann die Menge der "zulässigen" rechten Seiten genau die Menge derjenigen rechten Seiten ist, für die (2.37) überhaupt lösbar ist. Die betrachteten Lösungen sind dann die speziellen Lösungen, die keinen Nullraumanteil haben.

   Lösungsmengen von (2.37) und (2.38) sind stets endlichdimensional.

Eine wesentliche Bedeutung der "Riesztheorie" liegt in der Tatsache, daß wie im Endlichdimensionalen aus der (meist wesentlich einfacher zu zeigenden) Ein-deutigkeit von Lösungen auf deren Existenz geschlossen werden kann (vgl. 2.21 c) 1))!

Im Fall $\nu \geq 1$ gibt die Riesztheorie keine Auskunft darüber, ob für eine <u>konkrete</u> rechte Seite f die Gleichung (2.37) lösbar ist. Dazu benötigt man wie in Satz 2.5 eine adjungierte Gleichung. Wir benötigen die entsprechende Theorie ("Fred-holmtheorie") in Kapitel 6 auch in Räumen, die keine Hilberträume sind. Man könnte dabei mit dem adjungierten Operator arbeiten, der auf dem Dualraum definiert ist. Da der Dualraum meist schwer zu handhaben ist, ist es günsti-ger, die Fredholmtheorie etwas allgemeiner auf "Dualsystemen" zu behandeln, was die Theorie auf dem Dualraum umfaßt, aber auch leichter zu handhabende Möglichkeiten offenläßt; insbesondere wird es dann möglich sein, die Theorie auf den Raum stetiger Funktionen anzuwenden, ohne dessen unhandlichen Dual-raum (den Raum der Funktionen beschränkter Variation) zu benötigen. (vgl. Bsp.2.23 c).

Definition 2.22 *Seien X, Y normiert; $(\cdot\,, \cdot) : X \times Y \to \mathbb{C}$ (oder $\mathbb{R}$) heißt "nichtdegenerierte Bilinearform", wenn gilt:*

   a) $[\forall(x \in X, x \neq 0)\exists(y \in Y)\,(x, y) \neq 0]\wedge[\forall(y \in Y, y \neq 0)\exists(x \in X)\,(x, y) \neq 0]$.

   b1) $\forall(x_1, x_2 \in X, \alpha_1, \alpha_2 \in \mathbb{C}(\mathbb{R}), y \in Y)\,(\alpha_1 x_1 + \alpha_2 x_2, y) = \alpha_1(x_1, y) + \alpha_2(x_2, y)$

b2) $\forall (x \in X, \beta_1, \beta_2 \in \mathbb{C}(\mathbb{R}), y_1, y_2 \in Y)\,(x, \beta_1 y_1 + \beta_2 y_2) = \beta_1(x, y_1) + \beta_2(x, y_2)$.

$(\cdot, \cdot)$ *heißt "beschränkt", falls gilt:*

c) $\exists (\gamma > 0)\forall (x \in X, y \in Y)\,|(x,y)| \leq \gamma \|x\|.\|y\|$.

Die Räume X, Y mit einer nichtdegenerierten Bilinearform $(\cdot, \cdot)$ heißen ein "Dualsystem", geschrieben als (X, Y) oder ausführlicher als $(X, Y, (\cdot, \cdot))$.

Bei einem Dualsystem braucht $(\cdot, \cdot)$ nicht beschränkt zu sein; daß man die Beschränktheit für die Fredholmtheorie nicht braucht, wurde von Kreß in [50] gezeigt. Wir folgen in unserem Aufbau dieser Arbeit (vgl. auch [10]). Ersetzt man auf der rechten Seite von Def.2.22 b2) β_1 und β_2 durch $\bar{\beta}_1$ und $\bar{\beta}_2$, so erhält man eine "Sesquilinearform" und kann eine analoge Theorie aufbauen.

Beispiel 2.23

a) Sei X ein reeller Hilbertraum mit innerem Produkt $\langle \cdot, \cdot \rangle$. Dann ist $(X, X, \langle \cdot, \cdot \rangle)$ ein Dualsystem mit beschränkter Bilinearform. Die Beschränktheit folgt (mit $\gamma = 1$) aus der Cauchy–Schwarz–Ungleichung.

b) Sei X ein Banachraum mit Dualraum $X^*, (\cdot, \cdot) : X \times X^* \to \mathbb{C}$ (oder $\mathbb{R}$) definiert durch $(x, f) := f(x)$. Dann ist (X, X^*) ein Dualsystem mit beschränkter Bilinearform (mit $\gamma = 1$). Die Nicht–Degeneriertheit folgt aus dem Satz von Hahn–Banach.

c) Sei X ein Banachraum, der stetig und dicht in einen reellen Hilbertraum H mit innerem Produkt $\langle \cdot, \cdot \rangle$ eingebettet ist (d.h.: $I : X \to H$ ist stetig, $I(X)$ ist dicht in H). Für $x, y \in X$ sei $(x, y) := \langle I(x), I(y) \rangle$. Dann ist (X, X) ein Dualsystem mit beschränkter Bilinearform (mit $\gamma = \|I\|^2_{X,H}$). Die Nicht–Degeneriertheit zeigt man wie folgt: Sei $x \in X$ so, daß $(x, y) = 0$ für alle $y \in X$ gilt, also $\langle I(x), I(y) \rangle = 0$ für alle $y \in X$. Da $I(X)$ dicht in H liegt, folgt $\langle I(x), z \rangle = 0$ für alle $z \in H$ und damit $I(x) = 0$, also $x = 0$. Analog zeigt man den 2.Teil. Zur Beschränktheit: $|(x, y)| = |\langle I(x), I(y) \rangle| \leq \|Ix\| \cdot \|Iy\| \leq \|I\|^2 \cdot \|x\| \cdot \|y\|$.

Ein wichtiges spezielles Beispiel ist folgendes:
$X = C(G), H = L^2(G)$ mit $\langle f, g \rangle = \int\limits_G f(t) \cdot g(t) \cdot r(t)dt$ mit einer stetigen Gewichtsfunktion $r : G \to \mathbb{R}^+$. Dann gilt für $x \in C(G) : \langle x, x \rangle = \int\limits_G x^2(t)r(t)dt \leq \|x\|^2_{C(G)} \cdot \int\limits_G r(t)dt$, also $\|I\|^2_{X,H} \leq \int\limits_G r(t)dt$. Im häufigsten Fall $r = 1$ ist $\gamma = \|I\|^2_{X,H} \leq |G|$. Dieses Beispiel erlaubt die bequeme Formulierung der Fredholmtheorie in $C(G)$ ohne Verwendung von dessen Dualraum, der bei der Formulierung nach b) nötig wäre.

d) (nach Kress [50]): Sei $X = \{x \in c]0,1]/\exists (M, \alpha > 0)\forall (t \in\ ]0,1])\,|x(t)| \leq M \cdot t^{\alpha - \frac{1}{2}}\}$ mit $\|x\| := \sup_{t \in]0,1]}(\sqrt{t}|x(t)|), (x, y) := \int\limits_0^1 x(t)y(t)dt$. $(\cdot, \cdot)$ ist eine unbeschränkte nicht–degenerierte Bilinearform, wie man unter Verwendung der Funktionen $x_n(t) := t^{\frac{1}{n} - \frac{1}{2}}$ leicht sieht.

Definition 2.24 *Sei* (X, Y) *ein Dualsystem.* $A : X \to X, B : Y \to Y$ *heißen* *"zueinander adjungiert", falls für alle* $x \in X, y \in Y$ *gilt:* $(Ax, y) = (x, By)$.

Bemerkung 2.25 In der Situation von Beispiel 2.23 a) bzw. b) ist zu einem Operator $A : X \to X$ natürlich $A^* : X \to X$ bzw. $A^* : X^* \to X^*$ (die Hilbertraum– bzw. Banachraum–Adjungierte) adjungiert; die Existenz eines adjungierten Operators ist also dort gesichert. Das ist bei allgemeinen Dual-systemen nicht so:

Sei etwa $X = C[0, 1], H = L^2[0, 1], (\cdot, \cdot)$ wie in Beispiel 2.23 c) mit $r = 1$ definiert, also $(x, y) = \int_0^1 x(t)y(t)dt$. Es sei

$$A : X \to X$$
$$x \to (t \mapsto x(0)).$$

Hätte A einen adjungierten Operator B im Dualsystem (X, X), so müßte für $v := By$ mit $y \equiv 1$ und alle $x \in X$ gelten : $x(0) = \langle Ax, y \rangle = \langle x, By \rangle = \langle x, v \rangle = \int_0^1 x(t)v(t)dt$. So ein v kann in X nicht existieren. Also hat A in diesem Dualsystem <u>keinen</u> adjungierten Operator.

Wenn A einen adjungieren Operator besitzt, so ist er linear und eindeutig bestimmt, wie aus der Nicht–Degeneriertheit folgt.

Bei Integraloperatoren ist auch im Dualsystem $(C(G), C(G))$ die Existenz (und die Kompaktheit) eines adjungierten Operators gesichert; wir können ihn sogar explizit angeben:

Satz 2.26

a) *Sei* $k \in L^2(G \times G)$, K *der durch* k *erzeugte Integraloperator, also*

$$(Kx)(s) = \int_G k(s, t)x(t)dt$$

für alle $x \in L^2(G), s \in G$; *ferner sei*

$$(K'x)(s) := \int_G k(t, s)x(t)dt \qquad (2.39)$$

für alle $x \in L^2(G), s \in G$. *Dann sind* K *und* K' *zueinander adjungiert bzgl.* $\langle L^2(G), L^2(G) \rangle$.

b) *Sei* $k \in C(G \times G)$ *oder* k *ein schwach singulärer Kern,* K *sei der erzeugte Integraloperator auf* $C(G), K'$ *definiert durch* (2.39) *für alle* $x \in C(G), s \in G$. *Dann sind* K *und* K' *zueinander adjungiert bzgl. des Dualsystems* $(C(G), C(G))$ *mit* $(x, y) := \int_G x(t)y(t)dt$.

In beiden Fällen ist K' wieder kompakt.

Beweis. Nach den Sätzen 2.1, 2.11 und 2.13 existiert jeweils K' und ist kompakt. Die Tatsache, daß K und K' adjungiert sind, folgt aus der Gleichung

$$(Kx, y)(\text{bzw.}\langle Kx, y\rangle) = \int_G \int_G k(s,t)x(t)dt\, y(s)ds = \int_G \int_G k(s,t)y(s)ds\, x(t)dt =$$

$$= \int_G (K'y)(t)x(t)dt = (x, K'y)(\text{bzw. } \langle x, K'y\rangle).$$

Bei der Vertauschung der Integrationsreihenfolge wurde der Satz von Fubini verwendet, dessen Anwendbarkeit im Fall eines stetigen oder L^2-Kerns auf der Integrierbarkeit der Funktion $(s,t) \rightarrow |k(s,t)x(t)y(s)|$ beruht. Ist k schwach singulär, so ist $(Kx)(s) = \lim_{n\to\infty}(K_n x)(s)$ (gleichmäßig in s) mit Integraloperatoren K_n mit stetigem Kern $k_n(|s-t|)k(s,t)$ (vgl. den Beweis zu Satz 2.13). Für die Näherungsoperatoren K_n folgt mit obigem Argument, daß K'_n (mit dem Kern $k_n(|s-t|)k(t,s)$) zu K_n adjungiert ist. Wegen der Gleichmäßigkeit der Konvergenz (in s) gilt für $x, y \in C(G)$:

$$(Kx, y) = \int_G (Kx)(s)y(s)ds = \int_G \lim_{n\to\infty}(K_n x)(s)y(s)ds =$$

$$= \lim_{n\to\infty}(K_n x, y) = \lim_{n\to\infty}(x, K'_n y) = (x, Ky),$$

wobei man die letzte Gleichheit wieder auf dieselbe Weise (durch Hineinziehen des Limes ins Integral) zeigt.

$\square$

Zum Beweis des zentralen Satzes der Fredholmtheorie benötigen wir einen Hilfssatz, der die Existenz eines "Biorthogonalsystems" zu endlich vielen linear unabhängigen Vektoren garantiert:

Lemma 2.27 *Sei (X, Y) ein Dualsystem. Dann gilt: Für alle $n \in \mathbb{N}$ und linear unabhängige $\{x_1, \dots, x_n\} \subseteq X$ existieren $y_1, \dots, y_n \in Y$ mit $(x_i, y_j) = \delta_{ij}$ $(i, j \in \{1, \dots, n\})$. Die analoge Aussage gilt, wenn man X mit Y und x_i mit y_i vertauscht.*

Beweis. Induktion nach n:
$n = 1$: Die Aussage gilt wegen der Nicht–Degeneriertheit von $(\cdot, \cdot)$.
Induktionsannahme: Die Aussage gelte für n. Seien $x_1, \dots, x_{n+1} \in X$ linear unabhängig. Nach Induktionsannahme (angewandt auf $\{x_i/i \in \{1, \dots, n+1\}\setminus\{r\}\}$ mit einem $r \in \{1, \dots, n+1\}$) existieren für jedes $r \in \{1, \dots, n+1\}$ $y_1^{(r)}, \dots, y_{r-1}^{(r)}, y_{r+1}^{(r)}, \dots, y_{n+1}^{(r)} \in Y$ mit

$$\left(x_i, y_j^{(r)}\right) = \delta_{ij} \quad i, j \in \{1, \dots, n+1\} \setminus \{r\}. \tag{2.40}$$

Wegen der vorausgesetzten linearen Unabhängigkeit von $x_1, \ldots, x_{n+1}$ ist
$x_r - \sum\limits_{\substack{j=1 \\ j \neq r}}^{n+1} \left(x_r, y_j^{(r)} \right) x_j \neq 0$, sodaß wegen der Nicht–Degeneriertheit von $(\cdot, \cdot)$ ein
$z_r \in Y$ existiert mit

$$0 \neq \left(x_r - \sum\limits_{\substack{j=1 \\ j \neq r}}^{n+1} \left(x_r, y_j^{(r)} \right) x_j, z_r \right) = \left(x_r, z_r - \sum\limits_{\substack{j=1 \\ j \neq r}}^{n+1} (x_j, z_r) y_j^{(r)} \right) =: \alpha_r.$$

Mit $y_r := \frac{1}{\alpha_r} \cdot \left[z_r - \sum\limits_{\substack{j=1 \\ j \neq r}}^{n+1} (x_j, z_r) y_j^{(r)} \right]$ gilt $(x_r, y_r) = 1$. Wegen (2.40) gilt für alle
$i \in \{1, \ldots, n+1\} \setminus \{r\}$:

$$(x_i, y_r) = \frac{1}{\alpha_r} \left[(x_i, z_r) - \sum\limits_{\substack{j=1 \\ j \neq r}}^{n+1} (x_j, z_r) \left(x_i, y_j^{(r)} \right) \right] = \frac{1}{\alpha_r} \left[(x_i, z_r) - (x_i, z_r) \right] = 0.$$

Wir haben also ein $y_r \in Y$ konstruiert, für das für alle $i \in \{1, \ldots, n+1\}$
$(x_i, y_r) = \delta_{ir}$ gilt. Führt man diese Konstruktion für alle $r \in \{1, \ldots, n+1\}$
durch, so erhält man Elemente $y_1, \ldots, y_{n+1} \in Y$ mit $(x_i, y_j) = \delta_{ij}$ für alle
$i, j \in \{1, \ldots, n+1\}$.
Die zweite Aussage beweist man analog.

$\square$

Wir sind nun in der Lage, die Fredholmsche Alternative zu beweisen:

Satz 2.28 (Fredholmsche Alternative): *Sei (X, Y) ein Dualsystem, $K : X \to X$
und $K' : Y \to Y$ seien kompakt und zueinander adjungiert bzgl. $(\cdot, \cdot)$. Dann
gilt:*

a) Die homogenen Gleichungen

$$x - Kx = 0 \qquad\qquad (2.41)$$

    und

$$y - K'y = 0 \qquad\qquad (2.42)$$

haben dieselbe endliche Anzahl linear unabhängiger Lösungen.

b) Die inhomogene Gleichung

$$x - Kx = f \qquad\qquad (2.43)$$

*mit $f \in X$ ist genau dann lösbar, wenn für alle Lösungen y von (2.42)
gilt: $(f, y) = 0$. Die inhomogene Gleichung*

$$y - K'y = g \qquad\qquad (2.44)$$

*mit $g \in Y$ ist genau dann lösbar, wenn für alle Lösungen x von (2.41)
gilt: $(x, g) = 0$.*

Beweis. Der wesentliche Beweisaufwand steckt im Beweis von a):

a) Daß $m := \dim N(I - K)$ und $n := \dim N(I - K')$ endlich sind, folgt bereits aus Satz 2.14. Es bleibt also zu zeigen, daß $n = m$ gilt. Wir nehmen an, es gelte $m < n$.

Sei $x_1, \ldots, x_m$ eine Basis für $N(I - K)$ (wobei bei $m = 0$ hier und unten die entsprechenden Beweisteile einfach wegfallen), $y_1, \ldots, y_n$ eine Basis für $N(I - K')$. Wegen Lemma 2.27 existieren $a_1, \ldots, a_m \in Y$ und $b_1, \ldots, b_n \in X$ mit

$$\left.\begin{aligned}(x_i, a_j) &= \delta_{ij} \quad (i, j \in \{1, \ldots, m\}) \\ (b_i, y_j) &= \delta_{ij} \quad (i, j \in \{1, \ldots, n\}).\end{aligned}\right\} \tag{2.45}$$

Es sei $T : X \to X$ durch $Tx := \sum_{i=1}^{m} (x, a_i) b_i$ definiert (also $T \equiv 0$ für $m = 0$). Wir zeigen (was nur für $m > 0$ nicht-trivial ist), daß

$$N(I - K + T) = \{0\} \tag{2.46}$$

gilt. Dazu sei $x \in N(I - K + T)$, also $0 = x - Kx + \sum_{i=1}^{m} (x, a_i) b_i$. Unter Verwendung der Definition der y_j (also von $y_j - K'y_j = 0$) folgt mit (2.45) für alle $j \in \{1, \ldots, m\}$:

$$(x, a_j) = (x, a_j) + (x, y_j - K'y_j) = \left(\sum_{i=1}^{m}(x, a_i) b_i, y_j\right) + (x - Kx, y_j) =$$

$$= \left(x - Kx + \sum_{i=1}^{m}(x, a_i) b_i, y_j\right) = 0.$$

Also verschwinden alle Koeffizienten in der Definition von Tx. Damit ist $Tx = 0$ und damit $x \in N(I-K)$. Da $x_1, \ldots, x_m$ eine Basis für $N(I-K)$ ist, existieren Koeffizienten $\alpha_1, \ldots, \alpha_m$ mit $x = \sum_{i=1}^{m} \alpha_i x_i$; wegen (2.45) gilt für alle $j \in \{1, \ldots, m\} : (x, a_j) = \alpha_j$. Da schon gezeigt wurde, daß $(x, a_j) = 0$ für $j \in \{1, \ldots, m\}$ gilt, folgt $x = 0$.

Ein beliebiges Element aus $N(I - K + T)$ muß also verschwinden, also gilt (2.46).

Wir zeigen nun:

$$R(I - K + T) = X. \tag{2.47}$$

Sei ν der Rieszindex von $(I - K), P : X \to N((I - K)^\nu)$ der Projektor längs $R((I - K)^\nu)$ (nach (2.33)). Wir zeigen zunächst:

$$(I - K - P) : X \to X \text{ ist bijektiv und stetig invertierbar} \tag{2.48}$$

Wir haben im Beweis zu Satz 2.20 gezeigt, daß P beschränkt und damit stetig ist. Da $\dim R(P) = \dim N((I - K)^\nu) < \infty$, ist damit nach Satz 2.7 f) P kompakt. Also ist auch $K + P$ kompakt. Sei nun $x \in N(I - K - P)$, also $(I - K)x = Px$. Da $Px \in N((I - K)^\nu)$ ist, ist $(I - K)^{\nu+1}x = 0$, also nach Definition von ν auch $(I - K)^\nu x = 0$, also $x \in N((I - K)^\nu)$ und damit $x = Px$, also $(I - K)x = x$. Daraus folgt $x = (I - K)x = (I - K)^2 x = \ldots = (I - K)^\nu x = 0$. Da $x \in N(I - K - P)$ beliebig war, folgt $N(I - K - P) = \{0\}$. Aus Satz 2.20, angewandt auf den kompakten Operator $K + P$ statt auf K, folgt (2.48).

Um (2.47) zu zeigen, zeigen wir die Lösbarkeit von

$$(I - K + T)x = z \qquad (2.49)$$

mit $z \in X$ beliebig. Eine Lösung von (2.49) konstruieren wir mit Hilfe des Operators $A : R(T+P) \to X$, definiert als $A := (I-K+T)(I-K-P)^{-1}$. Da $A = (I-K-P+P+T)(I-K-P)^{-1} = I+(T+P)(I-K-P)^{-1}$, ist $R(A) \subseteq R(T + P)$, also A eine Selbstabbildung des endlichdimensionalen Raumes $R(T + P)$.

Ist nun $w \in N(A)$, so ist wegen (2.46) $(I - K - P)^{-1}w = 0$ und damit $w = 0$. Damit ist A injektiv und damit (wegen der endlichen Dimension von $R(T + P)$) auch surjektiv. Also hat die Gleichung

$$Av = (T + P)(I - K - P)^{-1}z \qquad (2.50)$$

eine eindeutige Lösung $v \in R(T+P)$. Sei nun $x := (I - K - P)^{-1}(z - v)$. Dann gilt:

$$
\begin{aligned}
(I - K + T)x &= (I - K - P)x + (P + T)x = \\
&= z - v + Av - (T + P)(I - K - P)^{-1}v = \\
&= z - v + Av + [v - Av] = z.
\end{aligned}
$$

Dabei wurde verwendet, daß $A = I + (T + P)(I - K - P)^{-1}$ gilt (siehe oben), also $v - Av = -(T + P)(I - K - P)^{-1}v$ ist. Also löst x (2.49). Da $z \in X$ beliebig war, folgt (2.47). Der Operator $(I - K + T)$ ist also bijektiv.

Damit hat die Gleichung

$$(I - K + T)x = b_{m+1} \qquad (2.51)$$

genau eine Lösung x_{m+1}. Nun gilt wegen (2.45) und der Tatsache, daß nach Definition von T $(Tx_{m+1}, y_{m+1}) = \sum_{i=1}^{m}(x_{m+1}, a_i)(b_i, y_{m+1}) = 0$ gilt (wobei wieder (2.45) verwendet wurde):

$$
\begin{aligned}
1 &= (b_{m+1}, y_{m+1}) = (x_{m+1} - Kx_{m+1} + Tx_{m+1}, y_{m+1}) = \\
&= (x_{m+1} - Kx_{m+1}, y_{m+1}) = (x_{m+1}, y_{m+1} - K'y_{m+1}) = 0,
\end{aligned}
$$

da $y_{m+1} \in N(I-K')$. Das ist ein Widerspruch, sodaß die Aussage "$m < n$" falsch gewesen sein muß, also $m \geq n$ gilt.

Analog führt man die Annahme "$m > n$" zum Widerspruch, sodaß $m = n$ insgesamt gezeigt ist.

b) Sei $f \in X, x$ eine Lösung von (2.43), y eine beliebige Lösung von (2.42). Dann gilt: $(f, y) = ((I - K)x, y) = (x, (I - K')y) = 0$.

Es gelte umgekehrt $(f, y) = 0$ für alle Lösungen y von (2.42). Wir wollen die Lösbarkeit von (2.43) zeigen und unterscheiden dazu zwei Fälle:

Sei $m := \dim N(I - K) = \dim N(I - K') < \infty$ (nach Teil a)). Ist $m = 0$, so folgt die Lösbarkeit von (2.43) aus Satz 2.20: Es gilt $\nu = 0$, also auch $R(I - K) = R((I - K)^0) = X$. (Man beachte, daß die Bedingung $(f, y) = 0$ für alle f jedenfalls für $y = 0$ (was aber die einzige Lösung von (2.42) ist) erfüllt ist).

Sei nun $m > 0, T$ wie in Teil a). Nach a) existiert eine (eindeutige) Lösung x von $(I - K + T)x = f$. Nun ist für alle $j \in \{1, \ldots, m\}$ (unter der Annahme, daß $(f, y) = 0$ ist für alle $y \in N(I - K')$) wegen (2.45) und weil $y_j \in N(I - K')$ ist

$$(x, a_j) = (x, y_j - K'y_j) + (x, a_j) = (x - Kx, y_j) +$$
$$+ \sum_{i=1}^{m}(x, a_i)(b_i, y_j) = (x - Kx + Tx, y_j) = (f, y_j) = 0.$$

Damit ist $Tx = 0$, also löst x auch (2.43).

Den zweiten Teil von b) zeigt man analog.

$\square$

Bemerkung 2.29 Die bewiesene Form der Fredholmschen Alternative umfaßt die Hilbertraum–Version und die Banachraum–Version unter Verwendung des Dualraums (manchmal auch "Schauder–Theorie" genannt) (vgl. Bsp. 2.23 a) und b)), ist aber auch auf Integralgleichungen in $C(G)$ anwendbar, wobei die Adjungierte auf demselben Raum betrachtet wird (vgl. Bsp. 2.23 c) und Satz 2.26 b)). Das bringt in Kapitel 6 entscheidende Vorteile. Man beachte, daß die betrachteten Räume nicht vollständig zu sein brauchen.

Das Wesentliche am Beweis der Fredholmschen Alternative war die Einführung des Operators T, durch dessen Verwendung die Gleichung (2.43) mit der stets eindeutig lösbaren Gleichung $(I - K + T)x = f$ in Verbindung gebracht werden konnte. Im Dualsystem $\langle X, X \rangle$ (X reeller Hilbertraum mit innerem Produkt $\langle \cdot, \cdot \rangle$) und mit "selbstadjungiertem" K (also $K = K^* = K'$) kann man $x_1, \ldots, x_m$ als Orthonormalbasis von $N(I - K)$ wählen und dann $a_i = b_i = y_i = x_i$ setzen; T wird dann einfach der Orthonormalprojektor auf $N(I - K) = R(I - K)^\perp$; T fügt also dem Wertebereich von $(I - K)$ die fehlenden Teile hinzu und erzwingt zugleich die Eindeutigkeit, indem es auch die Anteile der Lösung in $N(I - K)$ erfaßt. Eine ähnliche Funktion hat T auch im allgemeinen Fall. Für $\nu > 1$ ist die Interpretation schwieriger, da zwar (2.33), i.a. aber <u>nicht</u> $X = N(I - K) \oplus R(I - K)$ gilt.

Man kann den Fall $\nu = 1$ wie folgt charakterisieren:

Satz 2.30 *Seien* $(X, Y), K, K'$ *wie in Satz 2.28,* $\dim N(I - K) > 0$. *Dann sind folgende Aussagen äquivalent:*

a) K *und* K' *haben Rieszindex 1.*

b) *Für alle Basen* $x_1, \ldots, x_m$ *von* $N(I - K)$ *und* $y_1, \ldots, y_m$ *von* $N(I - K')$ *ist die Matrix* $((x_i, y_j))_{i,j \in \{1,\ldots,m\}}$ *regulär.*

Beweis. Die Matrix in b) ist singulär genau dann, wenn ein $(\lambda_1, \ldots, \lambda_m) \neq 0$ existiert mit $\sum_{i=1}^{m} (x_i, y_j)\lambda_i = 0$ (für alle $j \in \{1, \ldots, m\}$). Mit $f := \sum_{i=1}^{m} \lambda_i x_i \in N(I - K) \setminus \{0\}$ ist das äquivalent damit, daß $x - Kx = f$ eine Lösung x hat (da für alle $j \in \{1, \ldots, m\}$ $(f, y_j) = 0$ und damit $(f, y) = 0$ für alle $y \in N(I - K')$ ist; dies ist nach Satz 2.28 äquivalent zur Lösbarkeit von $x - Kx = f$).

Da $f \in N(I - K) \setminus \{0\}$, ist $(I - K)x = f \neq 0$, aber $(I - K)^2 x = (I - K)f = 0$. Die Existenz eines solchen x ist aber äquivalent dazu, daß $N(I - K) \subsetneq N((I - K)^2)$, also $\nu > 1$ gilt.

$\square$

Bemerkung 2.31 Aus dem Beweis zu Satz 2.30 sieht man, daß es zum Nachweis von a) genügt, die Regularität der Matrix in b) für je eine Basis von $N(I - K)$ und $N(I - K)'$ zu zeigen. Ist also im Dualsystem $\overline{(X, X)}$ K zu sich selbst adjungiert ("selbstadjungiert"), so ist der Rieszindex von K entweder 0 oder 1, denn ist er nicht 0, also $\dim N(I - K) > 0$, so ist die Bedingung von Satz 2.30 b) für jede Basis $x_1, \ldots, x_n$ von $N(I - K) = N(I - K')$ mit $y_i = x_i$ erfüllt, da für jede linear unabhängige Menge $x_1, \ldots, x_m$ die "Gramsche Matrix" $((x_i, x_j))_{i,j \in \{1,\ldots,m\}}$ regulär ist.

Bemerkung 2.32 Wir werden nun kurz skizzieren (ohne Beweise), wie Fredholm die nach ihm benannten Integralgleichungen (2.Art) behandelt hat und wie er auf die Fredholmsche Alternative gestoßen ist. Dies ist nicht nur von historischem Interesse, sondern leitet auch in natürlicher Weise zum Studium der Eigenwerte von Integraloperatoren über.

Wir formen (2.1) bzw. (2.2) so um, daß der Eigenparameter beim Integraloperator steht, indem wir durch $\lambda(\neq 0)$ dividieren, und erhalten damit die Gleichung

$$x(s) - \mu \int_0^1 k(s,t)x(t)dt = f(s) \quad (s \in [0,1]) \tag{2.52}$$

(mit der durch λ dividierten ursprünglichen rechten Seite). Wir nehmen an, daß k ein stetiger Kern ist (obwohl die Methode auch für L^2-Kerne funktioniert). Eine zentrale Rolle spielen die sogenannten "Fredholmdeterminanten", die man wie folgt motivieren kann: Wir unterteilen $[0, 1]$ in n Teilintervalle mit den Unterteilungspunkten $t_i = \frac{i}{n}$ ($1 \leq i \leq n$). Wenn man das Integral in (2.52) durch Riemannsche Summen ersetzt und zugleich "Kollokation" durchführt (d.h., (2.52) nur an den Stellen $s = t_i$ betrachtet), so erhält man die Näherungsgleichung

$$x(t_i) - \mu \sum_{j=1}^{n} k(t_i, t_j) x(t_j) \cdot \frac{1}{n} \approx f(t_i) \quad (1 \leq i \leq n). \tag{2.53}$$

Man bezeichnet den (auch als einfache numerische Methode geeigneten) Übergang von (2.52) zu (2.53) als "volle Diskretisierung" (vgl. Kapitel 3). (2.53) hat eine eindeutige Lösung genau dann, wenn $D_n(\mu) \neq 0$ ist, wobei

$$D_n(\mu) = \det \left[I - \frac{\mu}{n} \left(k(t_i, t_j) \right)_{1 \leq i,j \leq n} \right]. \tag{2.54}$$

In diesem Fall ergibt sich nach der Cramerschen Regel als Lösung für (2.53) (und hoffentlich als Näherungslösung für (2.52), über deren Güte mit den Methoden aus Kapitel 3 Aussagen getroffen werden können)

$$\forall (i \in \{i, \ldots, n\}) \quad x(t_i) \approx$$

$$\frac{\det \begin{bmatrix} 1 - \frac{\mu}{n} k(t_1, t_1) & \cdots & -\frac{\mu}{n} k(t_1, t_{i-1}) & f(t_1) & -\frac{\mu}{n} k(t_1, t_{i+1}) & \cdots & -\frac{\mu}{n} k(t_1, t_n) \\ \cdots\cdots\cdots\cdots\cdots\cdots\cdots\cdots\cdots\cdots\cdots\cdots\cdots\cdots\cdots\cdots\cdots\cdots\cdots \\ -\frac{\mu}{n} k(t_n, t_1) & \cdots & -\frac{\mu}{n} k(t_n, t_{i-1}) & f(t_n) & -\frac{\mu}{n} k(t_n, t_{i+1}) & \cdots & 1 - \frac{\mu}{n} k(t_n, t_n) \end{bmatrix}}{D_n(\mu)}$$

$$\tag{2.55}$$

oder

$$x(t_i) \approx \sum_{j=1}^{n} \frac{D_n(t_i, t_j, \mu) f(t_j)}{D_n(\mu)}, \tag{2.56}$$

wobei $D_n(t_i, t_j, \mu)$ der Wert ist, der bei der Entwicklung der Determinante im Zähler von (2.55) nach der i-ten Spalte als Multiplikator von $f(t_j)$ auftritt (also das algebraische Komplement dieser Determinante bzgl. des (i,j)-ten Elements).

Es sei nun für alle $m \in \mathbb{N}$ und $s_1, \ldots, s_m, \sigma_1, \ldots, \sigma_m \in [0, 1]$

$$k \begin{pmatrix} s_1 & \cdots & s_m \\ \sigma_1 & \cdots & \sigma_m \end{pmatrix} := \det \left(k(s_i, \sigma_j) \right)_{1 \leq i,j \leq m}. \tag{2.57}$$

Durch (umständliche, aber elementare) Rechnung erhält man:

$$D_n(\mu) = \sum_{i=0}^{n} \frac{(-1)^i}{i!} \cdot \left(\frac{\mu}{n} \right)^i \sum_{j_1, \ldots, j_i = 1}^{n} k \begin{pmatrix} t_{j_1} & \cdots & t_{j_i} \\ t_{j_1} & \cdots & t_{j_i} \end{pmatrix}$$

(wobei die innere Summe für $i = 0$ als 1 definiert sein soll). Die innere Summe gemeinsam mit dem Faktor $\frac{1}{n^i}$ kann man als Riemannsche Summe für ein i-dimensionales Integral auffassen, sodaß sich (heuristisch!) mit $n \to \infty$ folgender Grenzwert aus $D_n(\mu)$ ergeben sollte:

$$D(\mu) := \sum_{i=0}^{\infty} \frac{(-\mu)^i}{i!} \underbrace{\int_0^1 \ldots \int_0^1}_{i\text{-mal}} k \begin{pmatrix} s_1 & \ldots & s_i \\ s_1 & \ldots & s_i \end{pmatrix} ds_1 \ldots ds_i. \tag{2.58}$$

Auf ähnliche Weise führt man einen Grenzübergang in den $D_n(t_i, t_j, \mu)$ durch und erhält (vgl. [43]) mit

$$D(s, t, \mu) := \sum_{i=0}^{\infty} \frac{(-\mu)^i}{i!} \underbrace{\int_0^1 \ldots \int_0^1}_{i\text{-mal}} k \begin{pmatrix} s & s_1 & \ldots & s_i \\ t & s_1 & \ldots & s_i \end{pmatrix} ds_1 \ldots ds_i \quad (s, t \in [0, 1]),$$

$$\tag{2.59}$$

daß $(D_n(t_i, t_i, \mu))$ mit $n \to \infty$ gegen $D(\mu)$ strebt und für $i \neq j$ die Ausdrücke $(n \cdot D_n(t_i, t_j, \mu))$ gegen $\mu \cdot D(t_i, t_j, \mu)$ streben sollten. Da nach (2.56)

$$x(t_i) \approx \frac{D_n(t_i, t_i, \mu)}{D_n(\mu)} f(t_i) + \frac{1}{n} \sum_{\substack{j=1 \\ j \neq i}}^{n} \frac{n D_n(t_i, t_j, \mu)}{D_n(\mu)} \cdot f(t_j)$$

ist, käme aus diesem (hier nur heuristischen) Argument folgende Formel heraus:

$$x(s) = f(s) + \mu \int_0^1 \frac{D(s, t, \mu)}{D(\mu)} \cdot f(t) dt. \tag{2.60}$$

Es läßt sich nun zeigen, daß (2.60) für diejenigen μ, für die $D(\mu) \neq 0$ ist, tatsächlich stimmt. Dazu geht man etwa wie folgt vor:

Man zeigt zuerst, daß die Reihen in (2.58) und (2.59) für alle μ (letztere gleichmäßig in (s, t)) konvergieren. Zu diesem Zweck verwendet man die "Hadamardsche Determinantenungleichung"

$$\det(a_1, \ldots, a_n) \leq \|a_1\| \cdot \ldots \cdot \|a_n\|, \tag{2.61}$$

wobei $a_1, \ldots, a_n \in \mathbb{R}^n$ und $\| \cdot \|$ die euklidische Norm ist. Daraus folgt sofort, daß für die Determinante einer Matrix $(a_{ij})_{1 \leq i, j \leq n}$ mit $M := \sup\{|a_{ij}|/ 1 \leq i, j \leq n\}$ gilt:

$$\det(a_{ij})_{1 \leq i, j \leq n} \leq M^n \cdot n^{\frac{n}{2}}. \tag{2.62}$$

Da k stetig ist, ist $M := \sup\{|k(s, t)| / s, t \in [0, 1]\}$ endlich. Damit folgt aus (2.62) für die Summanden etwa in (2.58):

$$\left| \frac{(-\mu)^i}{i!} \int_0^1 \ldots \int_0^1 k \begin{pmatrix} s_1 & \ldots & s_i \\ s_1 & \ldots & s_i \end{pmatrix} ds_1 \ldots ds_i \right| \leq \frac{(\mu)^i}{i!} M^i \cdot i^{\frac{i}{2}}.$$

Da $\sum_{i=0}^{\infty} \frac{\mu^i M^i i^{\frac{i}{2}}}{i!}$ nach dem Quotientenkriterium für alle μ konvergiert, folgt die Konvergenz von (2.58) (und analog von (2.59) gleichmäßig in (s, t)) für alle

μ $(\in \mathbb{C})$. Da die Reihen (2.58) und (2.59) Potenzreihen in μ sind, folgt aus grundlegenden Resultaten der Funktionentheorie auch für alle $s, t \in [0,1]$:

$$D(\mu), D(s,t,\mu) \text{ sind analytische Funktionen von } \mu \text{ auf ganz } \mathbb{C}. \qquad (2.63)$$

Mit

$$r(s,t,\mu) := \frac{D(s,t,\mu)}{D(\mu)} \quad (s,t \in [0,1], \mu \in \mathbb{C}) \qquad (2.64)$$

gilt dann:

$$r(s,t,\mu) \text{ ist eine meromorphe Funktion von } \mu. \qquad (2.65)$$

r heißt "Resolventenkern" ("lösender Kern"), und zwar aus folgendem Grund: Man kann (durch mühsame, aber einfache Determinantenentwicklungen) zeigen, daß folgendes gilt:

$$D(s,t,\mu) = D(\mu)k(s,t) + \mu \int_0^1 k(s,\sigma)D(\sigma,t,\mu)d\sigma \quad (s,t \in [0,1], \mu \in \mathbb{C}), \quad (2.66)$$

also für die $\mu \in \mathbb{C}$, für die $D(\mu) \neq 0$ ist,

$$r(s,t,\mu) = k(s,t) + \mu \int_0^1 k(s,\sigma)r(\sigma,t,\mu)d\sigma \quad (s,t \in [0,1]). \qquad (2.67)$$

Damit erfüllt r ebenfalls eine Integralgleichung. Bezeichnen wir mit R den Integraloperator mit Kern r, so folgt aus (2.67)

$$R = K + \mu K R, \qquad (2.68)$$

also

$$(I - \mu K)(I + \mu R) = I. \qquad (2.69)$$

Analog zeigt man

$$(I + \mu R)(I - \mu K) = I. \qquad (2.70)$$

Also ist (auf dem Banachraum $C[0,1]$) für die μ, für die $D(\mu) \neq 0$ ist , $(I - \mu K)$ stetig invertierbar mit

$$(I - \mu K)^{-1} = I + \mu R. \qquad (2.71)$$

Die Lösung von (2.52) ist also in diesem Fall eindeutig und läßt sich als

$$x = (I + \mu R)f,$$

also (explizit angeschrieben) als

$$x(s) = f(s) + \mu \int_0^1 r(s,t,\mu)f(t)dt \qquad (2.72)$$

darstellen. Diese explizite Lösungsdarstellung mit Hilfe des Kerns r bzw. des Operators R erklärt die Bezeichnungen "Resolventenkern" bzw. "Resolvente" für r bzw. R. Wegen (2.64) ist (2.72) identisch mit der Formel (2.60), deren Beweis wir nun zumindest skizziert haben für den Fall, daß $D(\mu) \neq 0$ und damit, wie wir gesehen haben, (2.52) eindeutig lösbar ist.

Ist $D(\mu) = 0$, so ist μ ein Pol endlicher Vielfachheit der meromorphen Funktion r. Daraus ergibt sich Satz 2.28 a). In Weiterverfolgung dieser Argumente kann man (wie Fredholm) schließlich zur vollen Aussage der Fredholmschen Alternative gelangen.

Wie sieht nun die Struktur der Nullstellen von D aus? Wegen (2.63) wäre $D \equiv 0$, wenn sich die Nullstellen von D in $\mathbb{C}$ häufen würden. Damit kann D höchstens abzählbar viele, sich höchstens in ∞ häufende Nullstellen haben; also kann die Gleichung

$$\lambda x(s) - \int_0^1 k(s,t)x(t)dt = 0 \qquad (2.73)$$

($\lambda = \frac{1}{\mu}$) nur für abzählbar viele $\lambda \in \mathbb{C}$, die sich nur in $\lambda = 0$ häufen können, nichttriviale Lösungen besitzen. In Anlehnung an den endlichdimensionalen Fall nennt man solche λ "Eigenwerte" des durch k erzeugten Integraloperators. Man kann also aus den funktionentheoretischen Eigenschaften der Funktion D bereits die wichtige Aussage, daß ein Integraloperator mit stetigem Kern höchstens abzählbar viele Eigenwerte haben kann, die sich höchstens in 0 häufen, herleiten. Die genauere Analyse des "Spektrums" eines Integraloperators, das die Eigenwerte enthält, werden wir jetzt wieder im Rahmen der funktionalanalytischen Theorie kompakter Operatoren durchführen. Zunächst zur Definition des Spektrums:

Definition 2.33 *Sei X normiert, $T \in L(X)$. Das "Spektrum von T" ist definiert als $\sigma(T) := \{\lambda \in \mathbb{C}/\lambda I - T : X \to X$ besitzt keine stetige Inverse auf $X\}$. $\lambda \in \mathbb{C}$ heißt "Eigenwert von T", wenn $N(\lambda I - T) \neq \{0\}$ gilt; jedes Element von $N(\lambda I - T)$ heißt "Eigenvektor" (in Funktionenräumen "Eigenfunktion") von T zum Eigenwert λ.*

Das Spektrum von T umfaßt also diejenigen Werte ("Spektralwerte") $\lambda \in \mathbb{C}$, für die nicht gilt, daß die Gleichung

$$\lambda x - Tx = f \qquad (2.74)$$

für jede rechte Seite f eine eindeutige Lösung hat, die stetig von f abhängt, die Gleichung (2.74) also "korrekt gestellt" ist. Die Menge der λ, für die dies gilt, also das Komplement von $\sigma(T)$, nennt man auch "Resolventenmenge".
λ kann aus verschiedenen Gründen in $\sigma(T)$ liegen: Es können die Forderung der Existenz, der Eindeutigkeit oder der stetigen Abhängigkeit (von f) einer Lösung von (2.74) verletzt sein, wobei auch mehrere dieser Forderungen zugleich verletzt sein können. Eigenwerte sind Zahlen λ, für die zumindest die Eindeutigkeitsforderung verletzt ist.

Beispiel 2.34 Das Spektrum kann auch Elemente haben, die keine Eigenwerte sind:

Der Operator

$$K : C[0,1] \rightarrow C[0,1]$$
$$x \rightarrow (s \rightarrow \int_0^s x(t)dt)$$

ist kompakt, es gilt $N(K) = \{0\}$, da aus $Kx = 0$ ja durch Differentiation folgt, daß $x \equiv 0$ ist. Nach Satz 2.18 ist (da sicherlich $\dim R(K) = \infty$, da ja $\{y \in C^1[0,1] / y(0) = 0\} \subseteq R(K)$) $R(K)$ nicht abgeschlossen. Also kann K^{-1} nicht einmal existieren (und, wie z.B. in [29] gezeigt, auch auf $R(K)$, wo es existiert, nicht stetig sein). Also ist $0 \in \sigma(K)$, aber 0 ist kein Eigenwert.

Der folgende Satz gibt Auskunft über das Spektrum eines kompakten Operators:

Satz 2.35 *Sei X normiert, $K : X \rightarrow X$ kompakt. Dann gilt:*

a) *Ist $\dim X = \infty$, so ist $0 \in \sigma(K)$.*

b) *Ist $\lambda \in \sigma(K) \setminus \{0\}$, so ist λ Eigenwert von K mit endlicher geometrischer Vielfachheit (d.h. $\dim N(\lambda I - K) < \infty$).*

c) *$\sigma(K)$ ist höchstens abzählbar mit 0 als einzigem möglichen Häufungspunkt in $\mathbb{C} \cup \{\infty\}$.*

Beweis.

b) Wir nehmen an, es ist $\lambda \neq 0$ kein Eigenwert von K, also $N(\lambda I - K) = \{0\}$. Dann ist der Rieszindex von $\lambda I - K$ gleich 0, also ist $R(\lambda I - K) = X$. Nach Satz 2.20 hat $\lambda I - K$ auf $R(\lambda I - K) = X$ eine stetige Inverse, also ist $\lambda \notin \sigma(K)$.

Damit ist gezeigt, daß jedes $\lambda \in \sigma(K) \setminus \{0\}$ Eigenwert ist, also $N(\lambda I - K) \neq \{0\}$ gilt. Nach Satz 2.20 ist dann $\dim N(\lambda I - K) \leq \dim N((\lambda I - K)^\nu) < \infty$.

a) Es sei X unendlichdimensional. Annahme: $0 \notin \sigma(K)$, also $K^{-1} \in L(X,X)$. Dann wäre nach Satz 2.7 d) $I = K^{-1}K$ kompakt. Da 1 ein Eigenwert von I ist und $\dim N(1I - I) = \dim X = \infty$ gilt, widerspricht das b) (oder auch Lemma 2.16). Also war die Annahme falsch, es ist also $0 \in \sigma(K)$.

c) Seien $\lambda_1, \lambda_2, \ldots \in \sigma(K) \setminus \{0\}$ paarweise verschieden mit $(\lambda_n) \rightarrow \lambda \in \mathbb{C}$; λ ist also Häufungspunkt von $\sigma(K)$.

Annahme: $\lambda \neq 0$

Nach b) ist jedes λ_n Eigenwert, also existiert ein Eigenvektor x_n zu λ_n. Die Menge $\{x_n/n \in \mathbb{N}\}$ ist linear unabhängig als Menge von Eigenvektoren zu verschiedenen Eigenwerten; es sei $X_n := \lim\{x_1, \ldots, x_n\}$. Dann gilt $X_1 \underset{\neq}{\subset} X_2 \underset{\neq}{\subset} X_3 \underset{\neq}{\subset} \ldots$. Nach Lemma 2.15 existiert für alle $n \in \mathbb{N}$ ein $z_n \in X_n$ mit $\|z_n\| = 1$ und $\|z_n - x\| \geq \frac{1}{2}$ für alle $x \in X_{n-1}$. Da $z_n = \sum_{i=1}^{n} \alpha_i^{(n)} x_i$ mit geeigneten $\alpha_i^{(n)}$ ist, ist

$$Kz_n - \lambda_n z_n = \sum_{i=1}^{n-1} \alpha_i^{(n)} \underbrace{(Kx_i - \lambda_n x_i)}_{=\lambda_i x_i} + \alpha_n^{(n)} \underbrace{(Kx_n - \lambda_n x_n)}_{=0} \in X_{n-1};$$

ebenso sieht man, daß für $m < n$ $\quad Kz_m \in X_m \subseteq X_{n-1}$ ist.

Damit ist für $m < n$ $\quad (Kz_n - \lambda_n z_n) - Kz_m \in X_{n-1}$, sodaß gilt:

$$\|Kz_n - Kz_m\| = \|\lambda_n z_n - [Kz_m - (Kz_n - \lambda_n z_n)]\| =$$

$$= |\lambda_n| \left\| z_n - \underbrace{\frac{1}{\lambda_n}[Kz_m - (Kz_n - \lambda_n z_n)]}_{\in X_{n-1}} \right\| \geq \frac{|\lambda_n|}{2} > \frac{|\lambda|}{4}$$

für n hinreichend groß, $m < n$. Also hat (Kz_n) keine konvergente Teilfolge, was ein Widerspruch zur Kompaktheit von K ist. Die Annahme, der Häufungspunkt λ wäre ungleich 0, muß also falsch gewesen sein. Damit kann nur 0 Häufungspunkt von $\sigma(K)$ in $\mathbb{C}$ sein. Dasselbe Argument funktioniert auch, wenn $(|\lambda_n|) \to \infty$ angenommen wird; für hinreichend große n und $m < n$ leitet man wie oben $\|Kz_n - Kz_m\| \geq \frac{|\lambda_n|}{2} > 1$ her. Also kann auch ∞ kein Häufungspunkt von $\sigma(K)$ sein.

Für alle $n \in \mathbb{N}$ sei nun $\Lambda_n := \{\lambda \in \sigma(K)/|\lambda| \geq \frac{1}{n}\}$. Wäre Λ_n unendlich, so müßte Λ_n einen Häufungspunkt in $\{z \in \mathbb{C}/|z| \geq \frac{1}{n}\} \cup \{\infty\}$ haben, was nach Obigem unmöglich ist. Damit ist Λ_n für jedes n endlich, also $\sigma(K) \subseteq \{0\} \cup \bigcup_{n \in \mathbb{N}} \Lambda_n$ höchstens abzählbar.

$\square$

Mit Satz 2.35 ist die grundsätzliche Struktur des Spektrums eines kompakten Operators, insbesondere eines (kompakten) Integraloperators, geklärt: Das Spektrum besteht nur aus 0, wobei 0 Eigenwert sein kann, aber nicht muß (vgl. Beispiel 2.34), und aus höchstens abzählbar vielen Eigenwerten mit jeweils endlichdimensionalen "Eigenräumen" (von den Eigenvektoren aufgespannten Unterräumen), die sich höchstens in 0 häufen können. Es kann, wie wir in Kapitel 4 sehen werden, durchaus sein, daß $\sigma(K)$ nur aus 0 besteht.

Weitergehende Aussagen über $\sigma(K)$ kann man für selbstadjungierte Operatoren im Hilbertraum beweisen. Es sei also bis auf weiteres $H \neq \{0\}$ ein (reeller oder komplexer) Hilbertraum mit innerem Produkt $\langle \cdot, \cdot \rangle$. Damit ist $\langle H, H \rangle$ ein Dualsystem (im komplexen Fall unter Verwendung einer Sesquilinearform statt einer Bilinearform); der Begriff "selbstadjungiert" ist nach Definition 2.24 bzw. Bemerkung 2.31 dann durch die Forderung, daß für alle $x, y \in H$ $\langle Kx, y \rangle = \langle x, Ky \rangle$ gilt, definiert. Ist K selbstadjungiert und kompakt, so hat $\lambda I - K$ nach Bemerkung 2.31 für alle $\lambda \neq 0$ den Rieszindex 0 oder 1.

Integraloperatoren auf $L^2(G)$ mit symmetrischem (bzw. hermiteschem) L^2-Kern k, also einem Kern mit $k(s,t) = k(t,s)$ (bzw.$= \overline{k(t,s)}$) für alle $t, s \in G$, sind nach Satz 2.26 selbstadjungiert.

Solche Operatoren besitzen zumindest einen Eigenwert ungleich 0; es existiert sogar ein Eigenwert, dessen Betrag genau $\|K\|$ ist:

Satz 2.36 *Sei $K : H \to H$ kompakt und selbstadjungiert. Dann gilt:* $\{-\|K\|, \|K\|\} \cap \sigma(K) \neq \emptyset$.

Beweis. Ist $K = 0$, so ist die Behauptung klar. Sei also $K \neq 0$, (x_n) eine Folge in H mit $\|x_n\| = 1$ und $(\|Kx_n\|) \to \|K\|$, eine solche Folge existiert nach Definition von $\|K\|$. Dann gilt für alle $n \in \mathbb{N}$:

$$
\begin{aligned}
0 &\leq \left\| K^2 x_n - \|Kx_n\|^2 x_n \right\|^2 \\
&= \|K^2 x_n\|^2 - 2\|Kx_n\|^2 \underbrace{\langle K^2 x_n, x_n \rangle}_{=\|Kx_n\|^2} + \|Kx_n\|^4 \cdot \underbrace{\|x_n\|^2}_{=1} \\
&\leq \|K\|^2 \cdot \|Kx_n\|^2 - \|Kx_n\|^4 \xrightarrow{n \to \infty} 0,
\end{aligned}
$$

also: $(K^2 x_n - \|Kx_n\|^2 x_n) \to 0$ und damit auch (da $(\|Kx_n\|) \to \|K\|$)

$$(K^2 x_n - \|K\|^2 x_n) \to 0. \tag{2.75}$$

Da K^2 kompakt ist, hat $(K^2 x_n)$ eine konvergente Teilfolge $(K^2 x_{n_k})$; zusammen mit (2.75) impliziert das die Konvergenz von (x_{n_k}); für $x := \lim_{k \to \infty} x_{n_k}$ gilt $\|x\| = 1$. Zusammen mit (2.75) folgt

$$K^2 x = \|K\|^2 x,$$

also hat K^2 den Eigenwert $\|K\|^2$. Aus der letzten Gleichheit folgt wiederum $0 = (K^2 x - \|K\|^2 x) = (K - \|K\|I)(K + \|K\|I)x$. Ist $z := (K + \|K\|I)x \neq 0$, so ist z Eigenvektor von K zum Eigenwert $\|K\|$; andernfalls ist x Eigenvektor von K zum Eigenwert $-\|K\|$.

$\square$

Wie im $\mathbb{R}^n$ gilt, daß Eigenvektoren zu verschiedenen Eigenwerten eines selbstadjungierten Operators K aufeinander orthogonal stehen: Ist $\lambda_1 \neq \lambda_2$, $Kx_1 = \lambda_1 x_1, Kx_2 = \lambda_2 x_2$, so gilt $\lambda_1 \langle x_1, x_2 \rangle = \langle Kx_1, x_2 \rangle = \langle x_1, Kx_2 \rangle = \lambda_2 \langle x_1, x_2 \rangle$, also $\langle x_1, x_2 \rangle = 0$. Dabei ist auch die einfache Tatsache eingegangen, daß Eigenwerte selbstadjungierter Operatoren reell sind: Ist $x \neq 0, Kx = \lambda x$, so folgt für selbstadjungiertes K: $\lambda\langle x, x\rangle = \langle Kx, x\rangle = \langle x, Kx\rangle = \bar\lambda\langle x, x\rangle$, also $\lambda \in \mathbb{R}$.

Es sei nun $K \neq 0$ ein kompakter selbstadjungierter Operator. Nach den bisherigen Resultaten hat K mindestens einen und höchstens abzählbar viele Eigenwerte ungleich 0; zu jedem solchen Eigenwert ist der Eigenraum endlich-dimensional. Wählen wir nun für jeden Eigenraum eine Orthogonalbasis, so erhalten wir, da Eigenvektoren zu verschiedenen Eigenwerten orthogonal stehen, insgesamt ein Orthonormalsystem aus Eigenvektoren zu allen Eigenwerten ungleich 0, das man zusammen mit den zugehörigen Eigenwerten ein "Eigensystem" nennt:

Definition 2.37 *Sei $K : H \to H$ kompakt und selbstadjungiert; $\lambda_1, \lambda_2, \lambda_3, \ldots$ seien die Eigenwerte ungleich 0 von K, wobei jedes λ_i $(\dim N(\lambda_i I - K))$-mal angeschrieben werden soll. $x_1, x_2, \ldots$ sei ein Orthonormalsystem mit der Eigenschaft, daß für alle $i \in \mathbb{N}$ $\lambda_i x_i = Kx_i$ gilt. Hat K nur endlich viele Eigenwerte, so sollen $(\lambda_i), (x_i)$ entsprechende endliche Folgen sein. Dann heißt das System $(\lambda_i, x_i)_{i\in\mathbb{N}}$ ein "Eigensystem" von K.*

Wir sagen deshalb <u>ein</u> und nicht <u>das</u> Eigensystem, weil die x_i nicht eindeutig bestimmt sind, selbst bei eindimensionalen Eigenräumen ist ja das Vorzeichen unbestimmt.

Wir werden sehen, daß man aus der Kenntnis eines Eigensystems einen kompakten selbstadjungierten Operator "rekonstruieren" kann; ist er ein Integraloperator, so kann man sogar den Kern mit Hilfe eines Eigensystems darstellen.

Zunächst beweisen wir, daß die x_i den Wertebereich des Operators (im Sinne einer Hilbertraumbasis) aufspannen:

Im folgenden sei stets $K \neq 0$; ist $K = 0$, so gelten die entsprechenden Resultate bei entsprechender Interpretation der auftretenden Reihe (als 0) formal natürlich auch; falls K nur endlich viele Eigenwerte hat, sollen alle auftretenden Reihen als entsprechende Summen interpretiert werden.

Satz 2.38 *Sei $(\lambda_i, x_i)_{i\in\mathbb{N}}$ ein Eigensystem des kompakten selbstadjungierten Operators $K : H \to H$. Dann ist $\{x_i/i \in \mathbb{N}\}$ eine orthonormale Basis von $\overline{R(K)}$.*

Beweis. Die Orthonormalität der $\{x_i\}$ und die Tatsache, daß $x_i \in R(K)$ gilt, folgt aus der Definition eines Eigensystems (da ja $x_i = \frac{1}{\lambda_i}Kx_i \in R(K)$).

Sei E der durch $\{x_i/i \in \mathbb{N}\}$ erzeugte Unterhilbertraum von H.

Ist $x \in E^\perp$, also $\forall(i \in \mathbb{N})\langle x, x_i\rangle = 0$, so ist auch $\forall(i \in \mathbb{N})\langle Kx, x_i\rangle = \langle x, Kx_i\rangle = \lambda_i\langle x, x_i\rangle = 0$. Also ist $K(E^\perp) \subseteq E^\perp$; damit ist $K|_{E^\perp}$ eine kompakte selbstadjungierte Selbstabbildung von $E^\perp$. Ist $E^\perp \neq \{0\}$ (sonst sind wir fertig, da ja dann $E = H$ ist), so folgt aus Satz 2.36 die Existenz eines Eigenwertes von $K|_{E^\perp}$, also auch von K, mit Betrag $\|K|_{E^\perp}\|$. Da der zugehörige Eigenvektor anderenfalls zugleich in E und in $E^\perp$ liegen müßte, ist $\|K|_{E^\perp}\| = 0$. Also folgt aus der Annahme, daß $\forall(i \in \mathbb{N})\langle x, x_i\rangle = 0$ ist, daß $Kx = 0$ gilt.

Sei nun $y \in R(K)$ so, daß $\forall (i \in \mathbb{N}) \langle y, x_i \rangle = 0$ gilt, $x \in X$ mit $Kx = y$. Dann gilt für alle $i \in \mathbb{N} : 0 = \langle Kx, x_i \rangle = \langle x, Kx_i \rangle = \lambda_i \langle x, x_i \rangle$, also $\langle x, x_i \rangle = 0$. Damit ist nach Obigem $y = Kx = 0$. Daraus folgt, daß das Orthonormalsystem $\{x_i / i \in \mathbb{N}\}$ vollständig in $R(K)$, also auch in $\overline{R(K)}$, ist.

$\square$

Elemente aus $R(K)$, also Werte Kx, kann man also in eine Reihe nach dem Orthonormalsystem $\{x_i / i \in \mathbb{N}\}$ entwickeln, und zwar wie folgt:

Korollar 2.39 *Mit K und $(\lambda_i, x_i)_{i \in \mathbb{N}}$ wie in Satz 2.38 gilt für alle $x \in H$:*

$$Kx = \sum_{i=1}^{\infty} \lambda_i \langle x, x_i \rangle x_i. \tag{2.76}$$

Beweis. Da $Kx \in R(K)$, gilt nach Satz 2.38:

$$Kx = \sum_{i=1}^{\infty} \underbrace{\langle Kx, x_i \rangle}_{=\langle x, Kx_i \rangle} x_i = \sum_{i=1}^{\infty} \lambda_i \langle x, x_i \rangle x_i. \tag{2.77}$$

$\square$

Man kann (2.76) als eine "Diagonalisierung" des Operators K auffassen: Verwendet man $\{x_i\}$ als Basis, so wirkt die Anwendung des Operators K einfach als Multiplikation der i-ten Koordinate mit λ_i. Natürlich kann man diese Diagonalisierung verwenden, um Gleichungen (erster oder zweiter Art), die K beinhalten, zu "entkoppeln", also in (i.a. unendlich viele) Gleichungen in den durch die einzelnen Eigenvektoren aufgespannten eindimensionalen Teilräumen zu zerlegen, dies führt auf folgende Reihendarstellungen:

Korollar 2.40 *Mit K und $(\lambda_i, x_i)_{i \in \mathbb{N}}$ wie in Satz 2.38, $\lambda \neq 0, y \in H$ gilt:*
  Ist $\lambda \notin \sigma(K)$, so ist die eindeutige Lösung von

$$\lambda x - Kx = y \tag{2.78}$$

gegeben durch

$$x = \sum_{i=1}^{\infty} \frac{\langle y, x_i \rangle}{\lambda - \lambda_i} x_i + \sum_{i \in \Lambda} \frac{\langle y, n_i \rangle}{\lambda} n_i. \tag{2.79}$$

Ist $\lambda \in \sigma(K)$, so ist (2.78) genau dann lösbar, wenn für alle zu λ gehörigen Eigenvektoren z $\langle y, z \rangle = 0$ gilt; jede Lösung von (2.78) hat dann die Gestalt

$$x = \sum_{\substack{i=1 \\ \lambda_i \neq \lambda}}^{\infty} \frac{\langle y, x_i \rangle}{\lambda - \lambda_i} x_i + \sum_{i \in \Lambda} \frac{\langle y, n_i \rangle}{\lambda} n_i + z, \quad \text{(wobei } z \in N(\lambda I - K) \text{ beliebig ist)}.$$

$$\tag{2.80}$$

Dabei ist $\{n_i\}_{i \in \Lambda}$ eine Orthonormalbasis für $N(K)$.
  Die Gleichung

$$Kx = y \tag{2.81}$$

ist lösbar genau dann, wenn $y \in N(K)^{\perp}$ ist und

$$\sum_{i=1}^{\infty} \frac{|\langle y, x_i \rangle|^2}{\lambda_i^2} < \infty \tag{2.82}$$

gilt; in diesem Fall hat jede Lösung von (2.81) die Gestalt

$$x = \sum_{i=1}^{\infty} \frac{\langle y, x_i \rangle}{\lambda_i} x_i + z, \quad (\text{wobei } z \in N(K) \text{ beliebig ist}). \tag{2.83}$$

Beweis. Sei zunächst $\lambda \neq 0$; ist $\lambda \in \sigma(K)$, also $\lambda = \lambda_i$ mit einem $i \in \mathbb{N}$, so ist nach der Fredholmschen Alternative (2.78) genau unter der vorgegebenen Bedingung lösbar. Es sei x durch (2.79) bzw. durch (2.80) gegeben. Dann gilt nach Korollar 2.39 (mit $z = 0$), da die x_i und n_i als Eigenvektoren zu verschiedenen Eigenvektoren jeweils aufeinander orthogonal stehen und nach Voraussetzung $\langle y, x_i \rangle = 0$ ist, falls $\lambda = \lambda_i$ ist:

$$
\begin{aligned}
\lambda x - Kx &= \lambda x - \sum_{i=1}^{\infty} \lambda_i \langle x, x_i \rangle x_i \\
&= \lambda \left(\sum_{i=1}^{\infty} \langle x, x_i \rangle x_i + \sum_{i \in \Lambda} \langle x, n_i \rangle n_i \right) - \sum_{i=1}^{\infty} \lambda_i \langle x, x_i \rangle x_i \\
&= \sum_{i=1}^{\infty} (\lambda - \lambda_i) \langle x, x_i \rangle x_i + \lambda \sum_{i \in \Lambda} \langle x, n_i \rangle n_i
\end{aligned}
$$

sowie

$$y = \sum_{i=1}^{\infty} \langle y, x_i \rangle x_i + \sum_{i \in \Lambda} \langle y, n_i \rangle n_i = \sum_{\substack{i=1 \\ \lambda \neq \lambda_i}}^{\infty} \langle y, x_i \rangle x_i + \sum_{i \in \Lambda} \langle y, n_i \rangle n_i.$$

Mit Koeffizientenvergleich für die jeweiligen Fourierkoeffizienten bezüglich der orthonormalen Familie $\{x_j / j \in \mathbb{N}\} \cup \{n_j / j \in \Lambda\}$ folgt, daß die allgemeine Lösung die behauptete Gestalt hat.

Dabei ist die Tatsache eingegangen, daß $\{x_i / i \in \mathbb{N}\} \cup \{n_i / i \in \Lambda\}$ eine orthonormale Basis für ganz H ist, was aus Satz 2.38 und der bekannten Tatsache, daß

$$R(K)^{\perp} = N(K^*) \tag{2.84}$$

ist, folgt (Beweis (von (2.84)): $y \in R(K)^{\perp} \Leftrightarrow \forall (x \in H) 0 = \langle Kx, y \rangle = \langle x, K^* y \rangle \Leftrightarrow y \in N(K^*)$).

Sei nun $\lambda = 0$; wenn (2.82) erfüllt ist, so ist nach dem Satz von Riesz–Fischer die Definition von x nach (2.83) als Element von H sinnvoll, und es gilt nach Korollar 2.39, da $\forall (i \in \mathbb{N}) \langle z, x_i \rangle = 0$ ist:

$$
\begin{aligned}
Kx = \sum_{j=1}^{\infty} \lambda_j \langle x, x_j \rangle x_j &= \sum_{j=1}^{\infty} \lambda_j \sum_{i=1}^{\infty} \frac{\langle y, x_i \rangle}{\lambda_i} \underbrace{\langle x_i, x_j \rangle}_{=\delta_{ij}} x_j = \\
&= \sum_{i=1}^{\infty} \langle y, x_i \rangle x_i = y;
\end{aligned}
$$

die letzte Gleichheit gilt, weil y laut Voraussetzung aus $N(K)^\perp$ ist. Damit ist
$y = \sum_{i=1}^{\infty} \langle y, x_i \rangle x_i + \sum_{i \in \Lambda} \underbrace{\langle y, n_i \rangle}_{=0} n_i = \sum_{i=1}^{\infty} \langle y, x_i \rangle x_i$. Also ist x Lösung von (2.81).
Ist umgekehrt (2.81) lösbar, also $y \in R(K)$ so ist für alle $z \in N(K)$ $\langle y, z \rangle = \langle Kx, z \rangle = \langle x, Kz \rangle = 0$, also $y \in N(K)^\perp$. Für jede Lösung x von (2.81) gilt nach Korollar 2.39:
$$\sum_{i=1}^{\infty} \lambda_i \langle x, x_i \rangle x_i = Kx = y = \sum_{i=1}^{\infty} \langle y, x_i \rangle x_i, \text{ also muß für alle } i \in \mathbb{N} \text{ gelten:}$$
$\frac{\langle y, x_i \rangle}{\lambda_i} = \langle x, x_i \rangle$. Da nach der Besselschen Ungleichung $\sum_{i=1}^{\infty} |\langle x, x_i \rangle|^2 \leq \|x\|^2 < \infty$
gilt, folgt damit (2.82).

$\square$

Bemerkung 2.41 Die Menge Λ in (2.79) kann leer, endlich oder (in einem nicht-separablen Hilbertraum auch überabzählbar) unendlich sein. Da aber für jedes $y \in H \backslash \{0\}$ jeweils höchstens abzählbar viele $\langle y, n_i \rangle \neq 0$ sein können, ist, "$\sum_{i \in \Lambda}$" in jedem Fall eine "normale" unendliche Reihe oder endliche Summe.

Ein wichtiges Beispiel für (2.81) ist eine Fredholmsche Integralgleichung 1.Art mit L^2–Kern auf $L^2(G)$. Für (2.81) gilt die Fredholmsche Alternative (außer im endlichdimensionalen Fall) nicht. Sozusagen als Ersatz fungiert die Lösbarkeitsbedingung (2.82) für (2.81); sie heißt "Picardsche Bedingung". Aus Korollar 2.40 sieht man folgenden fundamentalen Unterschied zwischen Gleichungen 1. und 2.Art: Während die Nenner in (2.79) bzw. (2.80) von 0 weg beschränkt sind (da 0 der einzige mögliche Häufungspunkt von $\sigma(K)$ ist), gehen im Fall, daß dim $R(K) = \infty$ ist (also $\sigma(K)$ unendlich ist), die Nenner in (2.83) gegen 0. Ersetzt man also y durch "gestörte Daten" $y_\delta \in R(K)$ mit einer Schranke $\|y - y_\delta\| \leq \delta$ für den Datenfehler, so kann der dadurch in x bewirkte Fehler beliebig groß werden: Ist nämlich $y_\delta = y + \delta x_i$, so ist der Fehler im Ergebnis nach (2.83) genau $\frac{\delta}{\lambda_i}$; da $(\lambda_i) \to 0$ geht, kann $\frac{\delta}{\lambda_i}$ beliebig groß werden, wenn i hinreichend groß ist, der Datenfehler also in einer "hinreichend" hohen Eigenfunktion auftaucht.

Eine beliebig kleine Störung in den Daten y kann also die Lösung (2.83) der Gleichung 1. Art (2.81) beliebig stark verändern, was natürlich zu numerischen Problemen führt. Mit dieser Problematik und mit Methoden, sie in den Griff zu bekommen, beschäftigt sich z.B. [29], wo auch die Ergebnisse aus (2.81) bis (2.83) mittels "singulärer Systeme" auf nicht–selbstadjungierte Operatoren erweitert werden.

Die Darstellung aus Korollar 2.39 erlaubt es für Integraloperatoren sogar, auch den Kern selbst als Reihe mittels des Eigensystems darzustellen:

Satz 2.42 *Sei* $k \in L^2(G \times G)$, K *der von* k *erzeugte Integraloperator auf* $L^2(G)$; *es gelte* $k(s, t) = \overline{k(t, s)}$ *für (fast alle)* $(s, t) \in G \times G$; $(\lambda_i, x_i)_{i \in \mathbb{N}}$ *sei ein Eigensystem für den (dann selbstadjungierten, kompakten) Operator* K. *Dann gilt:*

$$k(s,t) = \sum_{i=1}^{\infty} \lambda_i x_i(s)\overline{x_i(t)}, \tag{2.85}$$

wobei Gleichheit und Konvergenz in (2.85) im Sinne von $L^2(G \times G)$ gelten. Ferner gilt

$$\int_{G \times G} |k(s,t)|^2 d(s,t) = \sum_{i=1}^{\infty} \lambda_i^2. \tag{2.86}$$

Beweis. Für $i, j \in \mathbb{N}$ sei $\varphi_{ij}(s,t) := x_i(s)\overline{x_j(t)}$ $(s,t \in G)$. Wie im Beweis von Satz 2.3 sieht man mittels Satz 2.38, daß die $\{\varphi_{ij}/i, j \in \mathbb{N}\}$ Orthonormalbasis eines Unterraumes von $L^2(G \times G)$ sind, der k enthält, denn für alle $x \in N(K) = R(K)^{\perp}$ und $y \in L^2(G)$ ist $\langle k, x(s)\overline{y(t)}\rangle_{L^2(G \times G)} = \int_{G \times G} k(s,t)\overline{x(s)}y(t)d(s,t) = \int_G y(t)\overline{\int_G k(t,s)x(s)ds}\, dt = \langle y, Kx\rangle_{L^2(G)} = 0$ und $\langle k, x(t)\overline{y(s)}\rangle_{L^2(G \times G)} = \langle K^*x, y\rangle_{L^2(G)} = 0$. Also liegt k im von den φ_{ij} aufgespannten Unterraum $\overline{R(K)} \times \overline{R(K)}$. Damit gilt (im L^2–Sinn):

$$k(s,t) = \sum_{i,j \in \mathbb{N}} \langle k, \varphi_{ij}\rangle \varphi_{ij}(s,t). \tag{2.87}$$

Nun ist für $i, j \in \mathbb{N}$ $\langle k, \varphi_{ij}\rangle_{L^2(G \times G)} = \int_{G \times G} k(s,t)\overline{\varphi_{ij}(s,t)}d(s,t) = \int_G \int_G k(s,t)\overline{x_i(s)}x_j(t)dtds = \int_G \overline{x_i(s)}(Kx_j)(s)ds = \lambda_j\langle x_j, x_i\rangle_{L^2(G)} = \lambda_j\delta_{ij}$; mit (2.87) folgt (2.85) und zusammen mit der Parsevalschen Gleichung (2.86).

$\square$

Bemerkung 2.43 Ähnlich könnte man beweisen, daß (2.85) für fast alle $s \in G$ in $L^2(G)$ bzgl. t konvergiert. Genauer: Für alle $s \in G$, für die $\int_G |k(s,t)|^2 dt < \infty$ (also $k(s, \cdot) \in L^2(G)$) ist, ist die Reihe (2.85) bzgl. t L^2–konvergent.

Für einen Integraloperator mit L^2–Kern liegt also wegen (2.86) die Folge der Eigenwerte in l^2, was für einen beliebigen kompakten Operator nicht stimmen muß. Ein Integraloperator mit L^2–Kern gehört zur Klasse der "Hilbert–Schmidt–Operatoren", einer Teilklasse der kompakten Operatoren: Ein linearer Operator $L : H \to H$ heißt "Hilbert–Schmidt–Operator", wenn $\|L\|_2^2 := \sum_{i=1}^{\infty} \|L\varphi_i\|^2 < \infty$ ist, wobei (φ_i) ein vollständiges Orthonormalsystem ist (von dessen spezieller Wahl $\|L\|_2$ nicht abhängt). Es gilt $\|L\| \leq \|L\|_2$. Ist K ein selbstadjungierter Integraloperator mit L^2–Kern k und Eigensystem (λ_i, x_i), so folgt aus (2.86) sofort: $\|K\|_2^2 = \sum_{i=1}^{\infty} \|Kx_i\|^2 = \sum_{i=1}^{\infty} \lambda_i^2 = \int_{G \times G} |k(s,t)|^2 d(s,t) < \infty$. Für Matrizen L ist die Hilbert–Schmidt–Norm $\|L\|_2$ genau die Frobenius–Norm. Die Menge der Hilbert–Schmidt–Operatoren kann man durch das innere Produkt $(L, M) := \sum_{i=1}^{\infty} \langle L\varphi_i, M\varphi_i\rangle$, wobei (φ_i) ein beliebiges vollständiges Orthonormalsystem ist, zu einem Hilbertraum machen.

Für stetige Kerne ist die Konvergenz in (2.76) stärker:

Satz 2.44 *Sei $k \in C(G \times G)$ symmetrisch, (λ_i, x_i) ein Eigensystem des von k auf $L^2(G)$ erzeugten Integraloperators K. Dann gilt für alle $x \in L^2(G)$ und $s \in G$*

$$(Kx)(s) = \sum_{i=1}^{\infty} \lambda_i \langle x, x_i \rangle_{L^2(G)} x_i(s), \qquad (2.88)$$

wobei die Konvergenz absolut und gleichmäßig ist.

Beweis. Da k stetig ist, gilt:

$$\exists (M > 0) \forall (s \in G) \int_G |k(s,t)|^2 dt \leq M. \qquad (2.89)$$

Aus Satz 2.42 und Bemerkung 2.43 folgt dann, daß für <u>alle</u> $s \in G$

$$k(s,t) = \sum_{i=1}^{\infty} \lambda_i x_i(s) \overline{x_i(t)} \qquad (2.90)$$

mit Konvergenz im L^2–Sinn bzgl. t gilt. Damit ist für alle $s \in G$ $(Kx)(s) = \langle k(s, \cdot), \bar{x} \rangle = \sum_{i=1}^{\infty} \lambda_i \langle x, x_i \rangle x_i(s)$. Diese Konvergenz ist absolut und gleichmäßig in s, wie folgende Betrachtung der Reihenreste zeigt:

Aus (2.90) folgt mit der Parsevalschen Gleichung für alle $s \in G$: $\int_G |k(s,t)|^2 dt = \|k(s,.)\|^2_{L^2(G)} = \sum_{i=1}^{\infty} \lambda_i^2 |x_i(s)|^2$. Für alle $n \in \mathbb{N}$ und alle $s \in G$ gilt:

$$
\begin{aligned}
0 \leq \left(\sum_{i=n}^{\infty} |\lambda_i \langle x, x_i \rangle x_i(s)| \right)^2 &= \left(\sum_{i=n}^{\infty} |\overline{\lambda_i} \langle x, x_i \rangle x_i(s)| \right)^2 \\
&= \left(\sum_{i=n}^{\infty} | \underbrace{\langle x, Kx_i \rangle}_{=\langle Kx, x_i \rangle} x_i(s)| \right)^2 \\
&\leq \sum_{i=n}^{\infty} \frac{|\langle Kx, x_i \rangle|^2}{\lambda_i^2} \sum_{i=1}^{\infty} \lambda_i^2 |x_i(s)|^2 \\
&= \sum_{i=n}^{\infty} \frac{|\langle Kx, x_i \rangle|^2}{\lambda_i^2} \int_G |k(s,t)|^2 dt \\
&\leq M \sum_{i=n}^{\infty} \frac{|\langle Kx, x_i \rangle|^2}{\lambda_i^2}.
\end{aligned}
$$

Da wegen (2.82) $\sum_{i=1}^{\infty} \frac{|\langle Kx, x_i \rangle|^2}{\lambda_i^2}$ konvergiert, gilt $\lim_{n \to \infty} \sum_{i=n}^{\infty} \frac{|\langle Kx, x_i \rangle|^2}{\lambda_i^2} = 0$ und damit wegen obiger Abschätzung auch $\lim_{n \to \infty} \sum_{i=n}^{\infty} |\lambda_i \langle x, x_i \rangle x_i(s)| = 0$ gleichmäßig in s.

$\square$

Aus dem Beweis sieht man, daß eigentlich nicht die Stetigkeit von k, sondern nur die schwächere Aussage (2.89) benötigt wurde. Die Stetigkeit von k (und etwas mehr) benötigt man aber sehr wohl, wenn man absolute und gleichmäßige Konvergenz auch für die "Kerndarstellung" (2.85) herleiten will:

Definition 2.45 *Sei $K \in L(H)$ selbstadjungiert; K heißt genau dann "positiv semidefinit", wenn $\forall(x \in H)\langle Kx, x\rangle \geq 0$.*
K heißt genau dann "positiv definit" wenn $\forall(x \in H \setminus \{0\})\langle Kx, x\rangle > 0$.

Lemma 2.46

a) *Sei $K \in L(H)$ kompakt und selbstadjungiert mit Eigensystem (λ_n, x_n). Dann gilt: K ist genau dann positiv semidefinit wenn $\forall(n \in \mathbb{N})\ \lambda_n > 0$.*

b) *Sei $k \in C(G \times G)$ ein hermitescher Kern, K der erzeugte Integraloperator auf $L^2(G)$. Ist K positiv semidefinit, so ist $k(s, s) \geq 0$ für alle $s \in G$.*

Beweis.

a) Annahme: $\exists(n \in \mathbb{N})\ \lambda_n < 0$. Dann gilt für einen zugehörigen Eigenvektor $x_n : \langle Kx_n, x_n\rangle = \lambda_n \|x_n\|^2 < 0$, im Widerspruch zur positiven Semidefinitheit. Da nach Definiton eines Eigensystems alle $\lambda_n \neq 0$ sind, sind also alle $\lambda_n > 0$.

Sind umgekehrt alle $\lambda_n > 0$, so folgt mit Hilfe von Korollar 2.39 für alle $x \in H : \langle Kx, x\rangle = \sum_{i=1}^{\infty} \lambda_i \langle x, x_i\rangle\langle x_i, x\rangle = \sum_{i=1}^{\infty} \lambda_i |\langle x, x_i\rangle|^2 \geq 0$. Also ist K positiv semidefinit.

b) Annahme: $\exists(s_0 \in G)\ k(s_0, s_0) < 0$. Wegen der Stetigkeit ist dann $\operatorname{Re} k(s, t) \leq \frac{k(s_0, s_0)}{2} < 0$ für $\|s - s_0\| < \delta, \|t - s_0\| < \delta$ mit hinreichend kleinem $\delta > 0$. Sei nun

$$x(t) := \begin{cases} 1 & \text{falls} \quad \|t - s_0\| < \delta \\ 0 & \text{falls} \quad \|t - s_0\| \geq \delta; \end{cases}$$

x ist reellwertig; da auch $\langle Kx, x\rangle \in \mathbb{R}$ ist (wegen der Selbstadjungiertheit), gilt mit $U_\delta := \{(s, t) \in G \times G / \|s - s_0\| < \delta, \|t - s_0\| < \delta\}$

$$\langle Kx, x\rangle = \operatorname{Re}\langle Kx, x\rangle = \int_G \int_G \operatorname{Re} k(s, t) x(t) dt\, x(s) ds =$$

$$= \int_{U_\delta := \{(s,t) \in G \times G/\ \|s-s_0\| < \delta, \|t-s_0\| < \delta\}} \operatorname{Re} k(s, t) d(s, t) \leq$$

$$\leq \frac{k(s_0, s_0)}{2} |U_\delta| < 0,$$

im Widerspruch zur positiven Semidefinitheit. Also ist für alle $s \in G$ $k(s, s) \geq 0$.

$\square$

Für positiv semidefinite Integraloperatoren mit stetigem Kern können wir nun die absolute und gleichmäßige Konvergenz der "Kerndarstellung" (2.85) nachweisen:

Satz 2.47 *(Mercer) Sei $k \in C(G \times G)$ hermitesch; der auf $L^2(G)$ erzeugte Integraloperator K sei positiv semidefinit, $(\lambda_n, x_n)_{n \in \mathbb{N}}$ sei ein Eigensystem. Dann gilt:*

$$k(s,t) = \sum_{i=1}^{\infty} \lambda_i x_i(s)\overline{x_i(t)}, \qquad (2.85)$$

wobei die Konvergenz absolut und gleichmäßig in $G \times G$ ist.

Beweis. Wir betrachten für alle $n \in \mathbb{N}$ den Kern

$$r_n(s,t) := k(s,t) - \sum_{i=1}^{n} \lambda_i x_i(s)\overline{x_i(t)} \quad (s,t \in G). \qquad (2.91)$$

r_n ist wieder stetig, da die x_i als Eigenfunktionen eines Integraloperators mit stetigem Kern stetig sind. Sei R_n der durch r_n erzeugte Integraloperator; R_n ist kompakt und selbstadjungiert.

Sei $\lambda \in \sigma(R_n) \setminus \{0\}$, x ein zugehöriger Eigenvektor, also wegen (2.76)

$$\lambda x = R_n x = Kx - \sum_{i=1}^{n} \lambda_i \langle x, x_i \rangle x_i = \sum_{i=n+1}^{\infty} \lambda_i \langle x, x_i \rangle x_i. \qquad (2.92)$$

Damit gilt für $j \leq n$: $\langle x, x_j \rangle = \frac{1}{\lambda}\langle \lambda x, x_j \rangle = 0$, woraus mit (2.92) folgt: $\lambda x = Kx$. Also ist $\lambda \in \sigma(K) \setminus \{0\}$, x ist Eigenvektor von K. Da x auf $x_1, \ldots, x_n$ orthogonal steht, ist $x \in \mathrm{lin}\{x_{n+1}, x_{n+2}, \ldots\}$.

Andererseits ist für $j > n$ $\lambda_j x_j = Kx_j = R_n x_j$, also ist $\lambda_j \in \sigma(R_n) \setminus \{0\}$, x_j ist ein Eigenvektor von R_n.

Insgesamt folgt, daß $(\lambda_j, x_j)_{j > n}$ ein Eigensystem für R_n ist. Aus Lemma 2.46 a) folgt, daß R_n positiv semidefinit ist, aus Lemma 2.46 b), daß

$$\forall (s \in G) \; r_n(s,s) \geq 0. \qquad (2.93)$$

Zusammen mit (2.91) impliziert (2.93)

$$\sum_{i=1}^{n} \lambda_i |x_i(s)|^2 \leq k(s,s) \quad (s \in G, n \in \mathbb{N}). \qquad (2.94)$$

Durch Integration erhalten wir aus (2.94) zusammen mit $\int_G |x_i(s)|^2 ds = \|x_i\|^2 = 1$

$$0 < \sum_{i=1}^{n} \lambda_i \leq \int_G k(s,s)ds \quad (n \in \mathbb{N}). \qquad (2.95)$$

Da alle $\lambda_i > 0$ sind, folgt daraus die Konvergenz der Reihe $\sum\limits_{i=1}^{\infty} \lambda_i$. Aus (2.94) folgt andererseits die Konvergenz von $\sum\limits_{i=1}^{\infty} \lambda_i |x_i(s)|^2$ für alle $s \in G$.

Seien $\varepsilon > 0$, $s, t \in G$ beliebig. Wegen der Konvergenz von $\sum\limits_{i=1}^{\infty} \lambda_i |x_i(s)|^2$ existiert ein (von s abhängiges) $n_0 \in \mathbb{N}$ so, daß

$$\sum_{i=n+1}^{m} \lambda_i |x_i(s)|^2 \leq \varepsilon \quad \text{für alle} \quad m > n \geq n_0. \tag{2.96}$$

Da wegen (2.94) mit diesen m, n auch

$$\sum_{i=n+1}^{m} \lambda_i |x_i(t)|^2 \leq k(t,t) \leq \|k\|_{C(G \times G)} \tag{2.97}$$

gilt, folgt aus (2.96) und (2.97)

$$\left(\sum_{i=n+1}^{m} \lambda_i |x_i(s)\overline{x_i(t)}| \right)^2 \leq \left(\sum_{i=n+1}^{m} \lambda_i |x_i(s)|^2 \right) \left(\sum_{i=n+1}^{m} \lambda_i |x_i(t)|^2 \right) \leq$$
$$\leq \varepsilon \|k\|_{C(G \times G)}$$

für alle $m > n \geq n_0$. Da n_0 zwar von s, nicht aber von t abhängt, ist damit nach dem Cauchykriterium die Reihe $\sum\limits_{i=1}^{\infty} \lambda_i x_i(s) \overline{x_i(t)}$ für jedes $s \in G$ bzgl. t gleichmäßig und absolut konvergent, woraus auch folgt, daß $\tilde{k}(s,t) :=$ $\sum\limits_{i=1}^{\infty} \lambda_i x_i(s) \overline{x_i(t)}$ für jedes s stetig in t ist. Analog zeigt man die Stetigkeit von $\tilde{k}$ in s für jedes t. Zusammen mit Satz 2.42 und der Stetigkeit von k folgt, daß $k = \tilde{k}$ ist.

Die Folge stetiger Funktionen $\left(\sum\limits_{i=1}^{n} \lambda_i |x_i(s)|^2 \right)_{n \in \mathbb{N}}$ konvergiert also monoton gegen die stetige Funktion $k(s,s)$, nach dem Satz von Dini also gleichmäßig. Damit gilt die obige Cauchybedingung für $\sum\limits_{i=1}^{\infty} \lambda_i |x_i(s) \overline{x_i(t)}|$ auch gleichmäßig in s, woraus die absolute und (bzgl. (s,t)) gleichmäßige Konvergenz in (2.85) folgt.

$\square$

Bemerkung 2.48 Aus dem Beweis sieht man, daß die Aussage des Satzes von Mercer auch dann noch gilt, wenn statt der positiven Semidefinitheit von K gefordert wird, daß nur endlich viele Eigenwerte negativ oder nur endlich viele positiv sind. In dieser Form werden wir den Satz von Mercer in Kapitel 5 verwenden. Aus dem Satz von Mercer folgt durch (wegen der gleichmäßigen Konvergenz zulässige) gliedweise Integration in (2.85) unter Berücksichtigung der Tatsache, daß $\int\limits_{G} |x_i(s)|^2 ds = 1$ ist, daß

$$\sum_{i=1}^{\infty} \lambda_i = \int_{G} k(s,s) ds \tag{2.98}$$

gilt. Die Zahl auf beiden Seiten von (2.98) nennt man "Spur des Integraloperators". Unter den Voraussetzungen des Satzes von Mercer ist also die Folge der Eigenwerte nicht nur in l^2, sondern sogar in l^1; letztere Eigenschaft definiert die Teilklasse der "nuklearen Operatoren" oder "Operatoren der Spurklasse" ("trace class") innerhalb der (hier selbstadjungierten) kompakten Operatoren.

Die rechte Seite in (2.98) hat für allgemeine L^2–Kerne gar keinen Sinn, da solche Kerne ja nur fast überall eindeutig definiert sind, sodaß schon die Frage nach der Gültigkeit von (2.98) dann sinnlos ist.

Bemerkung 2.49 Eine Klasse von Integraloperatoren, die sicher Eigenwerte haben, sind also nach Satz 2.36 die selbstadjungierten. Eine andere Klasse sind die mit positivem Kern, wie folgender "Satz von Jentzsch" aussagt:

Sei $k \in C([0,1]^2)$, $k(s,t) > 0$ für alle $s,t \in [0,1]$, K der erzeugte (nicht notwendigerweise selbstadjungierte) Integraloperator. Dann hat K mindestens einen positiven Eigenwert. Ist λ der größte positive Eigenwert, so gilt: $N(\lambda I - K) = \lim\{x\}$, wobei $x(s) > 0$ für alle $s \in [0,1]$ gilt. Ferner ist $|\mu| < \lambda$ für alle $\mu \in \sigma(K) \setminus \{\lambda\}$.

Der betragsgrößte Eigenwert hat also einen eindimensionalen Eigenraum, der von einer positiven Eigenfunktion aufgespannt wird, und ist selbst positiv. Alle anderen Eigenwerte haben kleineren Betrag.

Ein möglicher Beweis verwendet funktionentheoretische Eigenschaften der Fredholmdeterminanten (vgl. [43]). Funktionentheoretische Methoden sind überhaupt im Zusammenhang etwa mit Fragen der "Eigenwertverteilung" nicht unwichtig:

Ist $D(\mu)$ wie in (2.58) definiert, so kann man zeigen, daß unter den Voraussetzungen des Satzes von Mercer

$$D(\mu) = \prod_{i=1}^{\infty}(1 - \lambda_i \cdot \mu) \quad (\mu \in \mathbb{C}) \tag{2.99}$$

gilt, woraus die Konvergenz von $\sum_{i=1}^{\infty} \lambda_i$ folgt. Formel (2.99) gilt aber auch für die Kerne $k \in C([0,1]^2)$, für die $M > 0$ und $\alpha \in]\frac{1}{2}, 1]$ existieren so, daß die Hölderbedingung $|k(s,t_1) - k(s,t_2)| \leq M \cdot |t_1 - t_2|^\alpha$ $(s,t_1,t_2 \in [0,1])$ erfüllt ist; die λ_i sind dabei auch im nicht–selbstadjungierten Fall die Eigenwerte. Es gilt also auch für solche Kerne, daß $(\lambda_i) \in l^1$ ist. Für Details und weitere funktionentheoretische Aussagen über $D(\mu)$ siehe [43].

Bemerkung 2.50 Eine einfache konstruktive Methode, eine Fredholmsche Integralgleichung (2.1), also

$$\lambda x - Kx = f \quad (\lambda \neq 0), \tag{2.100}$$

wobei K der durch einen L^2–Kern k erzeugte Integraloperator auf $L^2(G)$ ist, zu lösen, ist die Methode der sukzessiven Approximation:

Man schreibt (2.100) dabei in der äquivalenten Fixpunktform

$$x = \frac{1}{\lambda}(Kx + f)$$

und iteriert gemäß der Vorschrift.

$$x_{n+1} := \frac{1}{\lambda}(Kx_n + f) \quad (n \in \mathbb{N}) \tag{2.101}$$

mit $x_0 := 0$. Konvergenz gegen eine Lösung von (2.100) ist jedenfalls gesichert, falls

$$|\lambda| > \|K\| \tag{2.102}$$

gilt. Dies folgt sofort aus dem Banachschen Fixpunktsatz, da dann der Iterationsoperator $x \to \frac{1}{\lambda}(Kx + g)$ eine Lipschitzbedingung mit Lipschitzkonstante $\|\frac{1}{\lambda}K\| < 1$ erfüllt. (2.102) kann nur für $\lambda \notin \sigma(K)$ erfüllt sein; umgekehrt folgt aus $\lambda \notin \sigma(K)$ natürlich nicht (2.102), sodaß die Konvergenz von (2.99) nicht für alle $\lambda \notin \sigma(K)$, sondern nur für hinreichend große λ gesichert ist.

Durch einfache Berechnung folgt sofort, daß $x_n = \sum_{i=0}^{n-1} \lambda^{-i-1} K^i f$, wenn (x_n) durch (2.101) gegeben ist. Also ist die Lösung x von (2.100) im Fall (2.102) durch die sogenannte "Neumannsche Reihe"

$$x = \sum_{i=0}^{\infty} \lambda^{-i-1} K^i f \tag{2.103}$$

darstellbar. Die Operatoren K^i sind wieder Integraloperatoren, für deren Kerne k_i, die sogenannten "iterierten Kerne", die Rekursionsformel

$$k_i(s,t) = \int_G k(s,\tau) k_{i-1}(\tau,t) d\tau \quad (i \geq 2) \tag{2.104}$$

mit $k_1 = k$ gilt. Aus (2.103) folgt, daß unter der Bedingung (2.102) die Reihe

$$\sum_{i=1}^{\infty} \lambda^{-i} k_i(s,t) \tag{2.105}$$

im L^2-Sinn konvergiert; wir bezeichnen die Summe mit $r(s,t,\frac{1}{\lambda})$. Wenn k stetig ist und (2.102) durch

$$|\lambda| > \|k\| \cdot |G| \tag{2.106}$$

ersetzt wird, so konvergiert (wie man leicht mit Hilfe von (2.104) sieht) (2.105) absolut und gleichmäßig, also ist $r(s,t,\frac{1}{\lambda})$ stetig. Aus (2.103) folgt für die Lösung x von (2.100)

$$x(s) = \frac{1}{\lambda}f(s) + \frac{1}{\lambda}\int_G r(s,t,\frac{1}{\lambda})f(t)dt \quad (s \in G). \tag{2.107}$$

Also ist r genau der Resolventenkern aus (2.64) (mit $\mu := \frac{1}{\lambda}$), der auf diese Weise aber nur für die λ, die (2.106) erfüllen, definierbar ist. Seine meromorphe Fortsetzung auf ganz $\mathbb{C}$ ergibt (2.64).

Die Reihe (2.103) konvergiert unter der Bedingung (2.102) oder unter der (im nicht–selbstadjungierten Fall) etwas schwächeren Bedingung

$$|\lambda| > \rho(K) := \sup\{|\mu|/\mu \in \sigma(K)\} \qquad (2.108)$$

gleichmäßig (bzgl. f) auf beschränkten Mengen, also in der Operatornorm. (ρ heißt "Spektralradius von K"). Es ist ein bemerkenswertes Ergebnis von N. Suzuki [72], daß die Bedingung

$$\lim_{i\to\infty} \|\lambda^{-i}K^i f\| = 0 \qquad (2.109)$$

nicht nur notwendig, sondern auch hinreichend für die Konvergenz von (2.103) für ein gegebenes f ist, ohne daß (2.102) erfüllt sein muß!

Man kann auch eine Variante von (2.103) angeben, bei der von der rechten Seite gewisse Eigenfunktionen subtrahiert werden und zur Korrektur noch ein lineares Gleichungssystem zu lösen ist, die stets für alle $\lambda \in \mathbb{C}$ konvergiert ([19]).

Wir haben uns in diesem Kapitel daran gewöhnt, daß "Integraloperatoren kompakt sind". Dies ist aber nur richtig, falls der Kern gewisse Bedingungen erfüllt, etwa ein L^2-Kern oder schwach singulär ist. Es gibt sehr wohl nicht-kompakte Integraloperatoren; einige wichtige Typen werden wir in Kapitel 8 kennenlernen. Zum Abschluß dieses Kapitels geben wir zunächst einige Beispiele für nicht–kompakte Integraloperatoren an, wobei wir die Nicht-Kompaktheit zeigen, indem wir beweisen, daß das Spektrum nicht die Eigenschaften hat, die es im kompakten Fall haben müßte.

Beispiel 2.51 Sei X ein Raum von stetigen Funktionen auf $[0, +\infty[$, der die Funktion

$$s \to \sqrt{\frac{\pi}{2}}e^{-\alpha s} + \frac{s}{\alpha^2 + s^2} \quad (s \in \mathbb{R}_0^+) \qquad (2.110)$$

für alle $\alpha > 0$ enthält und für dessen Elemente das uneigentliche Integral in (2.111) konvergiert; $T : X \to X$ sei definiert durch

$$(Tx)(s) := \int_0^\infty \sqrt{\frac{2}{\pi}}\sin(st)x(t)dt. \qquad (2.111)$$

Eine Stammfunktion von $e^{-\alpha t}\sin(st)$ bzgl. t ist $\frac{e^{-\alpha t}}{s^2+\alpha^2}(-\alpha \sin(st) - s\cos(st))$; damit ist

$$\int_0^\infty e^{-\alpha t}\sin(st)dt = \frac{s}{s^2 + \alpha^2} \quad (\alpha > 0, s \geq 0). \qquad (2.112)$$

Aus Integraltafeln entnimmt man $\int_0^\infty \frac{\cos(\beta t)}{1+t^2}dt = \frac{\pi}{2}e^{-\beta}$ für $\beta > 0$, woraus durch Differentiation nach β folgt: $\int_0^\infty \frac{t\sin(\beta t)}{1+t^2}dt = \frac{\pi}{2}e^{-\beta}$, also mit $\beta := \alpha s : \frac{\pi}{2}e^{-\alpha s} = \int_0^\infty \frac{\tau\sin(\alpha s\tau)}{1+\tau^2}d\tau = \int_0^\infty \frac{t\sin(st)}{\alpha^2+t^2}dt$, also

$$\int_0^\infty \frac{t\sin(st)}{\alpha^2 + t^2}\,dt = \frac{\pi}{2}e^{-s\alpha} \quad (\alpha > 0, s \geq 0). \tag{2.113}$$

Aus (2.112) und (2.113) folgt mit

$$x_\alpha(s) := \frac{s}{\alpha^2 + s^2} + \sqrt{\frac{\pi}{2}}e^{-\alpha s} \quad (\alpha > 0) \tag{2.114}$$

sofort

$$(Tx_\alpha)(s) = x_\alpha(s) \quad (s \geq 0). \tag{2.115}$$

Also ist 1 Eigenwert von T mit unendlicher Vielfachheit, da alle x_α für $\alpha > 0$ (linear unabhängige) Eigenfunktionen sind. Damit widerspräche die Kompaktheit von T Satz 2.35 b), T kann also nicht kompakt sein.

Ersetzt man in (2.111) das Integrationsintervall durch $[a, b]$ ($a < b \in \mathbb{R}$), so ist T natürlich kompakt auf $C[a, b]$ oder $L^2[a, b]$. Der Übergang zum endlichen Integrationsbereich ändert also die Eigenschaft des Integraloperators T radikal. Man kann also in einer Integralgleichung mit unendlichem Integrationsintervall nicht einfach ohne genaueren Übergang dieses durch ein großes, aber endliches Integrationsintervall ersetzen!

Beispiel 2.52 Sei X ein Raum von Funktionen auf $\mathbb{R}$, der alle Funktionen $\cos(\alpha s), \sin(\alpha s)$ für $\alpha > 0$ enthält und für den der Operator $T : X \to X$ definiert durch

$$(Tx)(s) := \int_{-\infty}^{+\infty} e^{-|s-t|}x(t)\,dt \tag{2.116}$$

sinnvoll ist. Der Kern von T hängt nur von $(s - t)$ ab, ist also ein sogenannter "Faltungskern" (vgl. Kapitel 8).

Nun gilt für alle $\alpha > 0, s \in \mathbb{R}$:

$$\int_{-\infty}^{+\infty} e^{-|s-t|}e^{i\alpha t}\,dt = \int_{-\infty}^{s} e^{-(s-t)+i\alpha t}\,dt + \int_{s}^{+\infty} e^{-(t-s)+i\alpha t}\,dt =$$

$$= \frac{e^{-s+t+i\alpha t}}{1+i\alpha}\bigg|_{t=-\infty}^{s} + \frac{e^{-t+s+i\alpha t}}{i\alpha - 1}\bigg|_{t=s}^{+\infty} =$$

$$= \frac{e^{i\alpha s}}{1+i\alpha} - \frac{e^{i\alpha s}}{i\alpha - 1} = \frac{2e^{i\alpha s}}{1+\alpha^2},$$

also gilt (wie man durch Übergang zu Real– und Imaginärteil sieht) für alle $\alpha \in \mathbb{R}$

$$\int_{-\infty}^{+\infty} e^{-|s-t|}\cos(\alpha t)\,dt = \frac{2}{1+\alpha^2}\cos(\alpha s) \quad (s \in \mathbb{R}) \tag{2.117}$$

und

$$\int_{-\infty}^{+\infty} e^{-|s-t|}\sin(\alpha t)\,dt = \frac{2}{1+\alpha^2}\sin(\alpha s) \quad (s \in \mathbb{R}). \tag{2.118}$$

Damit ist für jedes $\alpha > 0$ $\frac{2}{1+\alpha^2}$ Eigenwert von T, also besteht das gesamte Intervall $]0, 2[$ aus Eigenwerten. Die Kompaktheit von T widerspräche also Satz 2.35 c), damit kann T nicht kompakt sein. Wieder ist natürlich das Verhalten des Integraloperators mit demselben Kern, aber beschränktem Integrationsintervall, der ja dann kompakt ist, radikal anders!

Bemerkung 2.53 Es gibt viele wichtige Beispiele nicht kompakter Integraloperatoren. So gilt etwa (vgl. Kapitel 8):

a) Es sei $k \in L^1(\mathbb{R})$. Der "Faltungsintegraloperator"

$$(Tx)(s) := \int_{-\infty}^{+\infty} k(s-t)x(t)dt$$

kann auf $L^2(\mathbb{R})$ definiert werden. Sein Spektrum ist

$$\overline{\{\lambda \in \mathbb{R} / \exists(\mu \in \mathbb{R})\lambda = k(\mu)\}},$$

also im allgemeinen eine überabzählbare Menge. Ist λ so, daß $k(\mu) = \lambda$ für alle $\mu \in [a, b]$ mit $a < b \in \mathbb{R}$ gilt, so ist der Eigenraum zum Eigenwert λ unendlichdimensional.

b) Der "stark singuläre" Integraloperator $(Tx)(s) := \int_{-\infty}^{+\infty} \frac{x(t)}{s-t}dt$ kann mittels Fouriertransformation auf $L^2(\mathbb{R})$ definiert werden. T heißt "Hilberttransformation". Sein Spektrum besteht nur aus $i\pi$ und $-i\pi$, beides sind Eigenwerte mit unendlichdimensionalen Eigenräumen. Die "endliche Hilberttransformation" auf $L^2([-1, 1])$ ist definiert durch $(Tx)(s) := \int_{-1}^{1} \frac{x(t)}{s-t}dt$. Sie hat das Spektrum $\{i\mu/\mu \in [-\pi, \pi]\}$, ist also ebenfalls nicht kompakt. Dieses Beispiel zeigt auch, daß die Definiton eines "schwach singulären" Kerns nicht willkürlich war: Gemäß Definition (2.12) ist im Eindimensionalen der Kern $(s-t)^{-\alpha}$ für $\alpha < 1$ schwach singulär, der erzeugte Integraloperator ist kompakt. Schon im Grenzfall $\alpha = 1$ geht die Kompaktheit verloren.

Integraloperatoren, die im Kern $(s-t)^{-1}$ beinhalten, heißen "singuläre Integraloperatoren vom Cauchy-Typ" und werden etwa in [43] und [49] ausführlich behandelt. Wir kommen darauf am Ende von Kapitel 8 zurück.

3. Numerik Fredholmscher Gleichungen 2.Art

Wir geben in diesem Abschnitt einen Überblick über Verfahren zur numerischen Lösung linearer Fredholmscher Integralgleichungen 2.Art und behandeln dabei folgende Methoden:

- Approximation mit ausgearteten Kernen

- Projektions– und Kollokationsverfahren

- Quadraturformelmethoden

Als theoretische Grundlage dient die Theorie kollektiv–kompakter Operatoren. Einen ausführlichen Überblick über die behandelten und andere Verfahren mit numerischen Beispielen findet man in [3], [4].

Wir betrachten die Gleichung

$$\lambda x(s) - \int_G k(s,t)x(t)dt = f(s) \quad (s \in G), \tag{3.1}$$

mit $\lambda \neq 0$, wobei G wie in Kapitel 2 sei und k entweder stetig, schwach singulär oder quadratisch integrierbar sei, sodaß der erzeugte Integraloperator K kompakt auf $C(G)$ oder auf $L^2(G)$ ist.

Als Näherungsprobleme betrachten wir zunächst die Gleichungen

$$\lambda x_n(s) - \int_G k_n(s,t)x_n(t)dt = f(s) \quad (s \in G), \tag{3.2}$$

wobei die Kerne k_n ausgeartet sein sollen (vgl. Definition 2.2), also

$$k_n(s,t) = \sum_{i=1}^n \varphi_i(s)\psi_i(t) \quad \text{(fast überall)} \tag{3.3}$$

gilt (natürlich sind die φ_i, ψ_i i.a. auch von n abhängig). Wir behandeln also die Methode der "Approximation mittels ausgearteter Kerne" ("degenerate kernel approximation"). Die Kerne k_n sollen dabei so konstruiert werden (wie das geht, werden wir später sehen), daß

$$\lim_{n \to \infty} \|K - K_n\| = 0 \tag{3.4}$$

gilt, wobei K_n der durch k_n erzeugte Integraloperator und $\| \cdot \|$ die verwendete Operatornorm ist. Man beachte, daß (3.4) nur für kompaktes K möglich ist (vgl. Satz 2.7 in Verbindung mit Satz 2.3). Die Konvergenz des Verfahrens beruht auf folgendem einfachen Satz:

Satz 3.1 *Es seien K und K_n wie oben (betrachtet als Operatoren von $C(G)$ bzw. $L^2(G)$ in sich), es gelte (3.4).*

a) *Ist $\lambda \notin \sigma(K)$, so ist für hinreichend großes $n \in \mathbb{N}$ $(\lambda I - K_n)$ stetig invertierbar. Ist x bzw. x_n die eindeutige Lösung von (3.1) bzw. (3.2), so gilt*

$$\|x - x_n\| \leq \frac{\|(\lambda I - K)^{-1}\|}{1 - \|(\lambda I - K)^{-1}\| \cdot \|K - K_n\|} \|Kx - K_n x\|. \qquad (3.5)$$

b) *Für ein $n \in \mathbb{N}$ sei $\lambda \notin \sigma(K_n)$ und es gelte*

$$\|K - K_n\| < \|(\lambda I - K_n)^{-1}\|^{-1}. \qquad (3.6)$$

Dann ist $\lambda \notin \sigma(K)$. Ist x bzw. x_n die eindeutige Lösung von (3.1) bzw. (3.2), so gilt

$$\|x - x_n\| \leq \frac{\|(\lambda I - K_n)^{-1}\|}{1 - \|(\lambda I - K_n)^{-1}\| \cdot \|K - K_n\|} \|Kx_n - K_n x_n\|. \qquad (3.7)$$

Beweis. folgt sofort aus dem Satz über die Inverse benachbarter Operatoren, angewandt auf $\lambda I - K$ bzw. $\lambda I - K_n$.

$\square$

Bemerkung 3.2 Natürlich geht bei Satz 3.1 die konkrete Gestalt von K und K_n nicht ein (nicht einmal die Kompaktheit!), nur (3.4) ist wichtig. Im Gegensatz zu (3.5) ist (3.7) eine (prinzipiell) berechenbare Fehlerschranke, da nur x_n, nicht aber x vorkommt. Sind die Voraussetzungen von Satz 3.1 b) erfüllt, dann sind natürlich auch die von Satz 3.1 a) erfüllt.

Bemerkung 3.3 Wie bei Vorliegen von (3.3) die Lösung von (3.2) aus einem linearen Gleichungssystem zu berechnen ist, wurde bereits im 2. Kapitel (nach Satz 2.3) dargestellt. In der hier verwendeten Notation ist

$$x_n(s) = \frac{1}{\lambda} \left[f(s) + \sum_{i=1}^{n} y_i \varphi_i \right], \qquad (3.8)$$

wobei $y = (y_1, \ldots, y_n)$ das lineare Gleichungssystem

$$\lambda y - Ay = g \qquad (3.9)$$

mit

$$A = (a_{ji})_{1 \le i,j \le n}, \quad a_{ij} = \int\limits_G \varphi_i(t)\psi_j(t)dt \\ g = (g_1, \ldots, g_n)^T, \quad g_i = \int\limits_G f(s)\psi_i(s)ds \Bigg\} \tag{3.10}$$

löst. Sobald $\lambda \notin \sigma(K_n)$ ist, ist (3.9) immer eindeutig lösbar (wenn die $\varphi_1, \ldots, \varphi_n$ linear unabhängig sind, was stets erreichbar ist).

Es ist nun die Frage zu untersuchen, wie Folgen ausgearteter Kerne so konstruiert werden können, daß (3.4) gilt. Möglichkeiten dazu werden in den Methoden 3.4 – 3.7 angegeben.

Methode 3.4 (Entwicklung nach Eigenfunktionen) *Ist k etwa ein hermitescher L^2-Kern, so gilt (im L^2-Sinn) nach Satz 2.42*

$$k(s,t) = \sum_{i=1}^{\infty} \lambda_i x_i(s)\overline{x_i(t)}.$$

Definiert man nun

$$k_n(s,t) := \sum_{i=1}^{n} \lambda_i x_i(s)\overline{x_i(t)},$$

so ist

$$\|K - K_n\|_{L^2(G)}^2 \le \sum_{i=n+1}^{\infty} \lambda_i^2;$$

da $(\lambda_i) \in l^2$ ist, folgt (3.4).

Die zu lösende Näherungsgleichung (3.2) hat die Gestalt (3.9), wobei $a_{ij} = \lambda_i \delta_{ij}$ ist. Die Näherungslösung x_n ist also gegeben durch

$$x_n(s) = \frac{1}{\lambda}f(s) + \sum_{i=1}^{n} \frac{\lambda_i \langle f, x_i \rangle}{\lambda(\lambda - \lambda_i)} x_i(s), \tag{3.11}$$

was ähnlich zu (aber nicht identisch mit) (2.79) ist.

Methode 3.5 (Entwicklung nach Orthonormalsystemen) *Sei (φ_i) ein beliebiges vollständiges Orthonormalsystem in $L^2(G)$, für (fast) alle $t \in G$ sei $k(\cdot, t) \in L^2(G)$ (was sicher für stetige Kerne der Fall ist). Dann gilt für (fast) alle $t \in G$*

$$k(s,t) = \sum_{i=1}^{\infty} \varphi_i(s)\psi_i(t) \tag{3.12}$$

mit $\psi_i(t) = \langle k(\cdot,t), \varphi_i \rangle = \int\limits_G k(s,t)\varphi_i(s)ds$, also

$$\psi_i = K^*\varphi_i, \tag{3.13}$$

wobei die Konvergenz in (3.12) im L^2-Sinn zu verstehen ist. Es liegt nahe, k_n durch

$$k_n(s,t) := \sum_{i=1}^{n} \varphi_i(s)\psi_i(t) \tag{3.14}$$

zu definieren. Nach (3.10) und (3.13) gilt für die Koeffizienten der Matrix A:

$$a_{ij} = \langle K\varphi_i, \varphi_j \rangle = \int\limits_{G}\int\limits_{G} k(s,t)\varphi_i(t)\varphi_j(s)ds\,dt.$$

Da $((K - K_n)x)(s) = \int\limits_{G} \sum\limits_{i=n+1}^{\infty} \varphi_i(s)\psi_i(t)x(t)dt = \sum\limits_{i=n+1}^{\infty} \langle x, K^*\varphi_i \rangle \varphi_i$ *gilt, ist*

$$\|K - K_n\|_{L^2(G)}^2 \leq \sum_{i=n+1}^{\infty} \|K^*\varphi_i\|_{L^2(G)}^2. \tag{3.15}$$

Da K^* als Integraloperator mit L^2-Kern ein Hilbert-Schmidt-Operator ist, ist $\sum\limits_{i=1}^{\infty} \|K^*\varphi_i\|^2 < \infty$ (vgl. Bemerkung 2.43), sodaß die Abschätzung auf der rechten Seite von (3.15) mit $n \to \infty$ gegen 0 geht, woraus (3.4) folgt. Statt den Kern nach der Variablen s zu entwickeln, könnte man ihn auch nach der Variablen t oder gemeinsam nach beiden Variablen (bzgl. des vollständigen Orthonormalsystems $(\varphi_i(s)\varphi_j(t))$ in $L^2(G \times G)$) entwickeln. Methode 3.5 enthält natürlich Methode 3.4 als Spezialfall.

Methode 3.6 (Approximation mittels Taylorreihe) *Wir behandeln nur den eindimensionalen Fall, also etwa $G = [0, 1]$, und nehmen an, daß der Kern $k(s, t)$ nur vom Produkt $s \cdot t$ abhängt, also $k(s, t) = r(s \cdot t)$ gilt, wobei r in $[0, 1]$ in eine Taylorreihe um 0 entwickelbar sein soll, also*

$$r(s) = \sum_{i=0}^{\infty} \alpha_i s^i \quad (s \in [0, 1])$$

gelten soll, wobei natürlich $\alpha_i = \frac{r^{(i)}(0)}{i!}$ gilt.
Wir setzen dann

$$k_n(s, t) := \sum_{i=1}^{n} \alpha_{i-1} s^{i-1} t^{i-1}. \tag{3.16}$$

Damit ergibt sich für die Koeffizienten aus (3.10):

$$a_{ij} = \frac{\alpha_{i-1}}{i + j - 1}, \quad g_i = \alpha_{i-1} \int_{0}^{1} s^{i-1} f(s)ds.$$

Abschätzungen für $\|K - K_n\|$ kann man prinzipiell aus Restgliedabschätzungen für die Taylorreihe gewinnen.

Methode 3.7 (Approximation durch Interpolation) *Dabei wird der Kern k für jedes feste t bzgl. s interpoliert (etwa durch Splines, Polynome, trigonometrische Polynome). Wir stellen das hier für lineare Splines dar, und zwar für den eindimensionalen Fall mit $G = [0, 1]$ und gleichabständigen Stützstellen $s_i = \frac{i}{n} (i \in \{0, \ldots, n\})$. Es sei dann für $i \in \{1, \ldots, n\}$*

$$l_i(s) := \begin{cases} n \cdot (s - s_{i-1}) & s \in [s_{i-1}, s_i] \\ n \cdot (s_{i+1} - s) & s \in [s_i, s_{i+1}] \\ 0 & s \in [0, 1] \setminus [s_{i-1}, s_{i+1}] \end{cases} \tag{3.17}$$

und

$$k_n(s,t) := \sum_{i=0}^{n} k(s_i,t)l_i(s) \quad (s,t \in [0,1]). \tag{3.18}$$

Der ausgeartete Kern k_n kann auch wie folgt berechnet werden:

$$k_n(s,t) = n \cdot [(s_i - s)k(s_{i-1},t) + (s - s_{i-1})k(s_i,t)] \; \text{für} \; \begin{matrix} s \in [s_{i-1},s_i], \\ t \in [0,1]. \end{matrix} \tag{3.19}$$

Für jedes t ist $k_n(\cdot,t)$ der lineare Spline, der $k(\cdot,t)$ bei $s_0,\ldots,s_n$ interpoliert. Die Koeffizienten aus (3.10) haben die Gestalt

$$a_{ij} = \int_0^1 k(s_j,t)l_i(t)dt = \int_{\max\{0,s_{i-1}\}}^{\min\{1,s_{i+1}\}} k(s_j,t)l_i(t)dt$$

$$(i,j \in \{0,\ldots,n\}),$$

$$g_i = \int_0^1 k(s_i,t)f(t)dt.$$

Abschätzungen für $\|K - K_n\|$ können aus Fehlerabschätzungen für Splines gewonnen werden. So gilt etwa, falls $k(.,t) \in C^2[0,1]$ ist:

$$\|K - K_n\|_{L(C[0,1])} \le \frac{1}{8n^2} \int_0^1 \max_{s \in [0,1]} \left| \frac{\partial^2 k(s,t)}{\partial s^2} \right| dt.$$

Bei Interpolation mit kubischen Splines sind die l_i aus (3.17) durch die entsprechenden kubischen Basissplines zu ersetzen. Ist $k(\cdot,t) \in C^4[0,1]$, dann ist bei Interpolation mit kubischen Splines $\|K - K_n\|_{L(C[0,1])} = O(\frac{1}{n^4})$.

Bemerkung 3.8 Da unter den Voraussetzungen zu Satz 3.1 $\|(\lambda I - K_n)^{-1}\|$ gleichmäßig beschränkt ist, ist die Konvergenzordnung von $\|x - x_n\|$ durch $\|K - K_n\|$ (oder genauer durch $\|Kx_n - K_n x_n\|$ bzw. $\|Kx - K_n x\|$) bestimmt. Für eine berechenbare a–posteriori Fehlerabschätzung ist jedoch zu bedenken, daß die Fehlerabschätzung (3.7) neben $\|K - K_n\|$ auch $\|(\lambda I - K_n)^{-1}\|$ enthält. Der letzte Ausdruck kann wie folgt abgeschätzt werden:

Es sei A die Matrix aus (3.10),

$$(\lambda I - A)^{-1} =: (b_{ij})_{1 \le i,j \le n}. \tag{3.20}$$

Aus (3.8)–(3.10) folgt, daß

$$x_n(s) = \frac{1}{\lambda} \left[f(s) + \sum_{i=1}^{n} \sum_{j=1}^{n} b_{ij} \int_G f(t)\psi_j(t)dt \, \varphi_i(s) \right] \tag{3.21}$$

gilt. Da $x_n = (\lambda I - K_n)^{-1}f$ ist, folgt aus (3.21), daß $\|(\lambda I - K_n)^{-1}f\|_{C(G)} \le$ $\frac{1}{|\lambda|} \cdot \|f\|_{C(G)} + \frac{1}{|\lambda|} \cdot \|f\|_{C(G)} \cdot \max_{s \in G} \int_G \left| \sum_{i,j=1}^{n} b_{ij}\psi_j(t)\varphi_i(s) \right| dt$, also mit

$$M_n := \max_{1 \le i,j \le n} |b_{ij}| : \tag{3.22}$$

$$\|(\lambda I - K_n)^{-1}\|_{L(C(G))} \le \frac{1}{|\lambda|} \cdot \left[1 + M_n \cdot \max_{s \in G} \int\limits_G \sum_{i,j=1}^n |\psi_j(t)\varphi_i(s)| dt \right]. \tag{3.23}$$

Ähnlich läßt sich auch $\|(\lambda I - K_n)^{-1}\|_{L(L^2(G))}$ abschätzen.

Der Hauptnachteil der Methode der Approximation mittels ausgearteter Kerne liegt darin, daß die zur Berechnung der Koeffizienten in (3.10) nötigen Integrationen aufwendig sind. Bei Methode 3.5 sind zur Berechnung der (a_{ij}) sogar Doppelintegrale zu berechnen. Methode 3.7 hat den Vorteil, daß die Integrale zur Berechnung der a_{ij} nicht über den gesamten Bereich, sondern nur über den Träger des j–ten Basissplines zu erstrecken sind.

Falls k bzw. f eine geeignete Gestalt haben, können häufig die (unbestimmten) Integrale zur Berechnung der a_{ij} und der g_i explizit berechnet werden. Dazu sind Methoden der Computeralgebra nützlich. Sonst muß zur Koeffizientenberechnung numerisch integriert werden, was natürlich zu zusätzlichen Fehlern führt.

Wir wenden uns nun den sogenannten "Projektionsmethoden" zur Lösung von (3.1) zu. Wir formulieren Projektionsverfahren zunächst abstrakt für die abstrakte Version von (3.1), also

$$\lambda x - Kx = f \tag{3.24}$$

mit kompaktem $K \in L(X)$ auf einem Banachraum X (konkret: $X = C(G)$ oder $X = L^2(G)$), $f \in X, \lambda \notin \sigma(K)$. Für jedes $n \in \mathbb{N}$ sei X_n ein endlichdimensionaler (i.a. n–dimensionaler) Unterraum von $X, P_n : X \to X_n$ ein beschränkter linearer Projektor. Die n–te Näherung des erzeugten "Projektionsverfahrens" ist definiert durch die Gleichung

$$\lambda x_n - P_n K x_n = P_n f, \quad x_n \in X_n. \tag{3.25}$$

(Man beachte, daß für $\lambda \neq 0$ jede Lösung von $\lambda x - P_n Kx = P_n f$ automatisch in X_n liegt!). Die Konvergenzanalyse für Projektionsverfahren beruht wieder auf dem Satz über die Inverse benachbarter Operatoren:

Satz 3.9 *Sei $K \in L(X)$ kompakt, $\lambda \notin \sigma(K), P_n : X \to X_n$ wie oben. Falls*

$$\|P_n K - K\| < \|(\lambda I - K)^{-1}\|^{-1} \tag{3.26}$$

gilt, ist $\lambda \notin \sigma(P_n K)$. Damit ist (3.25) eindeutig lösbar; sind x bzw. x_n die Lösungen von (3.24) bzw. (3.25), so gilt

$$\|x - x_n\| \le |\lambda| \cdot \|(\lambda I - P_n K)^{-1}\| \cdot \|x - P_n x\| \tag{3.27}$$

mit

$$\|(\lambda I - P_n K)^{-1}\| \le \frac{\|(\lambda I - K)^{-1}\|}{1 - \|(\lambda I - K)^{-1}\| \cdot \|P_n K - K\|}. \qquad (3.28)$$

Falls

$$\lim_{n \to \infty} P_n z = z \qquad \textit{für alle } z \in X \qquad (3.29)$$

gilt, ist (3.26) für alle hinreichend großen $n \in \mathbb{N}$ erfüllt.

Beweis. Die letzte Aussage folgt aus der Bemerkung 2.8; dort wurde gezeigt, daß für kompaktes K aus (3.29)

$$\lim_{n \to \infty} \|P_n K - K\| = 0 \qquad (3.30)$$

folgt. Die Invertierbarkeit von $(\lambda I - P_n K)$ und (3.28) folgen aus dem Satz über die Inverse benachbarter Operatoren, angewandt auf $\lambda I - K$ und $\lambda I - P_n K$. Aus (3.24) folgt: $\lambda x - P_n K x = P_n(\lambda x - K x) + \lambda(x - P_n x) = P_n f + \lambda(x - P_n x)$. Subtrahiert man davon (3.25), so folgt: $(\lambda I - P_n K)(x - x_n) = \lambda(x - P_n x)$, also

$$x - x_n = \lambda(\lambda I - P_n K)^{-1}(x - P_n x), \qquad (3.31)$$

woraus sofort (3.27) folgt.

$\square$

Bemerkung 3.10 Aus (3.27) folgt, daß die Konvergenzgeschwindigkeit von $\|x - x_n\|$ durch $\|x - P_n x\|$ bestimmt ist. Ist X ein Hilbertraum und P_n die Orthogonalprojektion, so ist die Konvergenzgeschwindigkeit optimal in dem Sinn, daß durch Approximation mit Elementen aus X_n keine bessere Konvergenzgeschwindigkeit erreichbar ist, da ja dann $\|x - P_n x\| = \inf_{z \in X_n} \|x - z\|$ gilt. Wie in Satz 3.1 könnte man auch in Satz 3.9 die Rollen von K und $P_n K$ vertauschen und eine Aussage erhalten, mit der aus der eindeutigen Lösbarkeit von (3.25) für hinreichend großes n auf die von (3.24) geschlossen werden könnte.

Methode 3.11 (Galerkinverfahren) *Eine spezielle Projektionsmethode ist das Galerkinverfahren. Dabei ist $X = L^2(G)$; $X_1 \subseteq X_2 \subseteq X_3 \subseteq \dots$ ist eine Folge endlichdimensionaler Unterräume mit*

$$\overline{\bigcup_{i=1}^{\infty} X_i} = X; \qquad (3.32)$$

für jedes $n \in \mathbb{N}$ sei P_n der Orthogonalprojektor auf X_n. Die Lösung von (3.25) kann wie folgt berechnet werden:

Sei $\{\varphi_1, \dots, \varphi_n\}$ eine Basis von X_n. (3.25) ist äquivalent dazu, daß $P_n(\lambda x_n - K x_n - f) = 0 \, (x_n \in X_n)$ gilt, also

$$\lambda x_n - K x_n - f \in X_n^\perp, \quad x_n \in X_n \qquad (3.33)$$

gilt, was wiederum äquivalent zu

$$\langle \lambda x_n - K x_n - f, \varphi_j \rangle = 0 \quad \text{für } j \in \{1, \ldots, n\}, x_n \in X_n \qquad (3.34)$$

ist. Da $x_n \in X_n$ eine Darstellung

$$x_n = \sum_{i=1}^{n} \alpha_i \varphi_i \qquad (3.35)$$

hat, folgt aus (3.34), daß die Koeffizienten $\alpha_1, \ldots, \alpha_n$ als Lösung des linearen Gleichungssystems

$$(\lambda B_n - M_n^T) \begin{pmatrix} \alpha_1 \\ \vdots \\ \alpha_n \end{pmatrix} = g_n \qquad (3.36)$$

mit

$$\left.\begin{array}{rcl} B_n &=& ((\langle \varphi_i, \varphi_j \rangle))_{1 \le i,j \le n} \\ M_n &=& ((\langle K\varphi_i, \varphi_j \rangle))_{1 \le i,j \le n} \\ g_n &=& \begin{pmatrix} \langle f, \varphi_1 \rangle \\ \vdots \\ \langle f, \varphi_n \rangle \end{pmatrix} \end{array}\right\} \qquad (3.37)$$

berechnet werden können. Unter der Voraussetzung (3.26) ist (3.36) eindeutig lösbar. Wegen (3.32) gilt $P_n z \to z$ für alle z in der dichten Teilmenge $\bigcup_{i=1}^{\infty} X_i$; da ferner $\|P_n\| = 1$ für alle $n \in \mathbb{N}$ gilt, folgt aus dem Satz von Banach–Steinhaus (3.29) und damit (3.30).

Ein wesentlicher Nachteil des Galerkinverfahrens ist wieder, daß zur Berechnung der Elemente der Matrizen B_n, M_n und der rechten Seite g_n Integrale (bei M_n sogar doppelte) berechnet werden müssen.

Methode 3.12 (Kollokation) *Hier ist z.B. $X = C(G)$; für $n \in \mathbb{N}$ seien $s_1, \ldots, s_n$ verschiedene Punkte in G, $\varphi_1, \ldots, \varphi_n \in X$ so, daß die Matrix*

$$B_n := (\varphi_i(s_j))_{1 \le i,j \le n} \qquad (3.38)$$

regulär ist. Ferner sei X_n die lineare Hülle von $\{\varphi_1, \ldots, \varphi_n\}$, $P_n : X \to X_n$ der durch Interpolation an den Stellen $s_1, \ldots, s_n$ durch Elemente von X_n erzeugte Projektor (d.h., $P_n z$ ist das (wegen der Regularität von B_n eindeutig existierende) Element $z_n \in X_n$ mit $z_n(s_i) = z(s_i)$ für $i \in \{1, \ldots, n\}$).

Es folgt aus einfachen Tatsachen der Interpolationstheorie, daß P_n beschränkt ist; die Norm von P_n ist gegeben durch

$$\|P_n\| = \max_{s \in G} \sum_{i=1}^{n} |l_i(s)|, \qquad (3.39)$$

wobei $l_1, \ldots, l_n \in X_n$ durch die Forderung $l_i(s_j) = \delta_{ij}$ für $i, j \in \{1, \ldots, n\}$ bestimmt sind.

Mit diesen Festlegungen wird die Näherungslösung x_n gemäß (3.25) wie folgt bestimmt: x_n hat eine Darstellung

$$x_n = \sum_{i=1}^{n} \alpha_i \varphi_i, \tag{3.40}$$

wobei die α_i durch die Forderung

$$\lambda x_n(s_j) - (K x_n)(s_j) = f(s_j) \quad (j \in \{1, \dots, n\}), \tag{3.41}$$

also dadurch, daß die Gleichung an den "Kollokationspunkten" $s_1, \dots, s_n$ erfüllt sein soll, bestimmt sind. Das ergibt wieder die Gleichung (3.36), wobei B_n durch (3.38) gegeben ist und

$$\left. \begin{array}{rl} M_n &= ((K\varphi_i)(s_j))_{1 \le i,j \le n} \\ \\ g_n &= \begin{pmatrix} f(s_1) \\ \vdots \\ f(s_n) \end{pmatrix} \end{array} \right\} \tag{3.42}$$

gilt.

Man spricht nun von Polynom- bzw. Splinekollokation, falls die φ_i Polynome bzw. Splines sind. Eine bei Polynomkollokation häufig benutzte Menge von Kollokationspunkten sind Nullstellen von Tschebyscheffpolynomen. Bei Polynomkollokation (etwa auf $G = [0,1]$) ist (3.29) <u>nicht</u> erfüllt, da ja bekanntlich für jede Folge von Stützstellen eine stetige Funktion existiert, deren Polynominterpolationen nicht konvergieren ("Satz von Faber"). Trotzdem kann (3.30) gelten. Für diese Aussage und die Splinekollokationsmethode samt numerischen Beispielen siehe [3]. Das Hauptproblem bei Kollokation ist wieder der Aufwand bei der Berechnung der Integrale, die für die Koeffizientenmatrizen benötigt werden. Auch hier (insbesondere bei Splinekollokation) sind Methoden der Computeralgebra hilfreich.

Bemerkung 3.13 Projektionsmethoden können auch auf den Fall übertragen werden, daß $\lambda \in \sigma(K) \setminus \{0\}$ ist. Wir betrachten der Einfachheit halber den speziellen Fall, daß K kompakt und selbstadjungiert auf $X = L^2(G)$ ist. Will man nun (3.24) im Sinne der best–approximierenden Lösung berechnen (vgl. Kapitel 7), also $(\lambda I - K)^\dagger f$ berechnen, so geht man wie folgt vor:

Sei $A_\lambda := (\lambda I - K)|_{N(\lambda I - K)^\perp}$; da $N(\lambda I - K)^\perp = \overline{R((\lambda I - K)^*)} = R(\lambda I - K)$ ist, bildet A_λ $N(\lambda I - K)^\perp$ auf sich ab; $(\lambda I - K)^\dagger f$ ist die eindeutige Lösung von

$$A_\lambda x = Qf, \quad (x \in N(\lambda I - K)^\perp), \tag{3.43}$$

wobei Q der Orthogonalprojektor auf $N(\lambda I - K)^\perp$ ist. Zur Lösung von (3.43) mittels Projektionsverfahren konstruiert man nun ein Projektionsschema, das erzwingt, daß alle Näherungslösungen in $N(\lambda I - K)^\perp$ liegen. Ist $\{\psi_1, \psi_2, \dots\}$ ein vollständiges Orthonormalsystem im $L^2(G)$, so ist mit $\varphi_i := (\lambda I - K)\psi_i$ $\{\varphi_1, \varphi_2, \dots\}$ vollständig in $R(\lambda I - K) = N(\lambda I - K)^\perp$. Definiert man X_n als lineare Hülle von $\{\varphi_1, \dots, \varphi_n\}$ und P_n als den Orthogonalprojektor auf X_n, so erhält man mittels (3.25) ein Projektionsverfahren zur Lösung von (3.43), also zur Berechnung von $(\lambda I - K)^\dagger f$. Man braucht nicht explizit mit $N(\lambda I - K)^\perp$

zu arbeiten; durch die Wahl der $\{\varphi_i\}$ wird das erzwungen. Für Details und Erweiterungen auf den nicht–selbstadjungierten Fall siehe [58].

Zum Schluß sei angemerkt, daß in [16] eine Version des Galerkinverfahrens gefunden werden kann (unter Verwendung von Tschebyscheffpolynomen als Basis für x_n), bei der die Systemmatrix mit Hilfe der "schnellen Fouriertransformation" wesentlich effektiver berechnet werden kann.

Methode 3.14 *Wir wenden uns nun der sogenannten "**Quadraturformelmethode (Nyström–Verfahren)**" zu. Wir stellen diese Methode für den eindimensionalen Fall $G = [0, 1]$ dar, behandeln also*

$$\lambda x(s) - \int\limits_0^1 k(s, t)x(t)dt = f(s) \quad (s \in [0, 1]), \tag{3.44}$$

wobei k, f und x stetig sein sollen; der zugehörige Integraloperator K wird nun als Operator auf $C[0, 1]$ aufgefaßt.

Der erste Schritt des Nyström–Verfahrens besteht in einer "vollen Diskretisierung" von (3.44) mittels einer Quadraturformel: Für $x \in C[0, 1]$ bezeichne

$$Q_n x := \sum_{j=1}^n \alpha_j x(t_j) \tag{3.45}$$

eine Quadraturformel mit Stützstellen $t_1, \ldots, t_n \in [0, 1]$ und Gewichten $\alpha_1, \ldots, \alpha_n$ (wobei die t_j und α_j auch noch von n abhängen!). Wir definieren ferner für $x \in C[0, 1]$, $s \in [0, 1]$

$$(K_n x)(s) := Q_n(k(s, .)x), \tag{3.46}$$

also $(K_n x)(s) = \sum\limits_{j=1}^n \alpha_j k(s, t_j)x(t_j)$. Schließlich sei

$$M_n := \alpha_j k(t_i, t_j)_{1 \leq i,j \leq n}, \quad g_n := \begin{pmatrix} f(t_1) \\ \vdots \\ f(t_n) \end{pmatrix}. \tag{3.47}$$

Die "volle Diskretisierung" besteht nun darin, $z_n = (z_n^1, \ldots, z_n^n)^T$ als Lösung des linearen Gleichungssystems

$$\lambda z_n - M_n z_n = g_n \tag{3.48}$$

zu bestimmen; ausgeschrieben lautet (3.48):

$$\lambda z_n^i - \sum_{j=1}^n \alpha_j k(t_i, t_j)z_n^j = f(t_i) \quad \text{für } i \in \{1, \ldots, n\}. \tag{3.49}$$

Der zweite Schritt des Nyström–Verfahrens besteht nun darin, mittels z_n und (3.44) die endgültige Näherung $x_n \in C[0, 1]$ durch

$$x_n(s) := \frac{1}{\lambda} \left[\sum_{j=1}^{n} \alpha_j k(s,t_j) z_n^j + f(s) \right] \quad (s \in [0,1]) \tag{3.50}$$

zu bestimmen; (3.50) kann man als Interpolation mittels der (bzgl. t) diskretisierten Version von (3.44) mit Hilfe der aus voller Diskretisierung gewonnenen Näherung auffassen.

Zur Analyse von Methode 3.14 ist nun wichtig, daß x_n auch als Lösung einer nur bzgl. t diskretisierten Näherungsgleichung für (3.44) aufgefaßt werden kann:

Lemma 3.15 *Sei x_n durch (3.48), (3.50) bestimmt, K_n nach (3.45), (3.46) definiert. Dann gilt*

$$\lambda x_n - K_n x_n = f. \tag{3.51}$$

Beweis. Wegen (3.50) ist für $i \in \{1, \ldots, n\}$

$$x_n(t_i) = \frac{1}{\lambda} \left[\sum_{j=1}^{n} \alpha_j k(t_i,t_j) z_n^j + f(t_i) \right] = \frac{1}{\lambda} [M_n z_n + g_n]_i = z_n^i.$$

Damit ist für $s \in [0,1]$ $(K_n x_n + f)(s) = \sum_{j=1}^{n} \alpha_j k(s,t_j) x_n(t_j) + f(s) = \sum_{j=1}^{n} \alpha_j k(s,t_j) z_n^j + f(s) = \lambda x_n(s)$. Also gilt (3.51).

$\square$

Die Bedeutung dieser Aussage liegt darin, daß x_n zwar (3.51), also die unendlichdimensionale Näherungsgleichung

$$\lambda x_n(s) - \sum_{j=1}^{n} \alpha_j k(s,t_j) x_n(t_j) = f(s) \quad (s \in [0,1]) \tag{3.52}$$

erfüllt, aber durch Lösung des endlichdimensionalen Systems (3.48) und Interpolation nach (3.50) berechnet werden kann!

Formal sieht (3.51) genauso aus wie die abstrakte Version von (3.2), sodaß man annehmen könnte, daß Satz 3.1 anwendbar wäre. Dies ist aber nicht der Fall, weil (3.4) nicht erfüllt ist. Dies gab den Anstoß für die Theorie der "kollektiv–kompakten Operatoren", mit deren Hilfe Konvergenzaussagen für Näherungslösungen gewonnen werden können, auch wenn die Näherungsoperatoren <u>nicht</u> in der Norm konvergieren. Das grundlegende Buch über diese Theorie ist [2]; hier soll die Theorie nur so weit entwickelt werden, wie es für unsere Zwecke nötig ist.

Definition 3.16 *Sei X ein Banachraum, $\mathcal{K}$ eine Menge linearer Operatoren von X in sich. $\mathcal{K}$ heißt "kollektiv–kompakt", falls für jede beschränkte Menge $B \subseteq X$ die Menge $\overline{\mathcal{K}(B)} = \overline{\bigcup_{K \in \mathcal{K}} K(B)}$ kompakt ist.*

Da jeder Operator einer kollektiv–kompakten Menge kompakt ist, ist er auch beschränkt; wie in Beweis zu Satz 2.7 b) sieht man auch, daß für die kollektiv–kompakte Menge $\mathcal{K}$ sogar gilt:

$$\sup_{K \in \mathcal{K}} \|K\| < +\infty. \tag{3.53}$$

Folgender Konvergenzbegriff ist nun wichtig:

Definition 3.17 *Sei (K_n) eine Folge linearer Operatoren, K ein linearer Operator auf X. (K_n) "konvergiert kollektiv–kompakt" gegen K, (Symbol: $(K_n) \xrightarrow{cc} K$), falls (K_n) punktweise gegen K konvergiert und $\{K_n/n \in \mathbb{N}\}$ kollektiv–kompakt ist.*

Dieser Konvergenzbegriff hat folgende wichtige Eigenschaften, die die Normkonvergenz, nicht aber die punktweise Konvergenz hat:

Lemma 3.18 *Es gelte $(K_n) \xrightarrow{cc} K$. Dann ist K kompakt.*

Beweis. Sei $B \subseteq X$ beschränkt. Da für alle $x \in B$ $Kx = \lim_{n \to \infty} K_n x$ gilt, ist $\overline{K(B)} \subseteq \overline{\bigcup_{n \in \mathbb{N}} K_n(B)}$, woraus mit der kollektiven Kompaktheit von $\{K_n/n \in \mathbb{N}\}$ die Kompaktheit von K folgt.

$\square$

Die folgende Aussage dient gewissermaßen als Ersatz für (3.4):

Lemma 3.19 *Es gelte $(K_n) \xrightarrow{cc} K$. Dann gilt*

$$\lim_{n \to \infty} \|(K - K_n)K\| = 0 \quad \text{und} \quad \lim_{n \to \infty} \|(K - K_n)K_n\| = 0. \tag{3.54}$$

Beweis. Wie in Bemerkung 2.8 beweist man zunächst, daß aus der punktweisen Konvergenz von (K_n) gegen K folgt, daß (K_n) auf jeder kompakten Menge gleichmäßig gegen K konvergiert, insbesondere also auf $\overline{K(U)}$ und $\overline{\bigcup_{n \in \mathbb{N}} K_n(U)}$, wobei U die Einheitskugel in X ist. Damit konvergieren $(K - K_n)K$ und $(K - K_n)K_n$ auf U gleichmäßig gegen 0, woraus (3.54) folgt.

$\square$

Wir benötigen nun eine Version des Satzes über die Inverse benachbarter Operatoren, die darauf zugeschnitten ist, daß statt (3.4) nur noch (3.54) gilt:

Lemma 3.20 *Es sei A kompakt, $T \in L(X), \lambda \neq 0, \lambda \notin \sigma(T)$. Ferner gelte*

$$q := \|(\lambda I - T)^{-1}(A - T)A\| < |\lambda|. \tag{3.55}$$

Dann ist $\lambda \notin \sigma(A)$ *und es gelten folgende Abschätzungen:*

$$\|(\lambda I - A)^{-1}\| \leq \frac{1 + \|(\lambda I - T)^{-1}\|\|A\|}{|\lambda| - q} \tag{3.56}$$

$$\|(\lambda I - A)^{-1}x - (\lambda I - T)^{-1}x\| \leq \frac{\|(\lambda I - T)^{-1}\| \cdot \|Ax - Tx\| + q\|(\lambda I - T)^{-1}x\|}{|\lambda| - q}. \tag{3.57}$$

Beweis. Es sei $B := (\lambda I - T)^{-1}(A - T)A$. Da nach (3.55) $q = \|B\| < |\lambda|$ ist, ist $(\lambda I - B)$ stetig invertierbar. Nun gilt:

$$\begin{aligned}
(\lambda I - B) &= \lambda I - (\lambda I - T)^{-1}(A - T)A \\
&= (\lambda I - T)^{-1}[\lambda \cdot (\lambda I - T) - (A - T)A] \\
&= (\lambda I - T)^{-1}(\lambda I - T + A)(\lambda I - A).
\end{aligned}$$

Daraus folgt, daß $N(\lambda I - A) \subseteq N(\lambda I - B) = \{0\}$ ist. Da A kompakt ist, folgt aus Satz 2.20, daß $\lambda \notin \sigma(A)$ ist.

Nun folgt aus obiger Gleichung durch Multiplikation mit $(\lambda I - B)^{-1}$ (von links) und mit $(\lambda I - A)^{-1}$ von rechts, daß $(\lambda I - A)^{-1} = (\lambda I - B)^{-1}(\lambda I - T)^{-1} \cdot [(\lambda I - T) + A]$, also

$$(\lambda I - A)^{-1} = (\lambda I - B)^{-1}[I + (\lambda I - T)^{-1}A]. \tag{3.58}$$

Da $\|B\| = q < |\lambda|$ ist, folgt (etwa durch Entwicklung in die Neumannreihe), daß

$$\|(\lambda I - B)^{-1}\| \leq \frac{1}{|\lambda| - q} \tag{3.59}$$

gilt. Aus (3.59) und (3.58) folgt nun (3.56).

Weiter gilt:

$$\begin{aligned}
(\lambda I - A)^{-1} - (\lambda I - T)^{-1} &= (\lambda I - B)^{-1}\Big[I + (\lambda I - T)^{-1}A\Big] - (\lambda I - T)^{-1} = \\
&= (\lambda I - B)^{-1}\Big[I + (\lambda I - T)^{-1}A - (\lambda I - B)(\lambda I - T)^{-1}\Big] = \\
&= (\lambda I - B)^{-1}\Big[I + (\lambda I - T)^{-1}A - \lambda(\lambda I - T)^{-1} + B(\lambda I - T)^{-1}\Big] = \\
&= (\lambda I - B)^{-1}\Big[I + (\lambda I - T)^{-1}A - \lambda(\lambda I - T)^{-1} \\
&\quad + \big(\lambda I - T\big)^{-1}(A - T)A(\lambda I - T)^{-1}\Big] = \\
&= (\lambda I - B)^{-1}(\lambda I - T)^{-1} \cdot \Big[\lambda I - T + A - \lambda I + (A - T)A(\lambda I - T)^{-1}\Big] = \\
&= (\lambda I - B)^{-1} \cdot \Big[(\lambda I - T)^{-1}(A - T) + B(\lambda I - T)^{-1}\Big]
\end{aligned}$$

Damit gilt für $x \in X$:

$$\begin{aligned}
\|(\lambda I - A)^{-1}x - (\lambda I - T)^{-1}x\| &\leq \\
\|(\lambda I - B)^{-1}\| \Big[\|(\lambda I - T)^{-1}\|\|Ax - Tx\| &+ \|B\|\|(\lambda I - T)^{-1}x\|\Big].
\end{aligned}$$

Daraus folgt mit (3.59) und (3.55) die Abschätzung (3.57).

$\square$

Wir wenden nun Lemma 3.20 auf die Nyström–Methode in der Form an, daß daraus ein Konvergenzsatz für das Nyströmverfahren abgeleitet werden kann:

Satz 3.21 *Sei X ein Banachraum, $K : X \to X$ kompakt, $\lambda \neq 0, \lambda \notin \sigma(K)$, $f \in X$; (K_n) sei eine Folge linearer Operatoren mit $(K_n) \xrightarrow{cc} K$. Für alle $n \in \mathbb{N}$ sei*

$$q_n := \|(\lambda I - K)^{-1}(K - K_n)K_n\|. \tag{3.60}$$

Dann gilt

$$\lim_{n \to \infty} q_n = 0. \tag{3.61}$$

Ist $n \in \mathbb{N}$ so, daß $q_n < |\lambda|$ ist, so ist $\lambda \notin \sigma(K_n)$, und es gilt

$$\|(\lambda I - K_n)^{-1}\| \leq \frac{1 + \|(\lambda I - K)^{-1}\|\cdot\|K_n\|}{|\lambda| - q_n}; \tag{3.62}$$

wenn x bzw. x_n die eindeutigen Lösungen von

$$\lambda x - Kx = f \tag{3.63}$$

bzw.

$$\lambda x_n - K_n x_n = f \tag{3.64}$$

sind, so gilt

$$\|x_n - x\| \leq \frac{\|(\lambda I - K)^{-1}\|\|K_n f - Kf\| + q_n\|x\|}{|\lambda| - q_n} \tag{3.65}$$

Insbesondere konvergiert (x_n) gegen x.

Beweis. (3.61) folgt sofort aus Lemma 3.19. Der Rest folgt aus Lemma 3.20 mit $A := K_n$, $T := K$.

$\square$

Sei nun $X := C[0,1]$, K der Integraloperator aus (3.44). Dann gilt

Satz 3.22 *Es sei für alle $n \in \mathbb{N}$ Q_n nach (3.45) so definiert, daß gilt:*

$$\lim_{n \to \infty} Q_n x = \int_0^1 x(t)dt \quad \text{für alle } x \in C[0,1]; \tag{3.66}$$

mit solchen Q_n sei K_n nach (3.46) definiert. Dann gilt:

$$(K_n) \xrightarrow{\text{cc}} K. \qquad (3.67)$$

Beweis. Aus (3.66) folgt mit dem Satz von Banach–Steinhaus, daß $\sup_{n\in\mathbb{N}} \|Q_n\| < \infty$ ist. Da für $x \in C[0,1]\, \|K_n x\| \leq \|Q_n\|\|k\|_{C([0,1]^2)}\|x\|$ gilt, folgt daraus, daß für jede beschränkte Menge B die Menge $\bigcup_{n\in\mathbb{N}} K_n(B)$ beschränkt ist; diese Menge ist auch gleichgradig stetig, da für $x \in B$ und $s, \sigma \in [0,1]$, $n \in \mathbb{N}$ gilt:

$$|(K_n x)(s) - (K_n x)(\sigma)| = \left| \sum_{j=1}^{n} \alpha_j^{(n)} (k(s,t_j) - k(\sigma, t_j)) x(t_j) \right| \leq$$

$$\leq \underbrace{\sum_{j=1}^{n} |\alpha_j^{(n)}|}_{=\|Q_n\|} \sup_{t\in[0,1]} |k(s,t) - k(\sigma,t)| \|x\|$$

und k gleichmäßig stetig ist.

Also ist nach dem Satz von Arzela–Ascoli $\overline{\bigcup_{n\in\mathbb{N}} K_n(B)}$ kompakt für jede beschränkte Menge B, damit ist $\{K_n/n \in \mathbb{N}\}$ kollektiv-kompakt.

Zu zeigen bleibt, daß (K_n) punktweise gegen K konvergiert (d.h., daß für alle $x \in C[0,1]\, (\|K_n x - Kx\|_{C[0,1]})$ gegen 0 geht; aus (3.66) folgt zunächst nur, daß für jedes $x \in C[0,1]$ und $s \in [0,1]\, ((K_n x)(s) - (Kx)(s))$ gegen 0 geht!). Sei $x \in C[0,1]$, $V_x := \{k(s,\cdot)x/s \in [0,1]\} \subseteq C[0,1]$. Nach dem Satz von Arzela–Ascoli ist die Menge $\overline{V_x}$ kompakt. Die Folge (Q_n) konvergiert für jedes Element aus V_x gegen das Integral dieses Elements, diese Konvergenz ist gleichmäßig auf jeder kompakten Menge (vgl. Bemerkung 2.8), also auch auf V_x; das bedeutet, daß $\|K_n x - Kx\| = \sup_{s\in[0,1]} |Q_n(k(s,\cdot)x) - \int_0^1 k(s,t)x(t)dt|$ gegen 0 geht; damit konvergiert (K_n) punktweise gegen K.

$\square$

Zusammenfassend erhalten wir nun das gewünschte Konvergenzresultat für das Nyström–Verfahren:

Korollar 3.23 *Es gelten die Voraussetzungen und Bezeichnungen von Satz 3.22; $\lambda \neq 0$, $\lambda \notin \sigma(K)$. Dann gilt: Für hinreichend großes n ist die Näherung x_n nach Methode 3.14 eindeutig bestimmt; (x_n) konvergiert gleichmäßig gegen die eindeutige Lösung von (3.44), es gilt die Fehlerabschätzung (3.65) aus Satz 3.21, wobei q_n nach (3.60) mit K_n gemäß (3.46) definiert ist.*

Beweis. Nach Lemma 3.15 ist x_n durch (3.51) charakterisiert. Nach Satz 3.22 ist Satz 3.21 anwendbar, woraus die Behauptung folgt.

$\square$

Bemerkung 3.24 Damit konvergiert also das Nyström–Verfahren, falls $\lambda \notin \sigma(K)$ ist und die zugrundeliegende Quadraturformel konvergent ist (d.h. (3.66) gilt). Dafür ist bekanntlich notwendig und hinreichend, daß Konvergenz für Polynome vorliegt und $\sup_{n\in\mathbb{N}} \sum_{j=1}^{n} |\alpha_j^{(n)}| < \infty$ ist; Analoges ist natürlich bei auf Polynominterpolation beruhenden Quadraturformeln der Fall, die zweite Bedingung ist dann automatisch erfüllt, falls alle $\alpha_j^{(n)} \geq 0$ sind. Wie man aus (3.65) sieht, hängt die Fehlerabschätzung von Fehlerabschätzungen für Quadraturformeln ab und damit wieder von der Glattheit von f und von k: Sowohl im Ausdruck $\|K_n f - Kf\| = \sup_{s\in[0,1]} |Q_n(k(s, \cdot f) - \int_0^1 k(s,t)f(t)dt|$ als auch in $\|(K_n - K)K_n\|$ und damit in q_n tritt der Verfahrensfehler bei Anwendung der Quadraturformel abhängig von (einer Kombination von) f und k auf.

Bemerkung 3.25 Das Nyströmverfahren hat den großen Vorteil, daß zur Berechnung der Koeffizienten des zur Näherung verwendeten linearen Gleichungssystems keine Integration nötig ist; allerdings ist zur Erreichung derselben Genauigkeit häufig eine größere Dimension des Näherungsproblems erforderlich als etwa bei Galerkinverfahren. Damit man nicht zu große Systeme lösen muß, verwendet man zur Lösung von (3.51) iterative Verfahren folgender Art: Für $n \in \mathbb{N}$ und $m < n$ gilt nach (3.51):

$$\lambda x_n - K_m x_n = (\lambda x_n - K_n x_n) + (K_n x_n - K_m x_n) =$$
$$= f + \frac{1}{\lambda}K_n^2 x_n + \frac{1}{\lambda}K_n f - \frac{1}{\lambda}K_m K_n x_n - \frac{1}{\lambda}K_m f =$$
$$= f + \frac{1}{\lambda}(K_n - K_m)f + \frac{1}{\lambda}(K_n - K_m)K_n x_n;$$

das legt folgendes Iterationsverfahren (mit gegebenem $x_n^{(0)}$) nahe:

$$(\lambda I - K_m)x_n^{(k+1)} = f + \frac{1}{\lambda}(K_n - K_m)(f + K_n x_n^{(k)}); \qquad (3.68)$$

(3.68) hat für $m \ll n$ den Vorteil gegenüber (3.51), daß ein viel kleineres System gelöst werden muß. Unter gewissen Bedingungen konvergiert $x_n^{(k)}$ mit $k \to \infty$ gegen die Lösung x_n von (3.51); für Details und andere iterative Varianten siehe [3].

4. Volterragleichungen

Wir betrachten zunächst lineare Volterrasche Gleichungen 2.Art, also

$$\lambda x(s) - \int_0^s k(s,t)x(t)dt = f(s) \quad (s \in [0,s_0]), \tag{4.1}$$

also

$$\lambda x - Kx = f, \tag{4.2}$$

wobei K der Volterrasche Integraloperator

$$(Kx)(s) := \int_0^s k(s,t)x(t)dt \tag{4.3}$$

mit gegebenem L^2–Kern k auf $L^2([0,s_0]^2)$ ist. Ein Kern k mit der Eigenschaft

$$k(s,t) = 0 \text{ für } t > s \tag{4.4}$$

wird "Volterrakern" genannt.

Natürlich ist (4.1) ein Spezialfall einer Fredholmschen Gleichung 2.Art (vgl. Kapitel 1), sodaß die Ergebnisse von Kapitel 2 anwendbar sind. Es zeigt sich jedoch, daß ein Volterrascher Integraloperator keine Eigenwerte (außer eventuell 0) besitzen kann, sodaß die Neumannsche Reihe (2.103) für alle $\lambda \neq 0$ konvergiert. Ebenso konvergiert die Reihe (2.105) für den Resolventenkern für alle $\lambda \neq 0$.

Satz 4.1 *Sei $k \in L^2([0,s_0]^2)$ ein Volterrakern, K der durch k gemäß (4.3) definierte Volterrasche Integraloperator auf $L^2([0,s_0])$. Dann gilt: $\sigma(K) = \{0\}$.*

Beweis. Nach Satz 2.35 ist jedenfalls $0 \in \sigma(K)$. Es sei für alle $s,t \in [0,s_0]$

$$A(s) := \left[\int_0^s |k(s,t)|^2 dt\right]^{\frac{1}{2}}, \; B(t) := \left[\int_t^{s_0} |k(s,t)|^2 ds\right]^{\frac{1}{2}}, \tag{4.5}$$

$$D(s) := \int_0^s A(t)^2 dt. \tag{4.6}$$

Da $k \in L^2([0,s_0]^2)$, sind A und $B \in L^2([0,s_0])$, also existiert ein $C > 0$ mit

$$\int_0^{s_0} A(s)^2 ds \le C, \ \int_0^{s_0} B(t)^2 dt \le C. \tag{4.7}$$

Für alle $n \in \mathbb{N}$ sei k_n der Kern des Integraloperators K^n. Es gilt die Rekursion (vgl. (2.104))

$$k_1 = k, \ k_i(s,t) = \begin{cases} \int_t^s k(s,\tau)k_{i-1}(\tau,t)d\tau & (t \le s) \\ \\ 0 & (t > s) \end{cases} \quad i \ge 2, \ s \in [0, s_0]. \tag{4.8}$$

Wir zeigen mit Induktion, daß

$$|k_i(s,t)|^2 \le A(s)^2 B(t)^2 \cdot \frac{[D(s) - D(t)]^{i-2}}{(i-2)!} \quad (t \le s, i \ge 2) \tag{4.9}$$

gilt. Es sei dazu zunächst $i = 2, t \le s$. Dann ist

$$|k_2(s,t)|^2 \le [\int_t^s |k(s,\tau)||k(\tau,t)|d\tau]^2 \le \int_0^s |k(s,\tau)|^2 d\tau \int_t^{s_0} |k(\tau,t)|^2 d\tau = A(s)^2 B(t)^2;$$

also gilt (4.9) für $i = 2$.

Es gelte nun (4.9) für ein $i \ge 2$. Für $t \le s$ folgt dann mit (4.8)

$$|k_{i+1}(s,t)|^2 \le \int_0^s |k(s,\tau)|^2 d\tau \cdot \int_t^s |k_i(\tau,t)|^2 d\tau$$

$$\le A(s)^2 \int_t^s A(\tau)^2 B(t)^2 \cdot \frac{[D(\tau) - D(t)]^{i-2}}{(i-2)!} d\tau.$$

Da $A^2 \in L^1([0, s_0])$ ist, ist D absolut stetig, und es gilt $D'(s) = A(s)^2$ fast überall; damit kann man die Substitutionsregel mit der Variablentransformation $u := D(\tau) - D(t)$ im letzten Integral anwenden und erhält (da "$du = D'(\tau)d\tau = A(\tau)^2 d\tau$" gilt):

$$\int_t^s A(\tau)^2 \frac{[D(\tau) - D(t)]^{i-2}}{(i-2)!} d\tau = \frac{u^{i-1}}{(i-1)!}\Big|_0^{D(s)-D(t)} = \frac{(D(s) - D(t))^{i-1}}{(i-1)!}.$$

Damit ist $|k_{i+1}(s,t)|^2 \le A(s)^2 \cdot B(t)^2 \cdot \frac{(D(s)-D(t))^{i-1}}{(i-1)!}$, also gilt (4.9). Da D monoton wachsend ist und $D(s_0) = \int_0^{s_0} A(t)^2 dt$ gilt, folgt aus (4.9) zusammen mit (4.7): Ist $x \in L^2([0, s_0])$, so ist für alle $i \ge 2$

$$\|K^i x\|_2^2 = \int_0^{s_0} [\int_0^s k_i(s,t)x(t)dt]^2 ds$$

$$\leq \|x\|_2^2 \int\limits_0^{s_0} \int\limits_0^s |k_i(s,t)|^2 dt\, ds$$

$$\leq \|x\|_2^2 \cdot \int\limits_0^{s_0} \int\limits_0^s A(s)^2 \cdot B(t)^2 \cdot \frac{[D(s) - D(t)]^{i-2}}{(i-2)!} dt\, ds$$

$$\leq \frac{D(s_0)^{i-2}}{(i-2)!} \cdot \|x\|_2^2 \int_0^{s_0} A(s)^2 \underbrace{\int_0^{s_0} B(t)^2 dt}_{\leq C}\, ds$$

$$\leq \frac{C^i}{(i-2)!} \|x\|_2^2.$$

Damit ist für $i \geq 2$

$$\|K^i\|^2 \leq \frac{C^i}{(i-2)!}, \qquad (4.10)$$

also gilt $0 \leq \lim\limits_{i \to \infty} \sqrt[i]{\|K^i\|} \leq \lim\limits_{i \to \infty} \frac{\sqrt{C}}{\sqrt[2i]{(i-2)!}} = 0$. Sei nun $\lambda \in \sigma(K)$. Ist $\lambda \neq 0$, so muß nach Satz 2.35 b) λ ein Eigenwert sein, also ein $x \neq 0$ mit $\lambda x = Kx$ und damit auch $\lambda^i x = K^i x$ für alle $i \in \mathbb{N}$ existieren. Für alle $i \in \mathbb{N}$ gilt dann $|\lambda^i| \cdot \|x\| = \|K^i x\| \leq \|K^i\| \cdot \|x\|$, also $|\lambda| \leq \sqrt[i]{\|K^i\|}$. Da $\lim\limits_{i \to \infty} \sqrt[i]{\|K^i\|} = 0$ gilt, muß $\lambda = 0$ sein.

$\square$

Aus Satz 4.1 kann man nun zusammen mit Satz 2.20 folgern, daß die Volterra–Gleichung (4.1) mit L^2-Kern k für alle $\lambda \neq 0$ und für alle $f \in L^2([0, s_0])$ genau eine Lösung in $L^2([0, s_2])$ besitzt, die außerdem stetig von f abhängt. Dasselbe gilt damit auch für die (bzgl. $L^2([0, s_0])$) adjungierte Gleichung, die (wie man leicht aus Satz 2.26 a) sieht), die Gestalt

$$\lambda x(s) - \int\limits_s^{s_0} k(t,s) x(t) dt = f(s) \qquad (s \in [0, s_0]) \qquad (4.11)$$

hat. Läßt man auch Lösungen von (4.1) zu, die nicht in $L^2([0, s_0])$ liegen, so muß (4.1) keineswegs mehr eindeutig lösbar sein; die Aussage von Satz 4.1 ist also sehr wohl von den verwendeten Räumen abhängig.

Beispiel 4.2 Es sei

$$k(s,t) := \begin{cases} t^{s-t} & 0 < t \leq s \leq 1 \\ 0 & \text{sonst.} \end{cases} \qquad (4.12)$$

k ist beschränkt, also sicher ein Volterra–Kern in $L^2([0,1]^2)$. Sei

$$x_0(s) := \begin{cases} s^{s-1} & s \in {]0, 1]} \\ 0 & s = 0. \end{cases} \qquad (4.13)$$

Dann ist für alle $s \in]0,1]$

$$\int\limits_0^s k(s,t)x_0(t)dt = \int\limits_0^s t^{s-t} \cdot t^{t-1}dt = \int\limits_0^s t^{s-1}dt = s^{s-1} = x_0(s),$$

also hat die Gleichung

$$x(s) - \int\limits_0^s k(s,t)x(t)dt = 0 \qquad (s \in [0,1]) \qquad (4.14)$$

die nicht–triviale Lösung x_0. Damit ist 1 Eigenwert des Volterraschen Integral-operators, wenn man ihn auf einem x_0 enthaltenden Raum betrachtet. Nach Satz 4.1 kann x_0 nicht in $L^2([0,1])$ liegen (was man auch leicht nachrechnen kann). Die Gleichung (4.1) mit $\lambda = 1$ und k wie in (4.12) hat also genau eine Lösung $x_1 \in L^2([0,1])$, aber unendich viele Lösungen der Gestalt $x_1 + \alpha x_0$ ($\alpha \in \mathbb{R}$), die nicht in $L^2([0,1])$ liegen.

Mit diesen Ausführungen ist die allgemeine Lösungstheorie für Volterrasche Integralgleichungen 2.Art erledigt. Unter einer einfachen Bedingung lassen sich Volterrasche Gleichungen 1.Art auf solche 2.Art zurückführen:

Satz 4.3 *Sei $k \in C([0,s_0]^2)$, k sei stetig nach der ersten Variablen differenzier-bar, $f \in C^1([0,s_0])$ mit $f(0) = 0$. Ferner gelte*

$$k(s,s) \neq 0 \quad \text{für alle } s \in [0,s_0]. \qquad (4.15)$$

Dann gilt: $x \in C([0,s_0])$ löst

$$\int\limits_0^s k(s,t)x(t)dt = f(s) \qquad (s \in [0,s_0]) \qquad (4.16)$$

genau dann, wenn x eine Lösung von

$$x(s) + \frac{1}{k(s,s)} \int\limits_0^s \frac{\partial k}{\partial s}(s,t)x(t)dt = \frac{f'(s)}{k(s,s)} \qquad (s \in [0,s_0]) \qquad (4.17)$$

ist.

Beweis. Aus (4.16) folgt durch Differentiation sofort:

$$k(s,s)x(s) + \int\limits_0^s \frac{\partial k}{\partial s}(s,t)x(t)dt = f'(s),$$

also (4.17). Umgekehrt folgt aus (4.17), da

$$k(s,s)x(s) + \int\limits_0^s \frac{\partial k}{\partial s}(s,t)x(t)dt = \frac{d}{ds}\left[\int\limits_0^s k(s,t)x(t)dt\right]$$

gilt, durch Integration:

$$\int\limits_0^s k(s,t)x(t)dt = \int\limits_0^s f'(t)dt = f(s),$$

also (4.16).

$\square$

Bemerkung 4.4 Damit kann man unter den Voraussetzungen von Satz 4.3 schließen, daß auch die Gleichung 1.Art (4.16) für jedes $f \in C^1([0, s_0])$ genau eine stetige Lösung besitzt, denn: (4.17) besitzt als Volterragleichung 2.Art genau eine Lösung $x \in L^2([0, s_0])$; da

$$x(s) = \frac{f'(s)}{k(s,s)} - \frac{1}{k(s,s)} \int\limits_0^s \frac{\partial k}{\partial s}(s,t)x(t)dt$$

und die rechte Seite stetig ist (wie man analog zum Beweis von Satz 2.1 sieht), ist $x \in C([0, s_0])$.

Der Wertebereich des Integraloperators in (4.16) ist also jedenfalls unendlichdimensional, der Nullraum besteht (in $C([0, s_0])$) nur aus $\{0\}$. Damit kann nach Satz 2.18 der Wertebereich des Operators in (4.16) nicht abgeschlossen in $C([0, s_0])$ sein, also müssen stetige f existieren, für die (4.16) unlösbar ist (in $C[0, s_0]$). Analog sieht man, daß $f \in L^2([0, s_0])$ existieren müssen, für die (4.16) unlösbar in $L^2([0, s_0])$ ist. Wir haben bereits gesehen, daß (im Fall eindeutiger Lösbarkeit) Lösungen von Gleichungen 2.Art stetig von der rechten Seite abhängen. Dies trifft für Lösungen von Gleichungen 1. Art nicht zu, sie sind "inkorrekt gestellt" (vgl. Kapitel 7). Diese unangenehme Eigenschaft von Gleichungen 1.Art wird durch den Übergang von (4.16) zu (4.17) nicht behoben, da ja der Übergang von f zu f' auf der rechten Seite unstetig (bzgl. $C([0, s_0])$) ist. Das heißt aber auch, daß unter den Voraussetzungen von Satz 4.3 das Problem (4.16) "genauso stark inkorrekt gestellt" ist wie das Differenzieren.

Satz 4.3 ist nicht anwendbar, wenn für einzelne s $k(s,s) = 0$ gilt, wie etwa in der Volterragleichung (1.9) aus Beispiel 1.1. Ist $k(s,s) = 0$ für alle $s \in [0, s_0]$, so kann man durch nochmaliges Differenzieren zeigen, daß unter der Zusatzvoraussetzung $f'(0) = 0$ (4.16) äquivalent ist zur Gleichung 2.Art

$$x(s) + \frac{1}{\frac{\partial k}{\partial s}(s,s)} \int\limits_0^s \frac{\partial^2 k}{\partial s^2}(s,t)x(t)dt = \frac{1}{\frac{\partial k}{\partial s}(s,s)} f''(s) \quad (s \in [0, s_0]), \qquad (4.18)$$

falls $\frac{\partial^2 k}{\partial s^2}$ stetig ist und $\frac{\partial k}{\partial s}(s,s) \neq 0$ für alle $s \in [0, s_0]$ gilt. Die unstetige Abhängigkeit der Lösung von (4.16) von f besteht also dann im Übergang von f zu f'' und ist damit "stärker" als beim Übergang zu (4.17). Man sieht also, daß ein Grad der inkorrekten Gestelltheit einer Volterraschen Gleichung

1.Art in Spezialfällen dadurch definierbar wäre, wie oft man die rechte Seite differenzieren muß, um zu einer korrekt gestellten Gleichung 2.Art zu gelangen.

Ist $k(0,0) = 0$, aber $k(s,s) \neq 0$ für $s > 0$, so ist der Übergang von (4.16) zu einer Gleichung 2. Art auf die geschilderte Weise auf keinem Intervall $[0, s_0]$ mit $s_0 > 0$ möglich.

Eine spezielle (schwach singuläre) Volterrasche Integralgleichung 1.Art ist die Abelsche Integralgleichung (1.33) oder ihre Verallgemeinerung

$$\int\limits_0^s \frac{g(s,t)}{(s-t)^\alpha} x(t)dt = f(s) \quad (s \in [0, s_0]) \tag{4.19}$$

mit stetigem g mit $g(s,s) \neq 0$ und $\alpha \in \,]0,1[$. Für (1.29) kann man eine explizite Lösungsformel angeben, die aus folgender Überführung von (4.19) in eine äquivalente Gleichung mit stetigem Kern folgen wird.

Satz 4.5 *Es sei $g \in C([0, s_0]^2)$, $\alpha \in \,]0,1[$, $f, x \in C([0, s_0])$. Dann ist x Lösung von (4.19) genau dann, wenn*

$$\int\limits_0^\tau k(\tau, t)x(t)dt = \tilde{f}(\tau) \quad (\tau \in [0, s_0]) \tag{4.20}$$

gilt mit

$$k(\tau, t) := \int\limits_0^1 \frac{g(t + r(\tau - t), t)}{(1-r)^{1-\alpha} r^\alpha} dr \quad (\tau, t \in [0, s_0]) \tag{4.21}$$

und

$$\tilde{f}(\tau) := \int\limits_0^\tau \frac{f(t)}{(\tau - t)^{1-\alpha}} dt \quad (\tau \in [0, s_0]). \tag{4.22}$$

Beweis. Die uneigentlichen Integrale in (4.21) und (4.22) existieren und stellen stetige Funktionen dar. Sei x eine Lösung von (4.19); dann folgt durch Multiplikation mit $(\tau - s)^{\alpha-1}$ und Integration über s von 0 bis τ $(\tau \in [0, s_0])$:

$$
\begin{aligned}
\tilde{f}(\tau) &= \int\limits_0^\tau \frac{f(s)}{(\tau - s)^{1-\alpha}} ds \\
&= \int\limits_0^\tau \frac{1}{(\tau - s)^{1-\alpha}} \int\limits_0^s \frac{g(s,t)}{(s-t)^\alpha} x(t)dt\,ds \\
&= \int\limits_0^\tau \int\limits_t^\tau \frac{g(s,t)x(t)}{(\tau - s)^{1-\alpha}(s-t)^\alpha} ds\,dt \\
&= \int\limits_0^\tau k(\tau, t)x(t)dt,
\end{aligned}
$$

also gilt (4.20). Die letzte Gleichheit folgt aus

$$\int\limits_t^\tau \frac{g(s,t)}{(\tau-s)^{1-\alpha}(s-t)^\alpha}ds = \int\limits_0^1 \frac{g(t+r(\tau-t),t)}{[(1-r)(\tau-t)]^{1-\alpha}\cdot[r(\tau-t)]^\alpha}\cdot(\tau-t)dr = k(\tau,t).$$

Es sei umgekehrt x Lösung von (4.20). Damit gilt für $\tau \in [0,s_0]$:

$$0 = \int\limits_0^\tau \left[\int\limits_0^1 \frac{g(t+r(\tau-t),t)}{(1-r)^{1-\alpha}r^\alpha}dr\, x(t) - \frac{f(t)}{(\tau-t)^{1-\alpha}}\right]dt$$

$$= \int\limits_0^\tau \left[\int\limits_t^\tau \frac{g(s,t)}{(\tau-s)^{1-\alpha}(s-t)^\alpha}x(t)ds - \frac{f(t)}{(\tau-t)^{1-\alpha}}\right]dt$$

$$= \int\limits_0^\tau \int\limits_0^s \frac{g(s,t)}{(\tau-s)^{1-\alpha}(s-t)^\alpha}x(t)dt\,ds - \int\limits_0^\tau \frac{f(t)}{(\tau-t)^{1-\alpha}}dt$$

$$= \int\limits_0^\tau (\tau-s)^{\alpha-1}h(s)ds$$

mit $h(s) := \int\limits_0^s \frac{g(s,t)}{(s-t)^\alpha}x(t)dt - f(s)$. Durch Multiplikation mit $(\sigma-\tau)^{-\alpha}$ und Integration über τ von 0 bis σ ($\sigma \in [0,s_0]$) folgt:

$$0 = \int\limits_0^\sigma \int\limits_0^\tau \frac{h(s)}{(\sigma-\tau)^\alpha(\tau-s)^{1-\alpha}}ds\,d\tau = \int\limits_0^\sigma \int\limits_s^\sigma \frac{h(s)}{(\sigma-\tau)^\alpha(\tau-s)^{1-\alpha}}d\tau\,ds$$

$$= \int\limits_0^\sigma h(s)\int\limits_0^1 \frac{dr}{r^\alpha(1-r)^{1-\alpha}}ds.$$

Damit ist $\int\limits_0^\sigma h(s)ds = 0$ für alle $\sigma \in [0,s_0]$ und damit $h \equiv 0$, da h stetig ist. (Es reicht aus, daß $h \in L^1([0,s_0])$ gilt, um aus $\int\limits_0^\sigma h(s)ds = 0$ für alle $\sigma \in [0,s_0]$ zu schließen, daß h fast überall verschwindet). Nach Definition von h heißt das, daß x eine Lösung von (4.19) ist.

$\square$

Bemerkung 4.6 Man kann also die allgemeine Abelsche Integralgleichung (4.19) zunächst in eine Volterrasche Integralgleichung 1.Art mit stetigem Kern umformen. Ist nun für alle $s \in [0,s_0]$ $g(s,s) \neq 0$, so ist nach (4.21) auch für alle $t \in [0,s_0]$ $k(t,t) = \int\limits_0^1 \frac{g(t,t)}{(1-r)^{1-\alpha}r^\alpha}dr \neq 0$. Damit kann man (wenn g und damit k stetig nach der ersten Variablen differenzierbar ist und $\tilde{f} \in C^1([0,s_0])$ ist) (4.20) nach Satz 4.3 in die äquivalente Integralgleichung 2.Art

$$x(\tau) + \frac{1}{k(\tau,\tau)} \int\limits_0^\tau \frac{\partial k}{\partial \tau}(\tau,t)x(t)dt = \frac{\tilde{f}'(\tau)}{k(\tau,\tau)} \quad (\tau \in [0,s_0]) \qquad (4.23)$$

umwandeln.

Beispiel 4.7 Für $g \equiv 1$ kann man mit Hilfe von Satz 4.5 die Gleichung (4.19) explizit lösen. Da

$$\int\limits_0^1 r^\beta (1-r)^\gamma dr = \frac{\Gamma(\beta+1)\cdot\Gamma(\gamma+1)}{\Gamma(\beta+\gamma+2)} \quad (\beta,\gamma > -1) \qquad (4.24)$$

und

$$\Gamma(t)\cdot\Gamma(1-t) = \frac{\pi}{\sin(\pi t)} \quad (t \in \;]0,1[) \qquad (4.25)$$

gilt, ergibt sich in diesem Fall:

$$k(\tau,t) = \int\limits_0^1 r^{-\alpha}(1-r)^{\alpha-1}dr = \frac{\Gamma(1-\alpha)\cdot\Gamma(\alpha)}{\Gamma(1)} = \frac{\pi}{\sin(\pi\alpha)},$$

sodaß (4.20) die Gestalt

$$\int\limits_0^\tau x(t)dt = \frac{\sin(\pi\alpha)}{\pi} \int\limits_0^\tau \frac{f(t)}{(\tau-t)^{1-\alpha}}dt \quad (\tau \in [0,s_0]) \qquad (4.26)$$

hat. Damit ergibt sich durch Differentiation die Lösungsformel

$$x(s) = \frac{\sin(\pi\alpha)}{\pi} \cdot \frac{d}{ds}\left(\int\limits_0^s \frac{f(t)}{(s-t)^{1-\alpha}}dt\right) \quad (s \in [0,s_0]), \qquad (4.27)$$

die für jene f gilt, für die die rechte Seite von (4.27) sinnvoll ist. Ist $f \in C^1([0,s_0])$, so kann man diese rechte Seite noch umformen:

$$\frac{d}{ds}\int\limits_0^s \frac{f(t)}{(s-t)^{1-\alpha}}dt = \frac{d}{ds}\int\limits_0^1 \frac{f(rs)s}{s^{1-\alpha}(1-r)^{1-\alpha}}dr$$

$$= \frac{d}{ds}\int\limits_0^1 s^\alpha \cdot \frac{f(rs)}{(1-r)^{1-\alpha}}dr$$

$$= \alpha\cdot s^{\alpha-1}\int\limits_0^1 \frac{f(rs)}{(1-r)^{1-\alpha}}dr + s^\alpha \int\limits_0^1 \frac{f'(rs)r}{(1-r)^{1-\alpha}}dr.$$

Durch neuerliche Variablentransformation erhält man

$$\int\limits_0^1 \frac{f(rs)}{(1-r)^{1-\alpha}}dr \;=\; s^{-\alpha}\int\limits_0^s \frac{f(t)}{(s-t)^{1-\alpha}}dt\,,$$

$$\int\limits_0^1 \frac{f'(rs)r}{(1-r)^{1-\alpha}}dr \;=\; s^{-1-\alpha}\int\limits_0^s \frac{t\cdot f'(t)}{(s-t)^{1-\alpha}}dt.$$

Damit ist die Lösung durch

$$x(s) = \frac{\sin(\pi\alpha)}{\pi s}\int\limits_0^s \frac{\alpha f(t)+tf'(t)}{(s-t)^{1-\alpha}}dt \quad (s\in\,]0,s_0]) \qquad (4.28)$$

gegeben. Speziell ergibt sich als Lösung der Abelschen Integralgleichung

$$\int\limits_0^s \frac{x(t)}{\sqrt{s-t}}\,dt = \sqrt{2g}f(s) \quad (s\in[0,s_0])$$

aus Beispiel 1.7 (mit $f(0)=0$, $f\in C^1([0,s_0])$)

$$x(s) = \frac{\sqrt{2g}}{\pi s}\int\limits_0^s \frac{\frac{f(t)}{2}+tf'(t)}{\sqrt{s-t}}dt \quad (s\in\,]0,s_0]). \qquad (4.29)$$

Die Eindeutigkeit dieser Lösung folgt aus dem erwähnten Zusammenhang mit einer Volterraschen Integralgleichung 2.Art.

Aus der Lösungsformel (4.29) kann man die inkorrekte Gestelltheit (vgl. Kapitel 7) von (1.33) zumindest erahnen: Man muß die rechte Seite differenzieren. Die dabei entstehende unstetige Abhängigkeit von f (vgl. Beispiel 7.2) wird zwar durch die darauf folgende Integration wieder etwas geglättet, aber durch die Singularität $(s-t)^{-\frac12}$ eben nicht so stark, daß die stetige Abhängigkeit wieder hergestellt wird. Man kann diese Überlegungen exakt quantifizieren und erhält dann, daß das Lösen von (1.33) "halb so schlecht gestellt ist wie das Differenzieren".

Bemerkung 4.8 Eine analytische Methode zur Lösung von Volterragleichungen mit Differenzenkern benützt die Laplacetransformation. Wir deuten diese Methode nur an und gehen nicht auf Probleme des Definitionsbereiches der Laplacetransformation und auf Beweise ein: Wir betrachten

$$\lambda x(s) - \int\limits_0^s k(s-t)x(t)dt = f(s) \quad (s\in[0,s_0]) \qquad (4.30)$$

mit stetigen k, f und $\lambda\neq 0$. Die (Laplacesche) Faltung zweier Funktionen $g,h:\mathbb{R}_0^+\to\mathbb{R}$ ist definiert als

$$(g*h)(s) := \int\limits_0^s g(s-t)h(t)dt \quad (s\in\mathbb{R}_0^+). \qquad (4.31)$$

Eine wesentliche Eigenschaft der in Beispiel 1.3 definierten Laplacetransformation ist

$$L(g * h) = (Lg) \cdot (Lh).$$ (4.32)

Eine analoge Eigenschaft werden wir für die Fouriertransformation (unter Verwendung der Fourierschen Faltung) herleiten (vgl. Kapitel 6). Da (4.30) ja äquivalent ist zu

$$\lambda x(s) - (k * x)(s) = f(s) \quad (s \in [0, s_0]),$$ (4.33)

folgt daraus durch Anwendung der Laplacetransformation unter Beachtung von (4.32)

$$\lambda Lx - (Lk) \cdot (Lx) = (Lf),$$ (4.34)

also

$$Lx = \frac{Lf}{\lambda - Lk},$$ (4.35)

wobei (4.35) für solche Argumente gilt, für die $Lk \neq \lambda$ ist. Damit kann man Lx explizit berechnen. Daraus x numerisch zu berechnen ist ungünstig, da es sich dabei um die inkorrekt gestellte Gleichung (1.18) handelt. Diese Methode ist nur dann gut, wenn Lx eine Funktion ist, die in (umfangreichen!) Tabellen der Laplacetransformation vorkommt, oder wenn die Anwendung der Inversionsformel

$$x(s) = \frac{1}{2\pi i} \int\limits_{-\infty}^{+\infty} e^{s \cdot (\alpha + i\beta)} (Lx)(\alpha + i\beta) d\beta$$ (4.36)

(wobei α so ist, daß die Realteile aller Singularitäten kleiner als α sind) sinnvoll erscheint.

Volterrasche Integralgleichungen enthalten als Spezialfall Anfangswertprobleme für gewöhnliche Differentialgleichungen (vgl. Bsp.1.1). Es ist deshalb naheliegend zu versuchen, die vielfältigen und genau untersuchten numerischen Methoden zur Lösung von Anfangswertproblemen auf Volterrasche Integralgleichungen zu übertragen, was tatsächlich in vielen Fällen gelingt. Da so gesehen das Studium numerischer Methoden für Volterrasche Integralgleichungen eher in eine Vorlesung über Anfangswertprobleme für gewöhnliche Differentialgleichungen paßt, behandeln wir nur kurz ein Beispiel für eine Runge–Kutta–Methode.

Beispiel 4.9 Wir betrachten die nichtlineare Volterrasche Integralgleichung

$$x(s) - \int\limits_0^s k(s, t, x(t)) dt = f(s) \quad (s \geq 0)$$ (4.37)

mit einer passenden stetigen Kernfunktion k und stetigem f; (4.37) enthält natürlich den linearen Fall als Spezialfall. Zunächst erinnern wir an den Ansatz für eine explizite Runge–Kutta–Methode zur Lösung von

$$x'(s) = k(s, x(s)), \; x(0) = a \quad (s \geq 0)$$ (4.38)

oder äquivalent

$$x(s) - \int_0^s k(t, x(t))dt = a \quad (s \geq 0),\qquad(4.39)$$

also einem Spezialfall von (4.37). Mit einer Schrittweite h bestimmt man Näherungen x_j für $x(s_j)$ mit $s_j := j \cdot h$ $(j \in \mathbb{N})$ wie folgt: Zunächst wird eine Stufenzahl $m \geq 2$ der Runge–Kutta–Formel vorgegeben. Dann berechnet man mit $x_0 := a$

$$x_{j+1} := x_j + h \sum_{i=1}^m \gamma_i \varphi_i(s_j, x_j) \quad (j \in \mathbb{N}),\qquad(4.40)$$

wobei

$$
\left.
\begin{aligned}
\varphi_1(s, x) &:= k(s, x)\\
\varphi_2(s, x) &:= k(s + \alpha_2 h, x + h\beta_{21}\varphi_i(s, x))\\
&\cdots\\
\varphi_m(s, x) &:= k(s + \alpha_m h, x + h[\beta_{m1}\varphi_1(s, x) + \ldots + \beta_{m,m-1}\varphi_{m-1}(s, x)]).
\end{aligned}
\right\}
$$
$$(4.41)$$

Die Parameter, die man im "Runge–Kutta–Schema"

$$
\begin{array}{c|cccc}
\alpha_2 & \beta_{21} & & & \\
\vdots & \vdots & \ddots & & \\
\alpha_m & \beta_{m1} & \cdots & \beta_{m,m-1} & \\
\hline
& \gamma_1 & \cdots & \gamma_{m-1} & \gamma_m
\end{array}
\qquad(4.42)
$$

verwendet, sind dabei so zu bestimmen, daß eine vorgegebene Konsistenzordnung p erzielt wird, d.h.

$$|\tau_h(s)| = O(h^p) \quad \text{mit } h \to 0\qquad(4.43)$$

für alle s gilt, wobei τ_h der "lokale Diskretisierungsfehler"

$$\tau_h := \frac{x(s + h) - x(s)}{h} - \sum_{i=1}^m \gamma_i \varphi_i(s, x(s))\qquad(4.44)$$

ist; x ist dabei exakte Lösung von (4.38). Durch Reihenentwicklung von τ_h und Koeffizientenvergleich bzgl. Potenzen von h erhält man damit ein nichtlineares Gleichungssystem für die Koeffizienten des Runge–Kutta–Schemas, das im Fall $m = 4, p = 4$ wie folgt aussieht:

$$\alpha_i = \sum_{n=1}^{i-1} \beta_{i,n} \quad (i = 2,3,4)$$

$$1 = \gamma_1 + \gamma_2 + \gamma_3 + \gamma_4$$

$$\frac{1}{2} = \alpha_2\gamma_2 + \alpha_3\gamma_3 + \alpha_4\gamma_4$$

$$\frac{1}{3} = \alpha_2^2\gamma_2 + \alpha_3^2\gamma_3 + \alpha_4^2\gamma_4$$

$$\frac{1}{4} = \alpha_2^3\gamma_2 + \alpha_3^3\gamma_3 + \alpha_4^3\gamma_4$$

$$\frac{1}{6} = \alpha_3\beta_{43}\gamma_4 + \alpha_2\beta_{42}\gamma_4 + \alpha_2\beta_{32}\gamma_3$$

$$\frac{1}{8} = \alpha_3\alpha_4\beta_{43}\gamma_4 + \alpha_2\alpha_4\beta_{42}\gamma_4 + \alpha_2\alpha_3\beta_{32}\gamma_3$$

$$\frac{1}{12} = \alpha_3^2\beta_{43}\gamma_4 + \alpha_2^2\beta_{42}\gamma_4 + \alpha_2^2\beta_{32}\gamma_3$$

$$\frac{1}{24} = \alpha_2\beta_{32}\beta_{43}\gamma_4$$

$$(4.45)$$

Die 13 Parameter sind durch diese 11 Gleichungen nicht eindeutig bestimmt, es gibt mehrere praktisch verwendete Lösungen, deren einfachste das "Standard–Runge–Kutta–Schema"

$$
\begin{array}{c|cccc}
\frac{1}{2} & \frac{2}{5} \\
\frac{1}{2} & 0 & \frac{1}{2} \\
1 & 0 & 0 & 1 \\
\hline
 & \frac{1}{6} & \frac{1}{3} & \frac{1}{3} & \frac{1}{3}
\end{array}
$$

$$(4.46)$$

ist. Eine weitere Lösung, bei der der führende Term des Diskretisierungsfehlers möglichst klein wird, ist das Kuntzmann–Schema

$$
\begin{array}{c|cccc}
\frac{2}{5} & \frac{2}{5} \\
\frac{3}{5} & -\frac{3}{20} & \frac{3}{4} \\
1 & \frac{19}{44} & -\frac{15}{44} & \frac{40}{44} \\
\hline
 & \frac{55}{360} & \frac{125}{360} & \frac{125}{360} & \frac{55}{360}
\end{array}
$$

$$(4.47)$$

Für vierstufige Formeln ist 4 die maximal erreichbare Konsistenzordnung, eine höhere Konsistenzordnung (nämlich 5) ist erst bei sechsstufigen Formeln erreichbar, die Koeffizienten müssen dann 42 Gleichungen genügen!

Diese Ideen, die ja zur Lösung der speziellen Volterragleichung (4.39) führen, können wie folgt auf die allgemeinere Situation (4.37) übertragen werden. Ein wesentlicher Unterschied ist, daß bei einer Diskretisierung die Näherungslösung an der Stelle $(j+1)h$ nicht mehr wie bei (4.38) aus Werten von k und x an Stellen zwischen jh und $(j+1)h$ zusammengesetzt werden kann, da ja das Argument

s auch im Kern, über den integriert wird, steht. Eine m-stufige Runge–Kutta-artige Formel sieht wie folgt aus: Sei h die Schrittweite, für $j \in \mathbb{N}$ sei $s_j = t_j := j \cdot h$. Mit $\tilde{x}$ bezeichnen wir die zu berechnende Näherungslösung, die wie folgt berechnet wird: Mit $0 = \alpha_0 < \alpha_1 < \alpha_2 < \ldots < \alpha_m = 1$ sei für $j \in \mathbb{N}_0$ und $n = 1, \ldots, m$:

$$\left. \begin{aligned} \tilde{x}(s_j + \alpha_n h) &:= \varphi_j(s_j + \alpha_n h) + \\ &+ h \sum_{i=0}^{n-1} \beta_{ni} k(s_j + \alpha_n h, t_j + \alpha_i h, \tilde{x}(t_j + \alpha_i h)), \end{aligned} \right\} \qquad (4.48)$$

wobei

$$\varphi_j(s) := f(s) + h \cdot \sum_{l=0}^{j-1} \sum_{i=0}^{m} \gamma_i k(s, t_l + \alpha_i h, \tilde{x}(t_l + \alpha_i h)). \qquad (4.49)$$

Also ist $\tilde{x}(s_{j+1}) = \tilde{x}(s_j + \alpha_m h)$. Folgende Anfangssetzungen sind zu beachten:

$$\tilde{x}(0) = f(0), \quad \varphi_0(s) = f(s). \qquad (4.50)$$

Dieses Vorgehen kann wie folgt motiviert werden: Für $s \in [s_j, s_{j+1}]$ ist nach (4.37)

$$x(s) = f(s) + \sum_{l=0}^{j-1} \int_{s_l}^{s_{l+1}} k(s, t, x(t)) dt + \int_{s_j}^{s} k(s, t, x(t)) dt.$$

Die Funktion φ_j aus (4.49) ist eine Näherung der ersten beiden Summanden, wobei die Integrale durch Quadraturformeln mit den Stützstellen $t_l + \alpha_i h$ approximiert werden. Das letzte Integral entspricht dem 2. Summanden in der Formel (4.48). Der "Runge–Kutta–Aspekt" in der Formel ist der, daß die Berechnung von $\tilde{x}(s_{j+1})$ in mehreren Schritten ($\tilde{x}(s_j + \alpha_n h)$ für $n = 1, \ldots, m$) erfolgt und der jeweilige Wert für $\tilde{x}(s_j + \alpha_{n+1} h)$ eingeht. Mit ähnlichen Überlegungen wie bei Anfangswertproblemen leitet man Formeln für die Koeffizienten her. So ergibt sich etwa folgendes an (4.46) angelehnte Schema für $m = 4$:

$$\begin{array}{c|cccc} \alpha_0 = 0 & & & & \\ \alpha_1 = \frac{1}{2} & \beta_{10} = \frac{1}{2} & & & \\ \alpha_2 = \frac{1}{2} & \beta_{20} = 0 & \beta_{21} = \frac{1}{2} & & \\ \alpha_3 = 1 & \beta_{30} = 0 & \beta_{31} = 0 & \beta_{32} = 1 & \\ \hline \alpha_4 = 1 & \beta_{40} = & \beta_{41} = & \beta_{42} = & \beta_{43} = \\ & \gamma_0 = \frac{1}{6} & \gamma_1 = \frac{1}{3} & \gamma_2 = \frac{1}{3} & \gamma_1 = \frac{1}{3} \end{array} \qquad (4.51)$$

In der Praxis werden Runge–Kutta–Methoden für Differentialgleichngen mit einer Schrittweitensteuerung kombiniert. Bei (4.48), (4.49) muß man dabei beachten, daß nach Möglichkeit die bereits berechneten Werte $\tilde{x}(t_l + \alpha_i h)$ ($l \leq j-1$) für die Auswertung von (4.49) verwendbar sind, da sonst der Aufwand hoch wäre.

Eine Vielzahl numerischer Methoden für Volterragleichngen findet man in [4]. Häufig verwendet wird die sogenannte "Produktintegration":

Beispiel 4.10 Das Prinzip der Produktintegration ist es, Funktionen $v_0, \ldots, v_n$ der Variablen s so zu finden, daß

$$\int_0^s k(s,t)x(t)dt = \sum_{i=0}^n v_i(s)x(t_i) \quad (s \in [0,s_0]) \tag{4.52}$$

mit gegebenen Knoten $t_0, \ldots, t_n \in [0,s_0]$ exakt für Funktionen x ist, die stückweise Polynome sind. Die Konstruktion solcher Formeln erfolgt analog zur Konstruktion von Quadraturformeln. Wir behandeln den einfachen Fall, daß $t_i := i \cdot h$ ($i \in \{0, \ldots, n\}$) mit $h := \frac{s_0}{n}$ gilt und daß (4.52) exakt sein soll für stetige Funktionen x, die affin–linear auf jedem Intervall $[t_i, t_{i+1}]$ sind. Dazu sei

$$k_+(s,t) := \begin{cases} k(s,t) & t \le s \\ 0 & t > s. \end{cases} \tag{4.53}$$

Wir wollen die Funktion v_i berechnen. Seien dazu $i \in \{0, \ldots, n\}$ und $s \in [jh, (j+1)h]$ mit $j \in \{0, \ldots, n-1\}$ gegeben. Ist $i > j+1$, so sieht man durch Betrachtung der stückweise linearen Funktion x mit $x(t_k) = \delta_{ik}$:

$$\sum_{k=0}^n v_k(s)x(t_k) = v_i(s) = \int_{(i-1)h}^{(i+1)h} k_+(s,t)x(t)dt = 0,$$

da für $s \in [jh, (j+1)h]$ und $t \in [(i-1)h, (i+1)h]$ mit $i > j+1$ jedenfalls $t \ge s$, also $k_+(s,t) = 0$ gilt. (Die Integrationsgrenzen im letzten und auch in folgenden Integralen sind geeignet zu modifizieren, falls sie über $[0, s_0]$ hinausragen.) Durch Betrachten der stückweise linearen Funktion x_0 mit $x_0(t_k) = \delta_{0k}$ erhalten wir:

$$v_0(s) = \int_0^h k_+(s,t)[1 - \frac{t}{h}]dt.$$

Für $i \le j+1$ erhalten wir durch Betrachten der stückweise linearen Funktion x mit $x(t_k) = \delta_{ik}$:

$$v_i(s) = \int_{(i-1)h}^{ih} k_+(s,t)[\frac{t}{h} + 1 - i]dt + \int_{ih}^{(i+1)h} k_+(s,t)[i + 1 - \frac{t}{h}]dt,$$

wobei für $i = j+1$ wegen $s \in [jh, (j+1)h)]$ für $t \in [ih, (i+1)h]$ $t \ge s$ gilt, womit der 2.Term fehlt. Zusammenfassend gilt also mit k_+ wie in (4.53):

$$\left. \begin{array}{l} v_0(s) = \frac{1}{h}\int_0^h k_+(s,t)[h-t]dt \quad s \in [0,s_0] \\[2mm] \text{Für } i \in \{1, \ldots, n\}, j \in \{0, \ldots, n-1\}, s \in [jh, (j+1)h] \\[2mm] v_i(s) = \begin{cases} 0 & j < i-1 \\[3mm] \frac{1}{h}\int_{(i-1)h}^{ih} k_+(s,t)[t+h-ih]dt & j = i-1 \\[3mm] \frac{1}{h}\Big(\int_{(i-1)h}^{ih} k_+(s,t)[t+h-ih]dt \\[3mm] \quad + \int_{ih}^{(i+1)h} k_+(s,t)[ih+h-t]dt\Big) & j \ge i. \end{cases} \end{array} \right\} \tag{4.54}$$

Mit v_i wie in (4.54) entspricht (4.52) der numerischen Trapezregel und hat damit (wie man zeigen kann) für hinreichend glatte Funktionen x Konvergenzordnung $O(h^2)$. Soll (4.52) exakt sein für stückweise quadratische Funktionen, so erhält man eine Verallgemeinerung der numerischen Simpsonregel mit Konvergenzordnung $O(h^4)$. Für die formelmäßige Berechnung der v_i scheinen Methoden der Computeralgebra geeignet zu sein. Hat man nun die näherungsweise Darstellung (4.52) des Integraloperators gefunden, so kann man diese zusammen mit Kollokation an den Knoten $t_0, \ldots, t_n$ verwenden, um als Näherung für die Lösung x von

$$x(s) - \int_0^s k(s,t)x(t)dt = f(s) \quad (s \in [0, s_0]) \tag{4.55}$$

an den Knotenpunkten $t_0, \ldots, t_n$ folgendes Gleichungssystem zu erhalten:

$$x(t_j) - \sum_{i=0}^n v_i(t_j)x(t_i) = f(t_j) \quad (j \in \{0, \ldots, n\}). \tag{4.56}$$

Bei Verwendung von (4.54) ist $v_i(t_j) = 0$ für $j < i$, sodaß die Systemmatrix in (4.56) eine Dreiecksmatrix und damit das System sehr einfach aufzulösen ist. Analoges gilt für Gleichungen 1.Art. Verwendet man eine Simpson–artige Formel statt (4.54), so ist die Systemmatrix in (4.56) zwar keine Dreiecksmatrix mehr, aber es ist nur eine zusätzliche Schrägzeile anschließend an die Diagonale besetzt. In dieser Schrägzeile ist nur jedes 2. Element ungleich 0. Man kann damit jeweils einen Block von 2 Elementen $\{x(t_{2i-1}), x(t_{2i})\}$ unter Verwendung der bereits berechneten Elemente aus einem Gleichungssystem mit diesen beiden Variablen berechnen.

Produktintegration verwendet man besonders bei schwach–singulären Kernen. Die Singularität taucht nur in der Berechnung der v_i auf.

Die Methode der Produktintegration kann auch auf sogenannte "Hammersteingleichungen"

$$x(s) - \int_0^s k(s,t)\phi(t, x(t))dt = f(s) \quad (s \in [0, s_0]) \tag{4.57}$$

mit einer zusätzlichen Funktion ϕ angewandt werden. Statt (4.56) erhält man dann das nichtlineare System

$$x(t_j) - \sum_{i=0}^n v_i(t_j)\phi(t_i, x(t_i)) = f(t_j) \quad (j \in \{0, \ldots, n\}), \tag{4.58}$$

das bei Verwendung von (4.54) wieder schrittweise gelöst werden kann, wobei in jedem Schritt nur eine nichtlineare Gleichung für $x(t_j)$ gelöst werden muß.

5. Sturm–Liouville–Theorie

In diesem Kapitel werden wir Anfangs– und Randwertprobleme für eine lineare gewöhnliche Differentialgleichung 2. Ordnung mit variablen Koeffizienten in eine Integralgleichung umformen, sodaß wir die Ergebnisse (insbesondere über Eigenwerte) aus Kapitel 2 und 4 benutzen können. Auf einem Intervall $[a, b]$ betrachten wir die Gleichung

$$\bar{p}(s)x''(s) + \bar{r}(s)x'(s) + \bar{q}(s)x(s) = \bar{f}(s) \tag{5.1}$$

mit stetigen Funktionen $\bar{p}, \bar{r}, \bar{q}, \bar{f}$, wobei $\bar{p}$ keine Nullstellen hat. Es sei x eine Lösung von (5.1), $p(s) := \exp(\int_a^s \frac{\bar{r}(t)}{\bar{p}(t)} dt)$, $q(s) := \frac{p(s)}{\bar{p}(s)}\bar{q}(s)$, $f(s) := \frac{p(s)}{\bar{p}(s)}\bar{f}(s)$ für $s \in [a, b]$. Da $p'(s) = p(s)\frac{\bar{r}(s)}{\bar{p}(s)}$, folgt aus (5.1) durch Multiplikation mit $\frac{p(s)}{\bar{p}(s)}$ für $s \in [a, b]$: $f(s) = p(s)x''(s) + p'(s)x'(s) + q(s)x(s) = (px')'(s) + q(s)x(s)$. Also läßt sich (5.1) zurückführen auf

$$(px')'(s) + q(s)x(s) = f(s) \quad (s \in [a, b]) \tag{5.2}$$

mit $p \in C^1([a, b])$, $q, f \in C([a, b])$, wobei p nirgends verschwindet. Wir betrachten im folgenden Anfangs–, Randwert– und Eigenwertprobleme für (5.2); wir verwenden bis auf weiteres die Abkürzung

$$(Lx)(s) := (px')'(s) + q(s)x(s) \quad (s \in [a, b]) \tag{5.3}$$

und behalten obige Voraussetzungen über p, q, f bei.

Satz 5.1 *Für beliebige $\alpha, \beta \in \mathbb{R}$ existiert genau eine Lösung $x \in C^2([a, b])$ des Anfangswertproblems*

$$\begin{aligned} (Lx)(s) &= f(s) \quad &(s \in [a, b]) \\ x(a) &= \alpha, \quad x'(a) = \beta. \end{aligned} \tag{5.4}$$

Die Lösung hängt stetig von (α, β, f) ab. x erfüllt die Volterrasche Integralgleichung 2. Art

$$x(s) + \int_a^s k(s, t)x(t)dt = g(s) \quad (s \in [a, b]) \tag{5.5}$$

mit

$$k(s,t) := q(t) \int_t^s \frac{d\tau}{p(\tau)} \quad (s,t \in [a,b], t \le s) \tag{5.6}$$

und

$$g(s) := \alpha + p(a)\beta \int_a^s \frac{d\tau}{p(\tau)} + \int_a^s f(t) \int_t^s \frac{d\tau}{p(\tau)} dt \quad (s \in [a,b]). \tag{5.7}$$

(5.5) hat eine eindeutige stetige Lösung.

Beweis. Aus (5.4) erhält man durch Integration

$$p(s)x'(s) - p(a)\beta + \int_a^s q(t)x(t)dt = \int_a^s f(t)dt \quad (s \in [a,b]). \tag{5.8}$$

Wenn $x \in C^1([a,b])$ (5.8) löst, so ist $x \in C^2([a,b])$, da ja

$$x'(s) = \frac{1}{p(s)}[p(a)\beta + \int_a^s f(t)dt - \int_a^s q(t)x(t)dt] \tag{5.9}$$

und die rechte Seite stetig differenzierbar ist. Durch Differentiation erhält man aus (5.8) sofort (5.4) zurück, sodaß (5.8) und (5.4) äquivalent sind. Integration von (5.9) ergibt

$$\begin{aligned}
x(s) - \alpha &= p(a)\beta \int_a^s \frac{d\tau}{p(\tau)} + \int_a^s \int_a^\tau \frac{f(t)}{p(\tau)} dt\, d\tau - \int_a^s \int_a^\tau \frac{q(t)x(t)}{p(\tau)} dt\, d\tau = \\
&= p(a)\beta \int_a^s \frac{d\tau}{p(\tau)} + \int_a^s \int_t^s \frac{f(t)}{p(\tau)} d\tau\, dt - \int_a^s \int_t^s \frac{q(t)x(t)}{p(\tau)} d\tau\, dt,
\end{aligned}$$

woraus (5.5) folgt. Ist x eine stetige Lösung von (5.5), so ist wegen der stetigen Differenzierbarkeit von $s \to g(s) - \int_a^s k(s,t)x(t)dt$ automatisch $x \in C^1[a,b]$, durch Differentiation folgt sofort (5.9). Damit sind insgesamt folgende Probleme äquivalent:

a) Gesucht ist $x \in C^2([a,b])$ mit (5.4).

b) Gesucht ist $x \in C([a,b])$ mit (5.5).

Sei K der durch k erzeugte Integraloperator auf $C([a,b])$. Aus Satz 4.1 folgt, daß $\sigma(K)$ höchstens aus 0 bestehen kann, denn wäre $\lambda \in \sigma(K) \setminus \{0\}$, so müßte λ nach Satz 2.35 b) Eigenwert von K und damit auch Eigenwert des durch k erzeugten Integraloperators auf $L^2([a,b])$ sein, im Widerspruch zu Satz 4.1. Damit ist $(I + K)$ stetig invertierbar, also existiert genau eine Lösung von (5.5) und diese hängt stetig von g ab. Da g nach (5.7) stetig von (α, β, f) abhängt, folgt die Behauptung aus der Äquivalenz der Probleme a) und b).

□

Wir wenden uns nun der Behandlung spezieller linearer Randwertprobleme für (5.2) zu. Dazu seien $\alpha_1, \alpha_2, \beta_1, \beta_2 \in \mathbb{R}$ mit

$$\alpha_1^2 + \beta_1^2 \neq 0, \quad \alpha_2^2 + \beta_2^2 \neq 0. \tag{5.10}$$

Wir verwenden die Bezeichnung

$$
\begin{aligned}
B_1(x) &:= \alpha_1 x(a) + \beta_1 x'(a) \\
&\qquad\qquad\qquad\qquad (x \in C^1([a, b])) \\
B_2(x) &:= \alpha_2 x(b) + \beta_2 x'(b)
\end{aligned}
\tag{5.11}
$$

und betrachten das Randwertproblem

$$
\begin{aligned}
(Lx)(s) &= f(s) \qquad (s \in [a, b]) \\
B_1(x) &= B_2(x) = 0
\end{aligned}
\tag{5.12}
$$

mit L wie in (5.3), B_1, B_2 wie in (5.11) und $p, q, f, \alpha_1, \alpha_2, \beta_1, \beta_2$ wie oben. Dieses Randwertproblem ist insofern speziell, als die Randbedingungen homogen sind. Zur Lösung dieses Randwertproblems wird es sich als nützlich herausstellen, das Eigenwertproblem

$$
\begin{aligned}
(Lx)(s) &= \lambda x(s) \qquad (s \in [a, b]) \\
B_1(x) &= B_2(x) = 0
\end{aligned}
\tag{5.13}
$$

zu lösen. Dieses Eigenwertproblem heißt "Sturm–Liouville–Problem". Zu seiner Lösung werden wir die Ergebnisse aus Kapitel 2 verwenden. Die Lösung von (5.12) wird dann als Reihenentwicklung nach Eigenfunktionen von (5.13) darstellbar sein.

Die Existenz nichttrivialer Lösungen von (5.13) hängt nicht nur von L, sondern auch von den Randbedingungen ab, durch die wir den Definitionsbereich von L beschreiben wollen:

$$D_B := \{x \in C^2([a, b]) / B_1(x) = B_2(x) = 0\}. \tag{5.14}$$

D_B ist ein normierter Raum mit der üblichen Supremumsnorm, mit L_B bezeichnen wir die Einschränkung von L auf D_B, also

$$L_B := L|_{D_B} : D_B \to C([a, b]). \tag{5.15}$$

Der Operator L_B ist "formal selbstadjungiert", das heißt,

$$\langle L_B x, y \rangle = \langle x, L_B y \rangle \quad (x, y \in D_B) \tag{5.16}$$

gilt, wobei $\langle \cdot, \cdot \rangle$ das übliche innere Produkt auf $L^2([a, b])$ ist. (5.16) sieht man wie folgt: Da $B_1(x) = B_2(x) = B_1(y) = B_2(y) = 0$ gilt, folgt sofort

$$x(a)y'(a) = x'(a)y(a), \quad x(b)y'(b) = x'(b)y(b). \tag{5.17}$$

Damit gilt für $x, y \in D_B$:

$$\langle L_B x, y \rangle = \int_a^b [(px')'(s) + q(s)x(s)]y(s)ds =$$

$$= (px'y)(b) - (px'y)(a) - \int_a^b (px')(s)y'(s)ds + \int_a^b q(s)x(s)y(s)ds =$$

$$= (pxy')(b) - (pxy')(a) - \big[(xpy')(b) - (xpy')(a)$$

$$- \int_a^b x(s)[py']'(s)ds\big] + \int_a^b q(s)y(s)x(s)ds =$$

$$= \int_a^b [(py')'(s) + q(s)y(s)]x(s)ds =$$

$$= \langle x, L_B y \rangle.$$

Wir nehmen im folgenden an:

$$p(s) < 0 \text{ für alle } s \in [a, b]. \tag{5.18}$$

Diese Annahme ist keine Beschränkung der Allgemeinheit, da $p \in C^1([a,b])$ nach Annahme nirgends verschwindet. Hat p die konkrete Gestalt $p(s) = -\exp(\int_a^s \frac{\bar{r}(t)}{p(t)}dt)$, die bei der Überführung von (5.1) in (5.2) auftauchte, so ist (5.18) ohnehin erfüllt. Mit Hilfe der nun zu definierenden "Greenfunktion" für L_B wird es gelingen, die Lösung von (5.12) als Wert eines Integraloperators angewandt auf f und damit als Reihe nach dessen Eigenfunktionen darzustellen. Die Lösungen von (5.13) werden sich als Lösungen einer Integralgleichung mit diesem Integraloperator (dessen Kern die Greenfunktion ist) ergeben.

Definition 5.2 *Sei L_B wie in (5.15) definiert. Eine stetige Funktion $g : [a,b]^2 \to \mathbb{R}$ heißt "Greenfunktion für L_B", wenn g auf $\{(s,t) \in [a,b]^2 / s \le t\}$ und auf $\{(s,t) \in [a,b]^2 / s \ge t\}$ jeweils zweimal stetig differenzierbar ist und gilt:*

$$B_1(g(\cdot, t)) = B_2(g(., t)) = 0 \quad \text{für alle} \quad t \in [a, b]; \tag{5.19}$$

$$\left. \begin{array}{l} \textit{für alle } t \in [a,b] \textit{ und alle } s \in [a,b] \setminus \{t\} \textit{gilt:} \\ \frac{\partial}{\partial s}(p(s)\frac{\partial g}{\partial s}(s,t)) + q(s)g(s,t) = 0 \end{array} \right\} \tag{5.20}$$

$$\lim_{h \to 0+} \frac{\partial g}{\partial s}(t+h, t) - \lim_{h \to 0+} \frac{\partial g}{\partial s}(t-h, t) = \frac{1}{p(t)} \textit{ für alle } t \in \,]a, b[. \tag{5.21}$$

Eine Greenfunktion ist also für jedes feste t als Funktion von s Lösung von (5.12) (mit $f = 0$), außer an der Stelle $s = t$, wo g nicht differenzierbar nach s ist, sondern (5.21) gilt. Für die Gleichung in (5.20) schreiben wir kurz auch

$$(L_s g)(s, t) = 0 \quad (s \ne t), \tag{5.22}$$

wobei L_s den Differentialoperator L, angewendet auf die Variable s, symbolisieren soll.

Wir werden zeigen, daß eine für L_B tatsächlich existiert und der Integraloperator mit Kern g invers zu L_B ist.

Satz 5.3 *Für L_B wie in (5.15) existiert eine Greenfunktion, falls das homogene Problem*

$$\left. \begin{array}{l} Lx = 0 \\ B_1(x) = B_2(x) = 0 \end{array} \right\} \tag{5.23}$$

nur die triviale Lösung $x = 0$ besitzt.

Beweis. Es seien $u, v \in C^2([a, b]), u \neq 0, v \neq 0$ mit

$$\left. \begin{array}{ll} (Lu)(s) = 0 & s \in [a, b] \\ B_1(u) = 0 & \end{array} \right\} \tag{5.24}$$

$$\left. \begin{array}{ll} (Lv)(s) = 0 & s \in [a, b] \\ B_2(v) = 0. & \end{array} \right\} \tag{5.25}$$

Solche Funktionen existieren, denn u kann etwa als nach Satz 5.1 existierende Lösung von $Lu = 0, u(a) = -\beta_1, u'(a) = \alpha_1$ gewählt werden; wegen (5.10) ist $u \neq 0$. Analog sieht man, daß v existiert. Es sei nun

$$g(s, t) := \left\{ \begin{array}{ll} Cu(s)v(t) & s \leq t \\ Cv(s)u(t) & s \geq t, \end{array} \right. \tag{5.26}$$

wobei C noch geeignet zu wählen ist. Wegen (5.24) und (5.25) gelten (unabhängig von der Wahl von C) (5.19) und (5.20), ferner ist g zweimal stetig differenzierbar in $\{(s, t) \in [a, b]^2 / s \geq t\}$ und $\{(s, t) \in [a, b]^2 / s \leq t\}$ und stetig in ganz $[a, b]^2$. Wir zeigen:

$$p(v'u - u'v) \text{ ist konstant und ungleich } 0 \text{ auf } [a, b]. \tag{5.27}$$

Es gilt für alle $s \in [a, b]$:

$$\begin{aligned} \frac{d}{ds}[p(v'u - u'v)](s) &= [p'(v'u - u'v) + p(v''u + v'u' - u''v - u'v')](s) = \\ &= [u((pv')' + qv) - v((pu')' + qu)](s) = \\ &= u(s)(Lv)(s) - v(s)(Lu)(s) = 0. \end{aligned}$$

Also ist $p(v'u - u'v)$ konstant auf $[a, b]$. Wäre diese Konstante gleich 0, so müßte (da p nirgends verschwindet) $v'u - u'v \equiv 0$ sein; insbesondere gilt dann $v'(a)u(a) = u'(a)v(a)$ und $v'(b)u(b) = u'(b)v(a)$, sodaß mit (5.24) und (5.25) folgen würde, daß $B_1(v) = B_2(u) = 0$ ist. Damit wären u, v Lösungen von (5.23), also laut Annahme identisch 0 im Widerspruch zu ihrer Konstruktion. Damit gilt (5.27), und wir können

$$C := \frac{1}{p(v'u - u'v)} \tag{5.28}$$

setzen.

Mit dieser Wahl von C gilt für $t \in {]a, b[}$: $\lim\limits_{h \to 0+} \frac{\partial g}{\partial s}(t + h, t) = C v'(t) u(t)$ und

$\lim\limits_{h \to 0+} \frac{\partial g}{\partial s}(t - h, t) = C u'(t) v(t)$, woraus (5.21) folgt. Damit ist g eine Greenfunktion für L_B.

$\square$

Bemerkung 5.4 Die Bedingung, daß (5.23) nur die triviale Lösung besitzt, muß nicht erfüllt sein. Wie das Beispiel $-x'' = 0$, $x(0) = 0$, $x(1) - x'(1) = 0$ mit der Lösung $x(s) = s$ zeigt. Wir setzen zunächst die Betrachtung des in Satz 5.3 vorausgesetzten Falles fort und führen dann den allgemeinen Fall darauf zurück. Der Beweis von Satz 5.3 ist konstruktiv; man kann also die Greenfunktion durch Lösen der Anfangswertprobleme (5.24) und (5.25) bestimmen; man sieht dabei auch, ob (5.23) nicht-triviale Lösungen hat. Das ist (in der Notation des Beweises zu Satz 5.3) genau dann der Fall, wenn $v'u - u'v \equiv 0$ ist. Führt man die Konstruktion aus dem Beweis von Satz 5.3 für

$$Lx := -x'' + x, B_1(x) := x(0), B_2(x) := x(1)$$

durch, so erhält man etwa:

$$u(s) = \sinh(s), v(s) = \sinh(s) - \frac{\sinh(1)}{\cosh(1)} \cosh(s),$$

$$p(v'u - u'v) - \frac{\sinh(1)}{\cosh(1)} = \frac{e^2 - 1}{e^2 + 1},$$

also $C = \frac{e^2 + 1}{e^2 - 1}$ und damit die Greenfunktion

$$g(s, t) = \begin{cases} \frac{e^2 + 1}{e^2 - 1} \sinh(s) \sinh(t) - \sinh(s) \cosh(t) & s \leq t \\ \frac{e^2 + 1}{e^2 - 1} \sinh(t) \sinh(s) - \sinh(t) \cosh(s) & s \geq t. \end{cases} \tag{5.29}$$

Wie aus dam nächsten Satz folgt, kann man damit für jedes $f \in C([0, 1])$ die Lösung des Randwertproblems (5.12) explizit darstellen.

Satz 5.5 *Es sei L_B wie in (5.15), (5.23) habe nur die triviale Lösung $x = 0$, G sei der durch eine Greenfunktion g von L_B erzeugte Integraloperator ("Greenoperator") auf $C([a, b])$. Dann gilt: $G = L_B^{-1}$.*

Beweis. Es genügt zu zeigen:

$$f \in C([a, b]) \quad \Rightarrow \quad Gf \in D_B, \tag{5.30}$$

$$f \in C([a, b]) \quad \Rightarrow \quad LGf = f, \tag{5.31}$$

$$x \in D_B \quad \Rightarrow \quad GLx = x. \tag{5.32}$$

Sei $f \in C([a,b]), x(s) := (Gf)(s) = \int\limits_a^s g(s,t)f(t)dt + \int\limits_s^b g(s,t)f(t)dt$ für $s \in [a,b]$.

Da g auf den Integrationsbereichen dieser Integrale zweimal stetig differenzierbar ist, gilt für $s \in [a,b]$:

$$x'(s) = g(s,s)f(s) + \int\limits_a^s \frac{\partial g}{\partial s}(s,t)f(t)dt + \int\limits_s^b \frac{\partial g}{\partial s}(s,t)f(t)dt - g(s,s)f(s),$$

also

$$B_1(x) = \alpha_1 x(a) + \beta_1 x'(a) = \int\limits_a^b (\alpha_1 g(a,t) + \beta_1 \frac{\partial g}{\partial s}(a,t))f(t)dt$$

$$= \int\limits_a^b B_1(g(\cdot,t))f(t)dt = 0$$

und analog $B_2(x) = \int\limits_a^b B_2(g(\cdot,t))f(t)dt = 0$.

Aus obiger Formel für x' folgt zusammen mit den Glattheitseigenschaften von g, daß $x \in C^2([a,b])$ ist; damit ist $x \in D_B$. Also gilt (5.30). Ferner ist für $s \in [a,b]$

$$x''(s) = \lim_{h\to 0+} \frac{\partial g}{\partial s}(s+h,s)f(s) + \int\limits_a^s \frac{\partial^2 g}{\partial s^2}(s,t)f(t)dt -$$

$$- \lim_{h\to 0+} \frac{\partial g}{\partial s}(s-h,s)f(s) + \int\limits_s^b \frac{\partial^2 g}{\partial s^2}(s,t)f(t)dt$$

$$= \frac{f(s)}{p(s)} + \int\limits_a^b \frac{\partial^2 g}{\partial s^2}(s,t)f(t)dt.$$

Damit gilt für $s \in [a,b]$:

$$(Lx)(s) = p(s)x''(s) + p'(s)x'(s) + q(s)x(s)$$

$$= f(s) + \int\limits_a^b p(s)\frac{\partial^2 g}{\partial s^2}(s,t)f(t)dt + \int\limits_a^b p'(s)\frac{\partial g}{\partial s}(s,t)f(t)dt +$$

$$+ \int\limits_a^b q(s)g(s,t)f(t)dt$$

$$= \int\limits_a^b (L_s g)(s,t)f(t)dt + f(s) = f(s).$$

Damit gilt (5.31).

Sei nun $x \in D_B, f := Lx \in C([a,b])$. Aus (5.31) folgt $LGf = f$, also $LGLx = Lx$ und damit

$$L(GLx - x) = 0. \tag{5.33}$$

Wegen (5.30) ist $GLx - x \in D_B$, also folgt mit (5.33)

$$L_B(GLx - x) = 0. \tag{5.34}$$

Damit ist $GLx - x$ Lösung von (5.23), laut Annahme muß also $GLx - x = 0$ gelten, woraus (5.32) folgt.

$\square$

Bemerkung 5.6 Mit Hilfe von Satz 5.5 kann unter seinen Voraussetzungen also die (dann existierende und eindeutige) Lösung von (5.12) einfach als

$$Gf = \int_a^b g(.,t)f(t)dt, \tag{5.35}$$

also durch bloße Anwendung des Integraloperators auf die Inhomogenität, berechnet werden. Das Problem (5.13) ist dann äquivalent zum Eigenwertproblem

$$x = \lambda Gx \tag{5.36}$$

für den Integraloperator G.

Man hat bei der Umformung von (5.12) mittels einer Greenfunktion einige Freiheit. Ist L wie in (5.3) und g die Greenfunktion von L_B, so kann man (5.35) verwenden. Ist aber die Greenfunktion $\tilde{g}$ eines Operators $\tilde{L}_B$ mit $\tilde{L}x := (px')' + \tilde{q}x$ leichter zu berechnen, so ist, da ja $Lx = f$ äquivalent ist zu $\tilde{L}x = f + (\tilde{q} - q)x$, (5.12) äquivalent zur Integralgleichung

$$x(s) = \int_a^b \tilde{g}(s,t)(\tilde{q}(t) - q(t))x(t)dt + \int_a^b \tilde{g}(s,t)f(t)dt. \tag{5.37}$$

Der Preis für die einfache Berechnung der Greenfunktion ist also, daß statt der einfachen Auswertung von (5.35) die Integralgleichung (5.37) zu lösen ist. Diesen Weg sind wir in Beispiel 1.2 durch Verwendung der Greenfunktion für $-x''$ unter den angegebenen Randbedingungen gegangen. Wenn wir die Greenfunktion für $-x'' + x$ verwenden, die in Bemerkung 5.4 berechnet wurde, so ergibt sich die Lösung direkt aus (5.35). Die Greenfunktion g erfüllt (bzgl. s) die Differentialgleichung für alle fixen t und $s \neq t$. In $s = t$ ist sie nicht differenzierbar. Formal (und in der Theorie der Distributionen begründbar) schreibt man statt (5.22) oft

$$(L_s g)(s,t) = \delta(s - t) \quad (s,t \in [a,b]), \tag{5.38}$$

man weist also $L_s g$ auch bei $s = t$ einen "Wert" zu. Die "δ–Distribution" hat dabei die Eigenschaft, daß für hinreichend glatte f gelten soll:

$$\int_a^b \delta(s - t)f(t)dt = f(s).$$

Dabei ist die Forderung (5.38) formal verständlich, da ja (formal) für $s \in [a, b]$ gilt:

$$(LGf)(s) = L \int_a^b g(s,t)f(t)dt = \int_a^b (L_s g)(s,t)f(t)dt = \int_a^b \delta(s-t)f(t)dt = f(s),$$

also (5.31). Aus der im klassischen Sinn nicht erfüllbaren Forderung (5.38) erhält man (wieder formal) für $h > 0$:

$$\int_{t-h}^{t+h} \frac{\partial}{\partial s}(p(s)\frac{\partial g}{\partial s}(s,t))ds + \int_{t-h}^{t+h} q(s)g(s,t)ds = \int_{t-h}^{t+h} \delta(s-t)ds = 1,$$

also $p\frac{\partial g}{\partial s}(.,t)\Big|_{t-h}^{t+h} + \int_{t-h}^{t+h} q(s)g(s,t)ds = 1$.

Da das 2. Integral mit $h \to 0$ gegen 0 geht, ergibt sich mit $h \to 0$:

$$p(t)[\lim_{h\to 0+} \frac{\partial g}{\partial s}(t+h,t) - \lim_{h\to 0+} \frac{\partial g}{\partial s}(t-h,t)] = 1,$$

also (5.21). Diese Betrachtung kann nur die heuristische Motivation für (5.21) sein. Wenn man den Beweis von Satz 5.5 ansieht, so bemerkt man, daß der Sprung in $\frac{\partial g}{\partial s}$, also die exakte Formulierung der Forderung (5.38), tatsächlich wesentlich dafür war, daß $L(Gf) = f$ erfüllt war; dieser Sprung erlaubt die Reproduktion der Inhomogenität f. In Kapitel 6 werden wir Sprünge in so-genannten "Potentialen" zur Anpassung an inhomogene Randbedingungen bei partiellen Differentialgleichungen verwenden.

Folgende Definition ist naheliegend (vgl.(5.13)):

Definition 5.7 *Sei L_B wie in (5.15) definiert, $\lambda \in \mathbb{C}$. λ heißt "Eigenwert von L_B", falls ein $x \in D_B \setminus \{0\}$ existiert mit*

$$L_B x = \lambda x; \tag{5.39}$$

x heißt "Eigenfunktion (Eigenvektor) von L_B".

Im Bisherigen (insbesondere in den Sätzen 5.3 und 5.5) wurde die Voraussetzung (5.18) nicht verwendet, die im folgenden Satz benötigt werden wird. Ist (5.18) nicht erfüllt, sondern $p > 0$, so gelten die Aussagen immer noch, aus positiven Eigenwerten werden negative und umgekehrt.

Satz 5.8 *Sei L_B wie in (5.15); es gelte (5.18), 0 sei kein Eigenwert von L_B, g sei die Greenfunktion von L_B, G der davon erzeugte Integraloperator auf $L^2([a,b])$. Dann gilt:*

a) G ist selbstadjungiert.

b) $\lambda \neq 0$ ist Eigenwert von L_B genau dann, wenn $\frac{1}{\lambda}$ Eigenwert von G ist. Jede Eigenfunktion zum Eigenwert λ von L_B ist Eigenvektor von G zum Eigenwert $\frac{1}{\lambda}$ und umgekehrt. Alle Eigenwerte von L_B sind reell.

c) L_B (und damit G) hat nur endlich viele negative Eigenwerte.

d) Zu jedem Eigenwert von L_B (und damit von G) ist die Menge der Eigenvektoren eindimensional.

Beweis.

a) Seien $x, y \in C([a, b])$. Dann gilt wegen Satz 5.5 und (5.16):

$$\langle Gx, y \rangle = \langle GL_BGx, L_BGy \rangle = \langle L_BGL_BGx, Gy \rangle = \langle x, Gy \rangle.$$

Da $C([a, b])$ dicht in $L^2([a, b])$ liegt, folgt, daß für alle $x, y \in L^2([a, b])$ $\langle Gx, y \rangle = \langle x, Gy \rangle$ gilt.

b) Folgt sofort aus Satz 5.5, da ja $L_Bx = \lambda x$ äquivalent ist zu $GL_Bx = \lambda Gx$, also $\frac{1}{\lambda}x = Gx$ mit $x \in C([a, b])$. Nach Satz 2.1 ist $R(G) \subseteq C[a, b]$, sodaß alle Eigenvektoren von G zu Eigenwerten ungleich 0 in $C([a, b])$ und damit nach (5.30) in D_B liegen. Da G selbstadjungiert ist, sind alle Eigenwerte reell.

c) Sei $x \in D_B$ beliebig, aber fest mit $\|x\|_{L^2([a,b])} = 1$. Wir werden eine (von x unabhängige) untere Schranke für $\langle Lx, x \rangle$ konstruieren. Durch partielle Integration erhalten wir, da

$$\langle Lx, x \rangle = \int_a^b (p(s)x'(s))'\overline{x(s)}ds + \int_a^b q(s)|x(s)|^2 ds$$

gilt,

$$\langle Lx, x \rangle = px'\bar{x}|_a^b - \int_a^b p(s)|x'(s)|^2 ds + \int_a^b q(s)|x(s)|^2 ds. \qquad (5.40)$$

Wir werden die Terme auf der rechten Seite von (5.40) einzeln nach unten abschätzen. Für $s \in]a, b[, t \in]s, b[$ gilt:

$$|x(s) - x(a)| = |\int_a^s x'(\tau)d\tau| \leq \sqrt{\int_a^s 1 d\tau \cdot \int_a^s |x'(\tau)|^2 d\tau}$$

$$\leq \sqrt{t-a} \cdot \sqrt{\int_a^b |x'(\tau)|^2 d\tau}.$$

Da $\|x\|_{L^2([a,b])} = 1$, gilt für alle $t \in [a,b] : \int_a^t |x(\tau)|^2 d\tau \leq 1$. Damit muß ein

$s \in \,]a,t[$ existieren mit $|x(s)| \leq \frac{1}{\sqrt{t-a}}$; andernfalls wäre ja $\int_a^t |x(\tau)|^2 d\tau >$

$\int_a^t \frac{1}{t-a} d\tau = 1$. Damit gilt für alle $t \in \,]a,b[$ mit einem $s \in \,]a,t[$:

$$|x(a)| \leq |x(s) - x(a)| + |x(s)| \leq \sqrt{t-a}\,\|x'\|_{L^2[a,b]} + \frac{1}{\sqrt{t-a}}.$$

Da das für alle $t \in \,]a,b[$ richtig ist, gilt dieselbe Ungleichung auch für den Wert von $t \in \,]a,b[$, in dem die Funktion $t \mapsto \sqrt{t-a}\,\|x'\|_{L^2[a,b]} + \frac{1}{\sqrt{t-a}}$ ihr Minimum annimmt. Das geschieht an der Stelle $t_0 := \min\{b, a + \frac{1}{\|x'\|_{L^2([a,b])}}\}$, wie man leicht nachrechnet. Ist $t_0 = b$, so ist $a + \frac{1}{\|x'\|} \geq t_0$, also $(t_0 - a)\|x'\| \leq 1$ und damit $\sqrt{t_0 - a}\,\|x'\| + \frac{1}{\sqrt{t_0-a}} \leq \frac{2}{\sqrt{t_0-a}} = \frac{2}{\sqrt{b-a}}$. Ist $t_0 = a + \frac{1}{\|x'\|}$, so ist $\sqrt{t_0 - a}\,\|x'\| + \frac{1}{\sqrt{t_0-a}} = 2\sqrt{\|x'\|}$. In beiden Fällen folgt also

$$|x(a)|^2 \leq 4\|x'\|_{L^2([a,b])} + \frac{4}{b-a}. \tag{5.41}$$

Ist $x(a) = 0$, so gilt natürlich $(px'\bar{x})(a) = 0$. Andernfalls folgt aus

$$0 = B_1(x) = \alpha_1 x(a) + \beta_1 x'(a)$$

(da $\beta_1 \neq 0$ sein muß, denn sonst müßte $\alpha_1 \neq 0$ und damit $x(a) = 0$ sein):

$$|(px'\bar{x})(a)| \leq |p(a)|\,|\frac{\alpha_1}{\beta_1}x(a)|\,|\overline{x(a)}| = |p(a)|\,|\frac{\alpha_1}{\beta_1}|\,|x(a)|^2 \leq C_1\|x'\|_{L^2([a,b])} + C_2,$$

wobei $C_1, C_2 > 0$ von p, α_1, β_1 abhängen. Analog konstruiert man Konstanten $C_3, C_4 > 0$, die von p, α_2, β_2 abhängen, so, daß

$$|(px'\bar{x})(b)| \leq C_3\|x'\|_{L^2([a,b])} + C_4 \tag{5.42}$$

gilt. Wegen (5.18) existiert ein $C_5 > 0$ mit

$$-p(s) \geq C_5 \quad (s \in [a,b]), \tag{5.43}$$

wegen der Stetigkeit von q existiert ein $C_6 \in \mathbb{R}$ mit

$$q(s) \geq C_6 \quad (s \in [a,b]). \tag{5.44}$$

Durch Kombination von (5.42) (und der analogen Abschätzung an der Stelle a), (5.43) und (5.44) gemäß (5.40) folgt:

$$
\begin{aligned}
\langle Lx, x\rangle &\geq -C_1\|x'\| - C_2 - C_3\|x'\| - C_4 + C_5\|x'\|^2 + C_6\|x\|^2 = \\
&= (\sqrt{C_5}\|x'\| - \frac{C_1 + C_3}{2\sqrt{C_5}})^2 + C_6 - C_2 - C_4 - \frac{(C_1 + C_3)^2}{4C_5} \geq \\
&\geq C_6 - C_2 - C_4 - \frac{(C_1 + C_3)^2}{4C_5} =: C \in \mathbb{R}.
\end{aligned}
$$

Also existiert ein $C \in \mathbb{R}$ abhängig von $p, q, \alpha_1, \alpha_2, \beta_1, \beta_2$ so, daß gilt:

$$\langle Lx, x \rangle \geq C \text{ für alle } x \in D_B \text{ mit } \|x\|_{L^2([a,b])} = 1. \qquad (5.45)$$

Sei nun λ ein Eigenwert von L_B, x ein zugehöriger Eigenvektor mit L^2-Norm 1. Dann gilt:

$$C \leq \langle Lx, x \rangle = \langle \lambda x, x \rangle = \lambda \|x\|^2 = \lambda.$$

Damit sind alle Eigenwerte von L_B nach unten durch C beschränkt. Ist nun $\lambda < 0$ ein Eigenwert von L_B (also auch $C < 0$), so muß $\frac{1}{\lambda} \leq \frac{1}{C} < 0$ sein; $\frac{1}{\lambda}$ ist aber ein Eigenwert von G. Nach Satz 2.35 c) können damit nur endlich viele negative Eigenwerte existieren, da sich sonst die Eigenwerte von G in $[-\infty, \frac{1}{C}]$ häufen müßten.

d) Sei $\lambda \neq 0$ Eigenwert von L_B; x, y seien zwei Eigenfunktionen. Da $B_1(x) = B_1(y) = 0$ gilt, folgt mit (5.10), daß das System

$$\begin{pmatrix} x(a) & x'(a) \\ y(a) & y'(a) \end{pmatrix} \begin{pmatrix} \alpha \\ \beta \end{pmatrix} = 0$$

eine nicht-triviale Lösung (z.B. α_1, β_1) hat. Damit sind die Vektoren $(x(a), x'(a))$ und $(y(a), y'(a))$ linear abhängig, also existieren γ, δ mit $\gamma^2 + \delta^2 \neq 0$ so, daß

$$\gamma(x(a), x'(a)) + \delta(y(a), y'(a)) = (0,0). \qquad (5.46)$$

Sei $u := \gamma x + \delta y$. Dann löst u das Anfangswertproblem

$$\begin{aligned} (Lu - \lambda u)(s) &= 0 \qquad s \in ([a,b]) \\ u(a) &= 0, u'(a) = 0. \end{aligned} \qquad (5.47)$$

Nach Satz 5.1 muß damit $u \equiv 0$ sein; also sind x, y linear abhängig.

$\square$

Korollar 5.9 *Sei L_B wie in (5.15), es gelte (5.18), 0 sei kein Eigenwert von L_B. Dann gilt: L_B besitzt abzählbar viele Eigenwerte λ_n, die sich nur in $+\infty$ häufen können. Zu jedem λ_n existiert (bis auf das Vorzeichen) genau eine Eigenfunktion φ_n mit $\|\varphi_n\| = 1$, die Menge $\{\varphi_n / n \in \mathbb{N}\} \subseteq D_B$ ist ein vollständiges Orthonormalsystem in $L^2([a,b])$. Für alle $s, t \in [a,b]$ gilt*

$$g(s,t) = \sum_{n=1}^{\infty} \frac{1}{\lambda_n} \varphi_n(s) \overline{\varphi_n(t)}, \qquad (5.48)$$

wobei die Konvergenz absolut und gleichmäßig ist und g die Greenfunktion zu L_B ist. Für alle $f \in C([a,b])$ ist (5.12) eindeutig lösbar, die eindeutige Lösung läßt sich als absolut und gleichmäßig konvergente Reihe

$$x(s) = \sum_{n=1}^{\infty} \frac{1}{\lambda_n} \langle f, \varphi_n \rangle \varphi_n(s) \tag{5.49}$$

darstellen. Schließlich gilt

$$\sum_{n=1}^{\infty} \frac{1}{\lambda_n} < \infty. \tag{5.50}$$

Beweis. Wegen Satz 5.8 a) und c) können wir auf den Integraloperator G mit Kern g den Satz von Mercer (Satz 2.47 in Verbindung mit Bemerkung 2.48) sowie Satz 2.44 anwenden. Zusammen mit Satz 5.5 und Satz 5.8 b) und d) folgen die Behauptungen des Korollars; dabei ist zu beachten, daß wegen Satz 5.5 $R(G) = \overline{D_B}$ ist, also die $\{\varphi_n\}$ nach Satz 2.38 ein vollständiges Orthonormalsystem in $\overline{R(G)} = L^2([a,b])$ bilden. Die behauptete Darstellung (5.49) folgt mit Satz 2.44 aus der Tatsache, daß nach Satz 5.5 ja Gf die eindeutige Lösung von (5.12) ist.

□

Bemerkung 5.10 Aus der Theorie der Integralgleichungen kann man also eine Lösungsformel für inhomogene Sturm–Liouville–Randwertprobleme mit Hilfe der Eigenwerte und Eigenfunktionen herleiten, die in der absolut und gleichmäßig konvergenten Reihe (5.49) besteht. Man kann natürlich (5.49) auch so auffassen, daß für $x \in D_B$ die Reihendarstellung

$$x(s) = \sum_{n=1}^{\infty} \langle x, \varphi_n \rangle \varphi_n(s) \tag{5.51}$$

absolut und gleichmäßig konvergiert, was z.B. im Spezialfall, daß $Lx := -x''$ ist, eine Aussage über gleichmäßige und absolute Konvergenz von Fourierreihen darstellt (vgl. Beispiel 5.11). Außerdem bietet Korollar 5.9 die Möglichkeit, viele verschiedene vollständige Orthonormalsysteme in $L^2([a,b])$ zu konstruieren, nämlich Eigenfunktionen von Sturm–Liouville–Problemen.

Beispiel 5.11 Sei $Lx := -x''$, $B_1(x) := x(0)$, $B_2(x) := x(\pi)$, also $D_B = \{x \in C^2([0,\pi]) / x(0) = x(\pi) = 0\}$. Da die allgemeine Lösung von $Lx = \lambda x$ durch $x(s) = a\cos(\sqrt{\lambda}s) + b\sin(\sqrt{\lambda}s)$ gegeben ist, folgt aus den Randbedingungen, daß für eine nichttriviale Lösung von $L_B x = \lambda x$ gelten muß: $a = 0$, $\sqrt{\lambda} \in \mathbb{N}$; also sind die Eigenwerte von L_B genau die Zahlen n^2 mit $n \in \mathbb{N}$, die zugehörigen normierten Eigenfunktionen sind die Funktionen $\sqrt{\frac{2}{\pi}}\sin(ns)$. Damit gilt für die Greenfunktion g von L_B

$$g(s,t) = \frac{2}{\pi} \sum_{n=1}^{\infty} \frac{\sin(ns)\sin(nt)}{n^2}, \tag{5.52}$$

wobei diese Reihe absolut und gleichmäßig in $[0,\pi]^2$ konvergiert. Wenn man wie im Beweis zu Satz 5.3 vorgeht, erhält man

$$g(s,t) = \begin{cases} \frac{s(\pi-t)}{\pi} & s \leq t \\ \frac{t(\pi-s)}{\pi} & s \geq t. \end{cases} \tag{5.53}$$

Für die (natürlich auch durch Integration direkt berechenbare) Lösung x von

$$\begin{aligned} -x''(s) &= f(s) & (s \in [0,\pi]) \\ x(0) &= x(\pi) = 0 \end{aligned} \tag{5.54}$$

mit $f \in C([a,b])$ erhält man nach (5.49) die auf $[0,\pi]$ absolut und gleichmäßig konvergente Reihe

$$x(s) = \frac{2}{\pi} \sum_{n=1}^{\infty} \frac{1}{n^2} \int_0^\pi f(t) \sin(nt)dt \, \sin(ns), \tag{5.55}$$

also eine Darstellung mit Hilfe der Fourierkoeffizienten von f. Ist $x \in D_B$, so weiß man nach (5.51), daß die Fourierreihe

$$x(s) = \frac{2}{\pi} \sum_{n=1}^{\infty} \left(\int_0^\pi x(t) \sin(nt)dt \right) \sin(ns). \tag{5.56}$$

absolut und gleichmäßig konvergiert.

Bemerkung 5.12 Wenn man unter den Voraussetzungen von Satz 5.8 eine Greenfunktion g von L_B kennt, so kann man die Gleichung

$$\begin{aligned} Lx &= \lambda x + f \\ B_1(x) &= B_2(x) = 0 \end{aligned} \tag{5.57}$$

mit $f \in C([a,b])$ und $\lambda \in \mathbb{R}$ in die äquivalente Integralgleichung

$$x - \lambda Gx = Gf \tag{5.58}$$

umformen. Wenn die λ_n und φ_n wie in Korollar 5.9 sind und λ kein Eigenwert von L_B ist, so kann die Lösung von (5.58) und damit von (5.57) nach Korollar 2.40 dargestellt werden durch

$$x = \sum_{n=1}^{\infty} \frac{\langle \frac{1}{\lambda}Gf, \varphi_n \rangle}{\frac{1}{\lambda} - \frac{1}{\lambda_n}} \varphi_n, \tag{5.59}$$

da ja (5.58) äquivalent ist zu $\frac{1}{\lambda}x - Gx = \frac{1}{\lambda}Gf$, $Gf \in R(G) \subseteq N(G)^\perp$ ist und $\{\frac{\varphi_n}{\lambda_n} / n \in \mathbb{N}\}$ ein Eigensystem für G bildet. Da

$$\langle \frac{1}{\lambda}Gf, \varphi_n \rangle = \frac{1}{\lambda}\langle f, G\varphi_n \rangle = \frac{1}{\lambda\lambda_n}\langle f, \varphi_n \rangle,$$

folgt mit (5.59)

$$x = \sum_{n=1}^{\infty} \frac{\langle f, \varphi_n \rangle}{\lambda_n - \lambda} \varphi_n. \tag{5.60}$$

Mit Beispiel 5.11 ergibt sich:

Ist $\lambda \neq n^2$ für $n \in \mathbb{N}$, $f \in C([0,\pi])$, so ist die eindeutige Lösung von

$$\left.\begin{array}{rcl} -x''(s) & = & \lambda x(s) + f(s) \quad (s \in [0,\pi]) \\ x(0) & = & x(\pi) = 0 \end{array}\right\} \tag{5.61}$$

darstellbar als

$$x(s) = \frac{2}{\pi} \sum_{n=1}^{\infty} \frac{1}{n^2 - \lambda} \int_0^\pi f(t)\sin(nt)dt \sin(ns). \tag{5.62}$$

Ähnlich kann man (2.80) nützen, um eine Lösungsdarstellung und Lösbarkeits-bedingung für (5.61) mit $\lambda = n^2$ zu gewinnen. Da $x \in R(G) = D_B$ ist, ist die Konvergenz in (5.51) und damit auch in (5.60) (also auch in (5.62)) wieder abso-lut und gleichmäßig. Mit Hilfe dieses Studiums von (5.57) kann man auch sehen, wie man vorgeht, wenn 0 Eigenwert von L_B ist: Man betrachtet den Operator $\tilde{L}x = Lx - \lambda x$, wobei λ kein Eigenwert von L_B sein soll; da es nur abzählbar viele Eigenwerte, die sich nur in $+\infty$ häufen, gibt, ist so ein λ zu finden. Der Operator $\tilde{L}_B$ hat nun 0 nicht als Eigenwert, mit Hilfe seiner Greenfunktion und der Tatsache, daß $L_B x = f$ äquivalent ist zu $\tilde{L}_B x = f - \lambda x$, kann nun $L_B x = f$ gelöst werden.

Eine ähnliche Theorie wie für das hier behandelte Sturm–Liouville–Probleme kann man auch für etwas allgemeinere Probleme der Art

$$\left.\begin{array}{rcl} \frac{1}{r(s)}[(p(s)x'(s))' + q(s)x(s)] & = & f(s) \quad (s \in [a,b]) \\ \alpha_1 x(a) + \beta_1 x'(a) + \gamma_1 x(b) + \delta_1 x'(b) & = & 0 \\ \alpha_2 x(a) + \beta_2 x'(a) + \gamma_2 x(b) + \delta_2 x'(b) & = & 0 \end{array}\right\} \tag{5.63}$$

mit positivem, stetigen r aufbauen, wobei sicherzustellen ist, daß die Ne-benbedingungen in (5.63) unabhängige Randbedingungen sind. Man arbeitet dann mit dem inneren Produkt $\langle f, g \rangle_r := \int_a^b f(t)\overline{g(t)}r(t)dt$ auf dem Raum $L^2([a,b];r) := \{f/\langle f, f \rangle_r < \infty\} = L_2([a,b])$. Hat man die Greenfunktion g ge-funden, so ist der erzeugte Integraloperator durch $(Gf)(s) := \int_a^b r(t)g(s,t)f(t)dt$ zu definieren. Selbst der Fall, daß $r(a) = 0$ gilt, läßt sich noch behandeln, was für die "Besselsche Differentialgleichung"

$$x''(s) + \frac{1}{s}x'(s) + (\lambda - \frac{r^2}{s^2})x(s) = 0$$

auf $[0,1]$ wichtig ist, die sich ja auch als

$$\frac{1}{s}[(sx'(s))' - \frac{r^2}{s}x(s)] = -\lambda x(s) \tag{5.64}$$

schreiben läßt. Für Details vgl. [43], [78].

Probleme folgender Art bezeichnet man als "inverse Sturm–Liouville–Probleme": Wie ist $q \in C([0,1])$ zu bestimmen, damit das Sturm–Liouville–Problem

$$
\begin{aligned}
-x''(s) + q(s)x(s) &= 0 \qquad (s \in [0,1]) \\
x(0) = x(1) &= 0
\end{aligned}
\tag{5.65}
$$

eine vorgegebene Folge $\lambda_1, \lambda_2, \lambda_3, \ldots$ von Eigenwerten hat? Eine Interpretation wäre etwa folgende: Welche Massenverteilung muß eine eingespannte Saite haben, damit sie vorgegebene Eigenfrequenzen erzeugt? Nach den Ergebnissen dieses Kapitels kann die Folge der λ_i höchstens endlich viele negative Glieder besitzen, sie geht gegen $+\infty$ für $i \to \infty$, und $\sum_{n=1}^{\infty} \frac{1}{\lambda_n}$ muß konvergieren. Andernfalls kann das inverse Sturm–Liouville–Problem keine Lösung besitzen.

6. Potentialtheorie

Insbesondere in neuerer Zeit hat die Anwendung von Integralgleichungsmethoden auf gewisse partielle Differentialgleichungen enorm an Bedeutung gewonnen, und zwar sowohl im Zusammenhang mit Fragen wie Existenz und Eindeutigkeit von Lösungen von Randwertproblemen als auch für die Konstruktion effektiver numerischer Verfahren. Genauer ist hier mit "Integralgleichungsmethoden" die im folgenden behandelte Möglichkeit gemeint, Randwertprobleme für partielle Differentialgleichungen in Integralgleichungen überzuführen, wobei die Integration über den Rand des Gebietes erfolgt. Für Existenz– und Eindeutigkeitsfragen sind dabei natürlich die Riesztheorie und die Fredholmtheorie sehr nützlich, während für die numerische Behandlung die Erniedrigung der Dimension von Bedeutung ist. Außerdem kann man mit der Integralgleichungsmethode auch sogenannte "Außenraumprobleme", das sind Randwertprobleme auf dem Komplement einer beschränkten Menge, auf Integralgleichungen über dem (beschränkten) Rand zurückführen.

Im folgenden werden wir die Integralgleichungsmethode für die zweidimensionale Laplacegleichung erläutern und kurz auf die zweidimensionale Helmholtzgleichung eingehen. Das Vorgehen ist prinzipiell in höherer Dimension dasselbe; es sei dabei auf [10] verwiesen, wo die Helmholtzgleichung im $\mathbb{R}^3$ und die zeitharmonischen Maxwellgleichungen behandelt werden. Wir behandeln also die Laplacegleichung

$$(\Delta u)(x, y) = 0 \quad (x, y) \in D, \tag{6.1}$$

wobei Δ der zweidimensionale Laplaceoperator

$$\Delta := \frac{\partial^2}{\partial x^2} + \frac{\partial^2}{\partial y^2} \tag{6.2}$$

ist.

Es sei im folgenden D ein beschränktes, einfach zusammenhängendes Gebiet im $\mathbb{R}^2$ mit C^2–Randkurve ∂D; n sei der äußere Normaleneinheitsvektor. $\gamma : \{(x, y) \in (\mathbb{R}^2)^2 / x \neq y\} \to \mathbb{R}$ sei definiert als

$$\gamma(x, y) := \ln \frac{1}{|x - y|} \tag{6.3}$$

($|\cdot|$ Euklidische Norm im $\mathbb{R}^2$). (Bei anderen Gleichungen als (6.1) oder in höheren Dimensionen wird eine andere "Grundlösung" γ verwendet, sonst bleibt das meiste prinzipiell gleich. Behandelt man etwa (6.1) im $\mathbb{R}^3$, so muß man $\gamma(x, y) := \frac{1}{4\pi|x-y|}$ verwenden.)

Definition 6.1 *Seien $\phi, \psi \in C(\partial D)$. Dann heißt die Funktion*

$$u : \mathbb{R}^2 \to \mathbb{R}$$
$$x \to \int_{\partial D} \phi(y)\gamma(x,y)ds(y) =: (E\phi)(x) \qquad (6.4)$$

"Einfachschichtpotential" ("single layer potential") (zur Grundlösung γ und zur "Dichte" ϕ) und die Funktion

$$v : \mathbb{R}^2 \to \mathbb{R}$$
$$x \to \int_{\partial D} \psi(y)\frac{\partial}{\partial n(y)}\gamma(x,y)ds(y) =: (D\psi)(x) \qquad (6.5)$$

"Doppelschichtpotential" ("double layer potential") (zur Grundlösung γ und zur "Dichte" ψ).

Wir werden im folgenden die Abkürzungen E und D für die in (6.4) und (6.5) definierten Integraloperatoren verwenden.

Wir werden die Fredholm–Alternative auf mittels Einfach– und Doppelschichtpotential gebildete Gleichungen anwenden. Dazu benötigen wir einige Eigenschaften dieser Potentiale, insbesondere die schwache Singularität und damit die Kompaktheit der betreffenden Integraloperatoren. Dabei ist zu beachten, daß die Definition des Begriffes "schwach singulär" (Def. 2.12) für $N = 1$ zu verwenden ist, da ∂D bzgl. des eindimensionalen Inhalts positiven Inhalt hat.

Satz 6.2 *Die in Definition 6.1 definierten Integraloperatoren E und D sind schwach singulär.*

Beweis. Da $\lim_{t\to 0}(\sqrt{t}\cdot|\ln\frac{1}{t}|) = 0$, gilt: Die Funktion $t \to \sqrt{t}|\ln\frac{1}{t}|$ ist auf $[0, L(\partial D)]$ stetig fortsetzbar, also dort beschränkt durch eine geeignete Konstante c. Da für $x, y \in \partial D$ stets $|x - y| \leq L(\partial D)$ gilt, folgt:

$$\forall (x, y \in \partial D, x \neq y) \quad \left|\ln\frac{1}{|x - y|}\right| \leq \frac{c}{\sqrt{|x - y|}}.$$

Also ist E ein schwach singulärer Integraloperator. Da ∂D zweimal stetig differenzierbar ist, gilt, wie man durch Taylorentwicklung sieht:

$$\exists (c > 0)\forall (x, y \in \partial D) \quad |\langle n(y), x - y\rangle| \leq c|x - y|^2.$$

Damit gilt für $x \neq y \in \partial D$:

$$\left|\frac{\partial}{\partial n(y)}\ln\frac{1}{|x-y|}\right| = \left|\langle n(y), \text{grad}_y \ln\frac{1}{|x-y|}\rangle\right| = \left|\langle n(y), \frac{(x-y)}{|x-y|^2}\rangle\right| \leq c.$$

Also ist der Kern von D sogar beschränkt, insbesondere ist D schwach singulär.

$\square$

Damit sind insbesondere E und D kompakte Operatoren.

Um mit Hilfe von E und D eine äquivalente Darstellung für Randwertprobleme für (6.1) ausdrücken zu können, benötigen wir folgende Aussagen über das Verhalten von $(E\phi)(x)$ und $(D\psi)(x)$, wenn x sich der Kurve ∂D vom Außen– oder Innengebiet her nähert.

Satz 6.3 *Sei $\phi \in C(\partial D), E\phi : \mathbb{R}^2 \to \mathbb{R}$ wie in Definition 6.1. Dann gilt:*

a) $E\phi$ ist stetig auf ganz $\mathbb{R}^2$.

b) Für $x \in \partial D$ gilt

$$(\frac{\partial}{\partial n}E\phi)_\pm(x) = \int\limits_{\partial D} \phi(y)\frac{\partial}{\partial n(x)}\ln\frac{1}{|x-y|}ds(y) \mp \pi\phi(x) \qquad (6.6)$$

gleichmäßig in x. Dabei sei für $f : \mathbb{R}^2 \to \mathbb{R}$ und $x \in \partial D$,

$$f_+(x) := \lim_{\substack{y \to x \\ y \notin \overline{D}}} f(y), \quad f_-(x) := \lim_{\substack{y \to x \\ y \in D}} f(y).$$

c) Für $x \in \mathbb{R}^2 \setminus \partial D$ gilt: $E\phi$ ist unendlich oft differenzierbar in x und $\Delta(E\phi)(x) = 0$.

Beweisskizze. Wir zeigen nur a); c) ist klar; der Beweis von b) verläuft ähnlich dem Beweis von Satz 6.4. Die Existenz von $E\phi$ auf ganz $\mathbb{R}^2$ und die Stetigkeit von $E\phi$ auf $\mathbb{R}^2 \setminus \partial D$ sind wegen der Beschränktheit (vgl. Beweis zu Satz 6.2) und Stetigkeit des Kerns klar.

Für $x, y \in \partial D$ sei $\alpha(x, y)$ der Winkel zwischen der Tangente an ∂D in x und der Geraden durch x und y. Sei $x_0 \notin \partial D$ so, daß $x_0 - x = c \cdot n(x)$ für ein $c \in \mathbb{R}$ gilt; β sei der Winkel zwischen der Geraden von x_0 nach y und x_0 nach x (vgl. Abb. 6.1).

Es gilt: $\frac{|x-y|}{|x_0-y|} = \frac{\sin\beta}{\sin(\frac{\pi}{2}-\alpha)} \leq \frac{1}{\cos\alpha}$. Da α stetig ist und $\lim\limits_{y \to x}\cos\alpha(x,y) = 1$, existiert ein $\rho \in \,]0, \frac{1}{4}]$ so, daß

$$\cos\alpha(x,y) \geq \frac{1}{2} \text{ für } x, y \in \partial D \text{ mit } |x-y| \leq \rho \qquad (6.7)$$

gilt. Ist ρ nach (6.7) gewählt, so folgt also

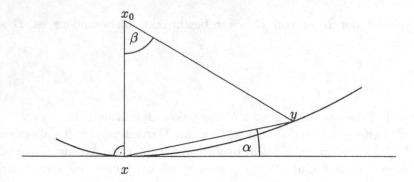

Abb. 6.1.

$$|x - y| \le 2 \cdot |x_0 - y| \text{ für } x, y \in \partial D \text{ mit } |x - y| \le \rho. \tag{6.8}$$

Sind x, y, x_0 so, daß $|x - y| \le \rho$ und $|x_0 - x| \le \rho$, so ist $|x_0 - y| \le 2\rho \le \frac{1}{2}$ (da $\rho \le \frac{1}{4}$). Damit folgt nach (6.8): $|x - y| \le 1$. Zusammen mit der Monotonie von ln folgt also aus (6.8) mit ρ wie in (6.7):

$$\ln \frac{1}{2|x_0 - y|} \le \ln \frac{1}{|x - y|} \text{ für } x, y \in \partial D \text{ mit } |x - y| \le \rho, |x_0 - x| \le \rho. \tag{6.9}$$

Da $\frac{1}{2|x_0-y|} \ge 1$, folgt aus (6.9)

$$\left| \ln \frac{1}{2|x_0 - y|} \right| \le \left| \ln \frac{1}{|x - y|} \right| \text{ für } x, y \in \partial D \text{ mit } |x - y| \le \rho, |x_0 - x| \le \rho. \tag{6.10}$$

Für ρ wie in (6.7) sei

$$C_\rho := \{ y \in \partial D \, / \, |y - x| \le \rho \}. \tag{6.11}$$

Mit $\|\phi\| := \max\{|\phi(x)| \, / \, x \in \partial D\}$ gilt für $|x_0 - x| \le \rho$ nach dem Mittelwertsatz:

$$|(E\phi)(x_0) - (E\phi)(x)| = \left| \int\limits_{\partial D} \phi(y)(\ln \frac{1}{|x_0 - y|} - \ln \frac{1}{|x - y|}) ds(y) \right| \le$$

$$\le \|\phi\| \left[\int\limits_{C_\rho} \left| \ln \frac{1}{|x_0 - y|} \right| + \left| \ln \frac{1}{|x - y|} \right| ds(y) + \right.$$

$$\int\limits_{\partial D \backslash C_\rho} \left| \ln \frac{1}{|x_0 - y|} - \ln \frac{1}{|x - y|} \right| ds(y) \le$$

$$\le \|\phi\| \left[\int\limits_{C_\rho} 2 \left| \ln \frac{1}{|x - y|} \right| + \ln 2 \, ds(y) + \right.$$

$$\int\limits_{\partial D \backslash C_\rho} \left| \langle (\operatorname{grad}_x \ln \frac{1}{|x - y|})(\xi), x - x_0 \rangle \right| ds(y) \right]$$

((6.10), $\ln \frac{1}{|x_0 - y|} = \ln \frac{1}{2|x_0 - y|} + \ln 2$, Mittelwertsatz ($\xi$ auf der Geraden zwischen x und x_0)).

Nun gilt: $(\text{grad}_x \ln \frac{1}{|x-y|})(\xi) = \frac{-(\xi - y)}{|\xi - y|^2}$, also

$$\left| \langle \text{grad}_x \ln \frac{1}{|x-y|}(\xi), x - y_0 \rangle \right| \le \frac{|x - x_0|}{|\xi - y|} \le \frac{2|x - x_0|}{\rho};$$

falls $|x - x_0| \le \frac{\rho}{2}$ angenommen wird, denn dann gilt

$$|\xi - y| \ge |y - x| - |x - \xi| > \frac{\rho}{2}, \quad y \notin C_\rho, |x - \xi| \le |x - x_0|.$$

Es gelte also ab nun $|x - x_0| \le \frac{\rho}{2}$. Dann folgt aus dem Bisherigen:

$$|(E\phi)(x_0) - (E\phi)(x) \le \|\phi\| \cdot [\int_{C_\rho} 2 \left| \ln \frac{1}{|x - y|} \right| + \ln 2 \, ds(y) + \frac{2}{\rho}|x - x_0| \cdot L(\partial D)].$$

Sei nun für ein beliebiges festes $\varepsilon > 0$, $\rho \le \frac{1}{4}$ so gewählt, daß

$$\int_{C_\rho} (2 \left| \ln \frac{1}{|x - y|} \right| + \ln 2) ds(y) < \frac{\varepsilon}{2\|\phi\|} \tag{6.12}$$

gilt, was möglich ist, weiters sei

$$\delta := \min \left\{ \frac{\rho}{2}, \frac{\varepsilon \rho}{4\|\phi\| \cdot L(\partial D)} \right\}. \tag{6.13}$$

Für x_0 wie oben (also von x in Normalenrichtung) mit $|x - x_0| < \delta$ gilt dann:

$$|(E\phi)(x) - (E\phi)(x_0)| \le \|\phi\| \cdot [\frac{\varepsilon}{2\|\phi\|} + \frac{2}{\rho}\delta L(\partial D)] < \varepsilon. \tag{6.14}$$

(6.14) zeigt die Stetigkeit von $E\phi$ in x in Normalenrichtung, also

$$\lim_{t \to 0}(E\phi)(x + t \cdot n(x)) = (E\phi)(x). \tag{6.15}$$

Man sieht leicht aus dem obigen Beweis, daß die Funktion

$$t \to (E\phi)(x + tn(x))$$

auf ∂D (bezüglich x) sogar gleichgradig stetig ist; auf ∂D ist $E\phi$ gleichmäßig stetig. Damit kann man mittels der Dreiecksungleichung folgern, daß $E\phi$ in jedem Punkt $x \in \partial D$ stetig ist. Damit ist $E\phi$ auf $\mathbb{R}^2$ stetig. Aussage c) zeigt man durch Nachrechnen, wobei der wesentliche Punkt ist, daß man im $\mathbb{R}^2 \setminus \partial D$ Differentiationen in das Integral hineinziehen darf.

$\square$

Satz 6.4 *Sei $\psi \in C(\partial D), D\psi : \mathbb{R}^2 \to \mathbb{R}$ wie in Definition 6.1. Dann gilt:*

a) *$D\psi$ ist stetig auf $\mathbb{R}^2 \setminus \partial D$ und auf ∂D.*

b) *Für $x \in \partial D$ ist*
$$(D\psi)_\pm(x) = (D\psi)(x) \pm \pi \psi(x), \qquad (6.16)$$

wobei die Indizes $\pm$ wie in Satz 6.3 b) zu verstehen sind.

c) *$\lim_{\substack{t \to 0 \\ t > 0}} [\frac{\partial}{\partial n(x)}(D\psi)(x + tn(x)) - \frac{\partial}{\partial n(x)}(D\psi)(x - tn(x))] = 0$ gleichmäßig für $x \in \partial D$.*

d) *$D\psi$ ist auf $\mathbb{R}^2 \setminus \partial D$ unendlich oft differenzierbar; es gilt $\Delta(D\psi)(x) = 0$ für alle $x \in \mathbb{R}^2 \setminus \partial D$.*

Beweis. Wir zeigen nur b); der Beweis von c) verläuft ähnlich zum Beweis von Satz 6.3 a); a) und d) folgen aus der Beschränktheit des Kerns (siehe Beweis zu Satz 6.2) für festes x; dabei ist zu beachten, daß

$$\frac{\partial}{\partial n(y)} \ln \frac{1}{|x - y|} \quad \text{für } x \to y \, (x \notin \partial D \,, y \in \partial D)$$

nicht notwendigerweise beschränkt bleibt, sodaß die Stetigkeit von $D\psi$ beim Übergang über ∂D nicht folgt.

Sei zuerst $\psi \equiv 1$, also $(D\psi)(x) := \int_{\partial D} \frac{\partial}{\partial n(y)} \ln \frac{1}{|x - y|} ds(y)$. Sei $x \in D$, $\varepsilon > 0$ so, daß $U_\varepsilon(x) \subseteq D$ (existiert, da D offen ist). Dann gilt nach der 1. Greenschen Identität

$$\int_{\partial D} g \cdot \frac{\partial f}{\partial n} ds = \int_D [g\Delta f + \langle \text{grad } f, \text{grad } g \rangle] dx, \qquad (6.17)$$

angewandt auf $D \setminus U_\varepsilon(x)$ mit geeignet orientierter Randkurve $\partial D \cup \partial U_\varepsilon(x)$:

$$\int_{\partial D} \frac{\partial}{\partial n(y)} \ln \frac{1}{|x - y|} ds(y) - \int_{\partial U_\varepsilon(x)} \frac{\partial}{\partial n(y)} \ln \frac{1}{|x - y|} ds(y) =$$

$$\int_{\partial D \cup \partial U_\varepsilon(x)} \frac{\partial}{\partial n(y)} \ln \frac{1}{|x - y|} ds(y) =$$

$$\int_{D \setminus U_\varepsilon(x)} \Delta_y \ln \frac{1}{|x - y|} dA(y) = 0,$$

also:

$$(D\psi)(x) = \int_{\partial U_\varepsilon(x)} \frac{\partial}{\partial n(y)} \ln \frac{1}{|x - y|} ds(y) = (*)$$

Auf ∂U_ε gilt: $n(y) = \frac{x - y}{|x - y|}$ (da $n(y)$ aus $D \setminus U_\varepsilon(x)$ hinauszeigt), also:

$$\frac{\partial}{\partial n(y)} \ln \frac{1}{|x-y|} = \langle \frac{x-y}{|x-y|}, \operatorname{grad}_y \ln \frac{1}{|x-y|} \rangle =$$

$$\langle \frac{x-y}{|x-y|}, \frac{y-x}{|x-y|^2} \rangle = -\frac{1}{|x-y|} = -\frac{1}{\varepsilon},$$

sodaß gilt: $(*) = -2\pi\varepsilon \cdot \frac{1}{\varepsilon} = -2\pi$, also:

$$(D1)(x) = -2\pi \quad (x \in D) \tag{6.18}$$

Sei nun $x \in \mathbb{R}^2 \setminus \overline{D}$; nach (6.17) gilt:

$$(D1)(x) = \int\limits_{\partial D} \frac{\partial}{\partial n(y)} \ln \frac{1}{|x-y|} ds(y) = \int\limits_{D} \Delta_y \ln \frac{1}{|x-y|} dA(y) = 0,$$

also

$$(D1)(x) = 0 \quad (x \in \mathbb{R}^2 \setminus \overline{D}). \tag{6.19}$$

Sei nun $x \in \partial D$; für $\varepsilon > 0$ sei $H_\varepsilon := U_\varepsilon(x) \cap D$, $S_\varepsilon := \partial U_\varepsilon(x) \cap D$, $T_\varepsilon := \partial D \cap U_\varepsilon(x)$ (vgl. Abb. 6.2). Dann gilt nach (6.17) für alle $\varepsilon > 0$:

$$\int\limits_{\partial D \setminus T_\varepsilon} \frac{\partial}{\partial n(y)} \ln \frac{1}{|x-y|} ds(y) + \int\limits_{S_\varepsilon} \frac{\partial}{\partial n(y)} \ln \frac{1}{|x-y|} ds(y)$$

$$= \int\limits_{D \setminus H_\varepsilon} \Delta_y \ln \frac{1}{|x-y|} dA(y) = 0,$$

also

$$\int\limits_{\partial D \setminus T_\varepsilon} \frac{\partial}{\partial n(y)} \ln \frac{1}{|x-y|} ds(y) = -\int\limits_{S_\varepsilon} \frac{\partial}{\partial n(y)} \ln \frac{1}{|x-y|} ds(y). \tag{6.20}$$

Da $\frac{\partial}{\partial n(y)} \ln \frac{1}{|x-y|}$ auf ∂D beschränkt ist (vgl. den Beweis zu Satz 6.2), gilt:

$$\lim\limits_{\varepsilon \to 0} \int\limits_{T_\varepsilon} \frac{\partial}{\partial n(y)} \ln \frac{1}{|x-y|} ds(y) = 0. \tag{6.21}$$

Damit gilt mit Hilfe von (6.20) und (6.21) und der Tatsache, daß $n(x)$ die Außennormale bzgl. $0 \setminus H_\varepsilon$ also die Innennormale bzgl. H_ε ist:

$$\begin{aligned}
D(1)(x) &= \lim\limits_{\varepsilon \to 0} \int\limits_{\partial D \setminus T_\varepsilon} \frac{\partial}{\partial n(y)} \ln \frac{1}{|x-y|} ds(y) \\
&= -\lim\limits_{\varepsilon \to 0} \int\limits_{S_\varepsilon} \frac{\partial}{\partial n(y)} \ln \frac{1}{|x-y|} ds(y) \\
&= -\lim\limits_{\varepsilon \to 0} \int\limits_{S_\varepsilon} (+\frac{1}{\varepsilon}) ds(y) \\
&= -\lim\limits_{\varepsilon \to 0} \frac{L(S_\varepsilon)}{\varepsilon} = -\pi.
\end{aligned}$$

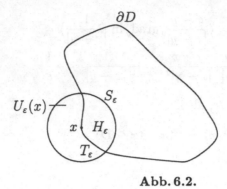

Abb. 6.2.

Damit haben wir gezeigt:

$$(D1)(x) = -\pi \quad (x \in \partial D). \tag{6.22}$$

Aus (6.18), (6.19) und (6.22) folgt die Behauptung zunächst für $\psi \equiv 1$.

Sei nun $\psi \in C(\partial D)$ beliebig. Nach dem Beweis zu Satz 6.2 existiert ein $K > 0$ mit

$$\left| \frac{\partial}{\partial n(y)} \ln \frac{1}{|x-y|} \right| = \left| \langle n(y), \frac{x-y}{|x-y|^2} \rangle \right| \leq K \quad \text{für } x \neq y \in \partial D. \tag{6.23}$$

Wir untersuchen zunächst das Verhalten von $D\psi$ bei der Annäherung an $x \in \partial D$ längs $n(x)$. Sei $x \in \partial D$, $x_0 \notin \partial D$ so, daß $x - x_0$ ein Vielfaches von $n(x)$ ist. Dann gilt:

$$
\begin{aligned}
(D\psi)(x_0) = {}& \psi(x) \cdot \int\limits_{\partial D} \frac{\partial}{\partial n(y)} \ln \frac{1}{|x_0-y|} ds(y) \\
& + \int\limits_{\partial D} (\psi(y) - \psi(x)) \frac{\partial}{\partial n(y)} \ln \frac{1}{|x_0-y|} ds(y)
\end{aligned}
$$

und

$$
\begin{aligned}
\left| \frac{\partial}{\partial n(y)} \ln \frac{1}{|x_0-y|} \right| &= \left| \langle n(y), \frac{y-x_0}{|y-x_0|^2} \rangle \right| \leq \\
&\leq \left| \langle n(y), \frac{y-x}{|y-x_0|^2} \rangle \right| + \left| \langle n(y), \frac{x-x_0}{|y-x_0|^2} \rangle \right| =: (*).
\end{aligned}
$$

Sei $\rho < \frac{1}{2K}$ und $|y-x| \leq \rho, |x-x_0| \leq \frac{\rho}{2}$. Dann gilt:

$$|y - x_0|^2 \;=\; |y - x|^2 + 2\langle y - x, x - x_0\rangle + |x - x_0|^2 \;\geq$$

$$\mid$$

$$\langle y - x, x - x_0\rangle \;=$$

$$\pm\langle y - x, |x - x_0| n(x)\rangle \geq -K|y - x|^2 \cdot |x - x_0|$$

$$\mid$$

$$(6.23)$$

$$\geq\; |y - x|^2 - K\rho|y - x|^2 + |x - x_0|^2 \;\geq$$

$$\mid$$

$$\left(\rho K < \frac{1}{2}\right)$$

$$\geq\; \frac{1}{2}|y - x|^2 + |x - x_0|^2 \geq \frac{1}{2}|y - x|^2;$$

also ist für solche $x, y, \ x_0$ $\quad \frac{|y-x|^2}{|y-x_0|^2} \leq 2$ und damit

$$(*) \leq \frac{|y - x|^2}{|y - x_0|^2}\left|\left\langle n(y), \frac{y - x}{|y - x|^2}\right\rangle\right| + \frac{|x - x_0|}{|y - x_0|^2} \leq 2K + \frac{|x - x_0|}{|y - x_0|^2};$$

also:

$$\left|\frac{\partial}{\partial n(y)}\ln\frac{1}{|x_0 - y|}\right| \leq 2K + \frac{|x - x_0|}{|y - x_0|^2} \quad \text{für}\quad |y - x| \leq \rho < \frac{1}{2K}\quad\text{und}\quad |x - x_0| \leq \frac{\rho}{2}.$$
$$(6.24)$$

Sei $C_\rho := \{y \in \partial D \,/\, |y - x| \leq \rho\}$, z eine C^1-Parameterdarstellung von ∂D
mit $|z'(s)| = 1$ für alle s. Da $(t, s) \to \frac{z(t) - z(s)}{t - s}$ stetig ergänzbar in $t = s$ und
$|z'(s)| = 1$ für alle s ist und da für $\rho < L(\partial D)$ und $|z(t) - z(s)| \leq \rho$ auch
$z(t) \neq z(s)$ ist, existiert ein $\kappa > 0$ so, daß für t, s mit $|z(t) - z(s)| \leq \rho$ gilt:

$$|z(t) - z(s)| \geq \kappa \cdot |t - s|.$$

Ist s so gewählt, daß $z(s) = x$ ist, so gilt mit t so, daß $z(t) = y$ ist : $|y - x| \geq$
$\kappa \cdot |t - s|$ für $y \in C_\rho$. Aus (6.24) folgt

$$\int\limits_{C_\rho}\left|\frac{\partial}{\partial n(y)}\ln\frac{1}{|x_0 - y|}\right|ds(y) \leq 2K\, L(C_\rho) + \int\limits_{C_\rho}\frac{|x - x_0|}{|y - x_0|^2}ds(y). \qquad (6.25)$$

Mit obigen Bezeichnungen gilt für $y \in C_\rho$:

$$|y - x_0|^2 \geq \frac{1}{2}|y - x|^2 + |x - x_0|^2 \geq \frac{\kappa^2}{2}(t - s)^2 + |x - x_0|^2,$$

also

$$\int\limits_{C_\rho}\frac{|x - x_0|}{|y - x_0|^2}ds(y) \leq \int\limits_{-\infty}^{+\infty}\frac{|x - x_0|}{\frac{\kappa^2}{2}\tau^2 + |x - x_0|^2}d\tau = \frac{2}{\kappa^2}\arctan\left(\frac{\tau}{|x - x_0|}\cdot\frac{\kappa}{\sqrt{2}}\right)\Big|_{-\infty}^{+\infty} = \frac{2\pi}{\kappa^2}.$$

Damit folgt aus (6.25) mit

$$M := 2K \cdot L(C_\rho) + \frac{2\pi}{\kappa^2} : \tag{6.26}$$

$$\int_{C_\rho} \left| \frac{\partial}{\partial n(y)} \ln \frac{1}{|x_0 - y|} \right| ds(y) \leq M. \tag{6.27}$$

Wendet man den Mittelwertsatz auf die Funktion $z \to \frac{\partial}{\partial n(y)} \ln \frac{1}{|z-y|}$ an, so erhält man für $|y - x| \geq \rho$, $|x - x_0| \leq \frac{\rho}{2}$ mit einem $N > 0$

$$\left| \frac{\partial}{\partial n(y)} \ln \frac{1}{|x_0 - y|} - \frac{\partial}{\partial n(y)} \ln \frac{1}{|x - y|} \right| \leq \frac{N}{\rho^2} |x - x_0|, \tag{6.28}$$

da ja für alle z auf der Geraden zwischen x und x_0 gilt: $|z - y| \geq \frac{\rho}{4}\sqrt{3}$, wie Abbildung 6.3 verdeutlicht.

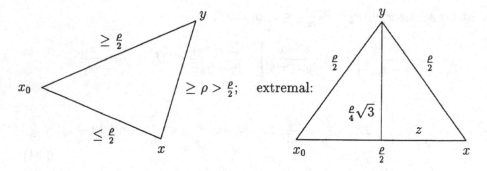

Abb. 6.3.

Sei nun w definiert durch

$$w(z) := \int_{\partial D} (\psi(y) - \psi(x)) \frac{\partial}{\partial n(y)} \ln \frac{1}{|z - y|} ds(y). \tag{6.29}$$

Es gilt:

$$|w(x) - w(x_0)| \leq \sup_{y \in C_\rho} |\psi(y) - \psi(x)| \cdot$$

$$\int_{C_\rho} \left| \frac{\partial}{\partial n(y)} \ln \frac{1}{|x_0 - y|} - \frac{\partial}{\partial n(y)} \ln \frac{1}{|x - y|} \right| ds(y) +$$

$$2 \sup_{y \in \partial D} |\psi(y)| \cdot$$

$$\cdot \int_{\partial D \setminus C_\rho} \left| \frac{\partial}{\partial n(y)} \ln \frac{1}{|x_0 - y|} - \frac{\partial}{\partial n(y)} \ln \frac{1}{|x - y|} \right| ds(y) \leq$$

$$\leq \left[\sup_{y \in C_\rho} |\psi(y) - \psi(x)| \right] 2M + 2 \sup_{y \in \partial D} |\psi(y)| \frac{N}{\rho^2} |x - x_0| L(\partial D).$$

Da ψ gleichmäßig stetig und M, N unabhängig von x und x_0 sind (solange $|x - x_0| \le \frac{\varrho}{2}$), folgt:

$$\forall(\varepsilon > 0)\exists(\delta > 0)\forall(x \in \partial D)\forall(x_0 = x + tn(x))|x - x_0| < \delta \Rightarrow |w(x) - w(x_0)| < \varepsilon.$$
(6.30)

Nun gilt:

$$w(x_0) = \int_{\partial D} \psi(y)\frac{\partial}{\partial n(y)} \ln \frac{1}{|x_0 - y|} ds(y) - \psi(x) \cdot \int_{\partial D} \frac{\partial}{\partial n(y)} \ln \frac{1}{|x_0 - y|} ds(y) =$$

$$= (D\psi)(x_0) - \psi(x) \cdot (D1)(x_0);$$

damit folgt zusammen mit (6.18), (6.19) und (6.22):

$$w(x_0) = (D\psi(x_0)) + \begin{cases} 2\pi\psi(x) & \text{falls } x_0 \in D \\ \pi\psi(x) & \text{falls } x_0 \in \partial D \\ 0 & \text{falls } x_0 \in \mathbb{R}^2 \setminus \overline{D} \end{cases}$$
(6.31)

Aus (6.30) folgt damit:

$$\lim_{t \to 0+} |(D\psi)(x + tn(x)) - [(D\psi)(x) + \pi\psi(x)]| = \lim_{t \to 0+} |w(x + tn(x)) - w(x)| = 0$$

und

$$\lim_{t \to 0+} |(D\psi)(x - tn(x)) - [(D\psi)(x) - \pi\psi(x)]| =$$
$$= \lim_{t \to 0+} |w(x - tn(x)) - 2\pi\psi(x) - [w(x) - \pi\psi(x) - \pi\psi(x)]|$$
$$= \lim_{t \to 0+} |w(x - tn(x)) - w(x)| = 0.$$

Damit ist die behauptete "Sprungrelation" für den Fall gezeigt, daß x_0 sich in Normalenrichtung x nähert, wobei alle Abschätzungen gleichmäßig in x gelten. Zusammen mit der gleichmäßigen Stetigkeit von $D\psi$ auf ∂D und mit der Dreiecksungleichung folgt damit die Behauptung.

□

Man nennt (6.6) bzw. (6.16) die "Sprungrelation" für Einfach- bzw. Doppelschichtpotential. Die bewiesenen Eigenschaften dieser Potentiale, insbesondere die Sprungrelationen, kann man nützen, um Randwertprobleme für die Laplacegleichung als Integralgleichungen zu formulieren. Wir führen das für Außenraumprobleme durch; für Innenraumprobleme geht man analog vor. Bei Außenraumproblemen benötigt man eine "Randbedingung im Unendlichen", deren genaue Form dimensionsabhängig ist. Wir behandeln den zweidimensionalen Fall:

Definition 6.5 $u : \mathbb{R}^2 \setminus D \to \mathbb{R}$ *heißt "regulär im Unendlichen", wenn (mit* (r, φ) *als Polarkoordinaten in* $\mathbb{R}^2$*) gilt:*

$$\limsup_{r \to \infty} |r \cdot u(r, \varphi)| < \infty \ \text{gleichmäßig in } \varphi \tag{6.32}$$

und

$$\limsup_{r \to \infty} |r^2 \cdot \frac{\partial}{\partial r} u(r, \varphi)| < \infty \ \text{gleichmäßig in } \varphi. \tag{6.33}$$

(Genauer heißt etwa (6.32): Es existieren $C > 0$ und $r_0 > 0$ so, daß für alle $r \geq r_0$ und $\varphi \in [0, 2\pi]$ gilt: $|ru(r, \varphi)| \leq C$). Wir betrachten nun folgendes "Außenraumproblem für die Laplacegleichung":

Problem 6.6 *Gesucht sei* $u \in C^2(\mathbb{R}^2 \setminus \overline{D}) \cap C(\mathbb{R}^2 \setminus D)$ *so, daß (gleichmäßig für* $x \in \partial D$*)* $\left(\frac{\partial u}{\partial n}\right)_+ (x)$ *existiert mit*

$$\Delta u = 0 \quad \text{in } \mathbb{R}^2 \setminus \overline{D} \tag{6.34}$$

$$\frac{\partial u}{\partial n} = g \quad \text{auf } \partial D \tag{6.35}$$

$$u \text{ ist regulär im Unendlichen;} \tag{6.36}$$

dabei ist $g \in C(\partial D)$ *gegeben.*

Satz 6.7 *Für* $g \in C(\partial D)$ *hat Problem 6.6 genau dann eine Lösung, wenn gilt:*

$$\int_{\partial D} g \, ds = 0. \tag{6.37}$$

Falls (6.37) erfüllt ist und $\phi \in C(\partial D)$ *die Integralgleichung*

$$\phi(x) - \frac{1}{\pi} \int_{\partial D} \phi(y) \frac{\partial}{\partial n(x)} \ln \frac{1}{|x - y|} ds(y) = -\frac{1}{\pi} g(x) \quad (x \in \partial D) \tag{6.38}$$

erfüllt, dann ist $E\phi$ *die (eindeutige) Lösung von Problem 6.6.*

Beweis. Sei u eine Lösung von Problem 6.6, $R > 0$ so, daß $\overline{D} \subseteq U_R(0)$. Dann gilt nach (6.17) wegen (6.34) und (6.35):

$$\left| \int_{\partial D} g \, ds \right| = \left| \int_{\partial D} \frac{\partial u}{\partial n} \, ds \right| = \left| \int_{U_R(0) \setminus \overline{D}} \Delta u \, dA + \int_{\partial U_R(0)} \frac{\partial u}{\partial n} \, ds \right| \leq$$

$$\int_{\partial U_R(0)} |\frac{\partial u}{\partial n}| ds \leq 2R\pi \cdot \sup_{|x|=R} |\frac{\partial u}{\partial n}(x)| = 2R\pi \cdot \sup_{\varphi \in [0, 2\pi]} |\frac{\partial u}{\partial r}(R, \varphi)| =$$

$$\overset{|}{(6.33)}$$

$$2R\pi \cdot O(\frac{1}{R^2}) = O(\frac{1}{R}).$$

Mit $R \to \infty$ folgt (6.37).

Sei umgekehrt (6.37) erfüllt. Sei $\phi \in C(\partial D)$ mit

$$\int_{\partial D} \phi \, ds = 0, \qquad (6.39)$$

$u := E\phi$. Wir zeigen: u ist regulär im Unendlichen.

Sei dazu $\gamma : [0, L(\partial D)] \to \mathbb{R}^2$ die ausgezeichnete Parameterdarstellung von ∂D. Dann gilt mit $x = (r, \varphi) \in \mathbb{R}^2 \setminus \overline{D}$:

$$
\begin{aligned}
u(x) &= \int_{\partial D} \phi(y) \ln \frac{1}{|x-y|} ds(y) = \\
&= -\int_0^{L(\partial D)} \phi(\gamma(s)) \ln|x - \gamma(s)| ds = \\
&= -\ln|x - \gamma(L(\partial D))| \cdot \int_0^{L(\partial D)} \phi(\gamma(s)) ds \\
&\quad + \int_0^{L(\partial D)} \left[\int_0^s \phi(\gamma(\tau)) d\tau \right] \frac{\partial}{\partial s} \ln|x - \gamma(s)| ds = \\
&= \int_0^{L(\partial D)} c(s) \langle \mathrm{grad}_y \ln|x - \gamma(s)|, \gamma'(s) \rangle ds,
\end{aligned}
$$

also

$$|u(x)| \le \int_0^{L(\partial D)} |c(s)| ds \cdot \sup_{y \in \partial D} \left| \mathrm{grad}_y \ln|x-y| \right| = O(\frac{1}{r});$$

damit gilt (6.32). Analog zeigt man (6.33).

Sei nun $\phi \in C(\partial D)$ so, daß (6.38) gilt. Aus (6.38) und (6.37) folgt:

$$
\begin{aligned}
0 &= \int_{\partial D} (-\frac{1}{\pi} g) ds = \int_{\partial D} \phi(x) ds(x) - \frac{1}{\pi} \int_{\partial D} \int_{\partial D} \phi(y) \frac{\partial}{\partial n(x)} \ln \frac{1}{|x-y|} ds(y) ds(x) = \\
&= \int_{\partial D} \phi(x) ds(x) - \frac{1}{\pi} \int_{\partial D} \phi(y) \int_{\partial D} \frac{\partial}{\partial n(x)} \ln \frac{1}{|x-y|} ds(x) ds(y) = 2 \int_{\partial D} \phi(x) ds(x);
\end{aligned}
$$

also erfüllt ϕ automatisch (6.39); damit ist u regulär im Unendlichen. Wegen Satz 6.3 c) erfüllt u auch (6.34).

Für $x \in \partial D$ gilt mit (6.6) und (6.38)

$$\frac{\partial}{\partial n(x)} u(x) = (\frac{\partial}{\partial n} E\phi)_+(x) = \int_{\partial D} \phi(y) \frac{\partial}{\partial n(x)} \ln \frac{1}{|x-y|} ds(y) - \pi \phi(x) = g(x);$$

also erfüllt u auch (6.35) und löst damit Problem 6.6.

Zu zeigen bleibt damit nur, daß (6.38) lösbar ist. Wir verwenden dazu die Fredholmsche Alternative im Dualsystem $(C(\partial D), C(\partial D))$ mit der Bilinearform $(f, g) := \int_{\partial D} f(x)g(x)ds(x)$ (vgl. Beispiel 2.23 c)). Satz 2.28 ist anwendbar, da nach Satz 2.13 und dem Beweis zu Satz 6.2 $A\phi := \frac{1}{\pi} \int_{\partial D} \phi(y)\frac{\partial}{\partial n(\cdot)} \ln \frac{1}{|\cdot - y|} ds(y)$ und der dazu adjungierte Operator $B\psi := \frac{1}{\pi} \int_{\partial D} \psi(y)\frac{\partial}{\partial n(y)} \ln \frac{1}{|\cdot - y|} ds(y)$ kompakt sind. Es genügt also zu zeigen, daß $N(I - B) = \{0\}$ ist, wozu nach Satz 2.28 wieder genügt, nachzuweisen, daß $N(I - A) = \{0\}$ ist, daß also die Gleichung

$$\psi(x) - \frac{1}{\pi} \int_{\partial D} \psi(y)\frac{\partial}{\partial n(x)} \ln \frac{1}{|x - y|} ds(y) = 0 \quad (x \in \partial D) \tag{6.40}$$

in $C(\partial D)$ nur die Lösung $\psi = 0$ hat.

Sei also $\psi \in C(\partial D)$ Lösung von (6.40), $v := E\psi : \mathbb{R}^2 \to \mathbb{R}$. Da (6.40) die homogene Version von (6.38) ist, sieht man wie oben, daß v Problem 6.6 mit $g \equiv 0$ löst. Nach (6.17) gilt mit $B_R := \{x \in \mathbb{R}^2 / |x| \le R\}$ für hinreichend große $R > 0$:

$$\int_{B_R \backslash D} |\text{grad } v|^2 dA = \int_{B_R \backslash D} [v \cdot \Delta v + \langle \text{grad } v, \text{grad } v \rangle] dA =$$

$$= \int_{\partial B_R} (v \cdot \frac{\partial v}{\partial n}) ds - \int_{\partial D} (v \cdot \frac{\partial v}{\partial n}) ds$$

$$= \int_{\partial B_R} (v \cdot \frac{\partial v}{\partial n}) ds = O(\frac{1}{R}) \cdot O(\frac{1}{R^2}) \cdot 2R = O(\frac{1}{R^2});$$

damit ist

$$\int_{\mathbb{R}^2 \backslash D} |\text{grad } v|^2 dA = 0, \tag{6.41}$$

also

$$(\text{grad } v)(x) = 0 \quad (x \in \mathbb{R}^2 \backslash \overline{D}). \tag{6.42}$$

Damit ist v in $\mathbb{R}^2 \backslash \overline{D}$ konstant, wegen (6.32) gilt also

$$v(x) = 0 \quad (x \in \mathbb{R}^2 \backslash \overline{D}) \tag{6.43}$$

woraus mit Satz 6.3 a) folgt:

$$v(x) = 0 \quad (x \in \partial D). \tag{6.44}$$

Wegen Satz 6.3 gilt auch

$$(\Delta v)(x) = 0 \quad (x \in D); \tag{6.45}$$

aus (6.44) und (6.45) folgt mit dem Maximumprinzip für die Laplacegleichung

$$v(x) = 0 \quad (x \in D). \tag{6.46}$$

Damit ist $v \equiv 0$, also $(E\psi) \equiv 0$. Mit dem Satz 6.3 b) folgt für alle $x \in \partial D$:

$$0 = (\frac{\partial}{\partial n} E\psi)_+(x) - (\frac{\partial}{\partial n} E\psi)_-(x) = -2\pi\psi(x).$$

Damit ist $\psi \equiv 0$, was zu zeigen war.

Also ist (6.38) lösbar (und zwar eindeutig, da ja (6.40) nur die triviale Lösung hat, wie wir zeigten). Damit ist auch Problem 6.6 lösbar. Die Eindeutigkeit der Lösung von Problem 6.6 mit $g \equiv 0$ haben wir aber direkt gezeigt, also folgt aus der Linearität auch die Eindeutigkeit der Lösung von Problem 6.6.

$\square$

Bemerkung 6.8 Ist also (6.37) erfüllt, so hat das "äußere Neumannproblem" für die Laplacegleichung (Problem 6.6) genau eine Lösung, die als Einfachschichtpotential mit einer Dichte, die Lösung der "Randintegralgleichung" (6.38) ist, berechnet werden kann. Völlig analog behandelt man das "innere Neumannproblem"

$$\Delta u = 0 \quad \text{in } D \tag{6.47}$$

$$\frac{\partial u}{\partial n} = g \quad \text{auf } \partial D. \tag{6.48}$$

Nur die Gleichung (6.38) ändert sich unwesentlich:

$$\phi(x) + \frac{1}{\pi} \int_{\partial D} \phi(y) \frac{\partial}{\partial n(x)} \ln \frac{1}{|x-y|} ds(y) = \frac{1}{\pi} g(x) \quad (x \in \partial D) \tag{6.49}$$

Zur Lösung des inneren und äußeren Dirichletproblems macht man nun einen Ansatz als Doppelschichtpotential und verwendet die Sprungrelation aus Satz 6.4 b) Sei $\psi \in C(\partial D), u := D\psi$. Dann ist u harmonisch auf $\mathbb{R}^2 \setminus \partial D$ und (wie man ähnlich zum Beweis der analogen Eigenschaften in Satz 6.7 zeigt) beschränkt. Soll nun

$$u(x)_+ = f(x) \quad (x \in \partial D) \tag{6.50}$$

mit gegebenem $f \in C(\partial D)$ gelten, also das "äußere Dirichletproblem" gelöst werden, so folgt für $x \in \partial D$: $f(x) = (D\psi)_+(x) = (D\psi)(x) + \pi\psi(x)$, also erfüllt ψ die Integralgleichung

$$\psi(x) + \frac{1}{\pi} \int_{\partial D} \psi(y) \frac{\partial}{\partial n(y)} \ln \frac{1}{|x-y|} ds(y) = \frac{1}{\pi} f(x) \quad (x \in \partial D). \tag{6.51}$$

Umgekehrt ist für jede Lösung ψ von (6.51) $D\psi$ eine Lösung des äußeren Dirichletproblems für die Laplacegleichung. Hier tritt allerdings folgende Schwierigkeit auf:

Während (wie wir in Satz 6.9 sehen werden) das äußere Dirichletproblem stets lösbar ist, ist (6.51) nicht immer lösbar; es gilt nämlich für $x \in \partial D$:

$$1 + \frac{1}{\pi} \int_{\partial D} \frac{\partial}{\partial n(y)} \ln \frac{1}{|x-y|} ds(y) = 0,$$

sodaß $\psi_0 \equiv 1$ Lösung der zu (6.51) gehörigen homogenen Gleichung ist. Nach Satz 2.28 ist also notwendig und hinreichend für die Lösbarkeit von (6.51), daß

$$\int_{\partial D} f\phi \, ds = 0 \tag{6.52}$$

gilt für alle $\phi \in C(\partial D)$ mit

$$\phi(x) + \frac{1}{\pi} \int_{\partial D} \phi(y) \frac{\partial}{\partial n(x)} \ln \frac{1}{|x-y|} ds(y) = 0 \quad (x \in \partial D); \tag{6.53}$$

da (6.53) nichttriviale Lösungen besitzt, schränkt (6.52) die Lösbarkeit von (6.51) ein. Man beachte, daß der Integraloperator in (6.51), der bei diesem Ansatz für das äußere Dirichletproblem auftritt, der adjungierte Operator zum Operator in (6.49) ist, der beim inneren Neumannproblem auftritt (vgl. (6.53)). In analoger Weise sind der Operator des äußeren Neumannproblems und des inneren Dirichletproblems miteinander verknüpft. Man behilft sich in dieser und ähnlichen Situationen damit, den Kern des Integraloperators mit einer geeigneten harmonischen Funktion, die keine Singularität hat, zu modifizieren. Dadurch bleiben die Sprungrelationen erhalten. Die Modifikation ist so vorzunehmen, daß der entstehende Integraloperator trivialen Nullraum hat. Das kann etwa wie im folgenden Beweis geschehen, in dem die Existenz einer Lösung des äußeren Dirichletproblems gezeigt wird:

Satz 6.9 *Es gelte (o.B.d.A.) $0 \in D$; sei $R > 0$ so, daß $\overline{U_R(0)} \subseteq D$. Sei $f \in C(\partial D)$. Dann existiert genau ein $u \in C^2(\mathbb{R}^2 \setminus \overline{D})$ mit*

$$(\Delta u)(x) = 0 \quad (x \in \mathbb{R}^2 \setminus \overline{D}) \tag{6.54}$$

$$u(x) = f(x) \quad (x \in \partial D) \tag{6.55}$$

$$u \ beschränkt. \tag{6.56}$$

Ist $\psi \in C(\partial D), x \in \mathbb{R}^2$,

$$(\bar{D}\psi)(x) := \int_{\partial D} \psi(y) \frac{\partial}{\partial n(y)} \left[\ln \frac{1}{|x-y|} + \ln \left(\frac{|y|}{R} \cdot \left| x - \frac{R^2 y}{|y|^2} \right| \right) \right] ds(y), \tag{6.57}$$

und erfüllt $\psi \in C(\partial D)$ die Gleichung

$$\psi(x) + \frac{1}{\pi}(\bar{D}\psi)(x) = \frac{1}{\pi} f(x), \quad (x \in \partial D) \tag{6.58}$$

so ist $u := \bar{D}\psi$ die Lösung von (6.54), (6.55), (6.56).

Beweisskizze. Da die Modifikation im Kern von $\bar{D}$ gegenüber D keine Singularität auf $\mathbb{R}^2 \setminus \overline{U_R(0)}$ hat, gelten die Aussagen aus Satz 6.4 für $\bar{D}$ statt für D

(jedenfalls in $\mathbb{R}^2 \setminus \overline{U_R(0)}$). Damit erfüllt $u := \bar{D}\psi$ (6.54) und (6.56) und, falls ψ (6.58) löst, auch (6.55). Zu zeigen bleibt, daß (6.58) lösbar ist. Wir verwenden dazu wieder Satz 2.28. Sei $\phi \in C(\partial D)$ mit

$$\phi(x) + \frac{1}{\pi}(\bar{D}\phi)(x) = 0 \quad (x \in \partial D) \tag{6.59}$$

und $v := \bar{D}\phi$. Dann gilt für $x \in \mathbb{R}^2 \setminus D$, $(\Delta v)(x) = 0$ und $v \equiv 0$ auf ∂D. Damit ist $v \equiv 0$ auf $\mathbb{R}^2 \setminus D$ (was man durch "Spiegelung" an ∂D aus dem Eindeutigkeitssatz für das innere Dirichletproblem erhält). Damit ist auf ∂D auch $(\frac{\partial v}{\partial n})_+ = 0$ und damit wegen Satz 6.4 c) auch

$$\left(\frac{\partial v}{\partial n}\right)_- (x) = 0 \quad (x \in \partial D). \tag{6.60}$$

Für $|x| = R$ und $|y| > R$ gilt:

$$\left(|y| \cdot \left|x - \frac{R^2 y}{|y|^2}\right|\right)^2 = |y|^2 R^2 - 2R^2 \langle x, y \rangle + R^4 = (R \cdot |x - y|)^2,$$

also $(\frac{|y|}{R} \cdot |x - \frac{R^2 y}{|y|^2}|) = |x - y|$ und damit $\ln \frac{1}{|x-y|} + \ln(\frac{|y|}{R} \cdot |x - \frac{R^2 y}{|y|^2}|) = 0$. Also ist für $|x| = R$ auch $(D\phi)(x) = 0$, also

$$v(x) = 0 \quad (x \in \partial U_R(0)). \tag{6.61}$$

Aus (6.17) folgt, da v harmonisch ist,

$$\int_{D \setminus U_R(0)} |\text{grad}\, v|^2 dA = \int_{\partial D} v \cdot \frac{\partial v}{\partial n} ds - \int_{\partial U_R(0)} v \cdot \frac{\partial v}{\partial n} ds = 0,$$

sodaß v auf $D \setminus U_R(0)$ konstant ist; wegen (6.61) ist $v \equiv 0$ auf $D \setminus U_R(0)$. Mit Satz 2.28 trifft dasselbe für die adjungierte Gleichung zu, woraus mit Satz 2.28 die Lösbarkeit von (6.58) und damit von (6.54), (6.55), (6.56) folgt.

$\square$

Damit ist die Überführung des äußeren Neumann- und Dirichletproblems in eine Randintegralgleichung gelungen. Wir wollen nun das analoge Vorgehen für die "Helmholtzgleichung"

$$\Delta u + \kappa^2 u = 0 \tag{6.62}$$

beschreiben, das sich von dem bei der Laplacegleichung im wesentlichen nur durch Verwendung einer anderen Grundlösung γ (die wieder von der Dimension abhängt) unterscheidet. Wir betrachten zuerst den zweidimensionalen, dann den dreidimensionalen Fall. Dort wird dann auch auf den physikalischen Hintergrund etwas eingegangen. Wir führen keine Beweise, sondern geben einige Resultate nur in Form von Bemerkungen an. Beweise finden sich in [71].

Bemerkung 6.10 Für zweidimensionale Probleme im Zusammenhang mit (6.62) (also $(\Delta u)(x) + \kappa^2 u(x) = 0$ für $x \in D$ oder $x \in \mathbb{R}^2 \setminus \overline{D}$ mit $D \subseteq \mathbb{R}^2, \kappa \in \mathbb{C}$) ist eine geeignete Grundlösung γ gegeben durch

$$\gamma_\kappa(x, y) = \frac{\pi i}{2} \cdot H_0^{(1)}(\kappa \cdot |x - y|) \quad (x \neq y \in \mathbb{R}^2)$$

wobei $H_0^{(1)}$ eine "Hankelfunktion 1.Art" ist, d.h.:

$$H_0^{(1)}(t) := J_0(t) + i \cdot \left[\frac{2}{\pi}(C + \ln \frac{t}{2}) J_0(t) - \frac{4}{\pi} \sum_{n=1}^{\infty} \frac{(-1)^n}{n} J_{2n}(t) \right] \quad (t \in \mathbb{C})$$

mit

$$J_k(t) := \sum_{m=0}^{\infty} \frac{(-1)^m}{m!(m+k)!} (\frac{t}{2})^{2m+k} \quad (k \in \mathbb{N}, t \in \mathbb{C}) \text{ ("Besselfunktion")},$$

$$C := \lim_{n \to \infty} (1 + \frac{1}{2} + \cdots + \frac{1}{n} - \ln n) \quad \text{("Eulersche Konstante")}.$$

Da $H_0^{(1)}$ die Besselsche Differentialgleichung (vgl. [56])

$$t^2 \frac{d^2 H_0^{(1)}}{dt^2}(t) + t \frac{d H_0^{(1)}}{dt}(t) + t^2 H_0^{(1)}(t) = 0 \quad (t \in \mathbb{C}) \tag{6.63}$$

erfüllt, gilt für $\gamma_\kappa(x, y), x = (x_1, x_2), y = (y_1, y_2) \in \mathbb{R}^2, j \in \{1, 2\}$:

$$\frac{\partial \gamma_\kappa}{\partial x_j} = \frac{\pi i}{2} [H_0'(\kappa|x - y|) \cdot \kappa \frac{(x_j - y_j)}{|x - y|}],$$

also

$$\frac{\partial^2 \gamma_\kappa}{\partial x_j^2} = \frac{\pi i}{2} [H_0''(\kappa|x - y|) \cdot (\kappa^2 \frac{(x_j - y_j)^2}{|x - y|^2}) + H_0'(\kappa|x - y|) \cdot \kappa \frac{(x_{3-j} - y_{3-j})^2}{|x - y|^3}],$$

woraus für $x \neq y \in \mathbb{R}^2$ folgt:

$$\begin{aligned} \Delta_x \gamma_\kappa(x, y) &= \frac{\pi i}{2} [\kappa^2 H_0''(\kappa|x - y|) + \frac{\kappa}{|x - y|} H_0'(\kappa|x - y|)] \\ &= \frac{\pi i}{2|x - y|^2} [(\kappa|x - y|)^2 H_0''(\kappa|x - y|) + \kappa|x - y| H_0'(\kappa|x - y|)] \\ &= \frac{\pi i}{2|x - y|^2} [-\kappa^2 |x - y|^2 H_0(\kappa|x - y|)] = -\kappa^2 \gamma_\kappa(x, y). \end{aligned}$$

Damit erfüllt $\gamma_\kappa(\cdot, y)$ für $x \neq y$ die Helmholtzgleichung (6.62). Die Randbedingung im Unendlichen ("Ausstrahlungsbedingung"), die γ_κ erfüllt, wird später diskutiert. Da die Besselfunktion J_n ($n \in \mathbb{N}_0$) analytisch in ganz $\mathbb{C}$ ist, verhält sich $\gamma_\kappa(x - y)$ bei $|x - y| \to 0$ wie $\ln|x - y|$, sodaß man dieselben Sprungrelationen wie für die Laplacegleichung erhält (jedenfalls für $\text{Re}\,\kappa > 0, \text{Im}\,\kappa \geq 0$). Damit ergibt sich wie oben

a) für die Lösung des äußeren Dirichletproblems

$$\Delta u + \kappa^2 u = 0 \quad \text{in } \mathbb{R}^2 \setminus \overline{D}, \qquad u = f \quad \text{auf } \partial D : \qquad (6.64)$$

$u(x) = \int_{\partial D} \psi(y) \frac{\partial}{\partial n(y)} \gamma_\kappa(x,y) ds(y)$ mit $\gamma_\kappa(x,y) = \frac{\pi i}{2} H_0^{(1)}(\kappa|x-y|)$, wobei ψ der Integralgleichung

$$\psi(x) + \frac{1}{\pi} \int_{\partial D} \psi(y) \frac{\partial}{\partial n(y)} \gamma_\kappa(x,y) ds(y) = \frac{1}{\pi} f(x) \qquad (6.65)$$

genügt (vgl. [10], [9]).

b) für die Lösung des äußeren Neumannproblems $\Delta u + \kappa^2 u = 0$ in $\mathbb{R}^2 \setminus \overline{D}$, $\frac{\partial u}{\partial n} = g$ auf ∂D : $u(x) = \int_{\partial D} \phi(x) \cdot \gamma_\kappa(x,y) ds(y)$, wobei ϕ der Integralgleichung

$$\phi(x) - \frac{1}{\pi} \int_{\partial D} \phi(y) \frac{\partial}{\partial n(x)} \gamma_\kappa(x,y) ds(y) = -\frac{1}{\pi} g(x) \qquad (6.66)$$

mit γ_κ wie in a) genügt.

Die die Eindeutigkeit erzwingende Randbedingung im Unendlichen ist in beiden Fällen die "Sommerfeldsche Ausstrahlungsbedingung" (vgl. [49], [67])

$$\lim_{r \to \infty} \sqrt{r} \left(\frac{\partial u}{\partial r}(r,\varphi) - i\kappa u(r,\varphi) \right) = 0 \qquad (6.67)$$

gleichmäßig in φ, wobei (r,φ) Polarkoordinaten sind. Die Ansätze aus a) und b) genügen dieser Ausstrahlungsbedingung. Analog zur Situation aus Bemerkung 6.8 ist die Lösbarkeit von (6.65) bzw. (6.66) mit der zum inneren Neumann– bzw. Dirichletproblem für die Helmholtzgleichung gehörigen Integralgleichung verknüpft. Die Lösbarkeit von (6.65) und (6.66) ist daher für alle $\kappa^2 \neq 0$, die nicht Eigenwerte dieser Probleme sind, für die also $\Delta u + \kappa^2 u = 0$ in D, $\frac{\partial u}{\partial n} = 0$ auf ∂D bzw. $\Delta u + \kappa^2 u = 0$ in D, $u = 0$ auf ∂D nur die triviale Lösung besitzt, gesichert. Für Eigenwerte κ^2 der jeweiligen Innenraumprobleme geht man ähnlich wie in Satz 6.9 vor. Wie im eindimensionalen Fall (vgl. Kapitel 4) bilden diese Eigenwerte (abhängig von der Gestalt von D) eine höchstens abzählbare Teilmenge in $\mathbb{R}^+$, die sich höchstens im Unendlichen häuft (vgl. [71]). Damit gibt es einen kleinsten Eigenwert.

Bemerkung 6.11 Wir betrachten nun die Helmholtzgleichung im $\mathbb{R}^3$. Zunächst zum physikalischen Hintergrund: Die Ausbreitung einer akustischen Welle in einem homogenen, isotropen Medium mit Dichte ρ, Dämpfungskoeffizient α und Schallgeschwindigkeit c kann durch das orts– und zeitabhängige Geschwindigkeitsfeld $v = v(x,t)$

$$v = \frac{1}{\rho} \cdot \operatorname{grad} U \qquad (6.68)$$

und den Druck im Medium

$$p = p_0 - \frac{\partial U}{\partial t} - \alpha U \tag{6.69}$$

beschrieben werden, wobei p_0 der Druck im ungestörten Medium sei. Man zeigt, daß U die gedämpfte Wellengleichung

$$\frac{\partial^2 U}{\partial t^2} + \alpha \frac{\partial U}{\partial t} = c^2 \Delta U \tag{6.70}$$

erfüllt, wobei Δ der dreidimensionale Laplaceoperator

$$\Delta = \sum_{i=1}^{3} \frac{\partial^2}{\partial x_i^2} \tag{6.71}$$

ist. Zeitharmonische akustische Wellen haben nun ein Geschwindigkeitspotential der Form

$$U(x,t) = u(x) \cdot e^{-i\omega t} \quad (x \in \mathbb{R}^3, t \in \mathbb{R}), \tag{6.72}$$

wobei $\omega > 0$ die Frequenz ist. Der ortsabhängige Teil u erfüllt dann die Helmholtzgleichung

$$\Delta u + \kappa^2 u = 0 \tag{6.73}$$

mit

$$\kappa^2 = \frac{\omega \cdot (\omega + i\alpha)}{c^2}, \tag{6.74}$$

wie man durch Einsetzen von (6.72) in (6.70) sieht; die sogenannte "Wellenzahl" $\kappa \in \mathbb{C}$ wählt man üblicherweise so, daß neben (6.74) auch

$$\operatorname{Im} \kappa \geq 0 \tag{6.75}$$

gilt. Das physikalische Problem, die Streuung einer akustischen Welle an einem Körper $D \subseteq \mathbb{R}^3$ zu beschreiben, führt damit für zeitharmonische Wellen zu (äußeren) Randwertproblemen für (6.73). Aus (6.69) folgt für zeitharmonische Wellen, daß der Schalldruck $p - p_0 = (i\omega - \alpha)u(x)e^{-i\omega t}$ ist; Streuung an einem "schallweichen" Körper, bei dem der Schalldruck am Rand verschwindet, führt also auf ein Dirichletproblem für (6.73). Streuung an einem "schallharten" (d.h. total reflektierenden) Körper führt zu einem Neumannproblem. Realistischer ist folgende Betrachtung: Bezeichnet $n(x)$ den Normalvektor an ∂D in $x \in \partial D$, so ist die Normalkomponente des Geschwindigkeitsfeldes proportional zum Schalldruck, wobei der (negative) Proportionalitätsfaktor $\chi(x)$ "akustische Impedanz" heißt, also gilt

$$\langle v, n \rangle + \chi \cdot (p - p_0) = 0. \tag{6.76}$$

Wegen(6.68) und (6.69) folgt daraus für zeitharmonische Wellen:

$$0 = \frac{1}{\rho} \langle \operatorname{grad} u, n \rangle + \chi \cdot (i\omega u - \alpha u),$$

also die "Impedanzrandbedingung"

$$\frac{\partial u}{\partial n} + \lambda u = 0 \qquad (6.77)$$

mit

$$\lambda = \rho\chi \cdot (i\omega - \alpha). \qquad (6.78)$$

Für praktische Zwecke besonders interessant sind nun inverse Fragestellungen wie die Bestimmung der Gestalt von D oder (bei bekanntem D) der akustischen Impedanz und damit der Oberflächenbeschaffenheit ("inverse Streuprobleme") . Methoden zur Lösung solcher Probleme bedingen zuerst das Verständnis des entsprechenden "direkten Problems", also der angeführten Randwertprobleme für die Helmholtzgleichung. Dafür ist die Integralgleichungsmethode nützlich wegen der damit verbundenen Dimensionsreduktion, der Möglichkeit, Außenraumprobleme effizient zu behandeln und nicht zuletzt wegen der zur Verfügung stehenden umfassenden Existenztheorie für Integralgleichungen (Kapitel 2). Die Behandlung der dreidimensionalen Helmholtzgleichung unterscheidet sich vom zweidimensionalen Fall zunächst durch Verwendung einer anderen Grundlösung, nämlich

$$\gamma_\kappa(x,y) := \frac{1}{4\pi} \cdot \frac{e^{i\kappa|x-y|}}{|x-y|} \qquad (x,y \in \mathbb{R}^3, x \neq y). \qquad (6.79)$$

Für $\kappa = 0$ ergibt sich die von Definition 6.1 erweiterte Grundlösung der Laplacegleichung im $\mathbb{R}^3$. Wie im $\mathbb{R}^2$ definiert man das zur Grundlösung γ_κ und den Dichten $\phi, \psi \in C(\partial D)$ gehörige "Einfachschichtpotential"

$$E_\kappa\phi: \ \mathbb{R}^3 \to \mathbb{R}$$
$$x \to \int_{\partial D} \phi(y)\gamma_\kappa(x,y)ds(y) \qquad (6.80)$$

bzw. "Doppelschichtpotential"

$$D_\kappa\psi: \ \mathbb{R}^3 \to \mathbb{R}$$
$$x \to \int_{\partial D} \psi(y)\frac{\partial}{\partial n(y)}\gamma_\kappa(x,y)ds(y). \qquad (6.81)$$

Die Integrale (6.80), (6.81) sind Oberflächenintegrale über den Rand von $D \subseteq \mathbb{R}^3$, der natürlich so glatt sein muß, daß die Integrale sinnvoll sind. Für viele Eigenschaften dieser Potentiale genügt es, den Beweis für $\kappa = 0$ (also den Fall der Laplacegleichung) zu führen, da die Differenzen $(E_\kappa\phi - E_0\phi)$ und $(\mathrm{grad}(D_\kappa\psi) - \mathrm{grad}(D_0\psi))$ gleichmäßig hölderstetig auf $\mathbb{R}^3$ sind. Damit und indem man für $\kappa = 0$ ähnlich wie in den Beweisen zu Satz 6.3 und 6.4 vorgeht, erhält man für $\phi, \psi \in C(\partial D)$: $E_\kappa\phi$ ist gleichmäßig hölderstetig auf ganz $\mathbb{R}^3$, für alle $\alpha \in {]0,1[}$ ist $E_\kappa : C(\partial D) \to C^{0,\alpha}(\mathbb{R}^3)$ beschränkt. Für $x \in \partial D$ gilt die Sprungrelation

$$\lim_{\substack{t \to 0 \\ t > 0}} \frac{\partial}{\partial n(x)}(E_\kappa\phi)(x \pm tn(x)) = \int_{\partial D} \phi(y)\frac{\partial}{\partial n(x)}\gamma_\kappa(x,y)ds(y) \mp \frac{1}{2}\phi(x).$$

Für $x \in \partial D$ gilt

$$\lim_{\substack{t \to 0 \\ t > 0}} \left[\frac{\partial}{\partial n(x)} (D_\kappa \psi)(x + tn(x)) - \frac{\partial}{\partial n(x)} (D_\kappa \psi)(x - tn(x)) \right] = 0$$

gleichmäßig für $x \in \partial D$; ferner gilt für $x \in \partial D$ die "Sprungrelation"

$$(D_\kappa \psi)_\pm(x) = (D_\kappa \psi)(x) \pm \frac{1}{2} \psi(x),$$

wobei die Indizes "$\pm$" wie in Satz 6.3 b) zu verstehen sind. Für $x \notin \partial D$ sind $E_\kappa \phi$ und $D_\kappa \psi$ Lösungen der Helmholtzgleichung (6.73). Die Kerne in (6.80) und (6.81) sind wieder schwach singulär, sodaß die Integraloperatoren E_κ und D_κ kompakt auf $C(\partial D)$ sind. Eine Fülle von Eigenschaften dieser Operatoren auf Räumen hölderstetiger Funktionen findet man in [10], auf Sobolevräumen in [47]. Wie im zweidimensionalen Fall ist für Außenraumprobleme wieder eine "Ausstahlungsbedingung" nötig; diese "Sommerfeldsche Ausstrahlungsbedingung" hat hier die Form

$$\lim_{r \to \infty} \left[r \cdot \left(\frac{\partial u}{\partial r}(r, \varphi, \theta) - i\kappa u(r, \varphi, \theta) \right) \right] = 0 \qquad (6.82)$$

gleichmäßig in (φ, θ), wobei (r, φ, θ) Kugelkoordinaten sind. Sowohl $E_\kappa \phi$ als auch $D_\kappa \psi$ erfüllen (6.82). In [71] findet man eine ausführliche Begründung dafür, daß (6.82) Wellen charakterisiert, die "nach außen laufen" ("outgoing waves"). Mit diesen Vorkenntnissen kann man nun wieder die inneren (äußeren) Dirichlet– bzw. Neumannprobleme mittels Integralgleichungen lösen (und damit insbesondere ihre Lösbarkeit zeigen). Es gilt:

a) $\psi \in C(\partial D)$ löse

$$\psi(x) - 2 \int_{\partial D} \psi(y) \frac{\partial}{\partial n(y)} \gamma_\kappa(x, y) ds(x) = -2f(x) \qquad (x \in \partial D) \qquad (6.83)$$

bzw.

$$\psi(x) + 2 \int_{\partial D} \psi(y) \frac{\partial}{\partial n(y)} \gamma_\kappa(x, y) ds(y) = 2f(x) \qquad (x \in \partial D). \qquad (6.84)$$

Dann löst $D_\kappa \psi$ im Fall (6.83) das innere Dirichletproblem

$$\begin{aligned} \Delta u + \kappa^2 \, u &= 0 \quad \text{in } D \\ u &= f \quad \text{auf } \partial D, \end{aligned} \qquad (6.85)$$

im Fall (6.84) das äußere Dirichletproblem

$$\begin{aligned} \Delta u + \kappa^2 \, u &= 0 \quad \text{in } \mathbb{R}^3 \setminus \overline{D} \\ u &= f \quad \text{auf } \partial D \end{aligned} \qquad (6.86)$$

(und erfüllt zusätzlich (6.82)).

b) $\phi \in C(\partial D)$ löse

$$\phi(x) + 2 \int\limits_{\partial D} \phi(y) \frac{\partial}{\partial n(x)} \gamma_\kappa(x,y) ds(y) = 2g(x) \quad (x \in \partial D) \tag{6.87}$$

bzw.

$$\phi(x) - 2 \int\limits_{\partial D} \phi(y) \frac{\partial}{\partial n(x)} \gamma_\kappa(x,y) ds(y) = -2g(x) \quad (x \in \partial D). \tag{6.88}$$

Dann löst $E_\kappa \phi$ im Fall (6.87) das innere Neumannproblem

$$\Delta u + \kappa^2 u = 0 \quad \text{in } D \tag{6.89}$$
$$\frac{\partial u}{\partial n} = g \quad \text{auf } \partial D,$$

im Fall (6.88) das äußere Neumannproblem

$$\Delta u + \kappa^2 u = 0 \quad \text{in } \mathbb{R}^3 \setminus \overline{D} \tag{6.90}$$
$$\frac{\partial u}{\partial n} = g \quad \text{auf } \partial D$$

(und erfüllt zusätzlich (6.82)).

Aus diesen Lösungsdarstellungen kann man ähnlich wie oben mit der Fredholm-schen Alternative folgende Lösbarkeitsaussagen herleiten: Das innere Neumann-problem (6.80) ist genau dann lösbar, wenn für alle Lösungen v des homogenen inneren Neumannproblems

$$\int\limits_{\partial D} g \, v \, ds = 0 \tag{6.91}$$

gilt. Das äußere Dirichletproblem (6.86) (+(6.82)) ist eindeutig lösbar. Das äußere Neumannproblem (6.90) (+(6.82)) ist eindeutig lösbar. Das innere Di-richletproblem (6.85) ist genau dann lösbar, wenn für alle Lösungen v des ho-mogenen inneren Dirichletproblems

$$\int\limits_{\partial D} f \cdot \frac{\partial v}{\partial n} ds = 0 \tag{6.92}$$

gilt. Die Bedingungen (6.91) bzw. (6.92) kommen bei Eigenwerten des entspre-chenden Innenraumproblems zum Tragen.

Die letzten Aussagen sind auf den ersten Blick verwunderlich. Nach der Fredholmalternative sollte (da die Integralgleichungen des äußeren Dirichlet- und des inneren Neumannproblems zueinander adjungiert sind) die Funktion (6.91) aus $N(I + K)$ sein, wobei $I + K$ der Operator auf der linken Seite von (6.84) ist. Dieser Operator hängt mit dem äußeren Dirichletproblem zusam-men. Nun gilt aber, daß die Elemente von $N(I + K)$ selbst (nicht die davon erzeugten Potentiale!) genau die Randwerte von Lösungen des homogenen inneren Neumannproblems sind. Das erklärt (6.91). Analog gilt: Die Lösungen der homogenen zum äußeren Neumannproblem gehörigen Integralgleichungen sind zugleich Normalableitungen von Lösungen des homogenen inneren Dirichletproblems. Das erklärt (6.92).

Die auch für $\kappa = 0$ gültige Aussage über die Existenz einer Lösung des äußeren Neumannproblems steht nicht in Widerspruch zu einem dreidimensionalen Analogon zu Satz 6.7, da die verwendeten Abklingbedingungen im Unendlichen verschieden sind. Man kann alternativ zu obigem Vorgehen Lösungen der betrachteten Randwertprobleme auch über Integralgleichungen 1. Art erhalten, wenn man die Lösung des Dirichlet–(Neumann–)Problems als Einfachschicht–(Doppelschicht–)Potential versteht (also umgekehrt wie oben). So gilt etwa: Wenn $\phi \in C(\partial D)$ die Integralgleichung

$$\int_{\partial D} \phi(y)\gamma_\kappa(x,y)ds(y) = f(x) \quad (x \in \partial D)$$

löst, so löst $(E_\kappa \phi)|_{\overline{D}}$ bzw. $(E_\kappa \phi)|_{\mathbb{R}^3 \setminus D}$ das innere bzw. äußere Dirichletproblem (6.85) bzw. (6.86). In [71] findet man Beweise aller dieser Aussagen und noch viel darüber Hinausgehendes, auch für die vektorielle Helmholtzgleichung und die Maxwellgleichungen. Zum Abschluß sei noch der bei inversen Streuproblemen wichtige Begriff der "Strahlungscharakteristik" erwähnt: Ist D so, daß $\{x \in \mathbb{R}^3 / \parallel x \parallel = R_0\} \subseteq \mathbb{R}^3 \setminus D$ für ein $R_0 > 0$ gilt, und $u \in C^2(\mathbb{R}^3 \setminus \overline{D})$ eine Lösung der Helmholtzgleichung, die (6.82) erfüllt, so läßt sich u in eine Reihe

$$u(r,\varphi,\theta) = \frac{e^{i\kappa r}}{r} \sum_{n=0}^{\infty} \frac{F_n(\varphi,\theta)}{r^n} \tag{6.93}$$

entwickeln ((r,φ,θ): Kugelkoordinaten), die für $r \geq R_0$ absolut und gleichmäßig konvergiert und beliebig oft gliedweise differenziert werden kann. Es gilt die Rekursionsformel

$$2i\kappa n F_n = n(n-1)F_{n-1} + BF_{n-1} \quad (n \in \mathbb{N}) \tag{6.94}$$

mit

$$B := \frac{1}{\sin\theta} \frac{\partial}{\partial\theta}\left(\sin\theta \frac{\partial}{\partial\theta}\right) + \frac{1}{\sin^2\theta} \cdot \frac{\partial^2}{\partial\varphi^2} \quad \text{("Beltrami–Operator")}. \tag{6.95}$$

Also ist u durch F_0 vollständig bestimmt. Es gilt für $r \to \infty$

$$u(r,\varphi,\theta) = \frac{e^{i\kappa r}}{r} F_0(\varphi,\theta) + O(\frac{1}{r^2}), \tag{6.96}$$

also beschreibt F_0, das nur von der Richtung abhängt, für große r das Verhalten des richtungsabhängigen Teils der Welle recht gut. Man nennt deshalb F_0 "Fernfeld" oder "Strahlungscharakteristik" ("far field pattern"). In inversen Streuproblemen ist meist F_0 vorgegeben. Ähnliches gilt im zweidimensionalen Fall, wobei (6.96) durch

$$u(r, \varphi) = \frac{e^{i\kappa r}}{\sqrt{r}} F_0(\varphi) + O(r^{-\frac{3}{2}}) \quad (r \to \infty) \tag{6.97}$$

zu ersetzen ist ((r, φ): Polarkoordinaten).

Abschließend wollen wir eine Möglichkeit zur Lösung eines inversen Streuproblems für die Helmholtzgleichung kennenlernen. Wie schon erwähnt wurde, berechnet man bei einem direkten Streuproblem jenes Feld, welches durch die Streuung einer einfallenden Welle an einem Körper entsteht, und damit das dieses Feld beschreibende Fernfeld (siehe (6.97)). Dagegen versucht man bei einem inversen Streuproblem, Information über das Streuobjekt aus Messungen des Fernfeldes zu gewinnen.
Es wird im folgenden eine Methode beschrieben, mit der man die Gestalt eines schallweichen Streuobjektes aus Messungen des Fernfeldes zu einer gestreuten ebenen akustischen Welle bestimmen kann. Der Einfachheit wegen beschränken wir uns auf den zweidimensionalen, ungedämpften ($\alpha = 0$) Fall; wir folgen in unserer Darstellung [49]. Die Einbeziehung von Information über mehrere gestreute Felder, die Behandlung anderer Randbedingungen und der Übergang zum dreidimensionalen Fall sind für das Verfahren möglich und werden detailliert in [11] beschrieben. Weitere Darstellungen der Theorie für den dreidimensionalen Fall sind [68] und [63].
$D \subset \mathbb{R}^2$ sei ein beschränktes, einfach zusammenhängendes Gebiet, das das Streuobjekt beschreibt.
Das direkte Streuproblem besteht darin, bei bekanntem Streuobjekt D und bekanntem einfallenden Feld u^i das gestreute Feld u^s zu berechnen. Das gesamte Feld $u = u^i + u^s$ erfüllt die Helmholtzgleichung

$$\Delta u + \kappa^2 u = 0 \quad \text{in } \mathbb{R}^2 \setminus \overline{D} \tag{6.98}$$

und die Randbedingung (schallweicher Körper)

$$u = 0 \quad \text{auf } \partial D, \tag{6.99}$$

und das gestreute Feld erfüllt die Sommerfeldsche Ausstrahlungsbedingung

$$\lim_{r \to \infty} \sqrt{r} \left(\frac{\partial u^s}{\partial r} - i\kappa u^s \right) = 0 \tag{6.100}$$

gleichmäßig für alle Richtungen (vgl.(6.67)).
Wir kommen nun zum inversen Streuproblem. Eine Klasse von numerischen Verfahren versucht, inverse Streuprobleme iterativ zu lösen. Der Nachteil dieser Verfahren ist, daß in jedem Schritt des Verfahrens das direkte Problem zur Funktionsauswertung gelöst werden muß (und möglicherweise ein zweites direktes Problem zur Auswertung des Gradienten). "Direkte Verfahren" zur Lösung inverser Streuprobleme vermeiden solch eine iterative Funktionsauswertung. Wir beschreiben das Kirsch–Kreß–Verfahren als ein Beispiel dieser direkten Verfahren. Dabei beschränken wir uns auf die Darstellung der grundlegenden Ideen und

verzichten auf Beweise (siehe [11] für eine ausführliche Darstellung). Ein weiteres Beispiel für ein direktes Verfahren ist das Colton–Monk–Verfahren (siehe [12, 13]).

Üblicherweise sind bei einem inversen Streuproblem die Daten durch eine Approximation des Fernfeldes F_0 des gestreuten Feldes u^s in der Darstellung

$$u^s(x) = \frac{e^{i\kappa|x|}}{\sqrt{|x|}} \left[F_0\left(\frac{x}{|x|}\right) + O\left(\frac{1}{|x|}\right) \right] \quad (|x| \to \infty) \qquad (6.101)$$

(siehe (6.97)) gegeben.

Das Kirsch–Kreß–Verfahren läßt sich als ein Zweischrittverfahren motivieren: Im ersten Schritt wird das gestreute Feld aus seinem Fernfeld rekonstruiert. Dazu wird angenommen, daß eine geschlossene Hilfskurve Γ, die ganz in D liegt, bekannt ist. Dieses erfordert eine schwache a–priori Information über die Lage und Größe des gesuchten Objektes. Weiters habe das innere homogene Dirichletproblem für Γ nur die triviale Lösung. Diese technische Bedingung kann durch eine geeignete Wahl der Hilfskurve erfüllt werden.

Nun versucht man, das gestreute Feld als ein Einfachschichtpotential

$$u^s(x) = (E_\kappa \Phi)(x) := \int_\Gamma \Phi(y)\gamma_\kappa(x, y)\, ds(y) \qquad (6.102)$$

mit einer Dichte $\Phi \in L^2(\Gamma)$ darzustellen. Aus dem Verhalten der Hankelfunktionen für große Argumente folgt, daß das zu diesem Potential gehörige Fernfeld durch

$$(F\Phi)(x) = \frac{e^{\frac{i\pi}{4}}}{\sqrt{8\pi\kappa}} \int_\Gamma \Phi(y) e^{-i\kappa\langle x, y\rangle}\, ds(y) \quad (\|x\| = 1)$$

gegeben ist. Der "Fernfeldoperator" $F : L^2(\Gamma) \to L^2(\{x \in \mathbb{R}^2 / \|x\| = 1\})$ ist injektiv und hat einen dichten Wertebereich. Da der Integraloperator F einen analytischen Kern hat, ist er sehr stark "glättend". Die singulären Werte dieses Operators sind durch

$$\sigma_n = 2\pi \left| \frac{e^{\frac{i\pi}{4}}}{\sqrt{8\pi\kappa}} J_n(\kappa) \right| = O\left(\frac{1}{n!} \left(\frac{\kappa}{2}\right)^n \right) \quad (n \to \infty)$$

gegeben und streben daher sehr schnell gegen 0. Deshalb ist die Aufgabe, F zu invertieren, d.h. die Gleichung

$$(F\Phi)(x) = F_0(x) \quad (\|x\| = 1) \qquad (6.103)$$

zu lösen, extrem schlecht gestellt (vgl. Bemerkung 7.16). Das Problem muß daher "regularisiert" werden (vgl. Kapitel 7). Eine Möglichkeit der Regularisierung ist die Tikhonov–Regularisierung: Hierbei ersetzt man das Lösen von (6.103) durch die Minimierung des Funktionals

$$A_1(\Phi, \alpha) = \|F\Phi - F_0\|_{L^2}^2 + \alpha\|\Phi\|_{L^2}^2 \qquad (6.104)$$

mit einem festen Parameter $\alpha > 0$. Ist Φ_α eine Lösung dieser Minimierungsaufgabe für den Parameter α, so erzeugt Φ_α via (6.102) eine Approximation u_α^s des gestreuten Feldes.

Der zweite Schritt des Verfahrens besteht darin, das gesuchte Objekt zu rekonstruieren. Da das Gesamtfeld an der Oberfläche des Objektes verschwindet, muß man dazu die Nullstellenmenge der Funktion $u^i + u_\alpha^s$ finden.

Wenn angenommen wird, daß ∂D sternförmig bezüglich des Ursprungs ist, so erhält man in Polarkoordinaten $(\vartheta, r(\vartheta))$ für ∂D die Darstellung

$$x_r(\vartheta) = (r(\vartheta)\cos\vartheta, r(\vartheta)\sin\vartheta) \quad (\vartheta \in [0, 2\pi]).$$

Der gesuchte Rand wird jetzt durch die unbekannte Funktion $r = r(\vartheta)$ beschrieben. Man ersetzt nun das Auffinden der Nullstellen von $u^i + u_\alpha^s$ durch die Minimierung des Funktionals

$$A_2(r, \Phi_\alpha) := \int_0^{2\pi} \left| (u^i + E_\kappa \Phi_\alpha)(x_r(\vartheta)) \right|^2 d\vartheta$$

bezüglich r. In der beschriebenen Zweischrittform ist das Kirsch–Kreß–Verfahren noch nicht praktikabel, da folgendes Problem auftaucht: Die Dichten Φ_α konvergieren für $\alpha \to 0$ genau dann, wenn die Gleichung (6.103) lösbar ist, was aus der Theorie der Tikhonov–Regularisierung folgt. Diese Gleichung hat jedoch im allgemeinen keine Lösung. Man kombiniert daher beide Schritte, indem man das Funktional

$$A(r, \Phi, \alpha) := A_1(\Phi, \alpha) + \beta A_2(r, \Phi)$$

simultan über (r, Φ) minimiert.

Der lineare Teil dieses inversen Problems, nämlich (6.103), ist schon regularisiert worden. Um den nichtlinearen Teil der Bestimmung der Nullstellen von $u^i + u_\alpha^s$ zu regularisieren, nimmt man an, daß r zwischen zwei Funktionen r_0 und r_1 liegt und zu einer kompakten Teilmenge von $C^{1,\beta}([0, 2\pi])$ für ein $\beta \in \,]0, 1]$ gehört. Es ist eine oft benutzte Methode, ein schlecht gestelltes Problem dadurch zu regularisieren, daß man annimmt, daß die gesuchte Lösung in einer kompakten Menge liegt. Dieser Methode liegt die Tatsache zugrunde, daß eine auf einer kompakten Menge invertierbare Funktion eine stetige Inverse besitzt ("Tikhonovs Lemma", vgl. auch Beispiel 7.2). Natürlich benötigt solch eine Annahme a–priori Informationen über die Lösung, und sie führt nur zu qualitativen, nicht aber zu quantitativen Stabilitätsaussagen.

Unter diesen Annahmen kann man zeigen, daß (??) sein Minimum annimmt. Ferner hat für eine Nullfolge positiver Regularisierungsparameter (α_n) die zugehörige Folge (r_{α_n}) eine konvergente Teilfolge, und jeder Grenzpunkt repräsentiert eine Kurve, auf der $u^i + u^s$ verschwindet, wenn die Daten F_0 exakt und nicht nur als Näherung gegeben sind. Für Konvergenzraten siehe [31].

7. Fredholmsche Integralgleichungen 1. Art

Wir untersuchen in diesem Kapitel lineare Integralgleichungen 1. Art

$$\int_G k(s,t)x(t)dt = y(s) \quad s \in G \tag{7.1}$$

mit einem L^2-Kern k und $y \in L^2(G)$, wobei $G \subseteq \mathbb{R}^N$ kompakt und Jordan-meßbar mit positivem Inhalt sei. Damit läßt sich (7.1) auch in der Form

$$Kx = y \tag{7.2}$$

mit kompaktem K schreiben, wobei K der durch k erzeugte Integraloperator auf $L^2(G)$ ist. Die zu entwickelnde Theorie wird allerdings nicht wesentlich auf der Kompaktheit beruhen, sondern auch für bestimmte lineare Operatoren K anwendbar sein, deren Wertebereich $R(K)$ nicht abgeschlossen ist. Nach Satz 2.18 hat ja ein kompakter Operator diese Eigenschaft, falls $R(K)$ nicht endlich-dimensional ist. Wir werden sehen, daß diese Eigenschaft auch dafür verant-wortlich ist, daß beliebig kleine Störungen in y zu beliebig großen Störungen in der Lösung führen können (vgl. Bem. 2.41), das Problem der Lösung von (7.2) also "inkorrekt gestellt" ist; sie ist also das eigentliche Unterscheidungskriterium zwischen Gleichungen erster und zweiter Art.

Bereits mehrmals sind in diesem Buch die Begriffe "inkorrekt gestellt" und "schlecht gestellt" aufgetaucht, etwa in Zusammenhang mit (1.18), Beispiel 1.4 und (4.29). Wir gehen nun auf diesen Begriff etwas genauer ein:

Bezeichnung 7.1 *ein mathematisches Problem heißt "korrekt gestellt", falls folgende drei Bedingungen erfüllt sind:*

> *Für jede Datenvorgabe existiert eine Lösung.* (7.3)
>
> *Für jede Datenvorgabe ist die Lösung eindeutig.* (7.4)
>
> *Die Lösung hänge stetig von den Daten ab.* (7.5)

Ist nun eine der Bedingungen (7.3) – (7.5) nicht erfüllt, so nennt man das Problem "inkorrekt (schlecht) gestellt". Diese Wortwahl drückt natürlich irgend-wie eine Wertung aus: Hadamard war der Meinung, daß physikalisch sinnvolle Fragestellungen bei ihrer mathematischen Modellierung auf korrekt gestellte

Probleme im Sinn von Bezeichnung 7.1 führen müssen. Diese Ansicht wurde inzwischen revidiert; erstmals stieß der russische Mathematiker A. Tikhonov um 1935 auf inkorrekt gestellte Probleme bei der Untersuchung von Fragen aus der Geophysik. Probleme der Geophysik sind heute noch eine wesentliche Quelle inkorrekt gestellter Probleme (vgl. [27]). Inzwischen weiß man, daß sogenannte "inverse Probleme" (das sind Probleme, bei denen aus beobachteten oder beabsichtigten Wirkungen auf die diese hervorrufende Ursache geschlossen werden soll) bei ihrer mathematischen Modellierung auf inkorrekt gestellte Probleme führen. Ein für die Praxis bedeutendes inverses Problem, das auf eine inkorrekt gestellte Integralgleichung 1. Art führt, ist das Problem der Inversion der Radontransformation (Bsp. 1.4).

Für Beispiele zu inversen und inkorrekt gestellten Problemen und eine umfassend Theorie verweisen wir auf [25], [29], [23], [28], [32], [54], [35], [37].

Bezeichnung 7.1 kann noch nicht "Definition" genannt werden, da die Formulierung nicht mathematisch eindeutig ist: Was heißt etwa "jede Datenvorgabe" in (7.3) und (7.4)? Man müßte zunächst angeben, was alles zu den "Daten" zu rechnen ist. Zählen etwa bei (7.1) auch k und G zu den Daten (was durchaus sinnvoll sein kann) oder nur y? Welche Funktionenklasse ist für y zugelassen? In welchem Sinn ist "Stetigkeit" in (7.5) zu verstehen, in welchen Normen ist zu messen? Schließlich ist zu bedenken, daß man in (7.5) von "der Lösung" erst sprechen kann, wenn (7.3) und (7.4) erfüllt sind.
Ist (7.3) nicht erfüllt, so kann man dem oft durch Erweiterung des Lösungsbegriffes ("schwache Lösung" o.ä.) abhelfen. Das Erfülltsein von (7.4) kann man oft durch zusätzliche Bedingungen an die Lösung (die natürlich durch das zugrundeliegende praktische Problem motiviert sein sollte) erreichen. Die größten Probleme (insbesondere numerischer Art) schafft die Verletzung der Forderung (7.5). Wir werden diese Probleme für einen Prototyp inkorrekt gestellter Probleme, nämlich für lineare Integralgleichungen 1. Art, darstellen.

Zunächst sollen aber die grundsätzlichen Probleme am einfachstmöglichen Beispiel, dem des Differenzierens, veranschaulicht werden:

Beispiel 7.2 Sei $y \in C^1[0,1], \delta \in]0,1[, n \in \mathbb{N}(n \geq 2)$ beliebig. Wir definieren

$$y_n^\delta(s) := y(s) + \delta \cdot \sin\frac{ns}{\delta}, \ s \in [0,1]. \tag{7.6}$$

Dann gilt für die Ableitung

$$(y_n^\delta)'(s) = y'(s) + n \cdot \cos\frac{ns}{\delta}, \ s \in [0,1]. \tag{7.7}$$

In der Norm der gleichmäßigen Konvergenz gilt also einerseits

$$\|y - y_n^\delta\| = \delta, \tag{7.8}$$

andererseits

$$\|y' - (y_n^\delta)'\| = n. \tag{7.9}$$

Wenn wir also y und y_n^δ als exakte bzw. fehlerbehaftete Daten des (zum unbestimmten Integrieren inversen!) Problems des Differenzierens ansehen, dann sieht man aus (7.8) und (7.9), daß ein beliebig kleiner Datenfehler δ zu einem beliebig großen Fehler n im Ergebnis, nämlich der Ableitung, führen kann. Bezüglich der gleichmäßigen Norm ist also die Abhängigkeit der Ableitung von der Funktion unstetig, das Problem des Differenzierens ist inkorrekt gestellt. Die Ableitung y' kann man als Lösung der Integralgleichung 1. Art

$$\int_0^s x(t)dt = y(s) - y(0), \ s \in [0,1] \tag{7.10}$$

auffassen, also (falls $y(0) = 0$) von (7.1) mit $G = [0,1]$ und dem L^2-Kern

$$k(s,t) = \begin{cases} 1 & t \le s \\ 0 & t > s. \end{cases} \tag{7.11}$$

Diese Integralgleichung hat in $C[0,1]$ nur dann eine Lösung, wenn $y \in C^1[0,1]$ ist. Bezeichnet K den zugehörigen Integraloperator auf $C[0,1]$, so ist sein Wertebereich

$$R(K) = \{y \in C^1[0,1]/y(0) = 0\}. \tag{7.12}$$

Im Raum $L^2[0,1]$ ist also dim $R(K)^\perp = 1$, ferner ist $R(K)$ weder in $L^2[0,1]$ noch in $C[0,1]$ abgeschlssen, es liegt die Situation von Satz 2.18 vor.

Das "direkte" Problem, zu dem das Differenzieren invers ist, nämlich die unbestimmte Integration, also die linke Seite von (7.10), ist ein glättender Prozeß: Stark oszillierende Anteile von x (etwa der Gestalt $n \cdot \cos \frac{nx}{\delta}$, wie sie in (7.7) auftreten) werden gedämpft (zu $\delta \cdot \sin \frac{ns}{\delta}$) und haben damit einen sehr geringen Effekt auf die "Daten" des inversen Problems, des Differenzierens. Diese Glättung durch den Operator K (die bei einem Operator der Gestalt $\lambda I - K$ mit $\lambda \ne 0$ und kompakten K wegen des Terms λI nicht auftritt!) ist dafür verantwortlich, daß beim Lösen des inversen Problems, also beim Differenzieren, Fehler kleiner Amplitude, aber hoher Frequenz, stark (bei hinreichend hoher Frequenz sogar beliebig stark) verstärkt werden. Dies gilt weit über dieses einfache Modellproblem hinaus, der Effekt ist umso stärker, je stärker K glättet: Integralgleichungen 1. Art mit sehr glattem Kern (etwa (1.18) vgl. auch Beispiel 7.17) sind also "sehr" inkorrekt gestellt ("severely ill-posed"), während dieser Effekt im Fall eines "rauhen", etwa sogar singulären Kerns wie bei einer Abelschen Integralgleichung zwar vorhanden, aber nicht so ausgeprägt ist (vgl. die Bemerkungen zur (4.29)).

Wenn das Differenzieren nun instabil im erläuterten Sinn ist, warum (bzw. unter welchen Voraussetzungen) kann man dann eine Funktion überhaupt mit einem berechenbar verläßlichen Ergebnis differenzieren? Man muß in der Lage sein, das Vorhandensein hochfrequenter Fehler auszuschließen oder sie auszufiltern, was wiederum nur geht, wenn man weiß, daß die exakten Daten oder das exakte Ergebnis keine hochfrequenten Anteile haben. Eine solche "a-priori Annahme" kann man etwa dadurch formulieren, daß man K auf die (wegen Arzela-Ascoli kompakte!) Menge

$$A := \{x \in C^1[0,1]/\|x\|_\infty + \|x'\|_\infty \leq \gamma\} \qquad (7.13)$$

einschränkt. Die Inverse von K, definiert auf $R(K)$, ist zwar unstetig, die Inverse von $K|_A$ aber wegen der Kompaktheit von A stetig. A-priori-Annahmen, die der Einschränkung des Problems auf eine kompakte Menge entsprechen, werden häufig zur Stabilisierung inkorrekt gestellter Probleme herangezogen, wenn andere Methoden, etwa die später zu diskutierenden Regularisierungsverfahren, nicht anwendbar sind.

Wenn man die Ableitung näherungsweise etwa mit zentralen Differenzenquotienten approximiert, muß man die Stabilitätsproblematik berücksichtigen: Sei y die zu differenzierende Funktion, y^δ ihre fehlerbehaftete Version mit

$$\|y - y^\delta\|_\infty \leq \delta. \qquad (7.14)$$

Ist $f \in C^2[0,1]$, so liefert eine Taylorentwicklung für den zentralen Differenzenquotienten mit Schrittweite h

$$\frac{y(s+h) - y(s-h)}{2h} = y'(s) + O(h), \qquad (7.15)$$

für $f \in C^3[0,1]$ aber

$$\frac{y(s+h) - y(s-h)}{2h} = y'(s) + O(h^2). \qquad (7.16)$$

Die Approximationsgüte des zentralen Differenzenquotienten hängt also von a-priori-Information über die Glattheit der Daten bzw. der Lösung ab.

Verwenden wir nun beim tatsächlichen Rechnen y^δ statt y, so gilt

$$\frac{y^\delta(s+h) - y^\delta(s-h)}{2h} \sim \frac{y(s+h) - y(s-h)}{2h} + \frac{\delta}{h}. \qquad (7.17)$$

Der Gesamtfehler aus (7.15) bzw. (7.16) und (7.17) verhält sich also wie

$$O(h^\nu) + \frac{\delta}{h}, \qquad (7.18)$$

wobei $\nu = 1$ oder 2 ist, je nachdem ob $y \in C^2[0,1]$ oder $y \in C^3[0,1]$. Für ein fixes Datenfehlerniveau δ verhält sich also der Gesamtfehler wie in Abbildung 7.1.

Wird der Diskretisierungsparameter h zu klein, so wird der Gesamtfehler wegen des fortgepflanzten Datenfehlers $\frac{\delta}{h}$ groß, wird h zu groß, so geschieht dasselbe wegen der zu geringen Approximationsgüte des zentralen Differenzenquotienten. Der optimale Diskretisierungsparameter h_o kann nicht explizit berechnet werden, er hängt von unzugänglicher Information ab. Man kann aber leicht sein asymptotisches Verhalten berechnen: Wählt man etwa als Näherung für h_o, das natürlich vom Fehlerniveau δ abhängen muß,

$$h \sim \delta^\mu, \qquad (7.19)$$

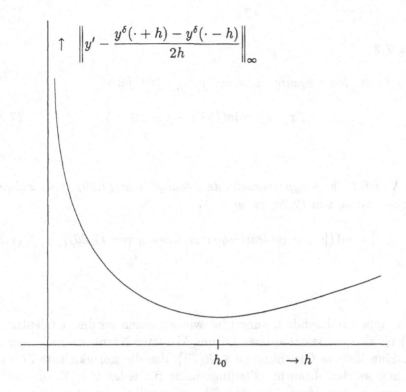

$$\uparrow \quad \left\| y' - \frac{y^\delta(\cdot + h) - y^\delta(\cdot - h)}{2h} \right\|_\infty$$

$$h_0 \qquad \to h$$

Abb. 7.1. Gesamtfehler in Abhängigkeit von h

dann wird (7.18) für $\mu = \frac{1}{2}$ oder $\mu = \frac{1}{3}$ minimiert, der Gesamtfehler ergibt sich als $O(\sqrt{\delta})$ bzw. $O(\delta^{\frac{2}{3}})$, je nachdem, ob $y \in C^2[0,1]$ oder $y \in C^3[0,1]$ ist. Man erhält keine bessere Rate als $O(\delta^{\frac{2}{3}})$, nicht die bei korrekt gestellten Problemen zu erwartende optimale Rate $O(\delta)$, d.h., auch bei optimaler Wahl des Diskretisierungsparameters hat man mit Fehlerverstärkung zu rechnen, die natürlich, wenn man h nicht nahe dem Optimum h_o wählt, größer wird. Deshalb ist es wichtig, Methoden zu entwickeln, die es ermöglichen, aus der verfügbaren Information gute Näherungen für den optimalen Diskretisierungsparameter (bzw. später in allgemeineren Zusammenhängen den optimalen "Regularisierungsparameter") zu berechnen.

Wir führen nun einen allgemeineren Lösungsbegriff für (7.2) ein, dessen Verwendung das Erfülltsein von (7.4) und für eine dichte Menge rechter Seiten auch von (7.3) erzwingt, sodaß wir uns auf die Instabilitätsproblematik (7.5) konzentrieren können. Dazu ist zunächst die Einschränkung auf kompakte Operatoren nicht notwendig.

Es seien X, Y Hilberträume, $T : X \to Y$ linear und beschränkt (nicht notwendigerweise kompakt), $y \in Y$. Wir betrachten die Gleichung

$$Tx = y. \tag{7.20}$$

Definition 7.3

a) $x \in X$ heißt "least-squares-Lösung" von (7.20), falls

$$\|Tx - y\| = \inf\{\|Tz - y\| / z \in X\} \tag{7.21}$$

gilt.

b) $x \in X$ heißt "best-approximierende Lösung" von (7.20), falls x least-squares-Lösung von (7.20) ist und

$$\|x\| = \inf\{\|z\| / z \text{ ist least-squares-Lösung von (7.20)}\} \tag{7.22}$$

gilt.

Die best–approximierende Lösung (die, wie wir sehen werden, eindeutig bestimmt ist) ist also die least–squares Lösung kleinster Norm, im Fall einer im klassischen Sinn lösbare Gleichung ($y \in R(T)$) also die normkleinste Lösung. Wie wir sehen werden, braucht allerdings nicht für jedes $y \in Y$ eine least–squares–Lösung zu existieren. Die eingeführten verallgemeinerten Lösungsbegriffe hängen eng mit der Theorie der "verallgemeinerten Inversen" zusammen:

Definition 7.4 Die "Moore-Penrose-Inverse" von $T \in L(X,Y)$, Symbol $T^\dagger$, ist definiert als die eindeutige lineare Fortsetzung von $\tilde{T}^{-1}$ auf

$$D(T^\dagger) := R(T) \dotplus R(T)^\perp \tag{7.23}$$

mit der Eigenschaft

$$N(T^\dagger) = R(T)^\perp, \tag{7.24}$$

wobei

$$\tilde{T} := T|_{N(T)^\perp} : N(T)^\perp \to R(T). \tag{7.25}$$

Satz 7.5 Die Definition von $T^\dagger$ nach Definition 7.3 ist sinnvoll.

Beweis. Da $N(\tilde{T}) = \{0\}$ und $R(\tilde{T}) = R(T)$ ist, existiert $\tilde{T}^{-1}$. Nach (7.24) und der Forderung der Linearität für $T^\dagger$ ist für $y \in D(T^\dagger)$ mit der eindeutigen Darstellung $y = y_1 + y_2$ ($y_1 \in R(T)$, $y_2 \in R(T)^\perp$) $T^\dagger y = \tilde{T}^{-1} y_1$.

□

Satz 7.6 *Seien (nun wie im folgenden) P und Q die Orthogonalprojektoren auf $N(T)$ und $\overline{R(T)}$. Dann gilt:*

a)

$$TT^\dagger T = T \qquad (7.26)$$
$$T^\dagger TT^\dagger = T^\dagger \qquad (7.27)$$
$$T^\dagger T = I - P \qquad (7.28)$$
$$TT^\dagger = Q|_{D(T^\dagger)}. \qquad (7.29)$$

b) $R(T^\dagger) = N(T)^\perp$.

Beweis. Nach Definition von $T^\dagger$ gilt für alle $y \in D(T^\dagger)$

$$T^\dagger y = \tilde{T}^{-1} Qy = T^\dagger Qy, \qquad (7.30)$$

also ist $T^\dagger y \in R(\tilde{T}^{-1}) = N(T)^\perp$. Für jedes $x \in N(T)^\perp$ ist $T^\dagger T x = \tilde{T}^{-1}\tilde{T}x = x$. Damit ist b) gezeigt.
Ist $y \in D(T^\dagger)$, so ist wegen (7.30) $TT^\dagger y = TT^\dagger Qy = T\tilde{T}^{-1}Qy = \tilde{T}\tilde{T}^{-1}Qy = Qy$, da $\tilde{T}^{-1}Qy \in N(T)^\perp$. Also gilt (7.29).
Nach Definition von $T^\dagger$ gilt für $x \in X$:
$T^\dagger T x = \tilde{T}^{-1}T[Px + (I - P)x] = \tilde{T}^{-1}TPx + \tilde{T}^{-1}\tilde{T}(I - P)x = (I - P)x$ (da $TP = 0$), also gilt (7.28). Aus (7.28) folgt $TT^\dagger T = T(I - P) = T - TP = T$, also (7.26); (7.30) und (7.29) implizieren sofort (7.27).

$\square$

Die Gleichungen (7.26) – (7.29) heißen "Moore–Penrose–Gleichungen" und charakterisieren $T^\dagger$ eindeutig. Es sei bemerkt, daß sich die Theorie der Moore–Penrose–Inversen auf ganz analoge Weise wie für beschränkte Operatoren auch für dicht definierte Operatoren mit abgeschlossenen Graphen aufbauen läßt, was wir hier allerdings nicht benötigen(vgl. etwa [36], [58]).

Satz 7.7

a) *$T^\dagger$ hat einen abgeschlossenen Graphen.*

b) *Die folgenden Aussagen sind äquivalent:*
   b1) $T^\dagger$ ist beschränkt.
   b2) $R(T)$ ist abgeschlossen.
   b3) $TT^\dagger$ hat einen abgeschlossenen Graphen.

Beweis.

a) Wir zeigen zuerst

$$\{(y_1, \tilde{T}^{-1}y_1)/y_1 \in R(T)\} = \{(Tx, x)/x \in X\} \cap (Y \times N(T)^\perp). \quad (7.31)$$

Sei $y_1 \in R(T), x := \tilde{T}^{-1}y_1$. Nach Satz 7.6b ist $x \in N(T)^\perp$, nach (7.29) ist $Tx = TT^\dagger y_1 = y_1$. Also ist $(y_1, \tilde{T}^{-1}y_1) = (Tx, x) \in Y \cap N(T)^\perp$.
Ist $x \in N(T)^\perp, y_1 := Tx$ (also $y_1 \in R(T)$), so ist $\tilde{T}^{-1}y_1 = T^\dagger Tx = x$ nach (7.28), also $(y_1, \tilde{T}^{-1}y_1) = (Tx, x)$. Damit gilt (7.31).
Nach Definition von $T^\dagger$ gilt für den Graphen von $T^\dagger$:

$$
\begin{aligned}
gr(T^\dagger) &= \{(y, T^\dagger y)/y \in D(T^\dagger)\} \\
&= \{(y_1 + y_2, \tilde{T}^{-1}y_1)/y_1 \in R(T), y_2 \in R(T)^\perp\} \\
&= \{(y_1, \tilde{T}^{-1}y_1)/y_1 \in R(T)\} + (R(T)^\perp \times \{0\}),
\end{aligned}
$$

also zusammen mit (7.31)

$$gr(T^\dagger) = [\{(Tx, x)/x \in X\} \cap (Y \times N(T)^\perp)] + [R(T)^\perp \times \{0\}]. \quad (7.32)$$

Die beiden Summanden auf der rechten Seite von (7.32) stehen in $Y \times X$ (mit dem natürlichen inneren Produkt) aufeinander orthogonal und sind beide abgeschlossen (man beachte, daß $gr(T)$ abgeschlossen ist). Damit ist auch ihre Summe, also $gr(T^\dagger)$, abgeschlossen.

b) Sei $R(T)$ abgeschlossen, also $D(T^\dagger) = Y$. Nach dem Graphensatz ist der nach a) graphenabgeschlossene Operator $T^\dagger$ damit beschränkt. Sei nun umgekehrt $T^\dagger$ beschränkt. $T^\dagger$ besitzt dann eine eindeutige stetige Fortsetzung $\overline{T^\dagger}$ auf Y. Aus (7.29) folgt zusammen mit der Stetigkeit von T, daß $T\overline{T^\dagger} = Q$ gilt. Ist nun $y \in \overline{R(T)}$, so ist damit $y = Qy = T\overline{T^\dagger}y \in R(T)$. Also ist $\overline{R(T)} \subseteq R(T)$ und damit abgeschlossen. Die Äquivalenz der beiden Aussagen mit der Abgeschlossenheit des (nach (7.29) stets stetigen!) Operators $TT^\dagger$, die wir im weiteren nicht benötigen, ist einfach zu zeigen.

$\square$

Korollar 7.8 *Sei $K : X \to Y$ kompakt. Ist $\dim R(K) = \infty$, so ist $K^\dagger$ ein dicht definierter, graphenabgeschlossener, unbeschränkter linearer Operator.*

Beweis. folgt sofort aus Satz 2.18 und Satz 7.7b.

$\square$

Die nächste Aussage stellt die Verbindung zwischen der Moore-Penrose-Inversen und den verallgemeinerten Lösungsbegriffen aus Definition 7.3 her:

Satz 7.9 *Sei* $y \in D(T^\dagger)$. *Dann hat die Gleichung (7.20) genau eine best-approximierende Lösung; diese ist gegeben durch* $T^\dagger y$. *Die Menge aller least-squares-Lösungen ist* $\{T^\dagger y\} + N(T)$.

Beweis. Da $y \in D(T^\dagger) = R(T) \dot{+} R(T)^\perp$, ist $Qy \in R(T)$. Es sei

$$S = \{z \in X / Tz = Qy\}. \tag{7.33}$$

Da $Qy \in R(T)$, ist $S \neq \emptyset$. Da der Orthogonalprojektor Q auch metrischer Projektor ist, gilt für alle $z \in S$ und $x \in X$: $\|Tz - y\| = \|Qy - y\| \leq \|Tx - y\|$. Damit sind alle Elemente von S least-squares-Lösungen von (7.20).
Sei umgekehrt z eine least-squares Lösung von (7.20). Dann gilt: $\|Qy - y\| \leq \|Tz - y\| = \inf\{\|u - y\| / u \in R(T)\} = \|Qy - y\|$, also ist Tz das nächste Element zu y in $R(T)$, d.h., $Tz = Qy$. Damit haben wir gezeigt:

$$S = \{x \in X / x \text{ ist least-squares-Lösung von}(7.20)\} \neq \emptyset. \tag{7.34}$$

Sei $\bar{z}$ das Element minimaler Norm der abgeschlossenen linearen Mannigfaltigkeit $S = T^{-1}(\{Qy\})$. Dann gilt $S = \{\bar{z}\} + N(T)$. Es genügt also, zu zeigen, daß

$$\bar{z} = T^\dagger y. \tag{7.35}$$

Als normkleinstes Element von $\bar{z} + N(T)$ steht $\bar{z}$ orthogonal auf $N(T)$, also ist $\bar{z} \in N(T)^\perp$. Dann gilt:

$$\bar{z} \;\;=\;\; \underset{\underset{(7.28)}{|}}{(I-P)\bar{z}} \;\;=\;\; \underset{\underset{T\bar{z}=Qy}{\overset{\bar{z} \in S,\text{ also}}{|}}}{T^\dagger T\bar{z}} \;\;=\;\; \underset{\underset{(7.29)}{\overset{y \in D(T^\dagger)}{|}}}{T^\dagger Qy} \;\;=\;\; T^\dagger TT^\dagger y$$

$$\underset{\underset{(7.27)}{|}}{=} \quad T^\dagger y,$$

also (7.35).

$\square$

Satz 7.10 *Sei* $y \in D(T^\dagger)$. *Dann ist* $x \in X$ *genau dann least-squares-Lösung von (7.20), wenn die "Normalgleichung"*

$$T^*Tx = T^*y \tag{7.36}$$

gilt.

Beweis. x ist least–squares–Lösung von (7.20) genau dann, wenn $\|Tx - y\| = \inf\{\|u-y\|/u \in R(T)\}$; das ist wieder äquivalent dazu, daß $(Tx-y) \in R(T)^\perp = N(T^*)$ ist, also $T^*(Tx - y) = 0$ und damit (7.36) gilt.

□

Satz 7.11 *Die folgenden Aussagen sind äquivalent:*

  a) $y \in D(T^\dagger)$.

  b) (7.36) ist lösbar.

  c) (7.20) hat eine best–approximierende Lösung

  d) (7.20) hat eine least–squares–Lösung

  e) $S \neq \emptyset$, *wobei S wie in (7.33) definiert ist.*

Beweis. Daß aus a) jede der anderen Aussagen folgt, folgt aus Satz 7.9 und seinem Beweis und aus Satz 7.10.

$b \Rightarrow a$: Sei x Lösung von (7.36), also $(Tx - y) \in N(T^*) = R(T)^\perp$. Damit gilt: $0 = Q(Tx - y) = Tx - Qy$, also $Qy \in R(T)$ und damit $y \in D(T^\dagger)$.

$d \Leftrightarrow e$: Für alle $x \in X$ ist $\|Tx - y\|^2 = \|Tx - Qy\|^2 + \|Qy - y\|^2$. Also wird das Infimum von $\|Tx - y\|$ angenommen genau dann, wenn das Infimum von $\|Tx - Qy\|$ (das den Wert 0 hat) angenommen wird, also $S \neq \emptyset$ ist.

$c \Rightarrow d$: klar

$d \Rightarrow c$: Wie in Beweis von Satz 7.9 sieht man (ohne Benützung der hier nicht zur Verfügung stehenden Annahme "$y \in D(T^\dagger)$"), daß die Menge der least–squares–Lösungen die abgeschlossene lineare Mannigfaltigkeit S ist und damit ein normkleinstes Element hat.

$e \Rightarrow b$: Sei $x \in S$. Dann ist $T^*Tx = T^*Qy = T^*Qy + T^*(I - Q)y = T^*y$, also (7.36) lösbar, denn $T^*(I - Q) = 0$, da $R(I - Q) = R(T)^\perp = N(T^*)$.

Damit sind alle Aussagen äquivalent.

□

Bemerkung 7.12 Die best–approximierende Lösung von (7.20) existiert also genau für $y \in D(T^\dagger)$; sie ist eindeutig und durch $T^\dagger y$ gegeben. Sie ist auch als Lösung minimaler Norm der Normalgleichung (7.36) oder der Gleichung $Tx = Qy$ zu erhalten. Also gilt auch: $T^\dagger y = (T^*T)^\dagger T^*y$.

Die best–approximierende Lösung $T^\dagger y$ hängt von y genau dann stetig ab, wenn $R(T)$ abgeschlossen ist. Damit ist das Problem, die best–approximierende Lösung von (7.1) bzw. (7.2) zu berechnen, genau dann korrekt gestellt, wenn $R(K)$ endlichdimensional bzw. der Kern k ausgeartet ist. Im "Normalfall" ist dieses Problem also inkorrekt gestellt, wobei (7.3) und (7.5) verletzt sind. Die

Stabilitätsbedingung (7.5) bleibt auch dann verletzt, wenn man die "zulässigen Daten" y auf $D(T^\dagger)$ einschränkt. In diesem Sinn ist eine Integralgleichung 1. Art "fast immer" inkorrekt gestellt.

Die Moore–Penrose–Inverse, die für die Berechnung der best–approximierenden Lösung von zentraler Bedeutung ist, läßt sich im Falle eines kompakten Operators als Reihe mit Hilfe der sogenannten "singulären Funktionen" und "Singulärwerte" darstellen ("Singulärwertentwicklung"); wir werden nun diese Entwicklung unter Verwendung der Ergebnisse aus Kapitel 2 über Entwicklung nach Eigenfunktionen herleiten:

Sei $K \in L(X, Y)$ kompakt. Dann sind die Operatoren K^*K und KK^* kompakt, selbstadjungiert und positiv semidefinit. Deshalb ist folgende Definition sinnvoll:

Definition 7.13 *Sei* $K \in L(X, Y)$ *kompakt. Eine Folge* $(\sigma_n; u_n, v_n)_{n\in\mathbb{N}}$ *heißt ein "singuläres System", wenn gilt: Alle* σ_n *sind* > 0, $(\sigma_n^2, u_n)_{n\in\mathbb{N}}$ *ist ein Eigensystem zu* KK^*, $v_n = \frac{K^*u_n}{\|K^*u_n\|}$.

Satz 7.14 *Sei* $(\sigma_n; u_n, v_n)$ *ein singuläres System für* K. *Dann gilt:*

a) $\sigma(K^*K) \setminus \{0\} = \{\sigma_n^2 / n \in \mathbb{N}\}$; *die Eigenräume zu* σ_n^2 *für* K^*K *und* KK^* *haben jeweils dieselbe Dimension.*

b) *Für alle* $n \in \mathbb{N}$ *gilt*

$$K^*u_n = \sigma_n v_n \text{ und } Kv_n = \sigma_n u_n. \tag{7.37}$$

c) $\{u_n / n \in \mathbb{N}\}$ *bzw.* $\{v_n / n \in \mathbb{N}\}$ *sind vollständige Orthonormalsysteme in* $\overline{R(KK^*)} = \overline{R(K)}$ *bzw. in* $\overline{R(K^*K)} = \overline{R(K^*)} = N(K)^\perp$; $(\sigma_n^2, v_n)_{n\in\mathbb{N}}$ *ist ein Eigensystem für* K^*K.

Beweis. a/b) Für alle $n \in \mathbb{N}$ gilt $KK^*u_n = \sigma_n^2 u_n$, also auch $K^*u_n \neq 0$. Damit ist v_n sinnvoll definiert. Ferner ist $Kv_n = \frac{1}{\sqrt{\langle K^*u_n, K^*u_n\rangle}} KK^*u_n = \frac{\sigma_n^2 u_n}{\sqrt{\langle u_n, KK^*u_n\rangle}} = \frac{\sigma_n^2 u_n}{\sqrt{\sigma_n^2 \cdot \|u_n\|^2}} = \sigma_n u_n$ und $K^*u_n = v_n \cdot \|K^*u_n\| = v_n\sqrt{\langle u_n, KK^*u_n\rangle} = \sigma_n v_n$; also gilt (7.37), also die Aussage von b. Daraus folgt insbesondere $K^*Kv_n = \sigma_n K^*u_n = \sigma_n^2 v_n$, also ist $\sigma_n^2 \in \sigma(K^*K)$. Ist umgekehrt $\lambda \in \sigma(K^*K) \setminus \{0\}$ mit einem Eigenvektor v, so gilt mit $u := \frac{Kv}{\|Kv\|}$ (man beachte, daß $Kv \neq 0$ ist) $KK^*u = \frac{1}{\|Kv\|}KK^*Kv = \frac{1}{\|Kv\|}K(\lambda v) = \lambda u$; also ist $\lambda \in \sigma(KK^*)\setminus\{0\} = \{\sigma_n^2/n \in \mathbb{N}\}$. Aus dieser Argumentation (insbesondere aus (7.37)) folgt auch, daß die Eigenräume zum gleichen Eigenwert für KK^* bzw. K^*K dieselbe Dimension haben. Damit gilt a/b.

c) Aus Satz 2.38 folgt, daß die $\{u_n\}$ eine Orthonormalbasis von $\overline{R(KK^*)}$ bilden. Nun ist einerseits $R(KK^*) \subseteq R(K)$, andererseits $R(K) = K(N(K)^\perp) = K(\overline{R(K^*)}) \subseteq \overline{K(R(K^*))} = \overline{R(KK^*)}$, insgesamt also $\overline{R(K)} = \overline{R(KK^*)}$ (und analog $\overline{R(K^*)} = \overline{R(K^*K)}$). Da man analog wie oben zeigen kann, daß $\{u_n\}$ eine Orthonormalbasis für $\overline{R(K^*K)}$ ist (man beachte dabei, daß wegen a/b und deren Beweis $(\sigma_n^2; v_n)_{n\in\mathbb{N}}$ ein Eigensystem für K^*K ist), folgt c.

$\square$

Satz 7.15 *Sei $(\sigma_n; u_n, v_n)$ ein singuläres System für $K; y \in Y$. Dann gilt:*

a) $y \in D(K^\dagger) \Leftrightarrow \sum\limits_{n=1}^{\infty} \frac{|\langle y, u_n\rangle|^2}{\sigma_n^2} < \infty.$

b) Für $y \in D(K^\dagger)$ ist

$$K^\dagger y = \sum_{n=1}^{\infty} \frac{\langle x, u_n\rangle}{\sigma_n} v_n. \tag{7.38}$$

Beweis. Sei $y \in D(K^\dagger)$, also $Qy \in R(K)$. Der Orthogonalprojektor Q auf $\overline{R(K)}$ läßt sich wegen Satz 7.14c darstellen als

$$Q = \sum_{n=1}^{\infty} \langle \cdot, u_n\rangle u_n. \tag{7.39}$$

Da $Qy \in R(K)$, existiert ein $x \in X$ mit $Kx = Qy$; o.B.d.A kann man "$x \in N(K)^\perp$" annehmen. Nach Satz 7.14c gilt $x = \sum\limits_{n=1}^{\infty} \langle x, v_n\rangle v_n$, also

$$\sum_{n=1}^{\infty} \langle y, u_n\rangle u_n \;=\; Kx \;=\; \sum_{n=1}^{\infty} \langle x, v_n\rangle K v_n \;=\; \sum_{n=1}^{\infty} \sigma_n \langle x, v_n\rangle u_n.$$

$$\big| \atop (7.37)$$

Damit muß für alle $n \in \mathbb{N}$

$$\langle y, u_n\rangle = \sigma_n \langle x, v_n\rangle \tag{7.40}$$

gelten. Da $(\langle x, v_n\rangle) \in l^2$ ist (als Folge von Fourierkoeffizienten), also auch $(\frac{\langle y, u_n\rangle}{\sigma_n}) \in l^2$ ist, folgt die Bedingung in a.

Sei umgekehrt diese Bedingung erfüllt; dann ist nach dem Satz von Riesz–Fischer $x := \sum\limits_{n=1}^{\infty} \frac{\langle y, u_n\rangle}{\sigma_n} v_n \in X$, und es gilt

$$Kx = \sum_{n=1}^{\infty} \frac{\langle y, u_n\rangle}{\sigma_n} K v_n \;=\; \sum_{n=1}^{\infty} \langle y, u_n\rangle u_n = Qy,$$

$$\big| \atop (7.37)$$

also insbesondere $Qy \in R(K)$ und damit $y \in D(K^\dagger)$. Ferner ist wegen Satz 7.14c $x \in N(K)^\perp$. Aus dem Beweis zu Satz 7.9 folgt, daß $\{z \in X / Kx = Qy\} = \{K^\dagger\}y + N(K)$ gilt. Da x in dieser Menge und zugleich in $N(K)^\perp$ liegt, ist x das Element minimaler Norm in dieser Menge, also nach (7.35): $x = K^\dagger y$. Damit gilt (7.38). $\square$

Bemerkung 7.16 Ist K kompakt und selbstadjungiert mit Eigensystem $(\lambda_n, x_n)_{n \in \mathbb{N}}$, so ist $(|\lambda_n|; x_n, x_n \cdot sgn\lambda_n)_{n \in \mathbb{N}}$ ein singuläres System für K, wie man sofort aus Definition 7.13 erhält. Die Formel (7.38) geht dann über in

$$K^\dagger y = \sum_{n=1}^{\infty} \frac{\langle y, x_n \rangle}{|\lambda_n|} \cdot x_n \cdot sgn(\lambda_n) = \sum_{n=1}^{\infty} \frac{\langle y, x_n \rangle}{\lambda_n} x_n,$$

also in (2.83) (mit $z = 0$, da $K^\dagger y \in N(K)^\perp$). Ebenso geht die Bedingung aus Satz 7.15a in (2.82) über; diese Bedingung nennt man wie in (2.82) "Picardsche Bedingung". Sie ist auch für nicht selbstadjungiertes K notwendig und hinreichend für die Existenz einer best–approximierenden Lösung von (7.2). Die Beobachtungen aus Bemerkung 2.41 betreffend den Einfluß von Fehlern in y gelten auch hier. Je schneller die (σ_n) gegen 0 gehen, desto stärker ist die Einschränkung an zulässige y durch die Picardsche Bedingung und desto stärker ist auch der Einfluß eines Fehlers in y auf die Lösung. Damit ist (7.2) umso "schlechter gestellt", je schneller die (σ_n) gegen 0 gehen (wenn man y festhält).

Da, grob gesprochen, für kompakte Integraloperatoren die singulären Werte umso schneller fallen, je glatter der Kern ist (vgl. Satz 8.4 und Satz 8.5), bestätigt das die Argumentation aus Beispiel 7.2. Will man den "Grad der Schlechtgestelltheit" zweier Probleme mit verschiedenen Operatoren und verschiedenen rechten Seiten vergleichen, so muß man das Abklingen der jeweiligen singulären Werte mit dem der Fourierkoeffizienten ($\langle y, u_n \rangle$) in Beziehung setzen.

Existieren für K nur endlich viele singuläre Werte (ist also dim $R(K) < \infty$), so sind die Reihen in Satz 7.14 (und später in ähnlichen Situationen) als endliche Summen zu lesen, das Problem, $K^\dagger y$ zu berechnen, ist dann korrekt gestellt, da die σ_n von 0 weg beschränkt sind.

Ist K eine (nicht notwendigerweise) quadratische Matrix A, so ergibt sich aus dem singulären System die bekannte "Singulärwertzerlegung"

$$A = U \left(\begin{array}{ccc|c} \sigma_1 & & 0 & \\ & \ddots & & \\ 0 & & \sigma_r & 0 \\ \hline 0 & & & 0 \end{array} \right) V \tag{7.41}$$

mit unitären Matrizen U, V passender Dimension und singulären Werten $\sigma_1, \ldots, \sigma_r$, wobei r der Rang von A ist. (7.38) wird zur bekannten Formel

$$A^\dagger = V^H \left(\begin{array}{ccc|c} \frac{1}{\sigma_1} & & 0 & \\ & \ddots & & \\ 0 & & \frac{1}{\sigma_r} & 0 \\ \hline & 0 & & 0 \end{array} \right) U^H. \tag{7.42}$$

Die Formel (7.41) ergibt sich daraus, daß für kompaktes K mit singulärem System $(\sigma_n; u_n, v_n)$ für $x \in N(K)^{\perp}$ wegen Satz 7.14c gilt: $x = \sum\limits_{n=1}^{\infty} \langle x, v_n \rangle v_n$, also für alle $x \in X$ gilt (man beachte (7.37)!)

$$Kx = \sum_{n=1}^{\infty} \sigma_n \langle x, v_n \rangle u_n. \tag{7.43}$$

Für selbstadjungiertes K reduziert sich (7.43) auf (2.76). Ganz analog sieht man, daß für $y \in Y$

$$K^* y = \sum_{n=1}^{\infty} \sigma_n \langle y, u_n \rangle v_n \tag{7.44}$$

gilt. Im allgemeinen konvergieren die Reihen (7.38), (7.43), (7.44) in der jeweiligen Hilbertraumnorm, also im L^2–Sinn, falls K der durch einen L^2–Kern k auf L^2 erzeugte Integraloperator ist. Ähnlich wie bei den entsprechenden Resultaten für selbstadjungierte Operatoren aus Kapitel 2 zeigt man:
Ist K der durch einen <u>stetigen</u> Kern k auf L^2 erzeugte Integraloperator, so sind die Reihen (7.43) und $\overline{(7.44)}$ absolut und gleichmäßig konvergent.
Ähnlich zu (2.85) zeigt man auch, daß für einen L^2–Kern $k \neq 0$ gilt:

$$k(s,t) = \sum_{n=1}^{\infty} \sigma_n u_n(s) \overline{v_n(t)}, \tag{7.45}$$

wobei die Konvergenz im L^2–Sinn zu verstehen ist und $(\sigma_n; u_n, v_n)$ ein singuläres System für den durch k erzeugten Integraloperator auf L^2 ist. Daraus folgt weiter

$$\sum_{i=1}^{\infty} \sigma_i^2 = \int_G \int_G |k(s,t)|^2 d(s,t). \tag{7.46}$$

Für detaillierte Beweise dieser Aussagen siehe etwa [70].

Beispiel 7.17 Wir betrachten ein klassisches "inverses Problem der Wärmeleitung", die "backwards heat equation":
Sei $u(x,t)$ die Temperatur eines homogenen (eindimensional als $[0, \pi]$ gedachten) Stabes am Ort x zur Zeit t. Wenn alle Konstanten 1 gesetzt werden, so gehorcht u der Wärmeleitungsgleichung

$$\frac{\partial u}{\partial t}(x,t) = \frac{\partial^2 u}{\partial x^2}(x,t), \quad x \in [0, \pi], t \geq 0. \tag{7.47}$$

Wird der Rand des Stabes auf Temperatur 0 gehalten, so gilt

$$u(0,t) = u(1,t) = 0, \quad t \geq 0. \tag{7.48}$$

Ist nun

$$u(x,1) = f(x), \quad x \in [0, \pi], \tag{7.49}$$

also die Temperaturverteilung zur Zeit $t = 1$ gegeben (mit $f(0) = f(\pi) = 0$), so besteht das "inverse Problem" darin, die Anfangstemperaturverteilung

$$u_o(x) = u(x, 0), \quad x \in (0, \pi) \qquad (7.50)$$

aus (7.47), (7.48), (7.49) zu bestimmen. Verwenden wir das vollständige Orthonormalsystem, das aus den Eigenfunktionen des Sturm–Liouville–Problems aus Beispiel 5.11 besteht, kann man $u_o \in L^2[0, \pi]$ in die Reihe

$$u_o(x) = \sum_{n=1}^{\infty} c_n \varphi_n(x), \quad x \in [0, \pi] \qquad (7.51)$$

mit $\varphi_n(x) = \sqrt{\frac{2}{\pi}} \sin(nx)$ und $c_n = \sqrt{\frac{2}{\pi}} \int_0^{\pi} u_o(\tau) \sin(n\tau) d\tau$ entwickeln; ist $u_o \in L^2[0, \pi]$, so konvergiert (7.51) absolut und gleichmäßig (da ja wegen (7.48) $u_o(0) = u_o(\pi)$ gelten muß; vgl Beispiel 5.11). Wir machen nun für die Lösung des "direkten Problems" (7.47), (7.48), (7.50) den "Separationsansatz"

$$u(x, t) := \sum_{n=1}^{\infty} u_n(t) \varphi_n(x), \quad x \in [0, \pi], \quad t \geq 0. \qquad (7.52)$$

Wir argumentieren im folgenden formal und begründen die vorkommenden Vertauschungen von Grenzübergängen nicht (was aber möglich wäre):
Aus (7.52) und (7.47) folgt

$$\sum_{n=1}^{\infty} a_n'(t) \varphi_n(x) = - \sum_{n=1}^{\infty} a_n(t) \varphi_n''(x)$$

und damit (da $\varphi_n'' = -n^2 \varphi_n$ gilt)

$$\sum_{n=1}^{\infty} a_n'(t) \varphi_n(x) = - \sum_{n=1}^{\infty} n^2 a_n(t) \varphi_n(x). \qquad (7.53)$$

Da φ_n ein Orthonormalsystem ist, müssen die a_n den Anfangswertproblemen

$$\left. \begin{array}{rcl} a_n'(t) &=& -n^2 a_n(t), \quad t \geq 0 \\ a_n(0) &=& c_n \end{array} \right\} \qquad (7.54)$$

genügen; die Anfangsbedingung ergibt sich dabei aus (7.50) und (7.51). Also gilt für $n \in \mathbb{N}$

$$a_n(t) = c_n \cdot e^{-n^2 t}, \quad t \geq 0. \qquad (7.55)$$

Damit ist $u(x, t) = \sum_{n=1}^{\infty} c_n e^{-n^2 t} \varphi_n(x)$, insbesondere also (wegen(7.49)) $f(x) = \sum_{n=1}^{\infty} c_n e^{-n^2} \varphi_n(x) = \frac{2}{\pi} \sum_{n=1}^{\infty} \int_0^{\pi} u_0(\tau) \sin(n\tau) d\tau e^{-n^2} \sin(nx)$. Mit

$$k(x, \tau) := \frac{2}{\pi} \sum_{n=1}^{\infty} e^{-n^2} \sin(n\tau) \sin(nx) \qquad (7.56)$$

gilt also

$$f(x) = \int_0^\pi k(x,\tau)u_0(\tau)d\tau. \tag{7.57}$$

Das inverse Problem besteht also in der Lösung der Integralgleichung 1. Art

$$Ku_0 = f, \tag{7.58}$$

wobei K der durch k erzeugte (symmetrische) Integraloperator ist. Man sieht sofort, daß $(e^{-n^2}; \sqrt{\frac{2}{\pi}}\sin(nx), \sqrt{\frac{2}{\pi}}\sin(nx))$ ein singuläres System ist. Da die singulären Funktionen vollständig in L^2 sind, ist $N(K) = N(K^*) = \{0\}$, also ist $D(K^\dagger) = R(K)$ dicht in $L^2[0,\pi]$. Aus Satz 7.15 folgt damit, daß (7.58) und damit das betrachtete inverse Problem der Wärmeleitung eine Lösung genau dann hat, wenn

$$\sum_{n=1}^\infty e^{2n^2}|f_n|^2 < \infty \tag{7.59}$$

gilt, wobei

$$f_n = \sqrt{\frac{2}{\pi}} \int_0^\pi f(\tau)\sin(n\tau)d\tau \tag{7.60}$$

ist. In diesem Fall ist die Lösung gegeben durch

$$\sqrt{\frac{2}{\pi}} \sum_{n=1}^\infty e^{n^2} f_n \cdot \sin(nx). \tag{7.61}$$

Aus (7.60) und (7.61) sieht man, daß dieses Problem extrem schlecht gestellt ist: Eine Lösung existiert nur für solche f, für die die Folge der Fourierkoeffizienten (f_n) extrem schnell abklingt (wesentlich schneller als (e^{-n^2})). Ein kleiner Fehler im n-ten Fourierkoeffizienten pflanzt sich mit dem Faktor e^{n^2} ins Ergebnis fort!

Mit den bisher eingeführten Begriffen könnte die Theorie der Regularisierungsverfahren für kompakte Operatoren aufgebaut werden. Um auch nicht kompakte Operatoren behandeln zu können, benötigen wir einige Begriffe und Tatsachen aus der Spektraltheorie, die hier ohne Beweise angegeben werden: Es sei im folgenden $A \in L(X)$ selbstadjungiert und

$$\begin{aligned}m(A) &:= \inf\{\langle Ax,x\rangle/x \in X, \|x\| = 1\} \\ M(A) &:= \sup\{\langle Ax,x\rangle/x \in X, \|x\| = 1\}.\end{aligned} \tag{7.62}$$

Definition 7.18 *Eine von einem reellen Parameter λ abhängige Familie von Orthogonalprojektoren $\{E_\lambda\} \subseteq L(X)$ heißt eine "zu A gehörige Spektralschar (Zerlegung der Eins)", falls gilt:*

$$E_\lambda \leq E_\mu(\ d.h.: \langle E_\lambda x,x\rangle \leq \langle E_\mu x,x\rangle \ für \ alle \ x \in X),\ falls\ \lambda \leq \mu \tag{7.63}$$

$$\lambda \leq m(A) \Rightarrow E_\lambda = 0, \quad \lambda > M(A) \Rightarrow E_\lambda = I \tag{7.64}$$

$$für\ alle\ x \in X\ ist\ \lambda \to E_\lambda x\ linksseitig\ stetig\ . \tag{7.65}$$

Beispiel 7.19 Sei K kompakt und selbstadjungiert mit Eigensystem $(\lambda_i, x_i)_{i \in \mathbb{N}}$; P sei der Orthogonalprojektor auf $N(K)$. Für $\lambda \in \mathbb{R}$ und $x \in X$ sei

$$E_\lambda x := \sum_{\substack{i=1 \\ \lambda_i < \lambda}}^{\infty} \langle x, x_i \rangle x_i \, (+P), \qquad (7.66)$$

wobei der Summand "+P" nur für $\lambda > 0$ auftritt. Dann ist (E_λ) eine zu A gehörige Spektralschar, denn:
Alle E_λ sind die Orthogonalprojektoren auf

$$X_\lambda := \lim \{x_i / i \in \mathbb{N}, \lambda_i < \lambda\}(+N(K)).$$

Für $\lambda \leq \mu$ ist

$$\langle E_\lambda x, x \rangle = \sum_{\substack{i=1 \\ \lambda_i < \lambda}}^{\infty} |\langle x, x_i \rangle|^2 (+\|Px\|^2) \leq \sum_{\substack{i=1 \\ \lambda_i < \mu}}^{\infty} |\langle x, x_i \rangle|^2 (+\|Px\|^2) = \langle E_\mu x, x \rangle.$$

Da $\sigma(K) \subseteq [m(K), M(K)]$ gilt, ist für $\lambda \leq M(A)$ $E_\lambda = 0$ und für $\lambda > M(A)$ und alle $x \in X$ $E_\lambda x = \sum_{i=1}^{\infty} \langle x, x_i \rangle x_i (+Px) = x$, da nach Satz 2.38 die x_i eine Basis von $\overline{R(K)} = N(K)^\perp$ bilden. Damit gelten (7.63) und (7.64). Ist $\lambda_0 \neq 0$, so folgt die linksseitige Stetigkeit von $\lambda \to E_\lambda x$ in λ_0 aus (7.66) und der Tatsache, daß sich $\sigma(K)$ in λ_0 nicht häufen kann und damit $\lambda \to E_\lambda x$ links von λ_0 sogar ein Stück konstant ist. Für $\lambda_0 = 0$ ist

$$E_0 x = \sum_{\lambda_i < 0} \langle x, x_i \rangle x_i = \lim_{\varepsilon \to 0^+} \sum_{\lambda_i < -\varepsilon} \langle x, x_i \rangle x_i,$$

da die letzteren Summen ja die (endlichen) Partialsummen der Reihe für $E_0 x$ sind. Man beachte, daß E_λ in den Punkten von $\sigma(K)$ nicht rechtsseitig stetig zu sein braucht, da ja bei jeder noch so kleinen Erhöhung von λ ein Eigenwert dazukommen kann. Genauer: $\lambda \to E_\lambda x$ ist linksseitig stetig und stückweise konstant mit Sprungstellen (zumindest für jeweils einige x) genau in den Eigenwerten von K.

Es gibt noch ganz andere zu K gehörige Spektralscharen, denn bisher sind ja der Operator und die Spektralschar nur durch (7.64) ganz lose verknüpft. Man kann aber aus einer *bestimmten* Spektralschar (die dann eindeutig ist) A mittels folgenden Integralbegriffs rekonstruieren, wie wir in Satz 7.21 sehen werden.

Satz 7.20 *Sei $\{E_\lambda\}$ eine zu A gehörige Spektralschar, $a \leq m(A), b > M(A)$, $f : [a, b] \to \mathbb{R}$ stetig. Dann existiert genau ein selbstadjungierter linearer Operator B so, daß für alle $\varepsilon > 0$ gilt: Es gibt ein $\delta > 0$ so, daß für alle Zerlegungen $a \leq \lambda_0 < \lambda_1 < \cdots < \lambda_n \leq b$ mit Feinheit $\sup\{(\lambda_i - \lambda_{i-1})/i \in \{1, \ldots, n\}\} < \delta$ und alle Systeme von Zwischenpunkten $(\xi_1, \ldots, \xi_n)$ $(\xi_i \in]\lambda_{i-1}, \lambda_i]$ für alle i) gilt:*
$$\|B - \sum_{i=1}^{n} f(\xi_i)(E_{\lambda_i} - E_{\lambda_{i-1}})\| < \varepsilon. \text{ Man schreibt } B = \int_a^b f(\lambda) dE_\lambda \text{ oder auch (da } B$$
nicht von a, b abhängt, solange $a \leq m(A)$ und $b > M(A)$ gilt) $B := \int_{-\infty}^{+\infty} f(\lambda) dE_\lambda$.

Satz 7.21 *Sei A selbstadjungiert. Dann existiert genau eine ("die") zu A gehörige Spektralschar so, daß gilt:*

$$A = \int\limits_{-\infty}^{+\infty} \lambda dE_\lambda. \tag{7.67}$$

Beispiel 7.22 Sei K kompakt und selbstadjungiert, $\{E_\lambda\}$ wie in (7.66). Aus Definition 7.20 (die ja völlig analog der Definition eines Riemann–Stieltjes Integrals ist) und den Eigenschaften von $\{E_\lambda\}$ (vgl. Beispiel 7.19) sieht man, daß für stetige f gilt:

$$\int\limits_{-\infty}^{+\infty} f(\lambda)dE_\lambda = \sum_{i=1}^{\infty} f(\lambda_i)\langle\cdot, x_i\rangle x_i \quad (+f(0)\cdot P). \tag{7.68}$$

Ist f die identische Funktion, so ergibt sich wegen Korollar 2.39: $\int\limits_{-\infty}^{+\infty} \lambda dE_\lambda = \sum_{i=1}^{\infty} \lambda_i\langle\cdot, x_i\rangle x_i = K$. Also ist $\{E_\lambda\}$ <u>die zu K gehörige Spektralschar.</u>

Definition 7.23 *Sei $\{E_\lambda\}$ die zum selbstadjungierten Operator $A \in L(X)$ gehörige Spektralschar, $f : [a, b] \to \mathbb{R}$ stetig, wobei $a \leq m(A)$ und $b > M(A)$ beliebig sind. Dann sei*

$$f(A) := \int\limits_{a}^{b} f(\lambda)dE_\lambda. \tag{7.69}$$

$f(A)$ hängt nicht von a, b ab.

Die "Operatorfunktion" $f(A)$ ist also definierbar, sobald f stetig auf einem Intervall $[a, b]$ mit $a \leq m(A), b > M(A)$ ist. Man beachte, daß $\{E_\lambda\}$ gerade in $M(A)$ noch einen Sprung haben kann, sodaß $b = M(A)$ nicht ausreichen würde, da dann dieser Sprung nicht mehr erfaßt würde.
Die Definition von $f(A)$ ist sinnvoll, da sie für Funktionen f, für die $f(A)$ auch elementar definierbar ist, mit dieser elementaren Definition übereinstimmt:

Satz 7.24 *Seien A und $\{E_\lambda\}$ wie in Definition 7.23, $a \leq m(A), b > M(A)$, $f, g : [a, b] \to \mathbb{R}$ stetig, $p = \sum\limits_{k=0}^{n} a_k id^k$ eine Polynomfunktion. Dann gilt:*

a) $\sum\limits_{k=0}^{n} a_k A^k = p(A) = \int\limits_{a}^{b} p(\lambda)dE_\lambda$

b) $f(A) \circ g(A) = \int\limits_{a}^{b} f(\lambda)g(\lambda)dE_\lambda = g(A) \circ f(A) = (f \cdot g)(A).$

c) Ist (p_n) eine auf $[a, b]$ gleichmäßig gegen f konvergente Folge von Polynomen, so ist $f(A) = \lim_{n\to\infty} p_n(A)$ (im Sinn der Operatornorm).

d) Für $x, y \in X$ *ist*

$$\langle f(A)x, y \rangle = \int_a^b f(\lambda) d\langle E_\lambda x, y \rangle \qquad (7.70)$$

und speziell

$$\|f(A)x\|^2 = \int_a^b f(\lambda)^2 d\|E_\lambda x\|^2. \qquad (7.71)$$

Dabei ist $d\langle E_\lambda x, y \rangle$ *bzw.* $d\|E_\lambda x\|^2$ *das Symbol für das (signierte) Maß* μ *bzw.* ν *auf* $[a, b]$, *das durch* $\mu([\lambda_1, \lambda_2[) := \langle E_{\lambda_2} x, y \rangle - \langle E_{\lambda_1} x, y \rangle$ *bzw.* $\nu([\lambda_1, \lambda_2[) := \|E_{\lambda_2} x\|^2 - \|E_{\lambda_1} x\|^2$ *eindeutig festgelegt ist.*

e) Ist A *stetig invertierbar, so ist* $A^{-1} = \int_a^b \frac{1}{\lambda} dE_\lambda$.

Man beachte, daß (7.71) ein Spezialfall von (7.70) ist, da

$$\|E_\lambda x\|^2 = \langle E_\lambda x, E_\lambda x \rangle = \langle E_\lambda^2 x, x \rangle = \langle E_\lambda x, x \rangle$$

gilt, denn E_λ ist als Orthogonalprojektor selbstadjungiert und idempotent. Ebenso gilt

$$\|f(A)x\|^2 = \langle f(A)x, f(A)x \rangle = \langle f^2(A)x, x \rangle$$

wegen der Selbstadjungiertheit von $f(A)$ und Satz 7.24b. Wegen (7.63) ist $d\|E_\lambda x\|^2$ ein positives Maß.

Das Integral $\int_a^b \frac{1}{\lambda} dE_\lambda$ in Satz 7.24e ist wie folgt zu verstehen:

Ist A stetig invertierbar, also $0 \notin \sigma(A)$, so existiert wegen der Abgeschlossenheit von $\sigma(A)$ ein $\varepsilon > 0$ mit $]-\varepsilon, \varepsilon[\cap \sigma(A) = \emptyset$. Auf $[a, -\varepsilon] \cup [\varepsilon, b]$ ist $\lambda \to \frac{1}{\lambda}$ stetig und daher $\int_a^b \frac{1}{\lambda} dE_\lambda := \int_a^\varepsilon \frac{1}{\lambda} dE_\lambda + \int_\varepsilon^b \frac{1}{\lambda} dE_\lambda$ sinnvoll definiert. Die Herausnahme von $]-\varepsilon, \varepsilon[$ stört nicht, da dort $\lambda \to E_\lambda x$ konstant ist (vgl. Satz 7.25a).

Das Verhalten der Funktionen $\lambda \to E_\lambda x$ haben wir im Falle eines kompakten Operators in Beispiel 7.19 untersucht: Diese Funktionen sind stückweise konstant und springen höchstens in den Eigenwerten. Für nicht kompakte Operatoren gilt:

Satz 7.25 *Seien* A *und* $\{E_\lambda\}$ *wie in Definition 7.23,* $\lambda_0 \in \mathbb{R}$. *Dann gilt:*

a) λ_0 *liegt im Spektrum von* A *genau dann, wenn* $\lambda \to E_\lambda$ *in* λ_0 *nicht konstant ist (d.h.:* $E_{\lambda_0+\varepsilon} \neq E_{\lambda_0-\varepsilon}$ *für alle* $\varepsilon > 0$).

b) λ_0 *ist* <u>kein</u> *Eigenwert von* A *genau dann, wenn für alle* $x \in X$ *die Funktion* $\lambda \to E_\lambda x$ *stetig in* λ_0 *ist.*

c) *Ist λ_0 Eigenwert von A und ist P_0 der Orthogonalprojektor auf $N(\lambda_0 I - A)$,
so gilt für alle $x \in X$*

$$P_0 x = \lim_{\varepsilon \to 0^+} (E_{\lambda_0 + \varepsilon} x - E_{\lambda_0} x). \qquad (7.72)$$

Beweise und wesentlich allgemeinere Aussagen (sowohl bzgl. der zulässigen Operatoren als auch bzgl. der zugelassenen Funktionen) findet man etwa in [77]. Satz 7.21 heißt "Spektralsatz".

Mit Hilfe der eingeführten Begriffe können wir eine Vielzahl von "Regularisierungsverfahren" zur Lösung linearer inkorrekt gestellter Probleme konstruieren und deren Eigenschaften untersuchen.

Ein Regularisierungsverfahren soll dabei ein Verfahren zur Berechnung von Näherungslösungen von (7.20) sein, das auch im inkorrekt gestellten Fall, also wenn $T^\dagger$ unbeschränkt ist, stabil ist. Die bloße Anwendung des Lösungsoperators $T^\dagger$ auf fehlerbehaftete Daten y^δ (mit der Fehlerschranke $\|y - y^\delta\| \leq \delta$) genügt dieser Definition sicher nicht, selbst wenn $y^\delta \in D(T^\dagger)$. Ist $T^\dagger$ unbeschränkt, so muß es durch einen stetigen Operator approximiert werden, wobei die Approximationsgüte durch einen Parameter α, den "Regularisierungsparameter", gesteuert wird; $T^\dagger$ wird also durch einen stetigen Operator $R(\alpha, \cdot)$ ersetzt, wobei die parameterabhängige Familie $R(\alpha, \cdot)$ so gewählt wird, daß mit $\alpha \to 0$ $R(\alpha, \cdot)$ gegen $T^\dagger$ konvergiert, was, falls $T^\dagger$ unbeschränkt ist, nicht im Sinn der Operatornorm, sondern nur punktweise möglich ist. Mit fallendem α werden die $R(\alpha, \cdot)$ "immer instabiler", d.h., $\|R(\alpha, \cdot)\|$ wird unbeschränkt wachsen, weil ja der unbeschränkte Operator $T^\dagger$ approximiert wird. Für kleine α wächst also der fortgepflanzte Datenfehler $R(\alpha, y^\delta) - R(\alpha, y)$. Es muß also α geeignet gewählt werden, sodaß der Gesamtfehler möglichst klein wird, und zwar in Abhängigkeit von δ und/oder y^δ; vgl. Beispiel 7.2 für eine analoge Situation, wo die Regularisierung durch das Ersetzen der Differentiation durch das Anwenden des zentralen Differenzenquotienten mit Schrittweite h, die die Rolle des Regularisierungsparameters spielte, erfolgte.

Erfolgt die Wahl des Regularisierungsparameters nur in Abhängigkeit von δ, so spricht man von einer "a-priori-Parameterwahlstrategie" $\alpha = \alpha(\delta)$, gehen auch die konkreten Daten y^δ in die Wahl ein (also $\alpha = \alpha(\delta, y^\delta)$), von einer "a-posteriori-Parameterwahlstrategie". Wir geben der Einfachheit halber Definitionen und Resultate nur für a-priori-Strategien an, kommen aber auf die (realistischeren) a-posteriori-Strategien später zurück.

Definition 7.26 *Seien X, Y Hilberträume, $T \in L(X, Y)$. Ein (linearer) "Regularisierungsoperator" für T ist eine Abbildung $R : \mathbb{R}^+ \times Y \to X$ mit folgenden Eigenschaften:*

Für alle $\alpha > 0$ ist $R(\alpha, .)$ ein beschränkter linearer Operator. $\qquad (7.73)$

*Für alle $y \in D(T^\dagger)$ existiert eine Funktion
$\alpha : \mathbb{R}^+ \to \mathbb{R}^+$ mit $\lim_{\delta \to 0} \alpha(\delta) = 0$ so, daß* $\qquad (7.74)$
$\lim_{\delta \to 0} \sup\{\|R(\alpha(\delta), y^\delta) - T^\dagger y\| / \|y - y^\delta\| \leq \delta\} = 0.$

Das zugehörige "Regularisierungsverfahren" besteht darin, für gestörte Daten y^δ mit $\|y - y^\delta\| \leq \delta$ als Näherung für $T^\dagger y$ die Größe $x_\alpha^\delta := R(\alpha(\delta), y^\delta)$ zu benutzen, wobei der "Regularisierungsparameter" $\alpha = \alpha(\delta)$ so gewählt ist, daß (7.74) gilt.

Manchmal verlangt man von der Parameterwahlstrategie $\alpha = \alpha(\delta)$ Monotonie und läßt auch zu, daß $R(\alpha, \cdot)$ nichtlinear ist.

Bemerkung 7.27 Ein Regularisierungsoperator ist also für jedes $\alpha > 0$ stetig, sodaß die Berechnung von $R(\alpha, y^\delta)$ korrekt gestellt ist. Die Berechnung von $T^\dagger y$ wird also durch ein korrekt gestelltes Ersatzproblem approximiert, wobei die Abweichung der beiden Probleme voneinander durch den Regularisierungsparameter α festgelegt wird, der in Abhängigkeit vom Datenfehler δ zu wählen ist. Die Forderung (7.74) legt den Begriff der "Konvergenz" für ein Regularisierungsverfahren fest: Es ist für $y^\delta \in Y$ nicht etwa $\lim\limits_{\alpha \to 0} R(\alpha, y^\delta)$ zu berechnen (wir werden in Satz 7.29 sehen, daß i.a. dieser Grenzwert nicht existiert), sondern es sind α und δ abhängig voneinander so zu verkleinern, daß $R(\alpha, y^\delta)$ für alle y^δ mit $\|y - y^\delta\| \leq \delta$ gegen $T^\dagger y$ strebt, wenn nur $\alpha = \alpha(\delta)$ stets richtig gewählt wird. Analog kann man "schwache Konvergenz" definieren: Dabei ist $\alpha = \alpha(\delta)$ so zu wählen, daß für alle Folgen $(\delta_n) \to 0$ und alle Folgen (y^{δ_n}) mit $\|y - y^{\delta_n}\| \leq \delta_n$ die Folge $(R(\alpha(\delta_n), y^{\delta_n}))$ schwach gegen $T^\dagger y$ konvergiert.

Ist $R(T)$ abgeschlossen, so ist durch $R(\alpha, .) := T^\dagger$ bereits ein Regularisierungsoperator definiert, da ja $T^\dagger$ dann stetig ist, d.h., Regularisierung ist unnötig (kann aber numerisch trotzdem sinnvoll sein, wenn etwa $T^\dagger$ zwar stetig ist, aber die (Pseudo–)Kondition $\|T\| \cdot \|T^\dagger\|$ sehr groß ist).

Folgender Satz gibt erste Hinweise, wie Regularisierungsoperatoren zu konstruieren sind:

Satz 7.28 *Seien* X, Y, T *wie in Def. 7.26,* $R : \mathbb{R}^+ \times Y \to X$ *sei so, daß (7.73) gilt. Dann ist* R *genau dann ein Regularisierungsoperator für* T, *wenn für alle* $y \in D(T^\dagger)$

$$\lim_{\alpha \to 0} R(\alpha, y) = T^\dagger y \tag{7.75}$$

gilt.

Beweis. Die Notwendigkeit von (7.75) folgt sofort aus (7.74). Es gelte umgekehrt (7.75) und es sei $y \in D(T^\dagger)$ beliebig, aber fest. Wegen (7.75) existiert eine monotone positive Funktion $\bar{\alpha} : \mathbb{R}^+ \to \mathbb{R}$ mit $\lim\limits_{\varepsilon \to 0} \bar{\alpha}(\varepsilon) = 0$ so, daß für alle $\varepsilon > 0$

$$\|R(\bar{\alpha}(\varepsilon), y) - T^\dagger y\| \leq \frac{\varepsilon}{2} \tag{7.76}$$

gilt. Ferner existiert wegen der Stetigkeit aller $R(\bar{\alpha}(\varepsilon), \cdot)$ eine positive (o.B.d.A stetige und streng monotone) Funktion $\bar{\delta} : \mathbb{R}^+ \to \mathbb{R}$ mit $\lim\limits_{\varepsilon \to 0} \bar{\delta}(\varepsilon) = 0$ so, daß für alle $\varepsilon > 0$ und $y^\delta \in Y$ mit $\|y^\delta - y\| \leq \delta(\varepsilon)$

$$\|R(\bar{\alpha}(\varepsilon), y^\delta) - R(\bar{\alpha}(\varepsilon), y)\| \leq \frac{\varepsilon}{2} \tag{7.77}$$

gilt. Wegen der strengen Monotonie von $\bar{\delta}$ existiert die Umkehrfunktion $\bar{\varepsilon} :=$ $\bar{\delta}^{-1}$; $\bar{\varepsilon}$ ist streng monoton, stetig und erfüllt $\lim\limits_{\delta \to 0} \bar{\varepsilon}(\delta) = 0$. Sei $\alpha : \mathbb{R}^+ \to \mathbb{R}^+$ definiert durch $\alpha := \bar{\alpha} \circ \bar{\varepsilon}$. Dann ist α monoton mit $\lim\limits_{\delta \to 0} \alpha(\delta) = 0$. Ferner gilt für alle $\varepsilon > 0$ mit $\delta := \bar{\delta}(\varepsilon)$ für alle $y^\delta \in Y$ mit $\|y - y^\delta\| \leq \delta : \|T^\dagger y - R(\alpha(\delta), y^\delta)\| \leq$ $\|T^\dagger y - R(\bar{\alpha}(\varepsilon), y)\| + \|R(\bar{\alpha}(\varepsilon), y) - R(\bar{\alpha}(\varepsilon), y^\delta)\| \leq \varepsilon$. Damit gilt (7.74).

□

Satz 7.29 *Sei R ein Regularisierungsoperator für T. Dann sind folgende Aussagen äquivalent:*

a) $\lim\limits_{\alpha \to 0} \|R(\alpha, \cdot)\| = +\infty$

b) $R(T)$ *ist nicht abgeschlossen.*

Beweis. Nach Satz 7.28 konvergiert $R(\alpha, \cdot)$ punktweise auf der dichten Menge $D(T^\dagger)$ gegen $T^\dagger$. Wäre $(\|R(\alpha_n, \cdot)\|)$ für irgendeine Nullfolge (α_n) beschränkt, so wäre nach dem Satz von Banach–Steinhaus $T^\dagger$ beschränkt, also $R(T)$ abgeschlossen. Ist umgekehrt $R(T)$ abgeschlossen, also $D(T^\dagger) = Y$, so konvergiert nach Satz 7.28 $R(\alpha, \cdot)$ auf ganz Y punktweise gegen $T^\dagger$, also ist $(\|R(\alpha, \cdot)\|)$ nach dem Satz von Banach–Steinhaus beschränkt.

□

Bemerkung 7.30 Regularisierungsoperatoren für Operatoren mit nicht abgeschlossenem Wertebereich sind also punktweise Approximationen von $T^\dagger$, deren Norm mit $\alpha \to 0$ gegen ∞ geht. Damit hängt $R(\alpha, y)$ für jedes $\alpha > 0$ zwar stetig von y ab, jedoch wird der Einfluß von Fehlern in y mit kleiner werdendem α immer größer. Es folgt auch sofort aus dem Satz Banach–Steinhaus, daß für jede Nullfolge (α_n) ein $y \in Y \setminus D(T^\dagger)$ mit $\lim\limits_{n \to \infty} \|R(\alpha_n, y)\| = \infty$ existiert; d.h., die Anwendung eines Regularisierungsverfahrens auf ein fixes Element außerhalb $D(T^\dagger)$ kann mit $\alpha \to 0$ zu Divergenz führen (bzw. führt, wie man zeigen kann, immer zu Divergenz).

Nun taucht natürlich die Frage auf, wie man Operatoren $R(\alpha, .)$, die (7.75) erfüllen und damit Regularisierungsoperatoren sind, konstruiert. Dabei hilft folgende heuristische Überlegung:
Ist $T : X \to Y$ injektiv mit abgeschlossenem Wertebereich, so ist T^*T stetig invertierbar (also $0 \notin \sigma(T^*T)$) und $T^\dagger = (T^*T)^{-1}T^*$ nach Satz 7.10. Wenn $\{E_\lambda\}$ die Spektralschar von T^*T bezeichnet, so ist also $T^\dagger = (\int\limits_{-\infty}^{+\infty} \frac{1}{\lambda} dE_\lambda)T^*$.

Ist nun $0 \in \sigma(T)$, so ist dieses Integral nicht sinnvoll, da der Integrand in einem Punkt des Spektrums einen Pol hat. Sehr wohl ist aber $U(\alpha, T^*T)T^* = \int_{-\infty}^{+\infty} U(\alpha, \lambda)dE_\lambda T^*$ sinnvoll definiert, wobei $U(\alpha, \lambda) : [0, +\infty[\to \mathbb{R}$ eine stetige Approximation von $\frac{1}{\lambda}$ mit $\lim_{\alpha \to 0} U(\alpha, \lambda) = \frac{1}{\lambda}$ sein soll. Es liegt also nahe, zu vermuten, daß $R(\alpha, .) := U(\alpha, T^*T)T^*$ ein Regularisierungsoperator für T ist. Unter schwachen Vorraussetzungen gilt das tatsächlich, wie der folgende Satz zusammen mit Satz 7.28 zeigt

Satz 7.31 $U : \mathbb{R}^+ \times [0, +\infty[\to \mathbb{R}$ *erfülle folgende Voraussetzungen:*

$$\text{für alle } \alpha > 0 \text{ ist } U(\alpha, .) \text{ stetig,} \qquad (7.78)$$

$$\text{es existiert } C > 0 \text{ so, daß für alle } \alpha > 0 \text{ und } \lambda \geq 0 \qquad (7.79)$$
$|\lambda \cdot U(\alpha, \lambda)| \leq C$ gilt,

$$\text{für alle } \lambda \neq 0 \text{ ist } \lim_{\alpha \to 0} U(\alpha, \lambda) = \frac{1}{\lambda}. \qquad (7.80)$$

Dann gilt mit $T \in L(X, Y)$ für alle $y \in D(T^\dagger)$:

$$\lim_{\alpha \to 0} U(\alpha, T^*T)T^*y = T^\dagger y. \qquad (7.81)$$

Beweis. Es sei $H := N(T)^\perp = \overline{R(T^*)}, A := T^*T|_H \in L(H), \{E_\lambda\}$ die zu A gehörige Spektralschar, $y \in D(T^\dagger)$. Nach Satz 7.6b ist $x := T^\dagger y \in H$. Ferner ist nach Satz 7.10 $T^*Tx = T^*y$. Also gilt für alle $\alpha > 0$:

$$U(\alpha, T^*T)T^*y = U(\alpha, A)Ax = \int_0^\infty \lambda \cdot U(\alpha, \lambda)dE_\lambda x,$$

also

$$U(\alpha, T^*T)T^*y - T^\dagger y = U(\alpha, A)Ax - x = \int_0^\infty [\lambda U(\alpha, \lambda) - 1]dE_\lambda x.$$

Mit (7.71) folgt:

$$\|U(\alpha, T^*T)T^*y - T^\dagger y\|^2 = \int_0^\infty [\lambda U(\alpha; \lambda) - 1]^2 d\|E_\lambda x\|^2. \qquad (7.82)$$

Mit $d\|E_\lambda x\|^2 =: \nu$ (definiert wie in Satz 7.24d) gilt: $\nu(\{0\}) = \nu(\cap_{n=1}^\infty [0, \frac{1}{n}[) = \lim_{n \to \infty} \nu([0, \frac{1}{n}[) = \lim_{n \to \infty} (\|E_{\frac{1}{n}} x\|^2) = 0$, da nach Satz 7.25b die Funktion $\lambda \to E_\lambda x$ stetig in $\lambda = 0$ ist (weil 0 kein Eigenwert von A ist). Der Integrand $[\lambda \cdot U(\alpha, \lambda) - 1]^2$ ist wegen (7.79) durch $(C + 1)^2$ beschränkt. Da ν kompakten

Träger hat (weil $\sigma(A)$ kompakt ist), ist die Konstante $(C+1)^2$ ν–integrierbar. Damit gilt nach dem Lebesgueschen Satz über die dominierte Konvergenz:

$$\lim_{\alpha \to 0} \int_0^\infty [\lambda U(\alpha, \lambda) - 1]^2 d\|E_\lambda x\|^2 = \int_0^\infty \lim_{\alpha \to 0} [\lambda U(\alpha, \lambda) - 1]^2 d\|E_\lambda x\|^2. \tag{7.83}$$

Für $\lambda \neq 0$ ist $\lim_{\alpha \to 0}[\lambda U(\alpha, \lambda) - 1]^2 = 0$ (wegen (7.80)), für $\lambda = 0$ ist dieser Limes $= 1$. Also folgt mit (7.82) und (7.83): $\lim_{\alpha \to 0}\|U(\alpha, T^*T)T^*y - T^\dagger y\|^2 = \nu(\{0\}) = 0$. Damit gilt (7.81).

□

Aus den Sätzen 7.28 und 7.31 folgt sofort:

Korollar 7.32 *Es sei U wie in Satz 7.31, $T \in L(X, Y)$. Dann ist*

$$R(\alpha, .) := U(\alpha, T^*T)T^* \quad (\alpha > 0) \tag{7.84}$$

ein Regularisierungsoperator für T.

Bevor wir uns nun den Fragen der Wahl des Regularisierungsparameters α in Abhängigkeit vom Datenfehlerniveau δ und der Frage der Konvergenzgeschwindigkeit von $\|R(\alpha(\delta), y^\delta) - T^\dagger y\|$ mit $\delta \to 0$ zuwenden, sollen einige Beispiele für konkrete auf dieser spektraltheoretischen Basis konstruierte Regularisierungsverfahren angegeben werden:

Beispiel 7.33

a) Sei $U(\alpha, \lambda) := \frac{1}{\alpha + \lambda}$. Dann ergibt sich

$$R(\alpha, .) = (\alpha I + T^*T)^{-1}T^*; \tag{7.85}$$

die Näherungslösung x_α^δ des Problems, $T^\dagger y$ mit Hilfe der Daten y^δ ($\|y - y^\delta\| \leq \delta$) zu berechnen, ist also durch

$$T^*Tx + \alpha x = T^*y^\delta \tag{7.86}$$

gegeben. Man kann (7.86) als "regularisierte Normalgleichung" (vgl. (7.36)) auffassen. Andererseits ist (7.86) äquivalent zum Minimierungsproblem

$$\|Tx - y^\delta\|^2 + \alpha\|x\|^2 \to \min ., \tag{7.87}$$

denn: Ist $f(x) := \|Tx - y^\delta\|^2 + \alpha\|x\|^2$, so ist dieses streng konvexe lineare Funktional Fréchet–differenzierbar mit $f'(x)h = 2\langle Tx - y^\delta, Th \rangle + 2\alpha\langle x, h \rangle = 2(\langle T^*Tx - T^*y^\delta + \alpha x, h \rangle)$. Da das eindeutige Minimum dadurch charakterisiert wird, daß für alle $h \in X$ $f'(x)h = 0$ gilt, folgt (7.86). In

(7.87) wird also statt des Residuums allein eine Kombination mit $\|x\|$ minimiert, was zu Existenz und Stabilität der Lösung führt.

Man kann sich (7.87) auch folgendermaßen entstanden denken:

Wenn man über die Daten y^δ nur die Information $\|y - y^\delta\| \leq \delta$ hat, ist jedes x mit

$$\|Tx - y^\delta\| \leq \delta \qquad (7.88)$$

eine gleichberechtigte Näherungslösung von (7.20). Die Menge aller x, die (7.88) erfüllen, ist aber unbeschränkt, falls $T^\dagger$ unbeschränkt ist. Da man aber eine best–approximierende Lösung sucht, ist es naheliegend, unter allen Lösungen von (7.88) diejenige minimaler Norm zu suchen. Wenn $\|y^\delta\| \leq \delta$ ist, ist diese $x = 0$, andernfalls, also falls

$$\|y^\delta\| > \delta \qquad (7.89)$$

gilt, liegt sie am Rand des zulässigen Bereichs für (7.88), man hat also das gleichungsrestringierte Optimierungsproblem

$$\|Tx - y^\delta\| = \delta$$
$$\|x\| \to \min. \qquad (7.90)$$

zu lösen, das mittels der Methode der Lagrange-Multiplikatoren auf

$$\|x\|^2 + \lambda \|Tx - y^\delta\|^2 \to \min., \qquad (7.91)$$

mit $\alpha := \frac{1}{\lambda}$ also auf (7.87) führt. Die Gleichheitsrestriktion in (7.90) bleibt aber bestehen, sodaß man insgesamt x_α^δ gemäß (7.86) unter der Zusatzbedingung

$$\|Tx_\alpha^\delta - y^\delta\| = \delta \qquad (7.92)$$

zu bestimmen hat. Die nichtlineare Gleichung (7.92) kann man als Bestimmungsgleichung für den Regularisierungsparameter α auffassen, in die neben δ auch y^δ eingeht, also als a-posteriori-Parameterwahlstrategie. Man nennt diese (in der Praxis in leichten Abwandlungen häufig verwendete Strategie) "Diskrepanzprinzip". Wir kommen auf dieses Prinzip später kurz zurück.

Ist nun K kompakt mit singulärem System $(\sigma_n; u_n, v_n)_{n \in \mathbb{N}}$, so ergibt sich aus Satz 7.14c und (7.68):

Für alle $x \in X$ ist $(\alpha I + K^*K)^{-1}x = \int_{-\infty}^{+\infty} \frac{1}{\alpha + \lambda} dE_\lambda x = \sum_{n=1}^{\infty} \frac{\langle x, v_n \rangle}{\alpha + \sigma_n^2} v_n$, also mit $x = K^*y^\delta$ (zusammen mit $\langle K^*y^\delta, v_n \rangle = \langle y^\delta, Kv_n \rangle = \sigma_n \langle y^\delta, u_n \rangle$) :

$$(\alpha I + K^*K)^{-1}K^*y^\delta = \sum_{n=1}^{\infty} \frac{\sigma_n \langle y^\delta, u_n \rangle}{\alpha + \sigma_n^2} v_n. \qquad (7.93)$$

Der Vergleich mit (7.38) zeigt den Regularisierungseffekt: Fehler in $\langle y, u_n \rangle$ werden nun nicht mehr mit $\frac{1}{\sigma_n}$, sondern mit $\frac{\sigma_n}{\alpha + \sigma_n^2}$ multipliziert; damit ist der Verstärkungsfaktor für Fehler in den einzelnen Fourierkoeffizienten von $\langle y, u_n \rangle$ nach oben beschränkt (abhängig von α).

Die hier vorgestellte Methode heißt "Tikhonov–Regularisierung" und ist das wohl bekannteste Regularisierungsverfahren.

b) Sei $U(\alpha, \lambda) = \frac{(\alpha+\lambda)^n - \alpha^n}{\lambda(\alpha+\lambda)^n}$ mit $n \in \mathbb{N}$ fix (wobei $U(\alpha, 0) = \lim\limits_{\lambda \to 0} U(\alpha, \lambda) = \dfrac{n}{\alpha}$ sein soll). Man rechnet mit Hilfe des binomischen Lehrsatzes nach, daß

$$U(\alpha, \lambda) = (\alpha + \lambda)^{-n} \sum_{k=0}^{n-1} \binom{n}{k+1} \alpha^{n-k-1} \lambda^k$$

gilt. Also ist

$$U(\alpha, T^*T)T^* = (\alpha I + T^*T)^{-n} \left[\sum_{k=0}^{n-1} \binom{n}{k+1} \alpha^{n-k-1}(T^*T)^k \right] T^*.$$

Ist also $x_{\alpha,n}^\delta = U(\alpha, T^*T)T^*y^\delta$, so ist $x_{\alpha,n}^\delta$ charakterisiert durch die eindeutig lösbare Gleichung

$$(\alpha I + T^*T)^n x = \sum_{k=0}^{n-1} \binom{n}{k+1} \alpha^{n-k-1}(T^*T)^k T^*y^\delta. \tag{7.94}$$

Man beachte, daß sich für $n = 1$ genau (7.86) ergibt. Man kann $x_{\alpha,n}^\delta$ auf folgende Weise rekursiv berechnen:

$$\left. \begin{array}{rcl} x_{\alpha,0}^\delta &:=& 0; \\ \text{für } i \in \{1, \ldots, n\} \quad \text{ist } x_{\alpha,i}^\delta \text{ die eindeutige Lösung von} \\ (\alpha I + T^*T)x &=& T^*y^\delta + \alpha x_{\alpha,i-1}^\delta. \end{array} \right\} \tag{7.95}$$

Man zeigt etwa mit Hilfe von Induktion, daß die Definitionen von $x_{\alpha,n}^\delta$ nach (7.94) und (7.95) äquivalent sind; (7.95) legt es nahe, diese Methode "iterierte Tikhonov–Regularisierung der Ordnung n" zu nennen. Der Aufwand zur Berechnung von $x_{\alpha,n}^\delta$ ist nicht wesentlich höher als der zur Berechnung der Tikhonov–regularisierten Lösung nach a, da sich die Gleichungen in (7.95) nur in der rechten Seite, nicht aber im zu invertierenden Operator unterscheiden.

Die Funktionen U aus a und b erfüllen die Voraussetzungen von Satz 7.31, sodaß es sich um Regularisierungsverfahren im Sinn von Definition 7.26 handelt. Insbesondere gilt (7.75). Dasselbe gilt auch für das folgende Beispiel:

c) $U(\alpha, \lambda) := \int\limits_0^{\frac{1}{\alpha}} e^{-\lambda t} dt$. Für $\lambda \neq 0$ ist $\lim\limits_{\alpha \to 0} U(\alpha, \lambda) = \int\limits_0^{+\infty} e^{-\lambda t} dt = \dfrac{1}{\lambda}$ und $|\lambda U(\alpha, \lambda)| \leq 1$. Damit ist durch

$$x_\alpha^\delta := R(\alpha, y^\delta) = \int\limits_0^{\frac{1}{\alpha}} e^{-tT^*T} dt \, T^*y^\delta \tag{7.96}$$

ein Regularisierungsverfahren gegeben, es gilt insbesondere die "Formel von Showalter".

$$T^\dagger y = \int\limits_0^\infty e^{-tT^*T} dt \, T^* y \quad (y \in D(T^\dagger)). \tag{7.97}$$

Man kann zeigen (vgl. Example 4.7 in [25]), daß x_α^δ gemäß (7.96) auf folgende Weise berechnet werden kann: Wenn $u_\delta : \mathbb{R}_0^+ \to X$ das (abstrakte) Anfangswertproblem

$$
\begin{aligned}
u_\delta'(t) + T^*T u_\delta(t) &= T^* y^\delta, \quad t \geq 0 \\
u_\delta(0) &= 0
\end{aligned}
\tag{7.98}
$$

löst, so ist

$$x_\alpha^\delta = u_\delta\left(\frac{1}{\alpha}\right). \tag{7.99}$$

Die Regularisierung besteht also darin, das Anfangswertproblem (7.98), dessen Lösung (mit exakten Daten y) mit $t \to +\infty$ gegen $T^\dagger y$ konvergiert, nur bis zur Stelle $\frac{1}{\alpha}$ zu integrieren. Diese Methode heißt "asymptotische Regularisierung". Löst man (7.98) näherungseise mit einer Vorwärts-Euler-Methode mit Schrittweite β, so erhält man

$$
\begin{aligned}
u(t + \beta) &\approx u(t) + \beta[T^* y^\delta - T^*T u(t)] = \\
&= (I - \beta T^*T)u(t) + \beta T^* y^\delta.
\end{aligned}
\tag{7.100}
$$

Diese Methode wird uns in Beispiel 7.34 mit einer anderen Motivation wieder begegnen.

d) Sei

$$U(\alpha, \lambda) := \begin{cases} \frac{1}{\lambda}, & \lambda \geq \alpha^2 \\ 0, & \lambda < \alpha^2. \end{cases}$$

Auch diese Funktion erfüllt die Voraussetzungen von Satz 7.31 mit der einen Ausnahme, daß sie in $\lambda = \alpha^2$ unstetig ist, was aber für unsere Zwecke (insbesondere die Definition von $\int\limits_{-\infty}^{+\infty} U(\alpha, \lambda) dE_\lambda$) keine Rolle spielt. Bei der Bildung von $R(\alpha, .) := U(\alpha, T^*T)T^*$ wird also das Spektrum von T^*T unterhalb von α^2 einfach abgeschnitten. Das läßt sich im Falle eines kompakten Operators K mit singulärem System $(\sigma_n; u_n, v_n)_{n \in \mathbb{N}}$ wie folgt veranschaulichen:
Es ist dann für $x \in X$ nach (7.68) $U(\alpha, K^*K)x = \sum\limits_{\substack{n=1 \\ \sigma_n^2 \geq \alpha^2}}^\infty \frac{\langle x, v_n \rangle}{\sigma_n^2} v_n$, also

wegen (7.37)

$$U(\alpha, K^*K)K^* y^\delta = \sum\limits_{\substack{n=1 \\ \sigma_n \geq \alpha}}^\infty \frac{\langle y^\delta, u_n \rangle}{\sigma_n} v_n. \tag{7.101}$$

Es wird also die in (7.38) auftretende Instabilität dadurch beseitigt, daß die unendliche Reihe nach endlich vielen Gliedern abgebrochen wird ("abgebrochene Singulärentwicklung"), wobei der Abbrechindex von der Verteilung der Singulärwerte und vom Fehlerniveau δ abhängt. Man bezeichnet dieses Vorgehen auch als "Filtern" der Daten mit einem "Tiefpaßfilter", der nur niedrigfrequente Anteile durchläßt: Anteile von y^δ, die in Eigenräumen zu kleinen Singulärwerten liegen ("hochfrequente Anteile"), werden "herausgefiltert", also unterdrückt. Dieses Vorgehen hat große praktische Bedeutung, etwa in der Tomographie oder der Bildverarbeitung. Man muß dazu allerdings ein singuläres System berechnen können.

Beispiel 7.34 Eine große Rolle spielen auch iterative Regularisierungsverfahren, bei denen man von einer mit $n \to \infty$ punktweise gegen $T^\dagger$ konvergenten Folge von Operatoren ausgeht. Die Regularisierung besteht (ähnlich wie beim kontinuierlichen Analogon der asymptotischen Regularisierung) darin, die Iteration nach $n = n(\delta)$ (oder $n = n(\delta, y^\delta)$) Iterationen abzubrechen. Der Abbrechindex entspricht dem Regularisierungsparameter. Formal kann man die bisherigen Ergebnisse durch die Setzung $\alpha := \frac{1}{n}$ (und geeignete monotone Interpolation) auf iterative Regularisierungsverfahren übertragen. Wir verwenden die bisherigen Ergebnisse, ohne diese Umformulierung explizit durchzuführen, und erhalten damit insbesondere, daß für Funktionen $U := \mathbb{N} \times \mathbb{R}_0^+ \to \mathbb{R}$, die stetig in λ sind, für die $(\lambda \cdot U(n, \lambda))$ beschränkt ist und $\lim_{n\to\infty} U(n, \lambda) = \frac{1}{\lambda}$ für alle $\lambda > 0$ gilt, durch $R(n, \cdot) := U(n, T^*T)T^*$ ein Regularisierungsverfahren gegeben ist. Es kann also $n = n(\delta)$ so gewählt werden, daß $\lim_{\delta \to 0} n(\delta) = \infty$ gilt und

$$\lim_{\delta \to 0} \sup \{\|R(n(\delta), y^\delta) - T^\dagger y\|/\|y - y^\delta\| \leq \delta\} = 0 \qquad (7.102)$$

und insbesondere

$$\lim_{n\to\infty} R(n, y) = T^\dagger y \quad \text{für } y \in D(T^\dagger) \qquad (7.103)$$

gilt.
Beispiele für solche Verfahren sind:

a) $U(n, \lambda) := \sum_{k=1}^n (1 + \lambda)^{-k}$, also $x_n^\delta := R(n, y^\delta) = \sum_{k=1}^n (I + T^*T)^{-k} T^* y^\delta$. Man sieht sofort, daß x_n^δ rekursiv durch

$$\left.\begin{array}{rl} x_0^\delta : &= 0 \\ (I + T^*T)x_k^\delta &= T^* y^\delta + x_{k-1}^\delta \quad (k \in \{1, \ldots, n\}) \end{array}\right\} \qquad (7.104)$$

definiert ist. Dieses Verfahren heißt "Lardy–Methode". Insbesondere konvergiert für $y \in D(T^\dagger)$ also die durch $(I + T^*T)x_k = T^*y + x_{k-1}$ mit $x_0 := 0$ definierte Folge (x_k) gegen $T^\dagger y$.

b) Es sei $\beta \in \left]0, \frac{2}{\|T\|^2}\right[$, $U(n, \lambda) := \beta \sum_{k=0}^n (1 - \beta\lambda)^k$. Damit gilt $\lim_{n\to\infty} U(n, \lambda) = \frac{1}{\lambda}$ für $\lambda \in \left]0, \frac{2}{\beta}\right[$, also insbesondere für $\lambda \in \left]0, \|T\|^2 + \varepsilon\right[$ mit kleinem

$\varepsilon > 0$ und damit auf einem $\sigma(T^*T)$ umfassenden Intervall, was für die Definition von $\int\limits_{-\infty}^{+\infty} U(n,\lambda)dE_\lambda$ und alle darauf basierenden Überlegungen dieses Kapitels ausreicht. Damit ist durch

$$x_n^\delta := R(n, y^\delta) = \beta \sum_{k=0}^{n} (I - \beta T^*T)^k T^* y^\delta$$

ein Regularisierungsverfahren, die sogenannte "Landweber–Iteration", definiert. Wieder kann x_n^δ rekursiv bestimmt werden, und zwar durch

$$\left. \begin{aligned} x_0^\delta &:= \beta T^* y^\delta \\ x_k^\delta &:= (I - \beta T^*T)x_{k-1}^\delta + \beta T^* y^\delta \quad (k \in \{1,\ldots,n\}). \end{aligned} \right\} \qquad (7.105)$$

Im Gegensatz zu (7.104) ist dabei keine Gleichung zu lösen, sondern bloß zu iterieren! Man kann (7.105) auch als sukzessive Approximation nach dem Banachschen Fixpunktsatz für die zur Normalgleichung äquivalente Fixpunktgleichung $x = (I - \beta T^*T)x + \beta T^* y$ auffassen. Das Spektrum des Iterationsoperators $(I - \beta T^*T)$ liegt in $]-1,1[$, also ist dieser Operator kontrahierend. Eine weitere Interpretation haben wir bereits in Beispiel 7.33c kennengelernt. Aus den bisherigen Ergebnissen folgt, daß die Landweber–Iteration für $y^\delta = y \in D(T^\dagger)$ gegen $T^\dagger y$ konvergiert.

c) Sei $\beta \in \left]0, \frac{2}{\|T\|^2}\right[$, $U(0,\lambda) := \beta$, $U(k,\lambda) := U(k-1,\lambda) \cdot [2 - \lambda U(k-1,\lambda)]$ für $k \in \mathbb{N}$. Definiert man $Z(n,\lambda) = \lambda U(n,\lambda) - 1$ für $n \in \mathbb{N}$, dann erfüllt Z die Rekursion $Z(0,\lambda) := \beta\lambda - 1$, $Z(k,\lambda) = -Z(k-1,\lambda)^2$ für $k \in \mathbb{N}$, sodaß $Z(n,\lambda) = -(\beta\lambda - 1)^{(2^n)}$ und damit $U(n,\lambda) = \frac{1}{\lambda}\left[1 - (\beta\lambda - 1)^{(2^n)}\right]$ für $n \in \mathbb{N}$ gilt. Damit folgt wie in b), daß jedenfalls auf einem $\sigma(T^*T)$ umfassenden Intervall U die Voraussetzungen von Satz 7.31 erfüllt und deshalb durch $x_n^\delta := R(n, y^\delta) := U(n, T^*T)T^* y^\delta$ ein Regularisierungsverfahren gegeben ist, die sogenannte "Schulz–Methode". Wieder ist x_n^δ rekursiv berechenbar, und zwar durch

$$\left. \begin{aligned} T_0 &:= \beta T, \\ T_k &:= T_{k-1} \cdot (2I - T^*TT_{k-1}), \\ x_k^\delta &:= T_k T^* y^\delta \quad (k \in \mathbb{N}). \end{aligned} \right\} \qquad (7.106)$$

Interessant ist die Herkunft dieser Methode, die schnelle Konvergenz erwarten läßt (was für ungestörte Daten, also $\delta = 0$, auch tatsächlich zutrifft): Faßt man $\frac{1}{\lambda}$ als Nullstelle der Funktion $x \to \lambda - \frac{1}{x}$ auf und wendet man auf diese Funktion das Newtonverfahren mit Startwert β an, so erhält man genau die Folge $U(k,\lambda)$.

Nun ist die Frage zu untersuchen, wie der Regularisierungsparameter α bzw. n in Abhängigkeit von δ zu wählen ist, damit Konvergenz oder schwache Konvergenz eintritt. Wir behandeln diese Frage einheitlich für alle spektraltheoretisch definierten Regularisierungsverfahren gemäß Satz 7.31 und spezialisieren uns dann auf die einzelnen Verfahren der letzten beiden Beispiele:

Satz 7.35 *Es seien U und C wie in Satz 7.31, $T \in L(X,Y), y \in D(T^\dagger)$, $y^\delta \in Y$ mit $\|y - y^\delta\| \le \delta$; für alle $\alpha > 0$ sei $R(\alpha, .) := U(\alpha, T^*T)T^*, g_U(\alpha) := \sup\{|U(\alpha, \lambda)| / \lambda \ge 0\}, h_U(\alpha) := \sqrt{\sup\{|\lambda \cdot U(\alpha, \lambda)^2| / \lambda \ge 0\}}$. Dann gilt*

a) Für alle $\alpha > 0$ ist

$$\|R(\alpha, y^\delta) - T^\dagger y\| \le \|R(\alpha, y) - T^\dagger y\| + \delta \cdot \sqrt{C g_U(\alpha)}. \tag{7.107}$$

Damit ist das durch U erzeugte Regularisierungsverfahren konvergent, falls $\alpha = \alpha(\delta)$ so gewählt ist, daß

$$\lim_{\delta \to 0} \alpha(\delta) = 0 \text{ und } \lim_{\delta \to 0} (\delta \cdot \sqrt{g_U(\alpha(\delta))}) = 0 \tag{7.108}$$

gilt.

b) Ist $\alpha = \alpha(\delta)$ so gewählt, daß

$$\lim_{\delta \to 0} \alpha(\delta) = 0 \text{ und } \limsup_{\delta \to 0} (\delta \cdot h_U(\alpha(\delta))) < +\infty \tag{7.109}$$

gilt, so ist das durch U erzeugte Regularisierungsverfahren schwach konvergent.

Beweis.

a) Da für alle Polynome $p(T^*T)T^* = T^*p(TT^*)$ gilt, folgt aus Satz 7.24c, daß für alle $\alpha > 0$

$$U(\alpha, T^*T)T^* = T^*U(\alpha, TT^*) \tag{7.110}$$

gilt. Sei $x_\alpha := R(\alpha, y), x_\alpha^\delta := R(\alpha, y^\delta)$. Dann gilt:

$$\|Tx_\alpha - Tx_\alpha^\delta\|^2 = \langle TU(\alpha, T^*T)T^*(y - y^\delta), T(x_\alpha - x_\alpha^\delta)\rangle =$$
$$\langle TT^*U(\alpha, TT^*)(y - y^\delta), T(x_\alpha - x_\alpha^\delta)\rangle$$
$$\le \|TT^*U(\alpha, TT^*)\| \cdot \delta \cdot \|Tx_\alpha - Tx_\alpha^\delta\|.$$

Also ist

$$\|Tx_\alpha - Tx_\alpha^\delta\| \le \|TT^*U(\alpha, TT^*)\| \cdot \delta. \tag{7.111}$$

Sei $\{E_\lambda\}$ die zu TT^* gehörige Spektralschar. Dann gilt nach (7.71) für alle $x \in X$ mit $\|x\| = 1$:

$$\|TT^*U(\alpha, TT^*)x\|^2 = \int_{-\infty}^{+\infty} (\lambda U(\alpha, \lambda))^2 d\|E_\lambda x\|^2$$
$$\le C^2(d\|E_\lambda x\|^2)(\mathbb{R}) = C^2(\|Ix\|^2 - \|0x\|^2) = C^2,$$

also ist

$$\|TT^*U(\alpha, TT^*)\| \leq C. \tag{7.112}$$

Aus (7.111) und (7.112) folgt

$$\|Tx_\alpha - Tx_\alpha^\delta\| \leq C \cdot \delta. \tag{7.113}$$

Analog wie (7.112) zeigt man

$$\|U(\alpha, TT)\| \leq g_U(\alpha). \tag{7.114}$$

Damit gilt insgesamt:

$$\begin{aligned}
\|x_\alpha - x_\alpha^\delta\|^2 &= \langle x_\alpha - x_\alpha^\delta, U(\alpha, T^*T)T^*(y - y^\delta)\rangle \\
&= \langle x_\alpha - x_\alpha^\delta, T^*U(\alpha, TT^*)(y - y^\delta)\rangle \\
&= \langle Tx_\alpha - Tx_\alpha^\delta, U(\alpha, TT^*)(y - y^\delta)\rangle \\
&\leq \|Tx_\alpha - Tx_\alpha^\delta\| \cdot \|U(\alpha, TT^*)\| \cdot \delta \\
&\leq C g_U(\alpha)\delta^2,
\end{aligned}$$

also

$$\|x_\alpha - x_\alpha^\delta\| \leq \delta\sqrt{C g_U(\alpha)}. \tag{7.115}$$

Daraus folgt mit der Dreiecksungleichung sofort (7.107) und zusammen mit Satz 7.28 die Behauptung von a.

b) folgt aus der (im Vergleich zu (7.114) asymptotisch schärferen) Abschätzung

$$\|R(\alpha, .)\| \leq h_U(\alpha) \quad (\alpha > 0) \tag{7.116}$$

zusammen mit dem Satz von Banach–Steinhaus (mit einigem Aufwand). Für Details siehe [18].

$\square$

Beispiel 7.36 Aus Satz 7.35 folgen sofort (einfach durch Berechnung der jeweiligen g_U und h_U) hinreichende Konvergenzbedingungen für die in den Beispielen 7.33 und 7.34 angegebenen konkreten Verfahren. Dabei ist zu beachten, daß die Suprema in der Definition von g_U und h_U nur über $\sigma(T^*T)$ erstreckt werden müssen. Es ergeben sich (neben $\lim_{\delta\to 0} \alpha(\delta) = 0$ bzw. $\lim_{\delta\to 0} n(\delta) = \infty$) folgende hinreichende Bedingungen (jeweils zuerst für Konvergenz, dann für schwache Konvergenz):

a) Tikhonov–Regularisierung (Bsp. 7.33a):

$$g_U(\alpha) = \tfrac{1}{\alpha}, \; h_U(\alpha) = \tfrac{1}{2\sqrt{\alpha}}. \text{ Also: } \lim_{\delta\to 0}\frac{\delta^2}{\alpha(\delta)} = 0 \text{ bzw. } \limsup_{\delta\to 0}\frac{\delta^2}{\alpha(\delta)} < \infty.$$

b) Iterierte Tikhonov–Regularisierung der Ordnung n (Bsp. 7.33b): Es ergibt sich wieder:

$$\lim_{\delta\to 0}\frac{\delta^2}{\alpha(\delta)} = 0 \text{ bzw. } \limsup_{\delta\to 0}\frac{\delta^2}{\alpha(\delta)} < \infty.$$

c) Asymptotische Regularisierung (Bsp. 7.33c):

$g_U(\alpha) = \frac{1}{\alpha}$, $h_U(\alpha) \leq \frac{1}{\sqrt{\alpha}}$. Also: $\lim\limits_{\delta \to 0} \frac{\delta^2}{\alpha(\delta)} = 0$ bzw. $\limsup\limits_{\delta \to 0} \frac{\delta^2}{\alpha(\delta)} < \infty$.

d) Abgebrochene Singulärentwicklung (Bsp. 7.33d):

$g_U(\alpha) = \frac{1}{\alpha^2}$, $h_U(\alpha) = \frac{1}{\alpha^2}$, also: $\lim\limits_{\delta \to 0} \frac{\delta}{\alpha(\delta)} = 0$ bzw. $\limsup\limits_{\delta \to 0} \frac{\delta}{\alpha(\delta)} < \infty$.

e) Lardy–Methode (Bsp. 7.34a):

$g_U(n) = n$, $h_U(n) \leq \sqrt{n}$. Also: $\lim\limits_{\delta \to 0}(\delta^2 \cdot n(\delta)) = 0$ bzw.

$\limsup\limits_{\delta \to 0}(\delta^2 \cdot n(\delta)) < \infty$.

f) Landweber–Iteration (Bsp. 7.34b):

$g_U(n) = \beta(n + 1)$, $h_U(n) \leq \sqrt{\beta(n+1)}$, also: $\lim\limits_{\delta \to 0}(\delta^2 \cdot n(\delta)) = 0$ bzw.

$\limsup\limits_{\delta \to 0}(\delta^2 \cdot n(\delta)) < \infty$.

g) Schulz–Methode (Bsp 7.34c):

$g_U(n) = \beta \cdot 2^n$, $h_u(n) \leq \sqrt{\beta} \cdot 2^{\frac{n}{2}}$. Also: $\lim\limits_{\delta \to 0}(\delta^2 \cdot 2^{n(\delta)}) = 0$,

$\limsup\limits_{\delta \to 0}(\delta^2 \cdot 2^{n(\delta)}) < \infty$.

Man darf also hier den Abbrechindex $n(\delta)$ nur sehr langsam in Abhängigkeit von δ erhöhen, was die schnelle Konvergenz dieses Verfahrens bei exakten Daten konterkariert.

Die Bedingungen in $a - g$ sind für die jeweilige Konvergenzart auch notwendig. Für eine genaue Formulierung dieser Aussage und Herleitung der angegebenen Resultate siehe [18].

Die nächste Frage, die behandelt werden soll, ist die nach der Konvergenzgeschwindigkeit von Regularisierungsverfahren, zunächst für exakte Daten, und zwar in Abhängigkeit vom Regularisierungsparameter. Ist $U : \mathbb{R}^+ \times [0, +\infty[\to \mathbb{R}$ eine Funktion, die den Voraussetzungen von Satz 7.31 genügt, so bezeichnen wir wie bisher mit

$$R(\alpha, .) := U(\alpha, T^*T)T^* \tag{7.117}$$

den unserem Regularisierungsverfahren zugrunde liegenden Operator. Für $y \in D(T^\dagger)$, $y^\delta \in Y$ mit $\|y - y^\delta\| \leq \delta$ sei dann

$$x_\alpha := R(\alpha, y), \ x_\alpha^\delta := R(\alpha, y^\delta). \tag{7.118}$$

Schon in Beispiel 7.2 haben wir gesehen, daß (vgl. (7.15), (7.16)) die Konvergenzgeschwindigkeit eines Regularisierungsverfahrens von a-priori-Information über die Glattheit der Daten abhängen kann. Hinter diesem einfachen Fall steckt ein allgemeines Prinzip: Die Konvergenzgeschwindigkeit von $\|x_\alpha - T^\dagger y\|$ hängt davon ab, ob

$$T^\dagger y \in R((T^*T)^\nu) \tag{7.119}$$

für ein $\nu > 0$ gilt; der Operator $(T^*T)^\nu$ ist dabei für $\nu \notin \mathbb{N}$ mittels Spektral-theorie (Definition 7.23) definiert. Wenn man bedenkt, daß T i.a. ein Integral-operator ist, also glättet, so kann man (7.119) als a–priori Glattheitsinformation über die (unbekannte) exakte Lösung $T^\dagger y$ auffassen.

Ist T kompakt mit singulärem System $\{\sigma_n; u_n, v_n\}$, so ist (7.119) äquivalent zu

$$\sum_{n=1}^\infty \frac{|\langle y, u_n\rangle|^2}{\sigma_n^{2+4\nu}} < \infty, \tag{7.120}$$

was man als Verschärfung der Picardschen Bedingung ($\nu = 0$; vgl. Satz 7.15) auffassen kann. Die Bedingung (7.119) ist also mit umso größerem ν erfüllt, ja schneller die "Fourierkoeffizienten" ($\langle y, u_n\rangle$) gegen 0 gehen. Man sieht an (7.120), daß Aussagen über das asymptotische Verhalten von (σ_n) wie Satz 8.5 wichtig sind!

Es gilt nun folgende Aussage über die Konvergenzgeschwindigkeit:

Satz 7.37 *Es seien* T, X, Y, U *wie oben; für* $\nu > 0$, $\alpha > 0$ *sei* $\omega(\alpha, \nu) > 0$ *so definiert, daß* $\lim_{\alpha \to 0} \omega(\alpha, \nu) = 0$ *gilt und*

$$\lambda^\nu |1 - \lambda U(\alpha, \lambda)| \leq \omega(\alpha, \nu) \tag{7.121}$$

auf einem $[0, \|T\|^2]$ *umfassenden offenen Intervall gilt. Es gelte (7.119) für ein* $\nu > 0$. *Dann ist mit diesem* ν

$$\|x_\alpha - T^\dagger y\| = O(\omega(\alpha, \nu)) \ \text{mit } \alpha \to 0, \tag{7.122}$$

wobei x_α *gemäß (7.118) definiert ist. Kann man (7.121) durch*

$$\lambda^\nu |1 - \lambda U(\alpha, \lambda)| = o(\omega(\alpha, \nu)) \quad (\alpha \to 0) \tag{7.123}$$

ersetzen, so gilt auch

$$\|x_\alpha - T^\dagger y\| = o(\omega(\alpha, \nu)) \ \text{mit } \alpha \to 0. \tag{7.124}$$

Beweis. Es sei w so, daß $T^\dagger y = (T^*T)^\nu x$ gilt. Nach (7.36) ist $T^*y = T^*TT^\dagger y = (T^*T)^{\nu+1}w$. Ist $\{E_\lambda\}$ die zu (T^*T) gehörige Spektralfamilie, so gilt also:

$$\begin{aligned}
x_\alpha - T^\dagger y &= U(\alpha, T^*T)T^*y - T^\dagger y \\
&= U(\alpha, T^*T)(T^*T)^{\nu+1}w - (T^*T)^\nu w \\
&= \int_0^\infty \left[U(\alpha, \lambda)\lambda^{\nu+1} - \lambda^\nu \right] dE_\lambda w.
\end{aligned}$$

Damit ist nach (7.71)

$$\frac{\|x_\alpha - T^\dagger y\|^2}{\omega(\alpha, \nu)^2} = \int_0^\infty \left[\frac{\lambda^\nu [1 - U(\alpha, \lambda)]}{\omega(\alpha, \nu)} \right]^2 d\|E_\lambda w\|^2.$$

Da nach (7.121) der Integrand beschränkt, also auf $[0, \|T\|^2 + \varepsilon[$ integrierbar ist, kann "$\lim_{\alpha \to 0}$" ins Integral gezogen werden und es folgt (je nachdem, ob (7.121) oder (7.123) gilt):

$$\|x_\alpha - T^\dagger y\|^2 = \int\limits_0^\infty [\lambda^\nu [1 - \lambda U(\alpha, \lambda)]]^2 \, d\|E_\lambda w\|^2 \leq \int\limits_0^\infty d\|E_\lambda w\|^2 \cdot \omega(\alpha, \nu)^2, \text{ woraus}$$

(7.122) folgt, bzw.

$$\lim_{\alpha \to 0} \frac{\|x_\alpha - T^\dagger y\|^2}{\omega(\alpha, \nu)^2} = \int\limits_0^\infty \lim_{\alpha \to 0} \left[\frac{\lambda^\nu [1 - \lambda U(\alpha, \lambda)]}{\omega(\alpha, \nu)} \right]^2 d\|E_\lambda w\|^2 = 0, \text{ also (7.124).}$$

$\square$

Beispiel 7.38 Da nach (7.79) $|\lambda U(\alpha, \lambda)|$ beschränkt ist, existiert für alle $\nu > 0$ eine Funktion $\omega(\alpha, \nu)$ mit den geforderten Eigenschaften. Natürlich wird die Abschätzung (7.122) bzw. (7.124) umso besser, je "besser" ω gewählt ist, d.h., je schärfer (7.121) ist. Wir betrachten nun einige Spezialfälle:

a) Tikhonov–Regularisierung (Bsp. 7.33a):

$U(\alpha, \lambda) = \frac{1}{\alpha + \lambda}$. Dann ist $\lambda^\nu (1 - \lambda U(\alpha, \lambda)) = \frac{\lambda^\nu \alpha}{\alpha + \lambda}$. Für $\nu \in \,]0, 1[$ gilt also $|\lambda^\nu (1 - \lambda U(\alpha, \lambda))| = o(\alpha^\nu)$, für $\nu \geq 1$ $|\lambda^\nu (1 - \lambda U(\alpha, \lambda))| = O(\alpha)$ (wobei hier für $\nu > 1$ <u>nicht</u> α^ν stehen kann). Damit erhält man folgende Konvergenzraten für die Tikhonov-Regularisierung $x_\alpha = (\alpha I + T^*T)^{-1} T^* y$

$$T^\dagger y \in R((T^*T^\nu), \nu \in \,]0, 1[\Rightarrow \|x_\alpha - T^\dagger y\| = o(\alpha^\nu) \tag{7.125}$$

$$T^\dagger y \in R(T^*T) \Rightarrow \|x_\alpha - T^\dagger y\| = O(\alpha). \tag{7.126}$$

In (7.125) kann bei $\nu = \frac{1}{2}$ $R((T^*T)^\nu)$ auch durch $R(T^*)$ ersetzt werden. Man kann zeigen (vgl.[35]), daß folgende Umkehrresultate gelten: Ist T kompakt und $\|x_\alpha - T^\dagger y\| = O(\alpha)$, so ist $T^\dagger y \in R(T^*T)$. Ist $\|x_\alpha - T^\dagger y\| = o(\alpha)$, so ist $T^\dagger y = 0$ und $x_\alpha = 0$ für alle $\alpha > 0$. Also ist eine schnellere Konvergenzrate als $O(\alpha)$ nur im trivialen Fall $T^\dagger y = 0$ möglich.

b) Iterierte Tikhonov–Regularisierung der Ordnung n (Bsp. 7.33b): Durch Anwendung von Satz 7.37 sieht man analog wie in a (wenn $x_{\alpha,n}$ das Ergebnis von Tikhonovregularisierung der Ordnung n mit exakten Daten $y \in D(T^\dagger)$ ist):

$$T^\dagger y \in R(T^*T)^\nu), \nu \in \,]0, n[\Rightarrow \|x_{\alpha,n} - T^\dagger y\| = o(\alpha^\nu) \tag{7.127}$$

$$T^\dagger y \in R((T^*T)^n) \Rightarrow \|x_{\alpha,n} - T^\dagger y\| = O(\alpha^n). \tag{7.128}$$

Eine höhere Konvergenzordnung als $O(\alpha^n)$ ist i.a. nicht erreichbar.

Durch Anwendung von Satz 7.37 erhält man ferner folgende Resultate:

c) Asymptotische Regularisierung (Bsp.7.33c):

Hier kann $\omega(\alpha, \nu) = \alpha^\nu$ für alle $\nu > 0$ gewählt werden, es gilt stets (7.123), denn:

$$\lambda^\nu \left[1 - \lambda U(\alpha, \lambda)\right] = \lambda^\nu \left[1 - \lambda \int_0^{\frac{1}{\alpha}} e^{-\lambda t} dt\right] = \lambda^\nu e^{-\frac{\lambda}{\alpha}},$$

also $\frac{|\lambda^\nu[1-\lambda U(\alpha,\lambda)]|}{\alpha^\nu} = \left(\frac{\lambda}{\alpha}\right)^\nu e^{-\frac{\lambda}{\alpha}} \to 0$ für $\alpha \to 0$ und $\lambda \geq 0$. Damit gilt für alle $\nu > 0$

$$T^\dagger y \in R((T^*T)^\nu) \Rightarrow \|x_\alpha - T^\dagger y\| = o(\alpha^\nu). \tag{7.129}$$

Diese Methode kann also beliebig schnell konvergieren (und auch, wie alle Regularisierungsverfahren für inkorrekt gestellte Probleme, beliebig langsam (vgl. [35]).

d) Abgebrochene Singulärwertentwicklung (Bsp. 7.33d):

Da

$$U(\alpha, \lambda) = \begin{cases} \frac{1}{\lambda}, & \lambda \geq \alpha^2 \\ 0, & \lambda < \alpha^2 \end{cases},$$

also

$$\lambda^\nu |1 - \lambda U(\alpha, \lambda)| = \begin{cases} 0, & \lambda \geq \alpha^2 \\ \lambda^\nu, & \lambda < \alpha^2 \end{cases}$$

gilt, ist $|\lambda^\nu (1 - \lambda U(\alpha, \lambda)| \leq \alpha^{2\nu}$. Damit folgt für alle $\nu > 0$

$$T^\dagger y \in R((T^*T)^\nu) \Rightarrow \|x_\alpha - T^\dagger y\| = o(\alpha^{2\nu}). \tag{7.130}$$

Bemerkung 7.39 Manchmal (etwa bei iterativen Verfahren) liefert folgende Variante der Bedingung (7.119) etwas bessere Abschätzungen:

$$TT^\dagger y \in R((TT^*)^\nu) \tag{7.131}$$

für ein $\nu \geq 1$. Diese Bedingung folgt jedenfalls aus $T^\dagger y \in R((T^*T)^{\nu-1}T^*)$, woraus nach Satz 7.37 die Konvergenzrate $\omega(\alpha, \nu - 1)$ folgen würde. Man kann jedoch (mit Bezeichnungen wie in Satz 7.37) zeigen (vgl. [35]): Gilt (7.131) für ein $\nu \geq 1$, so ist

$$\|x_\alpha - T^\dagger y\| = O(\sqrt{\omega(\alpha, \nu - 1) \cdot \omega(\alpha, \nu)}) \quad (\alpha \to 0). \tag{7.132}$$

Dies liefert folgende Konvergenzraten (wobei jeweils in der ersten Zeile (7.119) für $\nu > 0$, in der zweiten Zeile (7.131) für $\nu \geq 1$ gelten soll) für $\|x_n - T^\dagger y\|$, wobei $x_n := R(n, y)$ mit n als Iterationsindex ist:

a) Lardy–Methode (Bsp 7.34a):
   $\omega(n, \nu) = n^{-\nu}$, also

$$\|x_n - T^\dagger y\| = \begin{cases} O\left(\frac{1}{n^\nu}\right), & \nu > 0 \\ \text{bzw.} & \\ O\left(\frac{1}{n^{\nu - \frac{1}{2}}}\right), & \nu \geq 1 \end{cases} \qquad (7.133)$$

b) Landweber–Iteration (Bsp. 7.34b):
   wie bei der Lardy–Methode.

c) Schulz–Methode (Bsp 7.34c):
   $\omega(n, \nu) = 2^{-\nu n}$, also:

$$\|x_n - T^\dagger y\| = \begin{cases} O(2^{-\nu n}), & \nu > 0 \\ \text{bzw.} & \\ O(2^{-n(\nu - \frac{1}{2})}), & \nu \geq 1. \end{cases} \qquad (7.134)$$

Es sei nochmals erwähnt, daß die beiden Zeilen von (7.133) bzw. (7.134) nicht direkt vergleichbar sind, da unterschiedliche a–priori–Bedingungen verwendet werden.

Aus diesen Resultaten über Konvergenzgeschwindigkeit von Regularisierungsverfahren mit exakten Daten kann man mit Hilfe der Formel (7.107) sofort für konkrete a-priori-Wahlen von $\alpha = \alpha(\delta)$ die Konvergenzgeschwindigkeit von $\|R(\alpha(\delta), y^\delta) - T^\dagger y\|$ in Abhängigkeit von δ abschätzen:

Korollar 7.40 *Es mögen die Voraussetzungen und Bezeichnungen von Satz 7.37 gelten, es sei g_U wie in Satz 7.35. Dann gilt mit ν wie in (7.119):*

$$\|R(\alpha(\delta), y^\delta) - T^\dagger y\| = O(\omega(\alpha(\delta), \nu)) + O(\delta \cdot \sqrt{g_U(\alpha(\delta))}), \quad (\delta \to 0) \quad (7.135)$$

wobei das erste "O" durch "o" zu ersetzen ist, falls (7.123) statt (7.121) gilt. Dabei ist für alle $\delta > 0$ y^δ so, daß $\|y - y^\delta\| \leq \delta$ gilt und $\alpha = \alpha(\delta)$ so gewählt, daß $\lim\limits_{\delta \to 0} \alpha(\delta) = 0$ gilt.

Beweis. folgt sofort aus Satz 7.35 und Satz 7.37

$\square$

Natürlich kann der erste Ausdruck in (7.135) bei Vorliegen der Voraussetzung (7.131) gemäß Bemerkung 7.39 modifiziert werden.

Bemerkung 7.41 Formel (7.135) kann nun genützt werden, um sogenannte "quasi–optimale" a-priori-Wahlen des Regularisierungsparameters α in Abhängigkeit von δ zu gewinnen, das sind solche, für die die rechte Seite von (7.135) minimal wird. Häufig beschränkt man sich dabei auf Wahlen der Gestalt $\alpha(\delta) = \delta^k$

und versucht, k so zu bestimmen, daß die rechte Seite von (7.135) minimal wird. Diesen Fall rechnen wir für einige Beispiele durch, wobei ν stets so gewählt ist, daß (7.119) gilt; die nötigen Größen kann man aus den Beispielen 7.36, 7.38 und 7.39 entnehmen.

Der Einfachheit halber verwenden wir überall die O–Abschätzungen.

a) Tikhonov–Regularisierung:
Die rechte Seite von (7.135) lautet für $\nu \in\;]0,1]$:

$$O(\alpha(\delta)^\nu) + O\left(\frac{\delta}{\sqrt{\alpha(\delta)}}\right) = O(\delta^{k\nu} + \delta^{1-\frac{k}{2}}).$$

Es ist also k so zu wählen, daß $\min\{k\nu, 1 - \frac{k}{2}\}$ möglichst groß wird, d.h., $k = \frac{2}{1+2\nu}$. Die quasi–optimale Wahl von α ist also

$$\alpha(\delta) \sim \delta^{\frac{2}{1+2\nu}}, \tag{7.136}$$

es ergibt sich dann die Konvergenzordnung

$$\|x_\alpha^\delta - T^\dagger y\| = O(\delta^{\frac{2\nu}{1+2\nu}}). \tag{7.137}$$

Für $\nu = 1$ ergibt sich also $O(\delta^{\frac{2}{3}})$ als die maximal mögliche Konvergenzordnung; sie wird erzielt bei der Wahl $\alpha(\delta) \sim \delta^{\frac{2}{3}}$.

b) Abgebrochene Singulärwertentwicklung:
Die rechte Seite von (7.135) lautet für alle $\nu > 0$:

$$O\left(\alpha(\delta)^{2\nu}\right) + O\left(\frac{\delta}{\alpha(\delta)}\right) = O\left(\delta^{2\nu k} + \delta^{1-k}\right)$$

Die jeweils quasi–optimale Wahl von k ist also $k = \frac{1}{1+2\nu}$, also

$$\alpha(\delta) \sim \delta^{\frac{1}{1+2\nu}}. \tag{7.138}$$

Es ergibt sich die Konvergenzrate

$$\|x_\alpha^\delta - T^\dagger y\| = O(\delta^{\frac{2\nu}{1+2\nu}}). \tag{7.139}$$

Da im Gegensatz zur Tikhonov–Regularisierung hier ν nicht durch 1 beschränkt ist, kann die Rate (7.139) für "hinreichend glatte" Daten beliebig nahe an die "ideale" Konvergenzrate $O(\delta)$ herankommen.

Bei den anderen behandelten Verfahren geht man analog vor.

Bemerkung 7.42 Man kann für manche lineare Funktionale der regularisierten Lösung häufig schnellere Konvergenzraten als für die regularisierte Lösung selbst beweisen. So zeigt man etwa völlig analog zu Satz 7.37 (mit den dortigen Bezeichnungen): Ist $T^\dagger y \in R((T^*T)^\sigma), w \in R((T^*T)^\rho)$ und gilt (7.121) bzw.(7.123) mit $\nu := \rho + \sigma$, so gilt

$$\langle x_\alpha - T^\dagger y, w \rangle = O(\omega(\alpha, \rho + \sigma)) \tag{7.140}$$

bzw.

$$\langle x_\alpha - T^\dagger y, w \rangle = o(\omega(\alpha, \rho + \sigma)). \tag{7.141}$$

Man beachte, daß die jeweilige Konvergenzrate für $\|x_\alpha - T^\dagger y\|$ durch $\omega(\alpha, \sigma)$ bestimmt ist. Man bezeichnet das Phänomen, daß gewisse Funktionale der Lösung schneller als diese konvergieren, als "Superkonvergenz".

Will man $\langle T^\dagger y, w \rangle$ möglichst schnell approximieren, so muß man natürlich bei der Berechnung der quasi–optimalen Wahl von $\alpha(\delta)$ (7.140) statt (7.122) verwenden.

Die bisher diskutierte Parameterwahl war eine a–priori–Parameterwahl, bei der der Parameter $\alpha = \alpha(\delta)$ unabhängig von bei der Berechnung auftretenden Größen, insbesondere unabhängig von den konkreten Daten y^δ, gewählt wird. Eine "a–posteriori–Parameterwahl" ist eine, bei der der Regularisierungsparameter in Abhängigkeit von bei der Rechnung auftretenden Größen (etwa vom Residuum $\|Tx_\alpha^\delta - y^\delta\|$) gewählt wird. So wurde schon in (7.92) das "Diskrepanzprinzip" (für den Spezialfall der Tikhonov-Regularisierung) erwähnt. Natürlich ist anzustreben, daß auch eine a–posteriori–Parameterwahl die quasi–optimalen Konvergenzraten bewirkt, was bei (7.92) nur für $\nu \leq \frac{1}{2}$ der Fall ist (vgl. [35]). Berechenbare a-posteriori-Parameterwahlstrategien, die stets (quasi-)optimale Konvergenzraten liefern, wurden in [21] entwickelt (vgl. auch [25]).

Bei der tatsächlichen Rechnung kommt man natürlich nicht mit unendlichdimensionalen Resultaten aus, man muß auch den durch Projektion auf endlichdimensionale Teilräume entstehenden Fehler untersuchen. Hier kann man einerseits eines der vorgestellten Regularisierungsverfahren mit Projektion kombinieren (wir werden das für den Fall von Tikhonov-Regularisierung in den zu Satz 7.49 führenden Überlegungen diskutieren), andererseits aber das Problem auch durch bloße Projektion in endlichdimensionale Ansatzräume bereits regularisieren, was wir zunächst diskutieren.

Eine naheliegende Idee zur näherungsweisen Lösung von $Tx = y$ wäre die folgende (in Analogie zu Projektionsmethoden zur Lösung von Integralgleichungen 2.Art): Seien $X_1 \subseteq X_2 \subseteq \ldots \subseteq X$ endlichdimensionale Unterräume von X mit $\overline{\bigcup_{n=1}^\infty X_n} = X$ und sei $T_n := T|_{X_n}$. Als Näherung für $T^\dagger y$ könnte man $T_n^\dagger y$ (bzw. $T_n^\dagger y^\delta$) verwenden, also das Element $x_n \in X_n$, das $\|Tx - y^\delta\|^2$ über X_n minimiert. Da X_n endlichdimensional ist, ist $R(T_n)$ abgeschlossen, also $T_n^\dagger$ stetig; damit ist das Näherungsproblem korrekt gestellt. Wir haben bereits ein Beispiel dieses Vorgehens kennengelernt: Ist T kompakt mit singulärem System $\{\sigma_n; u_n, v_n\}$ und ist $X_n := \mathrm{lin}\{v_1, \ldots v_n\}$, so ist $T_n^\dagger y = \sum_{i=1}^n \frac{\langle y, u_i \rangle}{\sigma_i} v_i$. Wir erhalten also das Verfahren der abgebrochenen Singulärwertentwicklung.

Leider konvergiert $T_n^\dagger y$ i.a. <u>nicht</u> für alle $y \in D(T^\dagger)$ gegen $T^\dagger$. Für eine (unhandliche) notwendige und hinreichende Bedingung, daß Konvergenz vorliegt, also das vorgeschlagene Verfahren zumindest für ungestörte Daten funktioniert, siehe [35] .

Besser bewährt sich das Vorgehen, endlichdimensionale Approximationen über den Bildraum zu konstruieren. Es seien dazu $\{u_1, u_2, u_3, \ldots\} \subseteq \overline{R(T)}$ linear unabhängig und ihre lineare Hülle dicht in $\overline{R(T)}$. Als n–te Näherung für $T^\dagger y$ ($y \in D(T^\dagger)$) verwenden wir die Lösung x_n folgenden Problems:

$$\begin{aligned} \langle Tx, v_j \rangle &= \langle y, v_j \rangle, \quad j \in \{1, \ldots, n\} \\ x \in X_n : &= \mathrm{lin}\{T^*v_1, \ldots, T^*v_n\}. \end{aligned} \qquad (7.142)$$

Die Lösung x_n kann man wie folgt berechnen:

Sind $\alpha_1, \ldots, \alpha_n$ die unbekannten Koeffizienten in der Darstellung $x_n = \sum\limits_{i=1}^{n} \alpha_i T^*v_i$, so folgt aus (7.142) für $j \in \{1, \ldots, n\}$:

$$\langle y, v_j \rangle = \sum_{i=1}^{n} \alpha_i \langle TT^*v_i, v_j \rangle = \sum_{i=1}^{n} \alpha_i \langle T^*v_i, T^*v_j \rangle.$$

Die Koeffizienten $\alpha_1, \ldots, \alpha_n$ sind also Lösungen des linearen Gleichungssystems

$$Q_n \begin{pmatrix} \alpha_1 \\ \vdots \\ \alpha_n \end{pmatrix} = y_n \qquad (7.143)$$

mit

$$Q_n = (\langle T^*v_i, T^*v_j \rangle)_{1 \le i, j \le n}, \qquad (7.144)$$

$$y_n = \begin{pmatrix} \langle y, v_1 \rangle \\ \vdots \\ \langle y, v_n \rangle \end{pmatrix} =: R_n y. \qquad (7.145)$$

Da die $v_i \in \overline{R(T)} = N(T^*)^\perp$ sind, sind die T^*v_i linear unabhängig, woraus die Regularität von Q_n folgt. Also sind $\alpha_1, \ldots, \alpha_n$ und damit

$$x_n = \sum_{j=1}^{n} \alpha_j T^*v_j \qquad (7.146)$$

eindeutig bestimmt.

Satz 7.43 *Unter den angeführten Voraussetzungen gilt*

$$x_n \to T^\dagger y, \qquad (7.147)$$

wobei x_n durch (7.142) (oder äquivalent: durch(7.143)-(7.146)) bestimmt ist.

Beweis. Sei $Z := \mathrm{lin}\{T^*v_j / j \in \mathbb{N}\}$. Da $\mathrm{lin}\{v_j\}$ dicht in $\overline{R(T)} = N(T^*)^\perp$ ist, ist Z dicht in $R(T^*) = N(T)^\perp$. Sei $z \in Z$ beliebig, aber fest. Dann existieren $i \in \mathbb{N}, \beta_1, \ldots, \beta_i \in \mathbb{R}$ mit $z = \sum\limits_{j=1}^{i} \beta_j T^*v_j$. Für $n \ge i$ gilt dann:

$$\langle x_n, z \rangle = \sum_{j=1}^{i} \beta_j \langle Tx_n, v_j \rangle$$

$$= \sum_{j=1}^{i} \beta_j \langle y, v_j \rangle$$

$$= \sum_{j=1}^{i} \beta_j \langle TT^\dagger y, v_j \rangle$$

$$= \sum_{j=1}^{i} \beta_j \langle T^\dagger y, T^* v_j \rangle = \langle T^\dagger y, z \rangle.$$

Damit gilt:

$$\lim_{n \to \infty} \langle x_n, z \rangle = \langle T^\dagger y, z \rangle \text{ für } z \in (Z + N(T)). \tag{7.148}$$

Wir zeigen nun

$$\sup\{\|x_n\|/n \in \mathbb{N}\} < \infty. \tag{7.149}$$

Aus (7.149) und (7.148) folgt dann (da $Z + N(T)$ dicht in X ist) nach dem Satz von Banach–Steinhaus

$$x_n \rightharpoonup T^\dagger y, \tag{7.150}$$

wobei "$\rightharpoonup$" schwache Konvergenz bedeutet. Es sei $T_n := R_n T : X \to \mathbb{R}^n$ für $n \in \mathbb{N}$, wobei R_n nach (7.145) definiert ist. Sei $z \in N(T_n)$, also $0 = \langle Tz, v_i \rangle = \langle z, T^* v_i \rangle$ für $i \in \{1, \ldots, n\}$; das impliziert

$$T^* v_i \in N(T_n)^\perp \text{ für } i \in \{1, \ldots, n\}, \tag{7.151}$$

also auch

$$x_n \in N(T_n)^\perp. \tag{7.152}$$

Da nach (7.142) $T_n x_n = y$ gilt, folgt mit (7.152) und der Definition von $T_n^\dagger$

$$x_n = T_n^\dagger y_n. \tag{7.153}$$

Da auch $T_n T^\dagger y = R_n T T^\dagger y = R_n y = y_n$ gilt, folgt (da $T_n^\dagger y_n$ nach (7.153) die best–approximierende Lösung von $T_n x = y_n$ ist)

$$\|x_n\| \leq \|T^\dagger y\| \text{ für } n \in \mathbb{N}. \tag{7.154}$$

Damit gilt (7.149), also auch (7.150). Da X Hilbertraum, folgt aus (7.150) und

$$(\|x_n\|) \to \|T^\dagger y\| \tag{7.155}$$

sofort (7.147). Wir zeigen also (7.155):
Sei Z wie zu Beginn des Beweises. Da Z dicht in $N(T)^\perp$ und $T^\dagger y \in N(T)^\perp$ ist, folgt aus dem Satz von Hahn–Banach

$$\|T^\dagger y\| = \sup\{\langle T^\dagger y, z \rangle/z \in Z, \|z\| = 1\}. \tag{7.156}$$

Ist $T^\dagger y = 0$, so folgt (7.155) aus (7.154). Sei also $T^\dagger y \neq 0, \varepsilon \in \,]0, \|T^\dagger y\|\,[$ beliebig, aber fest. Wegen (7.156) existiert ein $z_\varepsilon \in Z$ mit $\|z_\varepsilon\| = 1$ und $\|T^\dagger y\| \leq \langle T^\dagger y, z_\varepsilon \rangle + \varepsilon$. Sei $i \in \mathbb{N}$ so, daß $z_\varepsilon \in \mathrm{lin}\{T^*v_1, \ldots, T^*v_i\}$. Für $n \geq i$ folgt wie oben: $\langle x_n, z_\varepsilon \rangle = \langle T^\dagger y, z_\varepsilon \rangle$, also: $\|x_n\| \geq \langle x_n, z_\varepsilon \rangle \geq \|T^\dagger y\| - \varepsilon$. Da ε beliebig war, folgt:

$$\liminf \|x_n\| \geq \|T^\dagger y\|. \tag{7.157}$$

Zusammen mit (7.154) folgt (7.155) und damit die Behauptung.

$\square$

Bemerkung 7.44 Ein anderer Beweis findet sich in [35]; dieser Beweis beruht auf der Darstellung (7.153) für x_n. Mit Hilfe dieser Darstellung kann man eine Fehlerabschätzung angeben: Sei P_n der Orthogonalprojektor auf X_n,

$$\gamma_n := \|(I - P_n)T^*\|. \tag{7.158}$$

Dann gilt: Ist $T^\dagger y \in R(T^*)$, so ist

$$\|x_n - T^\dagger y\| = O(\gamma_n) \qquad (\text{mit } n \to \infty). \tag{7.159}$$

Es folgt aus Satz 2.7 und Bemerkung 2.8, daß γ_n genau dann gegen 0 geht, wenn T kompakt ist. Nur dann hat (7.159) also Sinn; in Satz 7.43 wurde dagegen die Kompaktheit nicht verwendet!
Wir untersuchen nun noch das Verhalten der betrachteten Methode, wenn Datenfehler vorliegen. Als Daten verwenden wir dabei nicht y, sondern den Vektor $R_n y$, mit dem wirklich gerechnet wird.
Sei also $\delta_n > 0$ und $\tilde{y}_n$ so, daß

$$\|\tilde{y}_n - R_n y\| \leq \delta_n \tag{7.160}$$

gilt. Die Näherungslösung $\tilde{x}_n$ sei festgelegt durch

$$\left.\begin{array}{r}(\langle Tx, v_j \rangle)_{1 \leq j \leq n} = \tilde{y}_n \\ x \in \tilde{X}_n.\end{array}\right\} \tag{7.161}$$

Natürlich berechnet man $\tilde{x}_n$ nach (7.143)–(7.146) mit $\tilde{y}_n$ statt y_n. Daraus folgt nach einiger Rechnung (vgl. [35]):

$$\|x_n - \tilde{x}_n\|^2 = \left\langle Q_n^{-1}(y_n - \tilde{y}_n), y_n - \tilde{y}_n \right\rangle_{\mathbb{R}^n}. \tag{7.162}$$

Die Matrix Q_n ist (als Gramsche Matrix) positiv definit, die Eigenwerte von Q_n^{-1} sind die Reziprokwerte der Eigenwerte von Q_n. Nach (8.1) gilt damit:

$$\langle Q_n^{-1}(y_n - \tilde{y}_n), (y_n - \tilde{y}_n) \rangle = \|y_n - \tilde{y}_n\|^2 \langle Q_n^{-1} \frac{y_n - \tilde{y}_n}{\|y_n - \tilde{y}_n\|}, \frac{y_n - \tilde{y}_n}{\|y_n - \tilde{y}_n\|} \rangle \leq \frac{\delta_n^2}{\lambda_n}$$

mit

$$\lambda_n := \text{ kleinster Eigenwert von } Q_n. \tag{7.163}$$

Mit (7.162) folgt also:

$$\|x_n - \tilde{x}_n\| \le \frac{\delta_n}{\sqrt{\lambda_n}}. \tag{7.164}$$

Damit folgt:

Satz 7.45 *Sei $\tilde{x}_n$ nach (7.161) definiert; es gelte $(\delta_n) \to 0$ und*

$$\frac{\delta_n}{\sqrt{\lambda_n}} \to 0 \text{ mit } n \to \infty, \tag{7.165}$$

wobei λ_n nach (7.163) definiert ist. Dann gilt

$$\lim_{n \to \infty} \|\tilde{x}_n - T^\dagger y\| = 0. \tag{7.166}$$

Beweis. folgt sofort aus Satz 7.43 und (7.164).

$\square$

Bemerkung 7.46 Die Größe λ_n spielt also hier die Rolle eines Regularisierungsparameters; die Dimension n darf nur so langsam (in Abhängigkeit von δ_n) erhöht werden, daß (7.165) gilt; das ist eine Einschränkung, da i.a. $\lim_{n \to \infty} \lambda_n = 0$ gilt!

In [35] findet man auch Bedingungen für schwache Konvergenz von $\tilde{x}_n$ gegen $T^\dagger y$ sowie notwendige Konvergenzbedingungen.

Von der Datenstabilität her wäre es wünschenswert, daß die $\{v_i\}$ so gewählt werden, daß λ_n möglichst groß wird. Ist T kompakt mit singulären Werten $\{\sigma_n\}$, so gilt für orthonormale $\{v_i\}$ stets $\lambda_n \le \sigma_n^2$ mit Gleichheit, falls die v_i die singulären Vektoren sind. Das entstehende Verfahren ist dann wieder die abgebrochene Singulärwertentwicklung, die in diesem Sinn unter den betrachteten Projektionsverfahren optimal ist.

Bemerkung 7.47 Eng verwandt mit den eben betrachteten Verfahren ist das Verfahren der "least–squares–Kollokation (LSC)" für Integralgleichungen 1.Art

$$\int_0^1 k(s,t)x(t)\, dt = y(s) \tag{7.167}$$

mit stetigem k. Als n–te Näherungslösung x_n verwendet man die Lösung von

$$\int_0^1 k(s_i,t)x(t)\, dt = y(s_i) \quad i \in \{1, \dots, n\} \tag{7.168}$$

$$\|x\| \to \min.$$

bzw. bei gestörten Daten $\tilde{y}_n$ mit $\|\tilde{y}_n - (y(s_1), \dots, y(s_n))\| \le \delta_n$ die Lösung $\tilde{x}_n$ von

$$\left(\int_0^1 k(s_i, t) x(t)\, dt \right)_{1 \le i \le n} = \tilde{y}_n \qquad (7.169)$$

$$\|x\| \to \min.$$

Sowohl x_n als auch $\tilde{x}_n$ kann man aus einem linearen Gleichungssystem berechnen. Falls $\lim_{n \to \infty} \sup\{\inf\{|s - s_i|/i \in \{1, \dots, n\}/s \in [0,1]\}\} = 0$ gilt, so konvergiert x_n gegen $T^\dagger y$. Ferner gilt auch die Aussage von Satz 7.45, wobei Q_n die $n \times n$–Matrix ist, deren (i,j)–tes Element durch $\int_0^1 k(s_i, t) k(s_j, t)\, dt$ gegeben ist. Zum Nachweis dieser Aussagen benötigt man die Theorie der "Hilberträume mit reproduzierendem Kern". Für Beweise und Beispiele vgl. [59].

Bei den bisher diskutierten Projektionsverfahren erfolgte die Regularisierung **durch** die Projektion. Eine andere Möglichkeit besteht, wie erwähnt, darin, ein unendlichdimensionales Regularisierungsverfahren (etwa Tikhonov-Regularisierung) mit Projektion zu **kombinieren**. Dazu seien $X_1 \subseteq X_2 \subseteq \dots \subseteq X$ endlichdimensionale Teilräume mit $\overline{\bigcup_{i \in \mathbb{N}} X_i} = X$. Als Näherungslösung $x_{\alpha,n}$ verwendet man das eindeutige minimierende Element des Funktionals $x \to \|Tx - y\|^2 + \alpha\|x\|^2$ aus X_n, also die Lösung des Problems

$$\|Tx - y\|^2 + \alpha\|x\|^2 \to \min., \quad x \in X_n \qquad (7.170)$$

bzw. für gestörte Daten $y^\delta \in Y$ mit $\|y - y^\delta\| \le \delta$ die eindeutige Lösung $x_{\alpha,n}^\delta$ von

$$\|Tx - y^\delta\|^2 + \alpha\|x\|^2 \to \min., \quad x \in X_n. \qquad (7.171)$$

Mit

$$T_n := T|_{X_n} \qquad (7.172)$$

folgt sofort, daß

$$x_{\alpha,n}^{(\delta)} = (\alpha I_n + T_n^* T_n)^{-1} T_n^* y^{(\delta)} \qquad (7.173)$$

gilt, wobei I_n der Einheitsoperator auf X_n ist. Ist $\{v_1, \dots, v_n\}$ eine Basis von X_n, so erhält man folgende Darstellung von $x_{\alpha,n}^{(\delta)}$:

$$x_{\alpha,n}^{(\delta)} = \sum_{i=1}^n u_i v_i, \qquad (7.174)$$

wobei $u = (u_1, \dots, u_n)^T$ Lösung des linearen Gleichungsystems

$$(B_n + \alpha M_n) u = w \qquad (7.175)$$

mit

$$
\left.
\begin{aligned}
B_n &= (\langle Tv_i, Tv_j\rangle)_{1\le i,j\le n}, \\
M_n &= (\langle v_i, v_j\rangle)_{1\le i,j\le n}, \\
w &= (\langle Tv_1, y\rangle, \dots, \langle Tv_n, y\rangle)^T
\end{aligned}
\right\}
\tag{7.176}
$$

ist.

Die Wahl von α hat nun in Abstimmung mit n und δ zu erfolgen, wobei es hier einerseits die Möglichkeit einer a–priori–Parameterwahlstrategie, andererseits auch a–posteriori–Strategien gibt. In beiden Fällen ist die in (7.158) definierte Zahl $\gamma_n := \|(I - P_n)T^*\|$ wesentlich, wobei P_n der Orthogonalprojektor auf X_n ist. Die folgende Abschätzung ist zentral für Konvergenzüberlegungen, da sie die Rückführung auf den unendlichdimensionalen Fall erlaubt:

Lemma 7.48 *Sei $x_{\alpha,n}$ wie in (7.173), $x_\alpha = (\alpha I + T^*T)^{-1}T^*y$. Dann gilt*

$$
\|x_\alpha - x_{\alpha,n}\|^2 \le \left(1 + \frac{\gamma_n^2}{\alpha}\right) \|(I - P_n)x_\alpha\|^2.
\tag{7.177}
$$

Beweis. [35]

Daraus erhält man zusammen mit Resultaten über die Konvergenzgeschwindigkeit von x_α gegen $T^\dagger y$ (vgl. Bsp. 7.38a)) (fast) sofort:

Satz 7.49 *Für $n \in \mathbb{N}$ sei $\alpha_n > 0$ so gewählt, daß $\lim\limits_{n\to\infty}\alpha_n = 0$ gilt.*

a) *Falls $\gamma_n = O(\sqrt{\alpha_n})$ gilt, so folgt*

$$
\|x_{\alpha_n,n} - T^\dagger y\| \to 0 \qquad (n \to \infty).
\tag{7.178}
$$

b) *Ist $T^\dagger y \in R(T^*)$ und $\gamma_n = O(\sqrt{\alpha_n})$, so gilt*

$$
\|x_{\alpha_n,n} - T^\dagger y\| = O(\sqrt{\alpha_n}).
\tag{7.179}
$$

c) *Ist $T^\dagger y \in R(T^*T)$ und $\gamma_n = O(\alpha_n)$, so gilt*

$$
\|x_{\alpha_n,n} - T^\dagger y\| = O(\alpha_n).
\tag{7.180}
$$

Man erhält also dieselben Konvergenzraten wie für unendlichdimensionale Tikhonov-Regularisierung, wenn man die endlichdimensionalen Räume und den Regularisierungsparameter "richtig zusammenpassend" wählt. Natürlich kann man nun noch in der üblichen Weise (vgl. Beispiel 7.41) gestörte Daten einbeziehen. Dazu wählt man zunächst die Dimension n der Räume X_n in Abhängigkeit von δ, also $n = n(\delta)$ und dann $\alpha(\delta) = (\alpha_{n(\delta)}) \to 0$. Durch $n(\delta)$ ist auch $\gamma_{n(\delta)}$ fixiert. Wenn nun gilt:

$$
\gamma_{n(\delta)} = O\left(\sqrt{\alpha_{n(\delta)}}\right), \quad \delta = o\left(\sqrt{\alpha_{n(\delta)}}\right),
\tag{7.181}
$$

dann gilt

$$\lim_{\delta \to 0} \left\| x^\delta_{\alpha_{n(\delta)}, n(\delta)} - T^\dagger y \right\| = 0. \qquad (7.182)$$

Ist $T^\dagger y \in R(T^*T)$ und gilt

$$\alpha_{n(\delta)} \sim \delta^{\frac{2}{3}}, \quad \gamma_{n(\delta)} = O(\delta^{\frac{2}{3}}), \qquad (7.183)$$

so folgt

$$\left\| x^\delta_{\alpha_{n(\delta)}, n(\delta)} - T^\dagger y \right\| = O(\delta^{\frac{2}{3}}); \qquad (7.184)$$

Man erhält also die im Unendlichdimensionalen optimale Konvergenzrate. Ist etwa X_n der Raum der kubischen Splines auf $[0,1]$ auf einem gleichabständigen Gitter mit Schrittweite $\frac{1}{n}$ (der allerdings nicht n als Dimension hat, was aber an unseren Abschätzungen nichts ändert), so ist $\gamma_n = O(n^{-4})$, falls $R(T^*)$ etwa aus C^4-Funktionen besteht. Dann ist etwa für $n \sim \delta^{-\frac{1}{6}}$, $\alpha_n \sim \delta^{\frac{2}{3}}$ (7.184) gewährleistet. Für Details vgl. [61].

Bemerkung 7.50 Häufig ist es sinnvoll (und notwendig), unter allen least-squares-Lösungen von $Tx = y$ statt der mit minimaler Norm diejenige auszuwählen, für die $\|Lx\|$ minimal wird, wobei L etwa ein Differentialoperator ist (häufig: $Lx = x''$). Das geht unter folgenden Bedingungen:

$$N(T) \cap N(L) = \{0\} \qquad (7.185)$$
$$R(L) \quad \text{ist abgeschlossen} \qquad (7.186)$$
$$\dim N(L) < \infty, \qquad (7.187)$$

wobei (7.187) abgeschwächt werden kann; L ist dabei ein auf einem dichten Definitionsbereich $D(L)$ definierter (i.a. unbeschränkter) linearer Operator mit abgeschlossenem Graphen. Für

$$y \in D(T_L^\dagger) = R(T|_{D(L)}) \dot{+} R(T)^\perp \qquad (7.188)$$

existiert dann eine eindeutige least-squares Lösung von $Tx = y$, die $\|Lx\|$ minimiert und mit

$$T_L^\dagger y \qquad (7.189)$$

bezeichnet wird.

Man kann die Definition und Methoden zur Berechnung von $T_L^\dagger y$ auf den Fall $L = I$ zurückführen, indem man auf $D(L)$ das innere Produkt

$$\langle x_1, x_2 \rangle_* := \langle Tx_1, Tx_2 \rangle + \langle Lx_1, Lx_2 \rangle \qquad (7.190)$$

einführt. $(D(L), \langle \, , \, \rangle_*)$ ist ein Hilbertraum. Es gilt

$$T_L^\dagger = T_*^\dagger, \qquad (7.191)$$

wobei $T_*^\dagger$ die Moore–Penrose-Inverse von $T|_{D(L)}$ bezüglich $\langle \, , \, \rangle_*$ ist. Damit kann man alle Methoden zur Approximation von $T^\dagger$, indem man sie für $T_*^\dagger$ in

$(D(L), \langle\ ,\ \rangle_*)$ hinschreibt, zur Approximation von $T_L^\dagger$ nützen.
Tikhonov-Regularisierung erhält dann eine der äquivalenten Formulierungen

$$\|Tx - y^\delta\|^2 + \alpha\|Lx\|^2 \to \min. \tag{7.192}$$

oder

$$(T^*T + \alpha L^*L)x = T^*y^\delta. \tag{7.193}$$

Für Beweise und die Übertragung bekannter Methoden zur Approximation von $T^\dagger$ auf den Fall $T_L^\dagger$ siehe [53], für einen anderen Zugang siehe Kapitel 8 in [25].

In dieser Einführung in die Theorie linearer inkorrekt gestellter Probleme haben wir a-priori- und a-posteriori Parameterwahlstrategien untersucht; beide hängen von einer Schranke für den Datenfehler ab. Parameterwahlstrategien der Form $\alpha = \alpha(y^\delta)$, die ohne Information über den Datenfehler auskommen wie die populäre "L–Kurven–Methode" (vgl. [42]) haben den Nachteil, daß sie zu keinem konvergenten Regularisierungsverfahren führen können (vgl. [22], [41], [75]), und sind dehalb, auch wenn dies nur eine asymptotische Aussage für $\delta \to 0$ ist, mit Vorsicht anzuwenden.

Für eine ausführliche Diskussion der numerischen Realisierung von Regularisierungsverfahren verweisen wir auf Kapitel 9 in [25].

Auch für lineare Probleme ist es manchmal von Vorteil, nichtlineare Verfahren anzuwenden wie die Methode der konjugierten Gradienten ("CG-Verfahren", siehe [40] für eine umfassende Theorie dieses Verfahrens für den inkorrekt gestellten Fall) oder die insbesondere bei inversen Problemen aus der Physik häufig verwendete "Maximum–Entropy–Methode" (vgl. [69], [26]).

In den letzten Jahren beschäftigt man sich intensiv mit nichtlinearen inversen Problemen, die in mannigfachen Anwendungen wichtig sind (vgl. [29], [25]). In Kapitel 6 haben wir ein wichtiges nichtlineares inverses Problem, nämlich ein inverses Streuproblem, kennengelernt. Die dort diskutierte Methode erinnert an Tikhonov-Regularisierung, wie ein Vergleich von (6.104) mit (7.87) zeigt. In der Tat kann die Variationscharakterisierung von (7.87) verwendet werden, um Tikhonov-Regularisierung auf die nichtlineare Situation zu übertragen. Für eine umfassende Darstellung des Stands der Forschung auf dem Gebiet der (auch iterativen) Regularisierungsverfahren für nichtlineare Probleme siehe Kapitel 10-11 in [25].

8. Eigenwertprobleme

Wir geben aus Platzgründen hier nur einige typische Resultate an, von denen wir nur wenige beweisen. Die numerische Berechnung von Eigenwerten linearer Operatoren ist ausführlich in [7] dargestellt.

Die Struktur des Spektrums kompakter Operatoren, insbesondere also von kompakten Integraloperatoren, wurde bereits in Kapitel 2 untersucht. Wichtig (nicht nur im Zusammenhang mit Integraloperatoren, sondern auch schon bei Matrizen) ist eine Extremalcharakterisierung von Eigenwerten, die im folgenden bewiesen werden soll. Wir betrachten dabei wie bei den Entwicklungssätzen nach Eigensystemen Integraloperatoren als Operatoren auf einem Hilbertraum, etwa auf $L^2(G)$. Wir betrachten Eigenwerte selbstadjungierter Operatoren; aus den Ergebnissen darüber kann man natürlich sofort entsprechende Aussagen über singuläre Werte beliebiger kompakter Operatoren gewinnen. Sei X ein Hilbertraum, $K \in L(X)$ kompakt und selbstadjungiert, $(\lambda_n; x_n)$ ein Eigensystem für K (wie üblich so geordnet, daß $|\lambda_1| \geq |\lambda_2| \geq |\lambda_3| \geq \dots$ gilt; jeder Eigenwert soll so oft angeschrieben sein, wie es seiner Vielfachheit entspricht). Mit $(\lambda_n^+; x_n^+)$ bzw. $(\lambda_n^-; x_n^-)$ bezeichnen wir die (unendlichen oder endlichen) Teilfolgen von $(\lambda_n; x_n)$, für die der jeweilige Eigenwert positiv bzw. negativ ist. Dann gilt:

Satz 8.1 *Falls die jeweils angeschriebenen Eigenwerte existieren, so gelten folgende Formeln:*

$$\left. \begin{aligned} \lambda_1^+ &= \sup\{\langle Kx, x\rangle / \|x\| = 1\} \\ \lambda_n^+ &= \sup\{\langle Kx, x\rangle / \|x\| = 1, \langle x, x_1^+\rangle = \dots = \langle x, x_{n-1}^+\rangle = 0\} \end{aligned} \right\} \tag{8.1}$$

$$\left. \begin{aligned} \lambda_1^- &= \inf\{\langle Kx, x\rangle / \|x\| = 1\} \\ \lambda_n^- &= \inf\{\langle Kx, x\rangle / \|x\| = 1, \langle x, x_1^-\rangle = \dots = \langle x, x_{n-1}^-\rangle = 0\} \end{aligned} \right\} \tag{8.2}$$

$$\left. \begin{aligned} |\lambda_1| &= \sup\{|\langle Kx, x\rangle| / \|x\| = 1\} \\ |\lambda_n| &= \sup\{|\langle Kx, x\rangle| / \|x\| = 1, \langle x, x_1\rangle = \dots = \langle x, x_{n-1}\rangle = 0\}. \end{aligned} \right\} \tag{8.3}$$

Beweis. Wir zeigen nur (8.1) vollständig; man sieht aber sofort, daß die restlichen Aussagen völlig analog folgen:

Da $\langle Kx_1^+, x_1^+\rangle = \lambda_1^+ \|x_1^+\|^2 = \lambda_1^+$ ist, ist jedenfalls $\lambda_1^+ \leq \sup\{\langle Kx, x\rangle / \|x\| = 1\}$. Sei umgekehrt $\|x\| = 1$. Nach Korollar 2.39 und der Besselschen Ungleichung gilt: $Kx = \sum\limits_{i=1}^{\infty} \lambda_i \langle x, x_i\rangle x_i$, also

$$\langle Kx, x \rangle = \sum_{i=1}^{\infty} \lambda_i |\langle x, x_i \rangle|^2 \leq \sum_{i=1}^{\infty} \lambda_i^+ |\langle x, x_i^+ \rangle|^2 \leq \lambda_1^+ \sum_{i=1}^{\infty} |\langle x, x_i^+ \rangle|^2 \leq \lambda_1^+ \|x\|^2 = \lambda_1^+$$

Damit gilt auch $\sup\{\langle Kx, x \rangle / \|x\| = 1\} \leq \lambda_1^+$, insgesamt also die erste Aussage von (8.1).

Sei nun $n > 1$. Da $\|x_n^+\| = 1$ und $\langle x_n^+, x_1^+ \rangle = \ldots = \langle x_n^+, x_{n-1}^+ \rangle = 0$ gilt und $\langle Kx_n^+, x_n^+ \rangle = \lambda_n^+$ ist, folgt

$$\lambda_n^+ \leq \sup\{\langle Kx, x \rangle / \|x\| = 1, \langle x, x_1^+ \rangle = \ldots = \langle x, x_{n-1}^+ \rangle = 0\}.$$

Sei umgekehrt $\|x\| = 1$ und $\langle x, x_1^+ \rangle = \ldots = \langle x, x_{n-1}^+ \rangle = 0$. Dann folgt wieder aus Korollar 2.39 und der Besselschen Ungleichung

$$\langle Kx, x \rangle = \sum_{i=1}^{\infty} \lambda_i |\langle x, x_i \rangle|^2 \leq \sum_{i=1}^{\infty} \lambda_i^+ |\langle x, x_i^+ \rangle|^2 = \sum_{i=n}^{\infty} \lambda_i^+ |\langle x, x_i^+ \rangle|^2 \leq \lambda_n^+ \|x\|^2 = \lambda_n^+.$$

Also folgt $\sup\{\langle Kx, x \rangle / \|x\| = 1, \langle x, x_1^+ \rangle = \ldots = \langle x, x_{n-1}^+ \rangle = 0\} \leq \lambda_n^+$.

Damit gilt (8.1). Der Rest folgt völlig analog.

$\square$

Satz 8.1 enthält Extremalcharakterisierungen der nach der Größe geordneten positiven und negativen Eigenwerte und der nach dem Betrag geordneten Eigenwerte, wobei jeweils die zu vorhergehenden positiven bzw. negativen bzw. die zu allen vorhergehenden Eigenwerten gehörigen Eigenvektoren benötigt werden. Daher ist Satz 8.1 nur zur Berechnung des jeweils ersten Eigenwertes wirklich nützlich ("Ritz–Verfahren"): In (8.3) wird zur Berechnung von $|\lambda_1|$ nicht über X, sondern über eine Folge der endlichdimensionalen Teilräume $X_n := \lim\{\varphi_1, \ldots, \varphi_n\}$ maximiert. Die entstehende Folge von Suprema konvergiert gegen $|\lambda_1|$, falls $\{\varphi_n / n \in \mathbb{N}\}$ ein vollständiges Orthonormalsystem ist. Man kann aber für die geordneten Folgen (λ_n^+) und (λ_n^-) (nicht jedoch für $(|\lambda_n|)$) folgende Extremalcharakterisierung ohne Verwendung der Eigenvektoren angeben, die zumindest für Eigenwertabschätzungen manchmal nützlich ist:

Satz 8.2 *Falls die jeweils angeschriebenen Eigenwerte existieren, so gelten folgende Formeln:*

$$\lambda_n^+ = \inf_{\dim L_{n-1} = n-1} \sup\{\langle Kx, x \rangle / \|x\| = 1, x \in L_{n-1}^{\perp}\}, \qquad (8.4)$$

$$\lambda_n^- = \sup_{\dim L_{n-1} = n-1} \inf\{\langle Kx, x \rangle / \|x\| = 1, x \in L_{n-1}^{\perp}\}. \qquad (8.5)$$

Dabei ist das jeweils äußere inf bzw. sup über allen $(n-1)$-dimensionalen Unterräumen von X zu erstrecken.

Beweis. Wir beweisen (8.4); (8.5) wird unter Verwendung von (8.2) analog bewiesen.

Sei $L_{n-1} = \text{lin}\{y_1, \ldots, y_{n-1}\}$, y_i linear unabhängig, beliebig, aber fix. Da das lineare Gleichungssystem

$$\sum_{i=1}^{n} \alpha_i \langle x_i^+, y_j \rangle = 0 \quad (j \in \{1, \ldots, n-1\}) \tag{8.6}$$

eine mindestens eindimensionale Lösungsmannigfaltigkeit hat, existiert eine Lösung $\bar{\alpha}$ von (8.6) so, daß mit $x := \sum_{i=1}^{n} \bar{\alpha}_i x_i^+$ gilt: $\|x\| = 1$; aus (8.6) folgt sofort, daß $x \in L_{n-1}^\perp$ ist. Nun folgt nach Korollar 2.39 $\langle Kx, x \rangle = \sum_{i=1}^{\infty} \lambda_i |\langle x, x_i \rangle|^2$; da aber $x \in \text{lin}\{x_1^+, \ldots, x_n^+\}$ ist, ist x orthogonal zu allen anderen Vektoren des Eigensystems, also gilt

$$\langle Kx, x \rangle = \sum_{i=1}^{n} \lambda_i^+ |\langle x, x_i^+ \rangle|^2 = \sum_{i=1}^{n} \lambda_i^+ |\bar{\alpha}_i|^2 \geq \lambda_n^+ \|x\|^2 = \lambda_n^+.$$

Also ist $\lambda_n^+ \leq \sup\{\langle Kx, x \rangle / \|x\| = 1, x \in L_{n-1}^\perp\}$ und, da L_{n-1} beliebig war, auch

$$\lambda_n^+ \leq \inf_{\dim L_{n-1} = n-1} \sup\{\langle Kx, x \rangle / \|x\| = 1, x \in L_{n-1}^\perp\}. \tag{8.7}$$

Sei nun $\bar{L}_{n-1} := \text{lin}\{x_1^+, \ldots, x_{n-1}^+\}$. Dann gilt nach (8.1):

$$\begin{aligned} \lambda_n^+ &= \sup\{\langle Kx, x \rangle / \|x\| = 1, x \in \bar{L}_{n-1}^\perp\} \geq \\ &\geq \inf_{\dim L_{n-1} = n-1} \sup\{\langle Kx, x \rangle / \|x\| = 1, x \in L_{n-1}^\perp\}. \end{aligned}$$

Zusammen mit (8.7) folgt also (8.4).

$\square$

Eine wichtige Frage ist nun die nach dem asymptotischen Verhalten der Eigenwerte. Wir wissen aus Kapitel 2, daß die Eigenwerte (bzw. singulären Werte) eines kompakten Operators gegen 0 gehen, aber nicht, wie schnell. Andererseits ist gerade diese Information bei Integralgleichungen 1.Art von großer Bedeutung, da sie für den "Grad der Inkorrekt–Gestelltheit" entscheidend ist (vgl. Korollar 2.40 und Bemerkung 7.16). Wie schon in Kapitel 2 bemerkt, kann man mit Hilfe funktionentheoretischer Mittel über die Fredholmdeterminante Aussagen über die Eigenwertverteilung bekommen (vgl. etwa [8]).

In Bemerkung 2.43 haben wir gesehen, daß die Eigenwertfolge eines Integraloperators mit L^2–Kern in l^2 liegt, in Bemerkung 2.48, daß unter der Voraussetzung des Satzes von Mercer diese Folge sogar in l^1 liegt. Diese Aussagen kann man als erste "asymptotische Aussagen" über die Eigenwertverteilung sehen.

Besonders wesentlich ist es nun, asymptotische Aussagen über das Verhalten von Eigenwerten von Integraloperatoren aus Eigenschaften des Kerns (etwa Glattheitseigenschaften) zu gewinnen. Dazu sei ohne Beweis folgende klassische Aussage angegeben.

Satz 8.3 (Hille–Tamarkin): *Seien $a < b \in \mathbb{R}$, $k \in L^2([a,b]^2)$, K der von k erzeugte Integraloperator auf $L^2([a,b])$. Seien $i \in \mathbb{N}$, $p \in {]}1,2]$ so, daß gilt: Für fast alle $t \in [a,b]$ sind die Funktionen*

$$s \mapsto k(s,t), \quad s \mapsto \frac{\partial k(s,t)}{\partial s}, \ldots, \quad s \mapsto \frac{\partial^{i-1} k(s,t)}{\partial s^{i-1}}$$

stetig, für alle $s \in [a,b]$ existiere $\dfrac{\partial^i k(s,t)}{\partial s^i}$ für fast alle $t \in [a,b]$. Es existieren

$A \in L^1[a,b]$ *und* $g : [a,b]^2 \to \mathbb{R}$ *mit* $\displaystyle\int_a^b \left[\int_a^b |g(s,t)|^p\, ds \right]^{\frac{1}{p-1}} dt < \infty$ *so, daß für*

alle $s \in [a,b]$

$$\frac{\partial^i k(s,t)}{\partial s^i} = \int_a^s g(\sigma,t)d\sigma + A(t)$$

für fast alle $t \in [a,b]$ gilt.
Sind nun $(\lambda_1, \lambda_2, \ldots)$ die dem Betrag nach geordneten Eigenwerte von K, so gilt (falls diese Folge unendlich ist)

$$|\lambda_n| = o\left(n^{-i-2+\frac{1}{p}} \right) \quad \text{für } n \to \infty, \tag{8.8}$$

also $\displaystyle\lim_{n \to \infty} \left(n^{i+2-\frac{1}{p}} |\lambda_n| \right) = 0.$

Ohne Beweis!

Bemerkung 8.4 Aus Satz 8.3 folgt sofort folgendes ältere Resultat von H. Weyl: Ist k ein hermitescher L^2-Kern auf $[a,b]$ und existieren **alle** partiellen Ableitungen von k bis zur Ordnung $q \in \mathbb{N}$ und sind diese alle stetig, so gilt

$$\lambda_n = o\left(n^{-q-\frac{1}{2}} \right) \quad \text{für } n \to \infty. \tag{8.9}$$

Das sieht man wie folgt: Man setzt in Satz 8.3 $i := q - 1$. Da dann $\dfrac{\partial^{i+1} k}{\partial s^{i+1}}$ sogar stetig ist, folgt aus dem Hauptsatz der Differentialrechnung, daß

$$\int_a^s \frac{\partial^{i+1} k}{\partial s^{i+1}}(\sigma, t)\, d\sigma = \frac{\partial^i k}{\partial s^i}(s,t) - \frac{\partial^i k}{\partial s^i}(a,t).$$

Damit sind die Voraussetzungen von Satz 8.3 mit

$$A(t) := \frac{\partial^i k}{\partial s^i}(a,t), \quad g(s,t) = \frac{\partial^{i+1} k}{\partial s^{i+1}}(s,t)$$

erfüllt.
Da A und g sogar stetig sind, kann man $p = 2$ setzen und erhält aus (8.8) sofort (8.9).

Satz 8.3 kann in folgender Weise auf singulären Werte übertragen werden:

Satz 8.5 (Chang) *Seien $a < b \in \mathbb{R}$, $k \in C([a,b]^2)$, K der von k erzeugte Integraloperator auf $L^2([a,b])$. Sei $i \in \mathbb{N}$ so, daß gilt:*
Die Funktionen

$$(s,t) \mapsto \frac{\partial k}{\partial s}(s,t), \ldots, (s,t) \to \frac{\partial^{i-1}k}{\partial s^{i-1}}(s,t)$$

seien stetig. Es existieren $A \in L^1[a,b]$ und $g \in L^2([a,b]^2)$ so, daß für alle $s \in [a,b]$

$$\frac{\partial^i k}{\partial s^i}(s,t) = \int_0^s g(\sigma,t)\,d\sigma + A(t)$$

für fast alle $t \in [a,b]$ gilt. Sind $(\sigma_1, \sigma_2, \sigma_3, \ldots)$ die der Größe nach geordneten singuläre Werte von K, so gilt

$$\sigma_n = o\left(n^{-i-\frac{3}{2}}\right) \quad \text{für } n \to \infty. \tag{8.10}$$

Beweis. [76].

Es sollen nun einige Bemerkungen über die numerische Berechnung von Eigenwerten von Integraloperatoren gemacht werden. Zunächst sei (zumindest zur Berechnung des größten bzw. kleinsten bzw. betragsgrößten Eigenwertes) auf Satz 8.1 und die nachfolgende Bemerkung verwiesen.
Naheliegend ist natürlich die Idee, Näherungen für Eigenwerte aus in Kapitel 3 diskutierten (zur Lösung der Integralgleichung bestimmten) endlichdimensionalen Näherungsgleichungen zu bestimmen, genauer, als Näherung für die Eigenwerte des Integraloperators die Eigenwerte der durch Projektion, Kollokation, Quadraturformelverfahren etc. entstehenden Matrix zu verwenden. Unter sehr einfachen Bedingungen funktioniert das tatsächlich. Zunächst eine Aussage darüber, daß Grenzwerte konvergenter Folgen von Eigenwerten der Näherungsprobleme tatsächlich Eigenwerte sind.

Satz 8.6 *Es seien X Banachraum, $K, K_n \in L(X)$, $n \in \mathbb{N}$, $(K_n) \xrightarrow{cc} K$. Für $n \in \mathbb{N}$ sei $\lambda_n \in \sigma(K_n)$, (λ_n) konvergiere gegen ein $\lambda \neq 0$; (x_n) sei eine beschränkte Folge so, daß für jedes $n \in \mathbb{N}$ $x_n \in N(\lambda_n I - K_n)$ gilt. Dann gelten folgende Aussagen:*

  a) $\lambda \in \sigma(K)$

  b) $\dim N(\lambda_n I - K_n) \leq \dim N(\lambda I - K)$ *für hinreichend große $n \in \mathbb{N}$.*

  c) (x_n) *besitzt eine gegen $x \in N(\lambda I - K)$ konvergente Teilfolge.*

Beweis. O.B.d.A. können wir $\lambda_n \neq 0$ für alle $n \in \mathbb{N}$ annehmen. Aus den Voraussetzungen folgt sofort, daß $\left(\dfrac{K_n}{\lambda_n}\right) \xrightarrow{cc} \dfrac{K}{\lambda}$. Da also $\left\{\dfrac{K_n}{\lambda_n}\right\}$ kollektiv–kompakt ist,

existieren ein x und eine Teilfolge (x_{n_i}) so, daß $\left(\dfrac{K_{n_i}}{\lambda_{n_i}} x_{n_i}\right) \to x$. Da andererseits

$\dfrac{K_{n_i} x_{n_i}}{\lambda_{n_i}} = x_{n_i}$ ist, gilt $(x_{n_i}) \to x$. Nun ist

$$\left\| x - \frac{Kx}{\lambda} \right\| \leq \left\| x - \frac{K_{n_i} x_{n_i}}{\lambda_{n_i}} \right\| + \left\| \frac{K_{n_i}}{\lambda_{n_i}} \right\| \cdot \|x_{n_i} - x\| + \left\| \frac{K_{n_i}}{\lambda_{n_i}} x - \frac{K}{\lambda} x \right\| \to 0,$$

da $\left(\dfrac{K_n}{\lambda_n}\right)$ punktweise gegen $\dfrac{K}{\lambda}$ konvergiert und damit die Normen gleichmäßig beschränkt sind. Also ist $x \in N(\lambda I - K)$.

Wählt man speziell alle x_n mit $\|x_n\| = 1$, so ist auch $\|x\| = 1$, also insbesondere $N(\lambda I - K) \neq \{0\}$ und damit $\lambda \in \sigma(K)$.

Sei nun $E_n := N(\lambda_n I - K_n)$, $E := N(\lambda I - K)$. Sei $I \subseteq \mathbb{N}$ unendlich und $k \in \mathbb{N}$ so, daß $\dim E_n \geq k$ für alle $n \in I$ gilt. Für jedes $n \in I$ konstruieren wir nun eine linear unabhängige Menge $\{x_{n,1}, \ldots, x_{n,k}\} \subseteq E_n$ mit folgenden Eigenschaften

$$\begin{aligned}
\|x_{n,i}\| &= 1 && \text{für } i \in \{1, \ldots, k\} \\
d(x_{n,i}, \lim\{x_{n,1}, \ldots, x_{n,i-1}\}) &\geq \tfrac{1}{2} && \text{für } i \in \{2, \ldots, k\}.
\end{aligned} \tag{8.11}$$

Die Existenz einer solchen Menge folgt aus Lemma 2.15 (mit $\varepsilon = \dfrac{1}{2}$), nacheinander angewandt auf die Teilräume $\lim\{x_{n,1}\}, \lim\{x_{n,1}, x_{n,2}\}, \ldots, \lim\{x_{n,1}, \ldots, x_{n,i-1}\}$ von E_n.

Nach dem bisher Bewiesenen hat nun jede der Folgen $(x_{n,i})_{n \in I} (i \in \{1, \ldots, k\})$ eine gegen ein Element in E konvergente Teilfolge. Man kann (schrittweise) eine Indexfolge $n_1 < n_2 < n_3 < \ldots$ in I so konstruieren, daß $(x_{n_j,i})_{j \in \mathbb{N}}$ für alle $i \in \{1, \ldots, k\}$ konvergiert. Seien

$$x_i := \lim_{j \to \infty} x_{n_j,i} \quad \text{für } i \in \{1, \ldots, k\}. \tag{8.12}$$

Es gilt für alle $i \in \{1, \ldots, k\}$ $x_i \in E$ und wegen (8.11)

$$\|x_i\| = 1. \tag{8.13}$$

Wir zeigen nun:

$$d(x_i, \lim\{x_1, \ldots, x_{i-1}\}) \geq \frac{1}{2} \quad \text{für } i \in \{2, \ldots, k\}. \tag{8.14}$$

Sei so ein i gewählt, $c_1, \ldots, c_{i-1} \in \mathbb{R}$ beliebig, aber fix. Dann gilt

$$\left\| x_i - \sum_{m=1}^{i-1} c_m x_m \right\| = \lim_{j \to \infty} \left\| x_{n_j,i} - \sum_{m=1}^{i-1} c_m x_{n_j,m} \right\| \geq \frac{1}{2}$$

(wegen (8.11)). Also gilt (8.14).

Damit sind $x_1, \ldots, x_k$ linear unabhängig, woraus $\dim E \geq k$ folgt. Wir haben also gezeigt: Ist $\dim E_n \geq k$ für unendlich viele n, so ist auch $\dim E \geq k$. Ist also $\dim E < k$, so ist für fast alle n $\dim E_n < k$. Mit $k := \dim E + 1$ folgt, daß für fast alle n $\dim E_n \leq E$ ist, daß also b) gilt.

$\square$

Bemerkung 8.7 Die Folgerungen von Satz 8.6 gelten auch, falls statt "$(K_n) \xrightarrow{cc} K$" gefordert wird, "K kompakt, $\|K_n - K\| \to 0$" (woraus nicht $(K_n) \xrightarrow{cc} K$ folgt, wie man mit $K_n := K + \frac{1}{n}I$ sieht): Jede beschränkte Folge (x_n) hat dann eine Teilfolge (x_{n_i}), für die $\left(\dfrac{K}{\lambda}x_{n_i}\right)$ gegen ein x konvergiert. Da

$$\|x_{n_i} - x\| \leq \left\|\frac{K_{n_i}x_{n_i}}{\lambda_{n_i}} - \frac{Kx_{n_i}}{\lambda}\right\| + \left\|\frac{Kx_{n_i}}{\lambda} - x\right\| \leq c\|K_{n_i} - K\| \cdot \|x_{n_i}\| + \left\|\frac{Kx_{n_i}}{\lambda} - x\right\|$$

(mit geeignetem $c > 0$) gilt, folgt $(x_{n_i}) \to x$. Der Rest des Beweises verläuft wie der Beweis zu Satz 8.6.

Damit gelten die Folgerungen von Satz 8.6 für alle Folgen von Näherungsoperatoren K_n, die entweder kollektiv-kompakt oder in der Norm gegen den kompakten Operator K konvergieren, insbesondere also für alle Operatoren, die den in Kapitel 3 behandelten Verfahren entsprechen (Approximation durch ausgeartete Kerne mittels Eigenfunktionsentwicklung, Entwicklung nach Orthonormalsystemen, Taylorreihe, Interpolation, Projektionsmethode wie Galerkinverfahren, Kollokation; Nyströmverfahren. Für diese kann man also folgern: Jede konvergente Folge von Eigenwerten konvergiert gegen einen Eigenwert (oder gegen 0). Jede zugehörige Folge von normierten Eigenvektoren der Näherungsprobleme hat eine gegen einen Eigenvektor zum entsprechenden Eigenwert konvergente Teilfolge. Die geometrischen Vielfachheiten der Eigenwerte der Näherungsprobleme werden schließlich nicht größer als die geometrische Vielfachheit des Eigenwertes, gegen den sie konvergieren.

Da für jeden Eigenwert λ_n von K_n $|\lambda_n| \leq \|K_n\|$ gilt und diese Normen beschränkt sind, besitzt jede Eigenwertfolge (λ_n) eine konvergente Teilfolge, für deren Grenzwert dann Satz 8.6 a) gilt.

Satz 8.6 läßt noch viele Fragen offen, etwa: Läßt sich jeder Eigenwert (Eigenvektor) von K durch eine konvergente Folge von Eigenwerten (Eigenvektoren) von K_n approximieren? Was läßt sich über algebraische Vielfachheiten und Rieszindizes aussagen? Aussagen darüber entnimmt man etwa [2], wo auch Fehlerabschätzungen zu finden sind.

9. Stark singuläre Gleichungen

Zur Behandlung von Integralgleichungen 1. oder 2.Art, die einen Integraloperator T vom "Faltungstyp"

$$(Tx)(s) := \int_{-\infty}^{+\infty} k(s-t)x(t)dt \quad (s \in \mathbb{R}, x \in L^2(\mathbb{R})) \tag{9.1}$$

enthalten, wobei $k \in L^1(\mathbb{R})$ ist, ist die Fouriertransformation das geeignete Hilfsmittel. Ist $x \in L^1(\mathbb{R})$, so ist die Fouriertransformation

$$\hat{x}(s) := \frac{1}{\sqrt{2\pi}} \int_{-\infty}^{+\infty} e^{ist}x(t)dt \quad (s \in \mathbb{R})$$

sinnvoll definiert. Wir benötigen die Fouriertransformation aber für x aus dem (nicht in $L^1(\mathbb{R})$ enthaltenen) Raum $L^2(\mathbb{R})$. Die Definition wird formal wie oben aussehen, wobei aber das Integral als Hauptwert zu verstehen ist. Daß und wie das funktioniert, zeigt folgender Satz:

Satz 9.1 *(Plancherel): Sei $x \in L^2(\mathbb{R})$. Für $A > 0$ und $s \in \mathbb{R}$ sei*

$$\widehat{x_A}(s) := \frac{1}{\sqrt{2\pi}} \int_{-A}^{A} e^{ist}x(t)dt. \tag{9.2}$$

Dann existiert eine Funktion $\hat{x} \in L^2(\mathbb{R})$ so, daß

$$\lim_{A \to +\infty} \|\widehat{x_A} - \hat{x}\|_{L^2(\mathbb{R})} = 0. \tag{9.3}$$

Ferner gilt

$$\|\hat{x}\|_{L^2(\mathbb{R})} = \|x\|_{L^2(\mathbb{R})}. \tag{9.4}$$

Schließlich ist

$$\lim_{A \to +\infty} \left(\frac{1}{\sqrt{2\pi}} \int_{-A}^{+A} e^{-ist}\hat{x}(s)ds \right) = x(t), \tag{9.5}$$

wobei die Konvergenz in (9.5) in $L^2(\mathbb{R})$ (bzgl. der Variablen t) stattfindet.

Beweis.   Sei S die Menge der Treppenfunktionen, also $S = \{\sigma = \sum_{i=1}^{n} \alpha_i, \chi_{A_i} / n \in \mathbb{N}, \alpha_1, \dots, \alpha_n \in \mathbb{R}, A_1, \dots, A_n$ disjunkte abgeschlossene endliche Intervalle $\}$. S ist dicht in $L^2(\mathbb{R})$. Wir zeigen die Behauptung zuerst für $\sigma \in S$; da σ kompakten Träger hat, ist $\hat{\sigma}$ mittels (9.2) unmittelbar definierbar. Wir zeigen zunächst:

$$\hat{\sigma} \in L^2(\mathbb{R}). \tag{9.6}$$

Für die Fouriertransformation einer charakteristischen Funktion eines Intervalles $[a, b]$ gilt

$$\widehat{\chi_{[a,b]}}(s) = \frac{1}{\sqrt{2\pi}} \int_{-\infty}^{+\infty} e^{ist} \chi_{[a,b]}(t) dt = \frac{1}{\sqrt{2\pi}} \int_{a}^{b} e^{ist} dt = \frac{e^{isb} - e^{isa}}{\sqrt{2\pi} is};$$

diese Funktion ist in $s = 0$ stetig ergänzbar, für große $|s|$ ist $|\widehat{\chi_{[a,b]}}(s)| \leq \frac{2}{s}$. Also ist $\widehat{\chi_{[a,b]}} \in L^2(\mathbb{R})$; da $\sigma \in S$ eine endliche Linearkombination solcher Funktionen ist, folgt (9.6).

Wir zeigen nun (9.5) für charakteristische Funktionen von Intervallen:

$$
\begin{aligned}
\frac{1}{\sqrt{2\pi}} \int_{-\infty}^{+\infty} e^{-ist} \widehat{\chi_{[a,b]}}(s) ds &= \frac{1}{2\pi} \int_{-\infty}^{+\infty} \frac{e^{isb} - e^{isa}}{is} e^{-ist} ds \\
&= \frac{1}{2\pi} \int_{-\infty}^{+\infty} \frac{e^{is(b-t)} - e^{is(a-t)}}{is} ds \\
&= \frac{1}{2\pi} \left[\int_{-\infty}^{+\infty} \frac{\cos s(b-t) - \cos s(a-t)}{is} ds \right. \\
&\quad + \left. \int_{-\infty}^{+\infty} \frac{\sin s(b-t)}{s} ds - \int_{-\infty}^{+\infty} \frac{\sin s(a-t)}{s} ds \right] \\
&= \frac{1}{2\pi} \left[\int_{-\infty}^{+\infty} \frac{\sin s(b-t)}{s} ds - \int_{-\infty}^{+\infty} \frac{\sin s(a-t)}{s} ds \right]
\end{aligned}
$$

da das erste Integral (wie in (9.5) als Hauptwert auffassen!) verschwindet, weil der Integrand ungerade ist. Nun ist, wie man aus Integraltafeln entnimmt,

$$\int_{0}^{+\infty} \frac{\sin \alpha s}{s} ds = \frac{\pi}{2} \cdot \operatorname{sgn}(\alpha), \tag{9.7}$$

also

$$\int_{-\infty}^{+\infty} \frac{\sin s(b-t)}{s} ds = 2 \cdot \int_{0}^{+\infty} \frac{\sin s(b-t)}{s} ds = \pi \cdot \operatorname{sgn}(b-t).$$

Damit gilt:

$$\int\limits_{-\infty}^{+\infty} \frac{\sin s(b-t)}{s}\, ds - \int\limits_{-\infty}^{+\infty} \frac{\sin s(a-t)}{s}\, ds =$$

$$= \pi \cdot [\operatorname{sgn}(b-t) - \operatorname{sgn}(a-t)] = \begin{cases} 0 & t > b \text{ oder } t < a \\ 2\pi & t \in]a, b[\end{cases}.$$

Daraus folgt mit obiger Gleichheit:

$$\frac{1}{\sqrt{2\pi}} \int\limits_{-\infty}^{+\infty} e^{-ist}\widehat{\chi_{[a,b]}}(s)ds = \chi_{[a,b]}(t) \quad \text{für } t \notin \{a, b\}, \tag{9.8}$$

woraus (9.5) für $x = \chi_{[a,b]}$ folgt. Daraus folgt nach Definition von S mit der Linearität des Integrals sofort (9.5) für alle $x \in S$.

Im nächsten Schritt zeigen wir (9.4) für $x \in S$ und damit zunächst für charakteristische Funktionen von Intervallen:

$$\begin{aligned}
\|\widehat{\chi}_{[a,b]}\|^2_{L^2(\mathbb{R})} &= \frac{1}{2\pi} \int\limits_{-\infty}^{+\infty} \left| \frac{e^{isb} - e^{isa}}{is} \right|^2 ds \\
&= \frac{1}{2\pi} \int\limits_{-\infty}^{+\infty} \frac{(e^{isb} - e^{isa}) \cdot (e^{-isb} - e^{-isa})}{s^2}\, ds \\
&= \frac{1}{2\pi} \int\limits_{-\infty}^{+\infty} \frac{2 - e^{is(b-a)} - e^{is(a-b)}}{s^2}\, ds \\
&= \frac{1}{2\pi} \int\limits_{-\infty}^{+\infty} \frac{-e^{is(b-a)} \cdot i(b-a) - e^{is(a-b)} \cdot i(a-b)}{s}\, ds \\
&= \frac{b-a}{2\pi i} \int\limits_{-\infty}^{+\infty} \frac{e^{is(b-a)} - e^{is(a-b)}}{s}\, ds \\
&= \frac{b-a}{2\pi} \int\limits_{-\infty}^{+\infty} \frac{\sin s(b-a) - \sin s(a-b)}{s}\, ds \\
&= \frac{b-a}{\pi} \int\limits_{-\infty}^{+\infty} \frac{\sin s(b-a)}{s}\, ds \\
&= b-a = \|\chi_{[a,b]}\|^2_{L^2(\mathbb{R})}
\end{aligned}$$

Wir haben also gezeigt:

$$\|\widehat{\chi_{[a,b]}}\|_{L^2(\mathbb{R})} = \|\chi_{[a,b]}\|_{L^2(\mathbb{R})} \tag{9.9}$$

Wir zeigen nun: Sind I, J disjunkte endliche Intervalle, so ist

$$\langle \widehat{\chi_I}, \widehat{\chi_J} \rangle_{L^2(\mathbb{R})} = 0. \tag{9.10}$$

Zunächst ist zu bedenken, daß mit der Definition $x_r(t) := x(t + r)$ gilt:

$$\widehat{x_r}(s) = e^{-isr}\hat{x}(s).$$

Damit ist

$$\langle \widehat{x_r}, \widehat{y_r} \rangle = \int\limits_{-\infty}^{+\infty} \widehat{x_r}(s)\overline{\widehat{y_r}(s)}\, ds = \int\limits_{-\infty}^{+\infty} \hat{x}(s)e^{-isr}e^{isr}\overline{\hat{y}(s)}\, ds = \langle \hat{x}, \hat{y} \rangle.$$

Damit können wir also I, J gemeinsam verschieben, ohne daß sich $\langle \widehat{x_I}, \widehat{x_J} \rangle$ ändert. Wir nehmen also an:

$$I = [a, b], J = [c, d] \quad \text{mit} \quad a < b \le 0 \le c < d.$$

Dann ist

$$\langle \widehat{\chi_J}, \widehat{\chi_I} \rangle = \frac{1}{2\pi} \int\limits_{-\infty}^{+\infty} \overline{\left(\frac{e^{ibs} - e^{isa}}{is}\right)} \cdot \left(\frac{e^{isd} - e^{isc}}{is}\right) ds$$

$$= \frac{1}{2\pi} \int\limits_{-\infty}^{+\infty} \frac{e^{i(d-b)s} - e^{i(d-a)s} - e^{i(c-b)s} + e^{i(c-a)s}}{s^2}\, ds.$$

Der Integrand dieses Integrals hat bei $s = 0$ eine hebbare Singularität und ist damit auf ganz $\mathbb{C}$ analytisch. Damit kann $\int\limits_{-A}^{A}$ über diesen Integranden durch $\int\limits_{C_A}$ über die komplexe Fortsetzung dieses Integranden ersetzt werden, wobei C_A etwa die in 9.1 folgende Kurve in $\mathbb{C}$ ist:

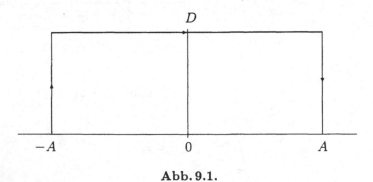

Abb. 9.1.

Die Integrale über die einzelnen Teilkurven kann man durch hinreichend große Wahl von A und D beliebig klein machen. Wir führen die nötigen Abschätzungen nicht im Detail durch:
Da im Integranden alle Zählerterme die Gestalt $\pm e^{i\alpha s}$ mit $\alpha > 0$ haben, treten bei der Integration längs des horizontalen Teils von C_A Terme der Gestalt $e^{i\alpha(s+iD)} = e^{-\alpha D}e^{i\alpha s}$ auf, wodurch dieser Teil durch Wahl eines hinreichend

großen D beliebig klein gemacht werden kann. Die Integranden auf den vertikalen Teilen von C_A verhalten sich wie $O(1/A^2)$, sodaß auch diese Teile für großes A beliebig klein werden. Insgesamt folgt, daß das fragliche Integral (mit $A \to +\infty$) verschwindet, also (9.10) gilt.

Ist nun $x = \sum_{i=1}^{n} \alpha_i \chi_{A_i} \in S$ (mit paarweise disjunkten Intervallen $A_1, \ldots, A_n$), so folgt:

$$\|\hat{x}\|_{L^2(\mathbb{R})}^2 = \langle \sum_{i=1}^{n} \alpha_i \widehat{\chi_{A_i}}, \sum_{j=1}^{n} \alpha_j \widehat{\chi_{A_j}} \rangle = \sum_{i=1}^{n} \alpha_i^2 \|\widehat{\chi_{A_i}}\|_{L^2(\mathbb{R})}^2$$

$$|$$
$$(9.10)$$

$$= \sum_{i=1}^{n} \alpha_i^2 \|\chi_{A_i}\|_{L^2(\mathbb{R})}^2 = \sum_{i=1}^{n} \sum_{j=1}^{n} \alpha_i \alpha_j \langle \chi_{A_i}, \chi_{A_j} \rangle_{L^2(\mathbb{R})}$$

$$|$$
$$(9.9)$$

$$= \| \sum_{i=1}^{n} \alpha_i \chi_{A_i} \|_{L^2(\mathbb{R})}^2 = \|x\|_{L^2(\mathbb{R})}^2.$$

$$(9.11)$$

Damit gilt (9.4) für $x \in S$.

Wir haben also gezeigt, daß der Übergang von x zu $\hat{x}$ eine lineare Isometrie von S nach $L^2(\mathbb{R})$ ist; damit kann (da S in $L^2(\mathbb{R})$ dicht liegt) diese Abbildung eindeutig zu einer linearen Isometrie $F : L^2(\mathbb{R}) \to L^2(\mathbb{R})$ fortgesetzt werden. Ist also $x \in L^2(\mathbb{R})$, so ist $F(x) := \lim_{n \to \infty} \widehat{x_n}$ (im L^2–Sinn), wobei (x_n) eine Folge in S mit $(x_n) \xrightarrow{L^2} x$ ist. Wir zeigen:

$$F(x) = \hat{x} \quad (x \in L^2(\mathbb{R})), \tag{9.12}$$

wobei $\hat{x}$ wie im Satz definiert ist. Wir zeigen dazu noch, daß für alle $x \in L^2(\mathbb{R})$ und $A > 0$

$$F(x \cdot \chi_{[-A,A]})(s) = \frac{1}{\sqrt{2\pi}} \int_{-A}^{A} e^{ist} x(t) dt \quad \text{für fast alle } s \in \mathbb{R} \tag{9.13}$$

gilt. Dazu sei (x_n) eine Folge in S mit $(\|x_n - x\|_{L^2(\mathbb{R})}) \to 0$. Dann gilt auch

$$(\|x_n \cdot \chi_{[-A,A]} - x \cdot \chi_{[-A,A]}\|_{L^2(\mathbb{R})}) \to 0, \tag{9.14}$$

jedes $x_n \cdot \chi_{[-A,A]}$ ist Element von S. Da

$$F(x_n \cdot \chi_{[-A,A]})(s) = \frac{1}{\sqrt{2\pi}} \int_{-A}^{A} e^{ist} x_n(t) dt \quad (s \in \mathbb{R})$$

nach Definition von F gilt und F auf $L^2(\mathbb{R})$ stetig ist, folgt damit

$$F(x \cdot \chi_{[-A,A]})(s) = L^2\text{-}\lim_{n \to \infty} \frac{1}{\sqrt{2\pi}} \int_{-A}^{A} e^{ist} x_n(t) dt. \tag{9.15}$$

Andererseits gilt für alle $s \in \mathbb{R}$ und $n \in \mathbb{N}$:

$$\left| \int_{-A}^{A} e^{ist} x_n(t) dt - \int_{-A}^{A} e^{ist} x(t) dt \right|^2 \leq \int_{-A}^{A} \left| e^{ist} \right|^2 dt \cdot \int_{-A}^{A} \left| x_n(t) - x(t) \right|^2 dt \to 0 \, (n \to \infty)$$

wegen (9.14). Damit gilt:

$$\frac{1}{\sqrt{2\pi}} \int_{-A}^{A} e^{ist} x(t) dt = \text{pw-}\lim_{n \to \infty} \frac{1}{\sqrt{2\pi}} \int_{-A}^{A} e^{ist} x_n(t) dt. \qquad (9.16)$$

Aus (9.15) und (9.16) folgt (9.13).

Da $\lim_{A \to +\infty} \| x \cdot \chi_{[-A,A]} - x \|_{L^2(\mathbb{R})} = 0$, gilt $F(x) = L^2\text{-}\lim_{A \to +\infty} F(x \cdot \chi_{[-A,A]})$. Zusammen mit (9.13) impliziert das, daß $\widehat{x_A}$ (definiert nach (9.2)) mit $A \to +\infty$ im L^2-Sinn konvergiert. Der im Satz als $\hat{x}$ definierte L^2-Grenzwert ist (f.ü.) $F(x)$. Da F eine Isometrie ist, folgt sofort (9.4).

Völlig analog folgt die Existenz des L^2-Grenzwertes in (9.5). Die Formel (9.5) wurde für $x \in S$ bereits gezeigt. Man zeigt analog wie oben, daß (9.5) für alle $x \in L^2(\mathbb{R})$ gilt: Dazu wählt man (x_n) in S mit $(x_n) \xrightarrow{L^2} x$, also auch $(\widehat{x_n}) \xrightarrow{L^2} \hat{x}$. Da der Operator auf der linken Seite von (9.5) ebenfalls eine Isometrie und damit stetig ist, gilt

$$x(t) = L^2\text{-}\lim_{n \to \infty} x_n(t) = L^2\text{-}\lim_{n \to \infty} \left[L^2\text{-}\lim_{A \to \infty} \frac{1}{\sqrt{2\pi}} \int_{-A}^{+A} e^{-ist} \widehat{x_n}(s) ds \right] =$$

$$= L^2\text{-}\lim_{A \to \infty} \frac{1}{\sqrt{2\pi}} \int_{-A}^{+A} e^{-ist} \hat{x}(s) ds$$

woraus (9.5) für $x \in L^2(\mathbb{R})$ folgt.

$$\square$$

Das rechtfertigt

Definition 9.2 *Für* $x \in L^2(\mathbb{R})$ *heißt die nach Satz 9.1 existierende* L^2-*Funktion*

$$F(x)(s) := \hat{x}(s) := L^2\text{-}\lim_{A \to \infty} \frac{1}{\sqrt{2\pi}} \int_{-A}^{A} e^{ist} x(t) dt \qquad (9.17)$$

die "Fouriertransformation" von x, *die ebenfalls nach Satz 9.1 existierende* L^2-*Funktion*

$$F^{-1}(x)(t) := \check{x}(t) := L^2\text{-}\lim_{A \to \infty} \frac{1}{\sqrt{2\pi}} \int_{-A}^{A} e^{-ist} x(s) ds \qquad (9.18)$$

die "inverse Fouriertransformation" von x.

Bemerkung 9.3 Für die Integrale in (9.17), (9.18) schreiben wir abkürzend

$$\hat{x}(s) = \frac{1}{\sqrt{2\pi}} \int\limits_{-\infty}^{+\infty} e^{ist} x(t)dt, \qquad (9.19)$$

$$\check{x}(s) = \frac{1}{\sqrt{2\pi}} \int\limits_{-\infty}^{+\infty} e^{-ist} x(t)dt, \qquad (9.20)$$

wobei man sich der genauen Bedeutung ((9.17),(9.18)) bewußt sein sollte. Für $k \in L^1(\mathbb{R})$ kann die Fouriertransformation mittels

$$F(k)(s) := \hat{k}(s) := \int\limits_{-\infty}^{+\infty} e^{ist} k(t)dt \qquad (9.21)$$

definiert werden, wobei hier das Integral als ganz gewöhnliches Lebesgueintegral über $\mathbb{R}$ existiert; $F(k)$ ist eine stetige Funktion. Die Fouriertransformation ist eine Isometrie auf $L^2(\mathbb{R})$, insbesondere also stetig, bijektiv von $L^2(\mathbb{R})$ nach $F(L^2(\mathbb{R}))$, stetig invertierbar (auf $F(L^2(\mathbb{R}))$) und unitär. Die (inverse) Fouriertransformation einer reellwertigen Funktion ist i.a. komplexwertig. Versteht man unter $L^2(\mathbb{R})$ den Raum der entsprechenden komplexwertigen Funktionen, so ist $F : L^2(\mathbb{R}) \to L^2(\mathbb{R})$ bijektiv.
Für den adjungierten Operator gilt wegen der Unitarität

$$F^* = F^{-1}. \qquad (9.22)$$

Da F unitär ist, muß das Spektrum $\sigma(F)$ im Rand des komplexen Einheitskreises enthalten sein. Man kann zeigen, daß $\sigma(F) = \{1, -1, i, -i\}$ gilt und daß jeder dieser Werte Eigenwert unendlicher Vielfachheit ist. Dazu geht man etwa wie folgt vor (vgl.[43]): Man zeigt, daß

$$(\phi_n)_{n \in \mathbb{N}_0} \quad \text{mit} \quad \phi_n(s) := \frac{1}{\sqrt{2^n n! \sqrt{\pi}}} \cdot e^{\frac{s^2}{2}} \cdot \frac{d^n}{ds^n} e^{-s^2}$$

ein vollständiges Orthonormalsystem in $L^2(\mathbb{R})$ ist. Dazu beachtet man zuerst, daß bis auf einen Faktor ϕ_n das n-te Hermitepolynom $e^{s^2} \cdot \frac{d^n}{ds^n} e^{-s^2}$ multipliziert mit $e^{-\frac{s^2}{2}}$ ist. Die Orthonormalität und Vollständigkeit folgt dann mit Hilfe der Betrachtung eines Sturm–Liouville–artigen Problems auf $\mathbb{R}$ ähnlich wie in Kapitel 4. Man rechnet relativ einfach nach, daß

$$F(\phi_n) = i^n \cdot \phi_n \qquad (9.23)$$

gilt. Damit ist jeder der Werte $1, -1, i, -i$ Eigenwert von F mit unendlicher Vielfachheit, die Eigenfunktionen spannen ganz $L^2(\mathbb{R})$ auf.
Ist andererseits λ ein Eigenwert mit Eigenfunktion $f \in L^2(\mathbb{R})$, so muß gelten:

$$\lambda \sum_{n=0}^{\infty} \langle f, \phi_n \rangle \phi_n = \lambda f = F(f) = \sum_{n=0}^{\infty} \langle f, \phi_n \rangle F(\phi_n) = \sum_{n=0}^{\infty} \langle f, \phi_n \rangle i^n \phi_n,$$

also muß für alle $n \in \mathbb{N}_0$ gelten:

$$(\lambda - i^n)\langle f, \phi_n \rangle = 0.$$

Das kann für $f \neq 0$ nur für $\lambda \in \{1, -1, i, -i\}$ gelten.

Man kann zeigen, daß das Spektrum von F außer diesen Eigenwerten keine anderen Teile enthält.

Man sieht hier wieder den wesentlichen Einfluß, den das Integrationsintervall hat. Der Operator, der $x \in L^2(\mathbb{R})$ auf $\widehat{x_A}$ (definiert nach (9.2)) abbildet, ist für jedes $A > 0$ kompakt und hat damit ein völlig anderes Spektrum als der "Grenzoperator" F. Für jedes $A > 0$ ist die Integralgleichung 1. Art

$$\frac{1}{\sqrt{2\pi}} \int_{-A}^{A} e^{ist} x(t) dt = y(s) \quad (s \in A) \tag{9.24}$$

mit $y \in L^2(\mathbb{R})$ ein inkorrekt gestelltes Problem, das Grenzproblem

$$\frac{1}{\sqrt{2\pi}} \int_{-\infty}^{+\infty} e^{ist} x(t) dt = y(s) \quad (s \in \mathbb{R}) \tag{9.25}$$

mit $y \in L^2(\mathbb{R})$ ist dagegen korrekt gestellt und hat die Lösung

$$x(t) = \frac{1}{\sqrt{2\pi}} \int_{-\infty}^{+\infty} e^{-ist} y(s) ds. \tag{9.26}$$

Indem man $x \in L^2(\mathbb{R}_0^+)$ entweder als gerade oder ungerade Funktion auf $L^2(\mathbb{R})$ fortsetzt, wodurch entweder $\int_{-\infty}^{+\infty} \sin(st) x(t) dt$ oder $\int_{-\infty}^{+\infty} \cos(st) x(t) dt$ verschwindet, erhält man aus den Eigenschaften der Fouriertransformation folgende Eigenschaften der "Fourier–Cosinus–Transformation"

$$F_c(x)(s) := \sqrt{\frac{2}{\pi}} \int_{0}^{+\infty} \cos(st) x(t) dt \tag{9.27}$$

und der "Fourier–Sinus–Transformation"

$$F_s(x)(s) := \sqrt{\frac{2}{\pi}} \int_{0}^{+\infty} \sin(st) x(t) dt. \tag{9.28}$$

F_c und F_s sind Isometrien von $L^2(\mathbb{R}_0^+)$ mit $F_c = F_c^* = F_c^{-1}$ und $F_s = F_s^* = F_s^{-1}$; beide Operatoren haben das Spektrum $\{-1, 1\}$, wobei beide Punkte jeweils Eigenwerte unendlicher Vielfachheit sind.

Die für uns wesentliche Eigenschaft der Fouriertransformation ist die Tatsache, daß sie eine Faltung in eine Multiplikation überführt; von mehreren möglichen Formulierungen dieses Sachverhaltes benötigen wir folgende:

Satz 9.4 *Sei* $k \in L^1(\mathbb{R})$, $x \in L^2(\mathbb{R})$. *Definieren wir die "(Fouriersche) Faltung von k mit x" als (die für fast alle s existierende) Funktion*

$$(k * x)(s) := \int_{-\infty}^{+\infty} k(s - t)x(t)dt, \qquad (9.29)$$

so ist $k * x \in L^2(\mathbb{R})$. *Ferner gilt:*

$$\|k * x\|_{L^2(\mathbb{R})} \leq \|k\|_{L^1(\mathbb{R})} \cdot \|x\|_{L^2(\mathbb{R})} \qquad (9.30)$$

und

$$F(k * x) = F(k) \cdot F(x) \cdot \sqrt{2\pi}. \qquad (9.31)$$

Beweisskizze. Nach der Cauchy–Schwarz–Ungleichung und dem Satz von Hahn-Banach gilt für alle $v \in L^2(\mathbb{R})$

$$\|v\|_{L^2(\mathbb{R})} = \sup \{|\langle v, w \rangle|/w \in L^2(\mathbb{R}), \|w\|_{L^2(\mathbb{R})} = 1\}. \qquad (9.32)$$

Damit gilt (die Suprema sind stets über $g \in L^2(\mathbb{R})$ mit $\|g\|_{L^2(\mathbb{R})} = 1$ zu erstrecken):

$$
\begin{aligned}
\|k * x\|_{L^2(\mathbb{R})} &= \sup |\langle k * x, g \rangle| \\
&= \sup \left| \int_{-\infty}^{+\infty} g(s) \int_{-\infty}^{+\infty} k(s - t)x(t)dt \, ds \right| \\
&\leq \sup \int_{-\infty}^{+\infty} |g(s)| \int_{-\infty}^{+\infty} |k(s - t)x(t)|dt \, ds \\
&= \sup \int_{-\infty}^{+\infty} |g(s)| \cdot \int_{-\infty}^{+\infty} |k(\tau)x(s - \tau)|d\tau \, dx \\
&= \sup \int_{-\infty}^{+\infty} |k(\tau)| \cdot \int_{-\infty}^{+\infty} |g(s)x(s - \tau)|ds \, d\tau \\
&\leq \sup \|g\|_{L^2(\mathbb{R})} \cdot \|x\|_{L^2(\mathbb{R})} \cdot \|k\|_{L^1(\mathbb{R})} \\
&= \|k\|_{L^1(\mathbb{R})} \cdot \|x\|_{L^2(\mathbb{R})}.
\end{aligned}
$$

Damit ist $k * x \in L^2(\mathbb{R})$ und es gilt (9.30). Insbesondere folgt daraus, daß (9.29) für fast alle s existiert. Wir gehen nun formal vor: Es ist

$$F(k * x)(s) = \frac{1}{\sqrt{2\pi}} \int_{-\infty}^{+\infty} e^{ist} \int_{-\infty}^{+\infty} k(t - \tau)x(\tau)d\tau \, dt =$$

$$= \frac{1}{\sqrt{2\pi}} \int\limits_{-\infty}^{+\infty} e^{is\tau} x(\tau) \int\limits_{-\infty}^{+\infty} e^{is(t-\tau)} k(t - \tau) dt \, d\tau =$$

$$= \frac{1}{\sqrt{2\pi}} \int\limits_{-\infty}^{+\infty} e^{is\tau} x(\tau) d\tau \int\limits_{-\infty}^{+\infty} e^{is\sigma} k(\sigma) d\sigma = F(x) \cdot F(k) \cdot \sqrt{2\pi}$$

Das zeigt (9.31) formal. Die detaillierte Rechtfertigung dieses formalen Vorgehens müßte über die exakte Definition der Fouriertransformation nach (9.17) gegeben werden.

□

Mit diesen Hilfsmitteln können wir nun die "Faltungsgleichung"

$$\int\limits_{-\infty}^{+\infty} k(s - t)x(t)dt = \lambda x(s) + f(s) \quad (s \in \mathbb{R}) \tag{9.33}$$

für eine unbekannte Funktion $x \in L^2(\mathbb{R})$ mit $f \in L^2(\mathbb{R})$, $k \in L^1(\mathbb{R})$, $\lambda \in \mathbb{C}$ lösen: Sie ist äquivalent zur Gleichung

$$\sqrt{2\pi} F(k) \cdot F(x) = \lambda F(x) + F(f). \tag{9.34}$$

Diese Gleichung (und damit (9.33)) ist genau dann lösbar, wenn

$$\frac{F(f)}{\sqrt{2\pi} F(k) - \lambda} \in L^2(\mathbb{R}); \tag{9.35}$$

in diesem Fall ist die Lösung gegeben durch

$$x = F^{-1} \left(\frac{F(f)}{\sqrt{2\pi} F(k) - \lambda} \right). \tag{9.36}$$

Offenbar gilt (9.35) genau dann für <u>alle</u> $f \in L^2(\mathbb{R})$, wenn der Nenner $\sqrt{2\pi} F(k) - \lambda$ von 0 weg beschränkt ist, also

$$\frac{\lambda}{\sqrt{2\pi}} \notin \overline{\{F(k)(s)/s \in \mathbb{R}\}} \tag{9.37}$$

gilt. Zusammenfassend gilt also:

Satz 9.5 *Sei $k \in L^1(\mathbb{R})$. Gilt (9.37), so ist für alle $f \in L^2(\mathbb{R})$ die Faltungsgleichung (9.33) in $L^2(\mathbb{R})$ eindeutig lösbar. Die Lösung ist durch (9.36) gegeben.*

Das Spektrum das Faltungsoperators in (9.33) ist also durch die <u>Fouriertransformation</u> des Kerns k bestimmt, nämlich die Menge $\sqrt{2\pi} \cdot \overline{\{F(k)(s)/s \in \mathbb{R}\}}$. Ist λ in dieser Menge, so gilt natürlich (9.36) weiterhin, falls für eine konkrete Funktion f (9.35) erfüllt ist, was eine Bedingung an die

Fouriertransformation von f ist. Für $\lambda = 0$, also die Faltungsgleichung 1. Art, reduziert sich (9.35) zu

$$\frac{F(f)}{F(k)} \in L^2(\mathbb{R}), \tag{9.38}$$

was man als eine Entsprechung zur Picardschen Bedingung (vgl. Satz 7.15) sehen kann. Da die Fouriertransformation der L^1–Funktion k (wie man zeigen kann) stetig ist und für $|s| \to \infty$ gegen 0 geht, ist jedenfalls $0 \in \overline{\{F(k)(s)/s \in \mathbb{R}\}}$; also ist 0 stets im Spektrum des Faltungsoperator (9.33) (wie im Fall von kompakten Integraloperatoren).

Neben diesen Anwendungen auf Faltungsintegralgleichungen wird die Fouriertransformation auch verwendet, um gewisse partielle Differentialgleichungen in gewöhnliche umzuwandeln (bzw. die Anzahl der Variablen zu reduzieren). Dies kann dann funktionieren, wenn bezüglich einer Variablen die Gleichung auf ganz $\mathbb{R}$ definiert ist; man verwendet dann die Fouriertransformation bzgl. dieser Variablen:

Beispiel 9.6

a) Wir betrachten die Wärmeleitungsgleichung

$$\frac{\partial u}{\partial t}(x,t) = \frac{\partial^2 u}{\partial x^2}(x,t) \quad (t \geq 0, x \in \mathbb{R}) \tag{9.39}$$

mit der Anfangsbedingung

$$u(x,0) = g(x) \quad (x \in \mathbb{R}) \tag{9.40}$$

mit $g \in L^2(\mathbb{R})$.

Ferner wird gefordert, daß für alle $t > 0$ $u(.,t), u_x(.,t), u_{xx}(.,t)$ stetig und in $L^2(\mathbb{R})$ sind. Daraus folgt die "Abklingbedingung"

$$\lim_{|x|\to\infty} u(x,t) = 0, \; \lim_{|x|\to\infty} u_x(x,t) = 0. \tag{9.41}$$

Das sieht man so: Ist $f \in C^1(\mathbb{R}) \cap L^2(\mathbb{R})$, $f' \in L^2(\mathbb{R})$, so muß $\lim_{x\to\pm\infty} f(x) = 0$ sein; wäre nämlich etwa $\lim_{x\to+\infty} \sup |f(x)| > 0$, so müßten ein $\varepsilon > 0$ und eine Folge (x_n) mit $(x_n) \to +\infty$ (o.B.d.A.: $x_{n+1} \geq x_n + 1$) existieren mit (o.B.d.A.) $f(x_n) \geq \varepsilon$. Da $f \in L^2(\mathbb{R})$ ist, müßte für hinreichend großes n gelten: Es existiert ein $y \in [x_n, x_n + 1]$ mit $f(y) \leq \frac{\varepsilon}{2}$. Für diese n gilt nun:

$$\int_{x_n}^{x_n+1} (f')^2 dt \geq \int_{x_n}^{y} (f')^2 dt (y - x_n) \geq (\int_{x_n}^{y} f' dt)^2 = (f(y) - f(x_n))^2 \geq \frac{\varepsilon^2}{4}.$$

Damit könnte f' nicht in $L^2(\mathbb{R})$ liegen, Widerspruch!

Also gilt $\lim_{x\to+\infty} f(x) = 0$.

Aus dieser Überlegung folgt nun (mit $f = u$ bzw. $f = u_x$) (9.41). Bezeichnet F die Fouriertransformation bzgl. der Variablen x, so gilt

$$F(u_{xx}(.,t))(s) = \frac{1}{\sqrt{2\pi}} \int\limits_{-\infty}^{+\infty} e^{isx} u_{xx}(x,t) dx = -\frac{s^2}{\sqrt{2\pi}} \int\limits_{-\infty}^{+\infty} e^{isx} u(x,t) dx$$

also:

$$F(u_{xx}(.,t))(s) = -s^2 F(u(.,t)). \tag{9.42}$$

Sind also u, u_x und $u_{xx} \in L^2(\mathbb{R})$ (was nachträglich verifizierbar ist), so folgt durch Anwendung von F auf (9.39), (9.40):

$$\frac{\partial F(u(.,t))}{\partial t}(s) = -s^2 F(u(.,t))(s) \quad (s \in \mathbb{R}, t \geq 0) \tag{9.43}$$
$$F(u(.,0))(s) = F(g)(s) \quad (s \in \mathbb{R}).$$

Dieses Anfangswertproblem hat die Lösung

$$F(u(.,t))(s) = e^{-s^2 t} F(g)(s) \quad (s \in \mathbb{R}, t \geq 0). \tag{9.44}$$

Damit ist

$$\begin{aligned} u(x,t) &= F^{-1}\left[F(F^{-1}(e^{-s^2 t})) \cdot F(g)(s) \right](x) \\ &= F^{-1}\left[\frac{1}{\sqrt{2\pi}} F\left[F^{-1}(e^{-s^2 t}) * g \right] \right](x) \\ &= \frac{1}{\sqrt{2\pi}} \int\limits_{-\infty}^{+\infty} F^{-1}(e^{-s^2 t})(y) g(x-y) dy. \end{aligned}$$

Nun gilt

$$F\left(\frac{e^{-\frac{x^2}{4t}}}{\sqrt{2t}} \right)(s) = e^{-s^2 t}, \tag{9.45}$$

wie man aus (9.23) (mit $n = 0$) mittels Variablentransformation ableiten kann. Damit ist

$$F^{-1}(e^{-s^2 t})(y) = \frac{1}{\sqrt{2t}} e^{-\frac{y^2}{4t}}, \tag{9.46}$$

woraus sich

$$u(x,t) = \frac{1}{2\sqrt{\pi t}} \int\limits_{-\infty}^{+\infty} \exp\left(-\frac{y^2}{4t} \right) g(x-y) \, dy \quad (x \in \mathbb{R}, t \geq 0). \tag{9.47}$$

ergibt. Hat man nun das inverse Problem zu lösen, die Anfangstemperatur g daraus zu bestimmen, daß neben (9.39) für ein $T > 0$ die Endbedingung

$$u(x,T) = f(x) \quad (x \in \mathbb{R}) \tag{9.48}$$

gilt (vgl. auch Beispiel 7.17), so ist g damit die Lösung der Faltungsintegralgleichung 1.Art (nach Variablentransformation)

$$\int\limits_{-\infty}^{+\infty} \exp\left(-\frac{(x-y)^2}{4T} \right) g(y) \, dy = 2\sqrt{\pi T} f(x) \quad (x \in \mathbb{R}) \tag{9.49}$$

b) Analog behandelt man die Wellengleichung

$$\frac{\partial^2 u}{\partial t^2}(x,t) = \frac{\partial^2 u}{\partial x^2}(x,t) \quad (x \in \mathbb{R}, t \geq 0) \tag{9.50}$$

mit der Anfangsbedingung

$$u(x,0) = f(x), \ \frac{\partial u}{\partial t}(x,0) = 0 \quad (x \in \mathbb{R}), \tag{9.51}$$

wobei wieder $u(.,t), u_x(.,t), u_{xx}(.,t)$ für alle $t \geq 0$ in $L^2(\mathbb{R})$ liegen sollen. Durch Fouriertransformation bzgl. x erhält man das Anfangswertproblem

$$\frac{\partial^2 F(u(.,t))}{\partial t^2}(s) = -s^2 F(u(.,t))(s) \quad (s \in \mathbb{R}, t \geq 0) \tag{9.52}$$

$$\left. \begin{array}{rcl} F(u(.,0))(s) &=& F(f)(s) \\ \frac{\partial F(u(.,0))}{\partial t} &=& 0 \end{array} \right\} (s \in \mathbb{R}) \tag{9.53}$$

mit der Lösung

$$F(u(.,t))(s) = F(f)(s) \cdot \cos(st) \quad (s \in \mathbb{R}, t \geq 0). \tag{9.54}$$

Damit ist

$$\begin{aligned}
u(x,t) &= \frac{1}{\sqrt{2\pi}} \int_{-\infty}^{+\infty} e^{-isx} F(f)(s) \cos(st) \, ds \\
&= \frac{1}{2\sqrt{2\pi}} \int_{-\infty}^{+\infty} (e^{-is(x-t)} + e^{-is(x+t)}) F(f)(s) \, ds \\
&= \frac{1}{2} \left[F^{-1}(F(f))(x-t) + F^{-1}(F(f))(x+t) \right],
\end{aligned}$$

also

$$u(x,t) = \frac{1}{2} [f(x-t) + f(x+t)] \quad (x \in \mathbb{R}, t \geq 0). \tag{9.55}$$

Bemerkung 9.7 Für eine Funktion x auf $\mathbb{R}^n$ definiert man die Fouriertransformation als

$$F_n(x)(s) := (2\pi)^{-\frac{n}{2}} \int_{\mathbb{R}^n} e^{i\langle s,t \rangle} x(t) dt \quad (s \in \mathbb{R}^n) \tag{9.56}$$

Es gibt einen wichtigen Zusammenhang zwischen der Radontransformation und der Fouriertransformation, der sich im in Beispiel 1.4 behandelten zweidimensionalen Fall wie folgt beschreiben läßt:
Sei wie in Beispiel 1.4 für $g : \mathbb{R}^2 \to \mathbb{R}$ die Radontransformation definiert als

$$(Rg)(t, \theta) := \int\limits_{L(t,\theta)} g \, ds,$$

wobei $L(t, \theta)$ die Gerade orthogonal zu $(\cos \theta, \sin \theta)$ mit Abstand t zum Ursprung ist. Dann gilt:

$$[F_1(Rg)](s, \theta) = \sqrt{2\pi} \cdot F_2(g)(s \cos \theta, s \sin \theta) \tag{9.57}$$
$$(s \in \mathbb{R}, \theta \in [0, 2\pi])$$

Dabei bedeutet F_1 die eindimensionale Fouriertransformation bzgl. der ersten Variablen, F_2 die zweidimensionale Fouriertransformation. Man kann damit (zumindest im Prinzip) die zweidimensionale Fouriertransformation der (gesuchten) Dichte g aus der eindimensionalen Fouriertransformation der (gemessenen) Radontransformation Rg erhalten. Daraus kann man eine Inversionsformel für die Radontransformation herleiten (die im zweidimensionalen Fall die Hilberttransformation enthält; vgl. [55]). Bevor wir darauf eingehen, müssen wir uns mit der in Bemerkung 2.53 kurz behandelten Hilberttransformation etwas genauer beschäftigen:

Beispiel 9.8 In Bemerkung 2.53 wurde die Hilberttransformation einer Funktion $x : \mathbb{R} \to \mathbb{R}$ formal als

$$H(x)(s) := \int\limits_{-\infty}^{+\infty} \frac{x(t)}{s - t} \, dt \quad (s \in \mathbb{R}) \tag{9.58}$$

definiert. Wir wollen diesem Ausdruck nun eine für jede Funktion $x \in L^2(\mathbb{R})$ sinnvolle Bedeutung geben und gehen zur Motivation zunächst formal vor: Faßt man $H(x)$ als Faltung von x mit der Funktion $\frac{1}{t}$ auf, so ergibt sich aus (9.31) formal:

$$\begin{aligned}
F(H(x))(s) &= F(x)(s) \cdot \int\limits_{-\infty}^{+\infty} \frac{e^{ist}}{t} dt \\
&= F(x)(s) \cdot \left[\int\limits_{-\infty}^{+\infty} \frac{\cos(st)}{t} \, dt + i \int\limits_{-\infty}^{+\infty} \frac{\sin(st)}{t} \, dt \right] \\
&= F(x)(s) \cdot 2i \cdot \int\limits_{0}^{+\infty} \frac{\sin(st)}{t} \, dt \\
&= F(x)(s) \cdot \pi i \cdot \operatorname{sgn}(s).
\end{aligned}$$

Damit liegt folgende Definition nahe:

$$\left. \begin{aligned}
H(x)(s) &:= F^{-1}(v)(s) \quad \text{mit} \\
v(t) &:= i\pi \operatorname{sgn}(t) \cdot F(x)(t) \quad (s, t \in \mathbb{R}).
\end{aligned} \right\} \tag{9.59}$$

Damit ist $H(x)$ für alle $x \in L^2(\mathbb{R})$ definiert, da $v \in L^2(\mathbb{R})$ und damit $F^{-1}(v)$ definiert ist. Man kann zeigen, daß mit

$$h_\varepsilon(s) := \int\limits_{|s-t|>\varepsilon} \frac{x(t)}{s-t}\, dt \quad (s \in \mathbb{R}, \varepsilon > 0) \tag{9.60}$$

gilt, daß $\lim\limits_{\varepsilon \to 0} \|h_\varepsilon - H(x)\|_{L^2(\mathbb{R})} = 0$ ist, sodaß die Schreibweise (9.58) gerechtfertigt ist.

Da F eine Isometrie ist, folgt aus (9.59) sofort, daß $H : L^2(\mathbb{R}) \to L^2(\mathbb{R})$ bijektiv und stetig invertierbar mit $\|H\| = \pi$ ist. Wir betrachten die Gleichung

$$H(x) = \lambda x + g \tag{9.61}$$

mit $g \in L^2(\mathbb{R})$. Sei zunächst $\lambda \notin \{i\pi, -i\pi\}$.

Durch Fouriertransformation erhält man, daß (9.61) äquivalent ist zu $F(H(x)) = \lambda F(x) + F(g)$, also wegen (9.59) zu

$$i\pi \operatorname{sgn}(s) F(x)(s) = \lambda F(x) + F(g). \tag{9.62}$$

Damit ist die eindeutige Lösung von (9.61) gegeben durch

$$x(t) = F^{-1}\left[\frac{F(g)(s)}{i\pi \operatorname{sgn}(s) - \lambda}\right](t) \quad (t \in \mathbb{R}), \tag{9.63}$$

womit $\lambda \notin \sigma(H)$ ist. Sei nun $\lambda = i\pi$, $x \in L^2(\mathbb{R})$ so, daß $F(x)(s) = 0$ für $s < 0$ gilt; diese x bilden einen unendlichdimensionalen Teilraum von $L^2(\mathbb{R})$. Dann gilt:
$F(H(x)) = i\pi F(x)$, also auch $H(x) = i\pi x$. Damit ist $i\pi$ (und, wie man analog sieht, $-i\pi$) Eigenwert von H mit unendlicher Vielfachheit. Also ist $\sigma(H) = \{i\pi, -i\pi\}$.

Mit $D_s := \frac{\partial}{\partial s}$ gilt nun folgende Inversionsformel für die Radontransformation in zwei Dimensionen (vgl. Beispiel 1.4):

$$R^{-1} = \frac{1}{4\pi} R^\# H D_s, \tag{9.64}$$

wobei

$$(R^\# g)(x) := \int_{S^1} g(\langle x, w\rangle, w)\, dw. \tag{9.65}$$

Diese Formel ist wie folgt interpretierbar: Ist $g(s, w)$ eine Funktion der Geraden mit Normalvektor w und Abstand s vom Ursprung, so ist

$$G(x) := g(\langle x, w\rangle, w) \tag{9.66}$$

auf ganz $\mathbb{R}^2$ definiert und auf jeder zu w orthogonalen Geraden konstant. Der Ausdruck in (9.65) stellt also eine Mittelung über die Werte von g (bzw. deren Fortsetzung auf Geraden im Sinn von (9.66)) über alle Geraden durch x dar. $R^\#$ heißt "Rückprojektion" und ist der adjungierte Operator zu R. Wegen der Globalität der Hilberttransformation wirken sich Datenfehler oder Fehler beim (instabilen!) Berechnen von D_s global aus.

Ähnliche Formeln gelten auch in höheren Dimensionen, obige Globalität tritt nur in geraden Dimensionen (insbesondere nicht in $\mathbb{R}^3$) auf.

Wir werden nun Fourier- und Hilberttransformation zur Lösung der "Wiener-Hopf-Gleichung"

$$x(s) - \int_0^{+\infty} k(s-t)x(t)dt = f(s) \quad (s \in \mathbb{R}_0^+) \tag{9.67}$$

mit $k \in L^1(\mathbb{R}) \cap L^2(\mathbb{R})$, $f \in L^2(\mathbb{R}_0^+)$ für die unbekannte Funktion $x \in L^2(\mathbb{R}_0^+)$ verwenden. Da die Integration in (9.67) nur über $\mathbb{R}_0^+$ statt wie in (9.33) über ganz $\mathbb{R}$ erfolgt, führt die bloße Anwendung der Fouriertransformation nicht zum Ziel. Die im folgenden skizzierte (und nur zum Teil mit Beweisen untermauerte) Methode zur Behandlung von (9.67) heißt "Wiener–Hopf–Technik". Wir benötigen dazu einige Vorbereitungen:

$$L_+^2(\mathbb{R}) \quad := \quad \{x \in L^2(\mathbb{R})/F(x)(s) = 0 \text{ für } s > 0\}, \tag{9.68}$$
$$L_-^2(\mathbb{R}) \quad := \quad \{x \in L^2(\mathbb{R})/F(x)(s) = 0 \text{ für } s < 0\}. \tag{9.69}$$

Für eine Funktion $x \in L^2(\mathbb{R})$ definieren wir

$$x_+ := \frac{1}{2}[x + \frac{i}{\pi}H(x)], \tag{9.70}$$

$$x_- := \frac{1}{2}[x - \frac{i}{\pi}H(x)]. \tag{9.71}$$

wobei H die Hilberttransformation gemäß (9.59) ist. Dann gilt:

$$
\begin{aligned}
F(x_+)(s) &= \frac{1}{2}[F(x)(s) + \frac{i}{\pi} \cdot i\pi \, \text{sgn}(s) \cdot F(x)(s)] \\
&= \frac{1}{2}[F(x)(s) - \text{sgn}(s)F(x)(s)] \\
&= \begin{cases} 0 & \text{für} \quad s > 0 \\ F(x)(s) & \text{für} \quad s < 0, \end{cases}
\end{aligned}
$$

also insbesondere $x_+ \in L_+^2(\mathbb{R})$; analog sieht man, daß

$$F(x_-)(s) = \begin{cases} 0 & \text{für} \quad s < 0 \\ F(x)(s) & \text{für} \quad s > 0, \end{cases}$$

also insbesondere $x_- \in L_-^2(\mathbb{R})$.
Da offenbar $x = x_+ + x_-$ gilt, folgt daraus

$$L^2(\mathbb{R}) = L_+^2(\mathbb{R}) \oplus L_-^2(\mathbb{R}). \tag{9.72}$$

Die Zerlegung von x in x_+ und x_- ist die durch diese Aufspaltung induzierte eindeutige Zerlegung von x. Wir benötigen später folgende Aussage, die mit funktionentheoretischen Methoden bewiesen wird:

Lemma 9.9 *Seien* $x_1 \in L^2_+(\mathbb{R})$, $x_2 \in L^2_-(\mathbb{R})$, $u : \{z \in \mathbb{C}/\mathrm{Im}\, z \geq 0\} \to \mathbb{C}$, $v : \{z \in \mathbb{C}/\mathrm{Im}\, z \leq 0\} \to \mathbb{C}$ *fast überall auf* $\mathbb{R}$ *stetig in Richtung der imaginären Achse und analytisch im Inneren ihrer Definitionsbereiche. Dann ist* $u|_{\mathbb{R}} \cdot x_1 \in L^2_+(\mathbb{R})$ *und* $v|_{\mathbb{R}} \cdot x_2 \in L^2_-(\mathbb{R})$.

Beweis. vgl. [43] für eine etwas allgemeinere Aussage.

$\square$

Ferner benötigen wir noch folgende beiden Aussagen:

Lemma 9.10 *Für* $x \in L^2(\mathbb{R})$ *sei*

$$q(z) := \frac{1}{\pi i} \int\limits_{-\infty}^{+\infty} \frac{x(t)}{t - z}\, dt \quad (z \in \mathbb{C}, \mathrm{Im}\, z \neq 0). \tag{9.73}$$

Dann ist q in der oberen und in der unteren Halbebene jeweils analytisch sowie für alle Werte von $\mathrm{Im}\, z \neq 0$ *beschränkt als Funktion von* $\mathrm{Re}\, z$. *Für fast alle* $a \in \mathbb{R}$ *existieren die Grenzwerte in (9.74) und (9.75); es gilt:*

$$q_1(a) := \lim_{b \to 0+} q(a + ib) = [x + \frac{i}{\pi} H(x)](a) \in L^2_+(\mathbb{R}) \tag{9.74}$$

und

$$q_2(a) := \lim_{b \to 0+} q(a - bi) = [-x + \frac{i}{\pi} H(x)](a) \in L^2_-(\mathbb{R}); \tag{9.75}$$

die Grenzwerte in (9.74) und (9.75) existieren auch im L^2-*Sinn.*

Beweis. Seien z_1, z_2 in derselben Halbebene. Dann gilt nach der Cauchy–Schwarz–Ungleichung:

$$|q(z_1) - q(z_2)|^2 \leq \frac{1}{\pi^2} \int\limits_{-\infty}^{+\infty} |x(t)|^2 dt \cdot \int\limits_{-\infty}^{+\infty} \left| \frac{1}{t - z_1} - \frac{1}{t - z_2} \right|^2 dt,$$

woraus die Stetigkeit von q folgt. Ähnlich sieht man die Beschränktheit von q für festes $\mathrm{Im}\, z \neq 0$.

Sei nun C eine geschlossene Kurve in einer der beiden Halbebenen. Dann gilt

$$\int\limits_{C} q(z)\, dz = \frac{1}{\pi i} \int\limits_{-\infty}^{+\infty} x(t) \int\limits_{C} \frac{dz}{t - z}\, dt = 0,$$

da $\int_C \frac{dz}{t-z} = 0$ ist. Nach dem Satz von Morera aus der Funktionentheorie ist damit q in beiden Halbebenen analytisch.

Für festes $b \neq 0$ sei $q_b(a) := q(a + ib)$. Es gilt: $q_b \in L^2(\mathbb{R})$

$$F(q_b)(s) = \frac{1}{\sqrt{2\pi}} \int_{-\infty}^{+\infty} e^{isa} q(a+ib)\, da$$

$$= \frac{1}{\sqrt{2\pi} \cdot i\pi} \int_{-\infty}^{+\infty} x(t) \int_{-\infty}^{+\infty} \frac{e^{isa}}{t-a-bi}\, da\, dt.$$

Das innere Integral kann man mit Mitteln der Funktionentheorie berechnen (ähnlich wie im Beweis von Satz 9.1), wobei man die reelle Integrationsvariable a durch eine komplexe Integrationsvariable ersetzt und den Integrationsweg für $s > 0$ durch die obere, für $s < 0$ durch die untere Halbebene abschließt. Der komplexe Integrand hat in $t - bi$ einen einfachen Pol mit dem Residuum

$$\lim_{z \to t-ib} \left[(z-t+ib) \cdot \frac{e^{isz}}{t-z-ib} \right] = -e^{ist+sb}.$$

Wendet man den Residuensatz an, so erhält man für $b > 0$:

$$\int_{-\infty}^{+\infty} \frac{e^{isa}}{t-a-bi}\, da = \begin{cases} 0 & s > 0 \\ 2\pi i\, e^{sb} e^{ist} & s < 0, \end{cases}$$

also für $b > 0$

$$F(q_b)(s) = \begin{cases} 0 & s > 0 \\ 2 e^{sb} F(x)(s) & s < 0. \end{cases} \tag{9.76}$$

Die Existenz der Grenzwerte q_1 und q_2 (fast überall und im L^2–Sinn) ist ein tiefliegendes Resultat aus der Theorie der singulären Integraloperatoren (vgl. etwa:[73], [57]).
Da mit $b \to 0+$ also $\|q_b - q_1\|_{L^2(\mathbb{R})} \to 0$ gilt, folgt mit der Stetigkeit von F auf $L^2(\mathbb{R})$ aus (9.76) (da ja $F(q_b)$ offenbar punktweise konvergiert):

$$F(q_1)(s) = \begin{cases} 0 & s > 0 \\ 2F(x)(s) & s < 0. \end{cases} \tag{9.77}$$

Analog zeigt man

$$F(q_2)(s) = \begin{cases} 0 & s < 0 \\ -2F(x)(s) & s > 0. \end{cases} \tag{9.78}$$

Also ist $q_1 \in L^2_+(\mathbb{R})$ und $q_2 \in L^2_-(\mathbb{R})$. Ferner gilt für $s \in \mathbb{R}$

$$F(q_1 + q_2)(s) = -2\,\mathrm{sgn}(s) F(x)(s) \quad \text{und}$$
$$F(q_1 - q_2) = 2F(x).$$

Aus der letzten Gleichheit folgt:

$$q_1 - q_2 = 2x; \tag{9.79}$$

da nach (9.59) $-2\,\mathrm{sgn}(s) F(x)(s) = \frac{2i}{\pi} F(H(x))(s)$ gilt, folgt aus der ersten Gleichheit $F(q_1 + q_2) = \frac{2i}{\pi} F(H(x))$ und damit

$$q_1 + q_2 = \frac{2i}{\pi} H(x). \tag{9.80}$$

Aus (9.79) und (9.80) folgen durch Addition und Subtraktion (9.74) und (9.75).

$$\square$$

Ein Vergleich von (9.74), (9.75) mit (9.70), (9.71) zeigt, daß $q_1 = 2x_+$ und $q_2 = -2x_-$ gilt. Man beachte, daß x in Lemma 9.10 auch komplexwertig sein kann. Die Formeln (9.74) und (9.75) heißen Plemelj–Sochozki–Formeln. Analoga gelten auch bei singulären Integralen längs geschlossener Kurven in $\mathbb{C}$. Diese Formeln und ihre Analoga spielen eine fundamentale Rolle bei singulären Integralgleichungen und bei Randwertproblemen für analytische Funktionen (vgl. [57]). Wir kommen darauf am Ende des Kapitels zurück.

In der Wiener–Hopf–Technik wird es wesentlich sein, daß man eine gewisse Funktion p als Quotient zweier Funktionen schreiben kann, von denen eine in $L_+^2(\mathbb{R})$, die andere in $L_-^2(\mathbb{R})$ liegt.

Satz 9.11 *Sei p eine nullstellenfreie komplexwertige Funktion auf $\mathbb{R}$ mit*

$$\lim_{|s| \to \infty} p(s) = 1. \tag{9.81}$$

Sei log *der Zweig des Logarithmus, für den*

$$\lim_{s \to +\infty} \log p(s) = 0 \tag{9.82}$$

gilt. Ferner nehmen wir an, daß $\log p \in L^2(\mathbb{R})$ ist und damit auch

$$\lim_{s \to -\infty} \log p(s) = 0 \tag{9.83}$$

gilt. Dann existiert eine Funktion $r : \mathbb{C} \setminus \mathbb{R} \to \mathbb{C}$, die in beiden Halbebenen analytisch ist und für die für fast alle $a \in \mathbb{R}$

$$r_1(a) := \lim_{b \to 0+} r(a + ib) \tag{9.84}$$

und

$$r_2(a) := \lim_{b \to 0+} r(a - ib) \tag{9.85}$$

so existieren, daß

$$p = \frac{r_1}{r_2} \tag{9.86}$$

gilt.

Beweis. Wir wenden Lemma 9.10 auf $x := \frac{1}{2} \log p$ an. Sei q dann wie in (9.73) definiert; es existiert eine auf beiden Halbebenen analytische Funktion r so, daß $\log r = q$ gilt. Da dann $r = \exp(q)$, folgt aus (9.74) und (9.75), daß für fast alle $a \in \mathbb{R}$ $r_1(a) = \exp(q_1(a))$ und $r_2(a) = \exp(q_2(a))$ existieren und folgende Gestalt haben:

$$r_1(a) = \exp\left(\frac{1}{2}\log p + \frac{i}{2\pi}H(\log p)\right)(a), \tag{9.87}$$

$$r_2(a) = \exp\left(-\frac{1}{2}\log p + \frac{i}{2\pi}H(\log p)\right)(a). \tag{9.88}$$

Wegen (9.87) und (9.88) ist $\log r_1 - \log r_2 = \log p$, woraus (9.86) folgt.

Bemerkung 9.12 Aus Lemma 9.10 können wir zwar folgern, daß $q_1 \in L^2_+(\mathbb{R}), q_2 \in L^2_-(\mathbb{R})$, die analogen Aussagen gelten allerdings nicht mehr notwendigerweise für r_1, r_2. Man beachte, daß (9.82) nur einen Zweig als Logarithmus festlegt, während (9.83) eine zusätzliche Forderung ist. Aus (9.81) kann man ja (9.83) nur für einen (möglicherweise anderen) Zweig als Logarithmus fordern.

Die Darstellung (9.86) wird in der Wiener–Hopf–Technik explizit benötigt; (9.87) und (9.88) geben eine Darstellung von r_1 und r_2 mittels der Hilberttransformation an. Oft kann man r_1, r_2 auch durch geschicktes Probieren erhalten. Wie wenden uns nun der Wiener–Hopf–Gleichung (9.67) zu. Wir erweitern x und f zu Funktionen in $L^2(\mathbb{R})$ durch die Setzung

$$x(s) := 0, \quad f(s) := 0 \quad (s < 0) \tag{9.89}$$

und definieren

$$g(s) := \begin{cases} 0 & s > 0 \\ -\int\limits_{-\infty}^{+\infty} k(s-t)x(t)dt & s < 0. \end{cases} \tag{9.90}$$

Die Definition all dieser L^2–Funktionen für $s = 0$ ist natürlich irrelevant. Mit diesen Setzungen ist (9.67) äquivalent zur Faltungsgleichung

$$x(s) - \int\limits_{-\infty}^{+\infty} k(s-t)x(t)dt = f(s) + g(s) \quad (s \in \mathbb{R}), \tag{9.91}$$

wobei natürlich auf der rechten Seite g von der Lösung x abhängt. Da $k \in L^1(\mathbb{R})$, ist g fast überall definiert und $g \in L^2(\mathbb{R})$ (vgl. Satz 9.4). Man kann daher auf (9.91) die Fouriertransformation anwenden und erhält mit (9.31), daß (9.91) äquivalent ist zu $F(x) - \sqrt{2\pi}F(k) \cdot F(x) = F(f) + F(g)$ bzw.

$$p(s)F(x)(s) - F(f)(s) = F(g)(s) \quad (s \in \mathbb{R}) \tag{9.92}$$

mit der (da $k \in L^1(\mathbb{R})$) stetigen Funktion

$$p(s) = 1 - \sqrt{2\pi}F(k)(s). \tag{9.93}$$

Wir nehmen nun an, daß

$$F(k)(s) \neq \frac{1}{\sqrt{2\pi}} \quad \text{für alle } s \in \mathbb{R}, \tag{9.94}$$

sodaß p nullstellenfrei ist. Da wir angenommen haben, daß $k \in L^1(\mathbb{R})$, folgt aus dem Satz von Riemann–Lebesgue aus der Fourieranalysis, daß $\lim_{|s| \to \infty} F(k)(s) = 0$ ist, sodaß für die nach (9.93) definierte Funktion p (9.81) gilt. Die zu treffende Annahme, daß für den durch (9.82) definierten Zweig des Logarithmus auch (9.83) gilt, bezeichnet man auch als die Annahme, daß der Index der Wiener–Hopf-Gleichung (9.67) gleich 0 ist. Falls dieser Index ungleich 0 ist, ist das Problem noch komplizierter (vgl. [43]). Da $\lim_{|s| \to \infty} F(k)(s) = 0$, ist für $0 < \varepsilon < 1$ $|F(k)(s)| < \frac{\varepsilon}{\sqrt{2\pi}}$ für $|s|$ hinreichend groß. Für diese s ist auch

$$\log p(s) = \sum_{n=1}^{\infty} \frac{(-1)^{n-1}}{n} \left(-\sqrt{2\pi} F(k)(s) \right)^n$$

für den betrachteten Zweig des Logarithmus, weil dieser der Hauptwert ist, da aus

$$\log p(s) = \log |p(s)| + i \arg p(s)$$

und der Tatsache, aus $\lim_{|s| \to \infty} \log |p(s)| = 0$ sowie der Forderung (9.82) folgt, daß $\lim_{s \to +\infty} \arg p(s) = 0$ gelten muß; die Forderung (9.83) bedeutet damit, daß auch $\lim_{s \to -\infty} \arg p(s) = 0$ gilt. Damit ist für große $|s|$ $\arg s \in]-\pi, \pi]$, also log der Hauptwert. Allgemein heißt $\frac{1}{2\pi} \lim_{s \to -\infty} \arg p(s)$ der "Index der Wiener–Hopf-Gleichung". Also ist

$$|\log p(s)| \leq \sum_{n=1}^{\infty} \left(\sqrt{2\pi} |F(k)(s)| \right)^n \leq \frac{\sqrt{2\pi} |F(k)(s)|}{1 - \sqrt{2\pi} |F(k)(s)|} \leq \frac{\sqrt{2\pi} |F(k)(s)|}{1 - \varepsilon}.$$

Da $F(k) \in L^2(\mathbb{R})$ (wegen der Voraussetzung, daß $k \in L^1(\mathbb{R})$ ist) ist damit auch $\log p \in L^2(\mathbb{R})$. Damit ist Satz 9.11 anwendbar; seien r_1, r_2 wie in Satz 9.11 so, daß für das nach (9.93) definierte p (9.86) gilt. Damit ist (9.92) äquivalent zu

$$r_1 F(x) - r_2 F(f) = r_2 F(g). \tag{9.95}$$

Da für $y \in L^2(\mathbb{R})$ $F^{-1}(y)(s) = F(y)(-s)$ gilt, ist

$$x(s) = F^{-1}(F(x))(s) = F(F(x))(-s);$$

da $x(s) = 0$ für $s < 0$, ist also $F(F(x))(s) = 0$ für $s > 0$, also

$$F(x) \in L^2_+(\mathbb{R}). \tag{9.96}$$

Analog sieht man
$$F(f) \in L^2_+(\mathbb{R}), \ F(g) \in L^2_-(\mathbb{R}). \tag{9.97}$$

Da r_1 bzw. r_2 die Randwerte von in der oberen bzw. unteren Halbebene analytischen Funktionen sind, folgt aus Lemma 9.9, daß

$$r_1 F(x) \in L^2_+(\mathbb{R}), \ r_2 F(g) \in L^2_-(\mathbb{R}). \tag{9.98}$$

Die Funktion $r_2F(f)$ zerlegen wir gemäß (9.70), (9.71) in

$$r_2F(f) = (r_2F(f))_+ + (r_2F(f))_- \qquad (9.99)$$

mit

$$(r_2F(f))_+ = \frac{1}{2}\left[r_2F(f) + \frac{i}{\pi}H(r_2F(f))\right], \qquad (9.100)$$

$$(r_2F(f))_- = \frac{1}{2}\left[r_2F(f) - \frac{i}{\pi}H(r_2F(f))\right] \qquad (9.101)$$

Damit ist (9.95) äquivalent zu

$$r_1F(x) - (r_2F(f))_+ = (r_2(F(f))_- + r_2F(g). \qquad (9.102)$$

Nach (9.98) ist die linke Seite in $L^2_+(\mathbb{R})$, die rechte Seite in $L^2_-(\mathbb{R})$. Da diese Räume nur 0 gemeinsam haben, ist (9.102) äquivalent zu

$$\left.\begin{array}{rcl} r_1F(x) & = & (r_2F(f))_+ \\ r_2F(g) & = & -(r_2F(f))_- \end{array}\right\} \qquad (9.103)$$

Die erste Gleichung von (9.103) liefert die Lösung

$$x = F^{-1}\left[\frac{(r_2F(f))_+}{r_1}\right]. \qquad (9.104)$$

Aus der Konstruktion von r_1 folgt, daß r_1 nirgends verschwindet und von Null weg beschränkt ist, sodaß die Funktion in (9.104) in $L^2(\mathbb{R})$ ist. Man beachte, daß (9.104) eine explizite Lösungsformel ist, für die man die Zerlegung (9.86) der nach (9.93) definierten Funktion (die wieder explizit über (9.87), (9.88) mittels Hilberttransformation gegeben ist), die Hilberttransformation zur Berechnung von $(r_2F(f))_+$ und natürlich die Fouriertransformation benötigt. Zusammenfassend gilt:

Satz 9.13 *Es sei der Index der Wiener–Hopf–Gleichung (9.67) (mit $k \in L^1(\mathbb{R}) \cap L^2(\mathbb{R})$, $f \in L^2(\mathbb{R}^+_0)$) gleich 0, ferner gelte (9.94). Dann hat (9.67) in $L^2(\mathbb{R}^+_0)$ die durch (9.104) gegebene eindeutige Lösung, wobei r_1, r_2 durch (9.87), (9.88) in Verbindung mit (9.93) festgelegt sind und $(\cdot)_+$ nach (9.70) berechnet wird.*

Wiener–Hopf–Gleichungen sind nur ein Spezialfall singulärer Integralgleichungen; ein anderer wichtiger Spezialfall sind Integralgleichungen vom Cauchy-Typ (vgl. Bemerkung 2.53). Wir geben hier nur einen kurzen Überblick über deren grundlegende Theorie, ohne Beweise. Für Genaueres siehe etwa [49].

Definition 9.14 *Seien X, Y normierte Räume, $K \in L(X, Y)$. Ein $R_l \in L(Y, X)$ heißt "Linksregularisator von K", wenn ein kompaktes $A_l \in L(X)$ existiert mit*

$$R_l K = I - A_l. \qquad (9.105)$$

Ein $R_r \in L(Y, X)$ heißt "Rechtsregularisator von K", wenn ein kompaktes $A_r \in L(Y)$ existiert mit

$$KR_r = I - A_r. \tag{9.106}$$

Ein Operator, der zugleich Linksregularisator und Rechtsregularisator von K ist, heißt "Regularisator von K".

Sind R_l bzw. R_r Linksregularisator bzw. Rechtsregularisator von K, so folgt aus (9.105) und (9.106)

$$R_r - R_l = (I - A_l)R_r - R_l(I - A_r) + (A_l R_r - R_l A_r) = A_l R_r - R_l A_r,$$

also ist $R_r - R_l$ kompakt. Andererseits ist eine kompakte Störung eines Linksregularisators bzw. Rechtsregularisators weiterhin Linksregularisator bzw. Rechtsregularisator. Daraus folgt, daß wir, wenn ein Linksregularisator und ein Rechtsregularisator für K existieren, annehmen können, daß diese gleich, also ein Regularisator, sind.

Wir betrachten zunächst Regularisierungen von links. Jede Lösung der Gleichung

$$Kx = y \tag{9.107}$$

löst auch

$$(I - A_l)x = R_l y. \tag{9.108}$$

Wird also von links regularisiert, so gehen keine Lösungen verloren. Umgekehrt ist jede Lösung von (9.108) auch Lösung von (9.107), wenn $N(R_l) = \{0\}$. In diesem Fall heißt R_l "äquivalenter Linksregularisator". Analog definiert man einen "äquivalenten Rechtsregularisator" als einen, für den die Lösungsmengen von (9.107) und von

$$(I - A_r)x = y \tag{9.109}$$

gleich sind. Ein Rechtsregularisator ist genau dann äquivalent, wenn er surjektiv ist, wie man wie oben sieht.

Existiert also ein injektiver Linksregularisator oder ein surjektiver Rechtsregularisator, so ist (9.107) äquivalent zu (9.108) oder (9.109), sodaß die Aussagen der Riesztheorie sich sofort auf (9.107) übertragen lassen. Ein Beispiel für diese Situation haben wir in Kapitel 4 kennengelernt. Die Überführung einer Volterraschen Integralgleichung 1. Art in eine solche 2. Art gemäß Satz 4.3 stellt einen äquivalenten Linksregularisator (zwischen C^1 und C^0) dar.

Mittels Regularisierung ist es auch im Fall, daß Regularisatoren nicht äquivalent sind, möglich, Lösbarkeitsresultate aus der Riesztheorie zu übertragen. Dies erfolgt mit der Theorie der "normalen Lösbarkeit", die wir nun kurz darstellen:

Satz 9.15 $R \in L(Y, X)$ sei Regularisator von $K \in L(X, Y)$. Dann gilt:

$$\dim N(K) \; < \; \infty,$$
$$\dim N(R) \; < \; \infty.$$

Beweis. Sei $Kx = 0$. Dann ist auch $RKx = 0$, also ist

$$N(K) \subseteq N(RK) = N(I - A_l).$$

Damit folgt aus Satz 2.14 a), daß $\dim N(K) < \infty$ ist. Die zweite Aussage folgt daraus, daß auch K Regularisator von R ist.

$\square$

Satz 9.16 *Seien $(X_1, Y_1)_1$ und $(X_2, Y_2)_2$ Dualsysteme, $K \in L(X_1, X_2)$ und $K' \in L(Y_2, Y_1)$ zueinander adjungiert. Es mögen Regularisatoren $R \in L(X_2, X_1)$ und $R' \in L(Y_1, Y_2)$ von K bzw. K' existieren, die zueinander adjungiert sind. Dann gilt:*

a)

$$\dim N(K) < \infty \tag{9.110}$$

$$\dim N(K') < \infty \tag{9.111}$$

b) Die inhomogene Gleichung (9.107) ist genau dann lösbar, wenn für alle $z \in N(K')$

$$(y, z)_2 = 0 \tag{9.112}$$

gilt.

c) Die inhomogene Gleichung

$$K'\varphi = \psi \tag{9.113}$$

ist genau dann lösbar, wenn für alle $v \in N(K)$

$$(v, \psi)_1 = 0 \tag{9.114}$$

gilt.

Die Folgerungen von Satz 9.16 bezeichnet man als "normale Lösbarkeit" von (9.107) bzw. (9.110). Es gilt also die Fredholmalternative mit der Ausnahme, daß die Dimensionen der Nullräume von K und K' zwar weiterhin endlich sind, aber nicht mehr gleich sein müssen; dies führt auf die Definition des Index:

Definition 9.17 *Seien $(X_1, Y_1)_1, (X_2, Y_2)_2$ Dualsysteme, $K : X_1 \to X_2$ und $K' : Y_2 \to Y_1$ zueinander adjungiert. Gilt (9.110) und (9.111), so ist der "(Fredholm-)Index von K" definiert als Fredholmindex*

$$\operatorname{ind} K := \dim N(K) - \dim N(K'). \tag{9.115}$$

Satz 9.18 *Unter den Voraussetzungen von Satz 9.16 (sinngemäß für K_1 und K_2) gilt*

$$\operatorname{ind}(K_1 K_2) = \operatorname{ind} K_1 + \operatorname{ind} K_2. \tag{9.116}$$

Korollar 9.19 *Es gelten die Voraussetzungen von Satz 9.16, $C \in L(X_1, X_2)$ sei kompakt. Dann gilt*

$$\text{ind}(K + C) = \text{ind}\, K. \tag{9.117}$$

Beweis. Sei R ein Regularisator von K, also $RK = I - A$ mit kompaktem A. Dann folgt aus Satz 9.18 und Satz 2.28 a):

$$\text{ind}\, R + \text{ind}\, K = \text{ind}\,(RK) = \text{ind}(I - A) = 0,$$

also $\text{ind}\, K = -\text{ind}\, R$. Da $R(K + C) = I - (A - RC)$ und RC kompakt ist, ist R Regularisator von $K + C$. Damit folgt wie oben, daß

$$\text{ind}(K + C) = -\text{ind}\, R = \text{ind}\, K.$$

$\square$

Bemerkung 9.20 Unter der Annahme von Satz 9.16 gilt (falls alle beteiligten Räume Banachräume sind), daß der Index nicht nur unter kompakten, sondern auch unter hinreichend kleinen Störungen stabil ist: Es existiert ein (von K und K' abhängiges) $\gamma > 0$ so, daß für alle $C \in L(X_1, X_2)$ mit Adjungierter C', falls $\| C \| < \gamma$ und $\| C' \| < \gamma$ sind, (9.117) gilt.

Wir betrachten nun singuläre Integralgleichungen vom Cauchytyp auf ebenen Kurven als Anwendung der oben diskutierten Theorie. Wir benötigen dazu den Hölder-Raum

$$C^{0,\alpha}(G) := \{\varphi : G \to \mathbb{C}\,/\,\exists (C > 0)\forall(x, y \in G)\,|\varphi(x) - \varphi(y)| \leq C \cdot |x - y|^\alpha\}, \tag{9.118}$$

der mit der Norm

$$\| \varphi \|_\alpha := \sup_{x \in G} |\varphi(x)| + \sup_{\substack{x, y \in G \\ x \neq y}} \frac{|\varphi(x) - \varphi(y)|}{|x - y|^\alpha} \tag{9.119}$$

ein Banachraum ist.

Wenn G kompakt ist, so sind für $0 < \alpha < \beta \leq 1$ die Einbettungsoperatoren

$$\begin{aligned} I^\beta &: C^{0,\beta}(G) &\to& \quad C(G) \\ I^{\alpha,\beta} &: C^{0,\beta}(G) &\to& \quad C^{0,\alpha}(G) \end{aligned} \tag{9.120}$$

kompakt.

Sei nun $\Gamma := \partial D$ eine geschlossene Jordankurve in $\mathbb{C}$, D^- das Innengebiet, D^+ das Außengebiet. Wir nehmen der Einfachheit halber an, daß $\Gamma \in C^2$ ist. Die Theorie läßt sich auch für Lipschitzkurven aufbauen, ist dort allerdings technisch sehr aufwendig.

Für $z \in \mathbb{C} \backslash \Gamma$ ist

$$f(z) := \frac{1}{2\pi i} \int_{\Gamma} \frac{\varphi(x)}{x - z} \, dx \qquad (9.121)$$

für $\varphi \in C(\Gamma)$ wohldefiniert, f ist in $D^+ \cup D^-$ holomorph. Man beachte die Analogie zu (9.73), wo die Integration über $\mathbb{R}$ erfolgte. Wie dort und wie bei den Potentialen in Kapitel 6 interessieren wir uns für das Verhalten von f, wenn sich z an Γ annähert, und für den Zusammenhang mit dem entstehenden singulären Integraloperator. Um die Existenz von (9.120) für $z \in \Gamma$ im Sinn des Cauchyschen Hauptwerts sicherzustellen, muß man mehr verlangen als $\varphi \in C(\Gamma)$:

Satz 9.21 *Ist $\varphi \in C^{0,\alpha}(\Gamma)$ $(0 < \alpha < 1)$, $z \in \Gamma$, so existiert der Cauchysche Hauptwert*

$$\int_{\Gamma} \frac{\varphi(x)}{x - z} \, dx := \lim_{\epsilon \to 0} \int_{\{x \in \Gamma / |x-z| \geq \epsilon\}} \frac{\varphi(x)}{x - z} \, dx. \qquad (9.122)$$

Ferner gelten folgende Sprungrelationen, die man (in Analogie zu (9.74) und (9.75)) wieder Plemelj–Sochozki–Formeln nennt:

Satz 9.22 *Für $\varphi \in C^{0,\alpha}(\Gamma)$ $(0 < \alpha < 1)$ sei f auf $D^+ \cup D^-$ nach (9.120), auf Γ nach (9.122) definiert. Dann gilt: f kann von D^+ und von D^- so auf Γ fortgesetzt werden, daß die entstehende Funktion in $C^{0,\alpha}(\overline{D^+})$ bzw. $C^{0,\alpha}(\overline{D^-})$ liegt. Für*

$$f_{\pm}(z) := \lim_{h \to 0+} f(z \pm h n(z)), \qquad (9.123)$$

wobei n die Außennormale an Γ ist, gilt

$$(\forall z \in \Gamma) \quad f_{\pm}(z) = \frac{1}{2\pi i} \int_{\Gamma} \frac{\varphi(x)}{x - z} \, dx \mp \frac{1}{2}\varphi(z). \qquad (9.124)$$

Ferner gelten die Abschätzungen

$$\| f \|_{\alpha, \overline{D^+}} \leq C \| \varphi \|_{\alpha}, \qquad (9.125)$$
$$\| f \|_{\alpha, \overline{D^-}} \leq C \| \varphi \|_{\alpha},$$

wobei C nur von α und Γ abhängt.

Korollar 9.23 *Der "Cauchy-Integraloperator" $A : C^{0,\alpha}(\Gamma) \to C^{0,\alpha}(\Gamma)$ $(0 < \alpha < 1)$, definiert durch*

$$(A\varphi)(z) := \frac{1}{i\pi} \int_{\Gamma} \frac{\varphi(x)}{x - z} \, dx \qquad (9.126)$$

(im Sinn von (9.122)) ist beschränkt.

Beweis. Wegen (9.124) gilt

$$f_\pm = \frac{1}{2} A\varphi \mp \frac{1}{2}\varphi. \qquad (9.127)$$

Damit folgt die Behauptung sofort aus (9.125).

$\square$

Integralgleichungen vom Cauchy-Typ tauchen in folgender Weise bei Randwertproblemen für holomorphe Funktionen auf:

Satz 9.24 *Sei* $\varphi \in C^{0,\alpha}(\Gamma)$ $(0 < \alpha < 1)$. *Dann existiert genau dann eine Funktion* $f \in C(\overline{D^-})$, *die in* D^- *holomorph ist und die Randbedingung* $f|_\Gamma = \varphi$ *erfüllt, wenn* φ *die homogene Integralgleichung vom Cauchytyp*

$$\varphi - A\varphi = 0 \qquad (9.128)$$

(mit A gemäß (9.126)) löst. Die eindeutige Lösung ist dann durch (9.120) gegeben.

Beweis. Sei f holomorph in D^- mit Randwerten φ. Nach der Cauchyschen Integralformel gilt für $z \in D^-$

$$f(z) = \frac{1}{2\pi i} \int_\Gamma \frac{f(x)}{x - z}\, dx = \frac{1}{2\pi i} \int_\Gamma \frac{\varphi(x)}{x - z}\, dx,$$

woraus mit Satz 9.22 folgt: $2\varphi = 2f_- = A\varphi + \varphi$, also (9.128). Ist andererseits (9.128) erfüllt und f nach (9.120) gegeben, so folgt wieder aus (9.124) unter Berücksichtigung von (9.128) für die Randwerte von f: $f_- = \frac{1}{2}A\varphi + \frac{1}{2}\varphi = \varphi$. Die Eindeutigkeit folgt aus dem Maximumprinzip.

$\square$

Bemerkung 9.25 Analog zeigt man folgendes: Ist $\varphi \in C^{0,\alpha}(\Gamma)$, so existiert eine eindeutige in $D^+ \cup D^-$ holomorphe Funktion f, die von D^+ und von D^- stetig auf Γ fortgesetzt werden kann und die Sprungrelation

$$f_- - f_+ = \varphi \quad \text{auf} \quad \Gamma \qquad (9.129)$$

erfüllt und für die $\lim_{z \to \infty} f(z) = 0$ gleichmäßig in alle Richtungen gilt; f ist durch (9.120) gegeben.

Der folgende Satz zeigt, daß der durch (9.126) definierte Operator nicht kompakt sein kann:

Satz 9.26 $A^2 = I$.

Beweis. Für $\varphi \in C^{0,\alpha}(\Gamma)$ $(0 < \alpha < 1)$ sei f nach (9.120) definiert. Nach Satz 9.24 gilt $f_- - Af_- = 0$; analog zeigt man $f_+ + Af_+ = 0$. Mit (9.124) folgt $f_+ + f_- = A\varphi$, also $A^2\varphi = A(f_+ + f_-) = f_- - f_+ = \varphi$, also die Behauptung.

$\square$

Satz 9.27 *Im Dualsystem* $(C^{0,\alpha}(\Gamma), C^{0,\alpha}(\Gamma))$ *mit der Bilinearform*

$$(\varphi, \psi) := \int_\Gamma \varphi(z)\psi(z) \, dz$$

sind A *und* $-A$ *zueinander adjungiert.*

Beweis. Es sei f nach (9.120), g analog mit ψ statt φ definiert. Wegen (9.124) gilt $A\varphi = f_+ + f_-$, $A\psi = g_+ + g_-$, $\varphi = f_- - f_+$, $\psi = g_- - g_+$, also: $(A\varphi, \psi) + (\varphi, A\psi) = (f_- + f_+, g_- - g_+) + (f_- - f_+, g_- + g_+) = 2(f_-, g_-) - 2(f_+, g_+)$. Da $f \cdot g$ in D^- analytisch ist, folgt $\int_{C'} f \cdot g \, dz = 0$ für jede in D^- verlaufende geschlossene Kurve C'; läßt man nun C' gegen C gehen, so folgt mit der Definition von f_-, g_-, daß $(f_-, g_-) = \int_C f_- \cdot g_- \, dz = 0$. Analog folgt für hinreichend große R $(f_+, g_+) = \int_{|z|=R} f \cdot g \, dz$. Da nach Definition von f und g $f(z) = O(\frac{1}{z})$, $g(z) = O(\frac{1}{z})$ für $|z| \to \infty$ gilt, folgt auch $(f_+, g_+) = 0$, insgesamt also $(A\varphi, \psi) + (\varphi, A\psi) = 0$, woraus die Adjungiertheit von A zu $-A$ folgt.

$\square$

Bei der Wiener–Hopf–Technik haben wir gesehen, daß die Möglichkeit, eine gewisse auf $\mathbb{R}$ definierte Funktion p als Quotient von Randwerten von in der oberen bzw. unteren Halbebene analytischen Funktionen r_1 und r_2 darzustellen, fundamental war. Die entsprechende Formel (9.86) kann man auch als

$$r_1 = pr_2$$

schreiben. Das analoge Problem für geschlossene Kurven ist das berühmte

Problem 9.28 *("Riemann-Problem"): Gesucht ist eine in* D^+ *und* D^- *holomorphe Funktion* f, *die gleichmäßig hölderstetig (mit Exponent* α*) auf* $\overline{D^+}$ *bzw.* $\overline{D^-}$ *fortsetzbar ist und, für gegebene* $g, h \in C^{0,\alpha}(\Gamma)$,

$$f_- = gf_+ + h \quad \text{auf} \quad \Gamma \tag{9.130}$$

erfüllt und für die $\lim_{z \to \infty} f(z) = 0$ *gleichmäßig in alle Richtungen ist.*

Den Spezialfall $g \equiv 1$ haben wir in Bemerkung 9.25 untersucht. Wir werden nun sehen, daß, analog zur Behandlung von (9.86) über die Hilberttransformation, das Riemannproblem über eine singuläre Integralgleichung vom Cauchytyp behandelt werden kann:

Satz 9.29 *Seien $a, b, h \in C^{0,\alpha}(\Gamma)$. Dann gilt: $\varphi \in C^{0,\alpha}(\Gamma)$ löst die Integralgleichung*

$$a\varphi + bA\varphi = h \tag{9.131}$$

genau dann, wenn $f := A\varphi$ das Riemannproblem mit der Übergangsbedingung

$$(a+b)f_- = (a-b)f_+ + h \quad \text{auf} \quad \Gamma \tag{9.132}$$

löst.

Beweisskizze. Nach Satz 9.22 und Bemerkung 9.25 bildet A den Raum $C^{0,\alpha}(\Gamma)$ bijektiv und linear auf die Funktionen f ab, die die in Problem 9.28 formulierten Bedingungen mit Ausnahme von (9.130) erfüllen. Es genügt also, zu zeigen, daß aus (9.131) durch Anwendung von A (9.132) hervorgeht: Es sei $f := A\varphi$. Wir verwenden (9.124) und (9.128) und erhalten: $a\varphi + bA\varphi = a(f_- - f_+) + b(f_- + f_+) = (a+b)f_- - (a-b)f_+$. Damit folgt aus (9.131) sofort (9.132).

□

Das homogene Riemannproblem kann nun in ähnlicher Weise wie (9.86) (vgl. Beweis zu Satz 9.11) behandelt werden, wobei wir eine allgemeinere Indexvoraussetzung als dort treffen; wir definieren dabei den Index $\operatorname{ind} g$ einer komplexwertigen nullstellenfreien Funktion g als den durch 2π dividierten Zuwachs des Arguments, wenn die unabhängige Variable Γ gegen den Uhrzeigersinn durchläuft.

Wir betrachten nun (analog zu (9.86)) das homogene Riemannproblem, also $h = 0$, und nehmen an, g sei nullstellenfrei und habe Index κ. Sei $a \in D^-$ und

$$G(z) := (z-a)^{-\kappa}g(z) \quad (z \in \Gamma). \tag{9.133}$$

Dann gilt $\operatorname{ind} G = 0$. Wir betrachten das Riemannproblem

$$F_- = GF_+ \quad \text{auf} \quad \Gamma. \tag{9.134}$$

Da $\operatorname{ind} G = 0$ ist, kann man einen Zweig des Logarithmus wählen, für den $\log G$ einwertig ist. Es folgt

$$\log F_- - \log F_+ = \log G. \tag{9.135}$$

Gemäß Bemerkung 9.25 muß $\log F$ die Form $A(\log G)$ haben, wir definieren also

$$\psi(z) := \frac{1}{2\pi i} \int_\Gamma \frac{\log G(x)}{x - z}\, dx, \tag{9.136}$$

$$z \in \mathbb{C} \setminus \Gamma$$

$$F(z) := \exp(\psi(z)).$$

F erfüllt (9.134), es gilt (da $\lim\limits_{z\to\infty} \psi(z) = 0$)

$$\lim_{z\to\infty} F(z) = 1. \tag{9.137}$$

Sei nun

$$f(z) := \begin{cases} F(z) & z \in D^- \\ (z-a)^{-\kappa}F(z) & z \in D^+. \end{cases} \tag{9.138}$$

Dann löst f das homogene Riemannproblem mit der Übergangsbedingung $f_- = gf_+$, allerdings mit der Randbedingung

$$\lim_{z\to\infty} z^\kappa \cdot f(z) = 1; \tag{9.139}$$

f ist nullstellenfrei. Diese Funktion heißt "kanonische Lösung des homogenen Riemannproblems". Sei v eine andere Lösung desselben homogenen Riemannproblems, $q := \frac{v}{f}$. Da f nullstellenfrei ist, ist q in D^- und D^+ holomorph und erfüllt $q_- = q_+$. Also ist nach dem Satz von Morera q analytisch in $\mathbb{C}$. Erfüllt auch v (9.139), so folgt $\lim\limits_{z\to\infty} q(z) = 1$, also ist q beschränkt und damit nach dem Satz von Liouville identisch 1. Damit ist f die einzige Lösung des homogenen Riemannproblems, die (9.139) erfüllt.

Wie oben sieht man, daß jede andere Lösung durch Multiplikation von f mit einer ganzen Funktion p hervorgeht. Sei also $v := pf$, v erfülle die Randbedingung im Unendlichen aus Problem 9.28. Dann folgt aus (9.139), daß $\lim\limits_{z\to\infty} z^{-\kappa}p(z) = 0$ gelten muß. Damit folgt, wieder mit dem Satz von Liouville, daß $p \equiv 0$ ist, falls $\kappa \leq 0$, und p ein Polynom von Grad $\leq \kappa-1$ ist, falls $\kappa > 0$ ist. Also hat das homogene Riemannproblem $\max\{\kappa, 0\}$ linear unabhängige Lösungen; diese haben die Form $f \cdot p$ mit f gemäß (9.138) und einem Polynom p vom Grad $\leq \kappa - 1$.

Das inhomogene Riemannproblem behandelt man über die äquivalente Integralgleichung (9.131). Wir stellen dazu ihre Lösungstheorie dar und betrachten dabei auch allgemeinere Integraloperatoren als A, die im Zähler noch einen hölderstetigen Kern haben:

Es sei $k \in C^{0,\beta,\alpha}(\Gamma \times \Gamma)$ für $0 < \alpha, \beta \leq 1$, worunter wir das Erfülltsein der Hölderbedingung

$$|k(z_1, x_1) - k(z_2, x_2)| \leq M(|z_1 - z_2|^\beta + |x_1 - x_2|^\alpha) \tag{9.140}$$

verstehen wollen. Wir betrachten im folgenden "singuläre Integraloperatoren mit Cauchy-Kern" der Gestalt

$$(K\varphi)(z) := a(z)\varphi(z) + \frac{1}{i\pi} \int_\Gamma \frac{k(z,x)}{x-z}\varphi(x)dx \quad (z \in \Gamma) \tag{9.141}$$

und setzen voraus, daß

$$0 < \alpha < \beta \leq 1, \ a \in C^{0,\alpha}(\Gamma), \ k \in C^{0,\beta,\alpha}(\Gamma \times \Gamma). \tag{9.142}$$

Unter dem "Hauptteil" von K verstehen wir mit

$$b(z) := k(z, z) \qquad (9.143)$$

den Integraloperator vom Cauchy-Typ

$$(K^0 \varphi)(z) := a(z)\varphi(z) + \frac{b(z)}{i\pi} \int_\Gamma \frac{\varphi(x)}{x - z} \, dx \quad (z \in \Gamma), \qquad (9.144)$$

also $K^0 = aI + bA$. Wir setzen stets voraus, daß $a^2 - b^2$ nullstellenfrei ist. K und K^0 bilden $C^{0,\alpha}(\Gamma)$ in sich ab, nach Korollar 9.23 ist K^0 beschränkt. Unter obigen Voraussetzungen gilt auch:

Satz 9.30 K ist beschränkt, $K - K^0$ ist kompakt von $C^{0,\alpha}(\Gamma)$ in sich.

K ist also eine kompakte Störung von K^0. Dies wird benützt werden, um einen Regularisator für K zu konstruieren. Der folgende Satz läßt sich aus Satz 9.27 und obigen Überlegungen zum homogenen Riemannproblem herleiten (wobei der Operator Ab als

$$(Ab)(\varphi)(z) := \frac{1}{i\pi} \int_\Gamma \frac{b(x)\varphi(x)}{x - z} \, dx$$

definiert ist.

Satz 9.31 $K^0 = aI + bA$ und $K^{0'} = aI - Ab$ sind in $(C^{0,\alpha}(\Gamma), C^{0,\alpha}(\Gamma))$ zueinander adjungiert. Sie haben beide endlichdimensionale Nullräume, für den Fredholmindex gemäß (9.115) gilt

$$\text{ind } K^0 = \text{ind } \left(\frac{a - b}{a + b} \right). \qquad (9.145)$$

Dies beweist man mit ähnlichen Überlegungen, wie sie beim homogenen Riemannproblem angestellt wurden.

Motiviert dadurch definieren wir für $\psi \in C^{0,\alpha}(\Gamma)$

$$(K'\psi)(z) := a(z)\psi(z) - \frac{1}{i\pi} \int_\Gamma \frac{k(x, z)}{x - z} \psi(x) dx \quad (z \in \Gamma). \qquad (9.146)$$

Da, wie man beim Beweis von Satz 9.30 zeigt, $K - K^0$ bzw. $K' - K^{0'}$ jeweils Integraloperatoren mit schwach singulärem Kern sind, folgt aus Satz 9.31, daß K und K' zueinander adjungiert sind. Nun gilt folgende zentrale Aussage:

Satz 9.32 $\frac{1}{a^2 - b^2} K'$ ist ein Regularisator für K.

Beweis. Sei $c \in C^{0,\alpha}(\Gamma)$; indem wir Satz 9.30 auf den Operator mit Kern $k(z,x) := c(x)$ anwenden, erhalten wir, daß der Kommutator $[A,c] := Ac - cA$ kompakt auf $C^{0,\alpha}(\Gamma)$ ist. Nun ist wegen Satz 9.26

$$
\begin{aligned}
K^{0'}K^0 &= (aI - Ab)(aI + bA) = a^2 I - Aba + abA - Ab^2 A + b^2 A^2 - b^2 I \\
&= (a^2 - b^2)I - [A,ab] + [A, b^2 A],
\end{aligned}
$$

wobei letztere beide Terme kompakt sind. Also ist $\frac{1}{a^2 - b^2} K^{0'}$ ein Linksregularisator für K^0. Analog zeigt man, daß $K^{0'} \frac{1}{a^2 - b^2}$ Rechtsregularisator von K^0 ist. Damit ist $\frac{1}{a^2 - b^2} K^{0'}$ Regularisator für K^0 was aus den Bemerkungen nach Definition 9.14 folgt. Da nach Satz 9.30 $K = K^0 + H$ und $K' = K^{0'} + H'$ mit kompakten Operatoren H und H' gilt, folgt daraus die Behauptung.

$\square$

Damit folgen sofort aus Satz 9.16 und Korollar 9.19 die berühmten "Noetherschen Sätze":

Satz 9.33 *Seien* K, K' *wie in (9.141) bzw. (9.146) definiert, es gelten die getroffenen Voraussetzungen. Dann gilt:*

a) *("1. Noetherscher Satz"):* $\dim N(K) < \infty$.

b) *("2. Noetherscher Satz"): Der Fredholmindex des Integraloperators* K *mit Cauchykern ist gegeben durch*

$$
\operatorname{ind} K = \operatorname{ind} \frac{a - b}{a + b}. \tag{9.147}
$$

c) *("3. Noetherscher Satz"): Die inhomogene Integralgleichung*

$$
a(z)\varphi(z) + \frac{1}{i\pi} \int_{\Gamma} \frac{k(z,x)}{x - z} \varphi(x)dx = h(z) \quad (z \in \Gamma) \tag{9.148}
$$

ist in $C^{0,\alpha}(\Gamma)$ *genau dann lösbar, wenn für alle Lösungen* $\psi \in C^{0,\alpha}(\Gamma)$ *von*

$$
a(z)\psi(z) - \frac{1}{i\pi} \int_{\Gamma} \frac{k(x,z)}{x - z} \psi(x)dx = 0 \tag{9.149}
$$

gilt, daß

$$
\int_{\Gamma} h(x)\psi(x)dx = 0 \tag{9.150}
$$

ist.

Wir schließen mit der Beobachtung, daß eine singuläre Integralgleichung vom Cauchy-Typ, die formal von 1. Art ist (also $a \equiv 0$), sich völlig anders verhält als eine Integralgleichung 1. Art mit kompaktem Operator:

Satz 9.34 *Zusätzlich zu der Voraussetzung von Satz 9.33 gelte $a \equiv 0$. Dann ist* ind $K = 0$. *Ist K injektiv, so ist K sogar bijektiv und besitzt eine beschränkte Inverse.*

Beweis. Wegen (9.147) ist ind $K = $ ind $(-1) = 0$. Wegen Satz 9.32 ist $-\frac{1}{b^2}K'$ ein Regularisator für K. Es gilt (vgl. Beweis zu Satz 9.32) $K' = K^{0'} + H'$ mit kompaktem H' und, da $a = 0$ ist, $K^{0'} = -Ab$. Also ist auch $\frac{1}{b^2}Ab$ Regularisator für K' und, da $[A, b]$ kompakt ist, auch $\frac{1}{b}A$. Nach Satz 9.26 ist A surjektiv, da b nullstellenfrei, also von 0 weg beschränkt ist, auch $\frac{1}{b}A$. Dieser Operator ist damit ein surjektiver, also äquivalenter, Rechtsregularisator für K, sodaß sich die Aussagen der Riesztheorie auf K übertragen lassen, woraus die Behauptung folgt.

$\square$

10. Nichtlineare Gleichungen

Nichtlineare Integralgleichungen werden am besten im Rahmen der "Nichtlinearen Funktionalanalysis" behandelt, einem eigenständigen und umfangreichen Gebiet (für eine ziemlich umfassende Darstellung siehe [14], [15]). Ein wesentliches Hilfsmittel ist dabei die Theorie des "Abbildungsgrades". Diese Theorie kann entweder analytisch oder mit Mitteln der algebraischen Topologie eingeführt werden; beide Wege sind langwierig, weshalb wir den Abbildungsgrad ohne Beweise einführen und dann einige Anwendungen auf nichtlineare Gleichungen zeigen.

Die zu behandelnden Integralgleichungen werden nichtlineare Analoga zu Gleichungen 2.Art sein, die funktionalanalytisch mittels Operatoren der Gestalt $I - K$ beschrieben werden, wobei K ein nichtlinearer kompakter Operator sein soll:

Definition 10.1 *Seien X, Y normierte Räume, $D \subseteq X$, $K : D \to Y$. K heißt "kompakt (vollstetig)", wenn K stetig ist und für alle beschränkten Mengen $C \subseteq D$ gilt: $\overline{K(C)}$ ist kompakt.*

Die Nomenklatur ist in der Literatur nicht ganz einheitlich; so wird manchmal das Wort "kompakt" für Definition 10.1 ohne die Forderung der Stetigkeit (die im Gegensatz zum linearen Fall nicht aus dem Rest von Definition 10.1 folgt!) verwendet.

Wir behandeln sogenannte "Uryssohnsche Integralgleichungen"

$$x(s) - \int_G k(s, t, x(t)) \, dt = f(s) \quad (s \in G) \tag{10.1}$$

oder den Spezialfall der "Hammersteingleichung"

$$x(s) - \int_G k(s, t) \varphi(t, x(t)) \, dt = f(s) \quad (s \in G), \tag{10.2}$$

wobei G wie in Kapitel 2 sein soll; Voraussetzungen über die Funktionen k und φ, die zur Kompaktheit des entsprechenden Integraloperators führen, werden später angegeben.

Hammersteingleichungen treten bei der Umwandlung mancher nichtlinearer Randwertprobleme für gewöhnliche Differentialgleichungen mit linearem Differentialoperator in Integralgleichungen auf. So führt etwa das Randwertproblem

$$x''(t) = \varphi(t, x(t)) \quad t \in [0, 1]$$
$$x(0) = x(1) = 0 \tag{10.3}$$

auf die Gleichung (10.2) mit k wie in (1.12), wie man in Beispiel 1.2 sieht. Wir betrachten (10.1) und (10.2) zunächst auf dem Raum $C(G)$:

Satz 10.2 *Sei $k : G \times G \times \mathbb{R} \to \mathbb{R}$ stetig. Dann ist $K : C(G) \to C(G)$ definiert durch*

$$(Kx)(s) := \int_G k(s, t, x(t))dt \quad (s \in G) \tag{10.4}$$

kompakt.

Beweis. Seien $r > 0, \varepsilon > 0$ beliebig, aber fest. Da k auf der kompakten Menge $G \times G \times [-r, r]$ gleichmäßig stetig ist, existiert ein $\delta > 0$ so, daß für alle $s_1, s_2, t \in G, u \in [-r, r]$ mit $\|s_1 - s_2\| < \delta$

$$|k(s_1, t, u) - k(s_2, t, u)| < \frac{\varepsilon}{|G|} \tag{10.5}$$

gilt. Ist nun $x \in C(B)$ mit $\|x\| \leq r$, so gilt für $s_1, s_2 \in G$ mit $\|s_1 - s_2\| < \delta$:

$$|(Kx)(s_1) - (Kx)(s_2)| \leq \int_G |k(s_1, t, x(t)) - k(s_2, t, x(t))| dt \leq \varepsilon.$$

Also ist $\{Kx/x \in C(G), \|x\| \leq r\} \subseteq C(G)$ und gleichgradig stetig. Mit $M := \sup\limits_{G \times G \times [-r,r]} |k| < \infty$ gilt für alle $x \in C(G)$ mit $\|x\| \leq r$:

$$\|Kx\| \leq \sup_{s \in G} \int_G |k(s, t, x(t))| dt \leq M \cdot |G|.$$

Also ist $\{Kx/x \in C(G), \|x\| \leq r\}$ auch gleichmäßig beschränkt und damit nach dem Satz von Arzola–Ascoli relativkompakt. Also bildet K jede beschränkte Teilmenge von $C(G)$ auf eine relativkompakte Menge ab. Daraus folgt die Kompaktheit von K zusammen mit der Stetigkeit: Es gelte $(x_n) \to x$ in $C(G)$. Dann existiert ein $r > 0$ so, daß $\|x\| \leq r$ und für alle $n \in \mathbb{N}$ $\|x_n\| \leq r$ gilt. Also ist

$$\|Kx_n - Kx\| \leq \sup_{s \in G} \int_G |k(s, t, x_n(t)) - k(s, t, x(t))| dt$$

$$\leq |G| \cdot \max_{(s,t) \in G \times G} |k(s, t, x_n(t)) - k(s, t, x(t))| \xrightarrow{n \to \infty} 0$$

wegen der gleichmäßigen Stetigkeit von k auf $G \times G \times [-r, r]$.

$\square$

Satz 10.2 gilt natürlich analog, falls k auf $G \times G \times D$ mit $D \subseteq \mathbb{R}$ definiert ist. Für Hammersteingleichungen ist folgendes Lemma wichtig:

Lemma 10.3 *Sei* $\varphi : G \times \mathbb{R} \to \mathbb{R}$ *stetig,* $\phi : C(G) \to C(G)$ *definiert durch*

$$(\phi x)(s) := \varphi(s, x(s)) \quad (s \in G). \tag{10.6}$$

Dann ist ϕ *stetig und beschränkt (d.h.: bildet beschränkte Mengen auf beschränkte Mengen ab).*

Beweis. folgt ähnlich zum Beweis von Satz 10.2 aus der gleichmäßigen Stetigkeit von φ auf $G \times [-r, r]$ für jedes $r > 0$.

$\square$

Satz 10.4 *Sei* $\varphi : G \times \mathbb{R} \to \mathbb{R}$ *stetig,* k *eine auf* $G \times G$ *oder* $G \times G \backslash \{(s,s)/s \in G\}$ *definierte reellwertige Funktion so, daß der durch* k *erzeugte lineare Integraloperator gemäß (2.3) kompakt von* $C(G)$ *in sich ist. Dann ist der "Hammersteinoperator"* $K : C(G) \to C(G)$ *definiert durch*

$$(Kx)(s) := \int_G k(s,t)\varphi(t, x(t))dt \quad (s \in G) \tag{10.7}$$

kompakt.

Beweis. Ist L der von k erzeugte lineare Integraloperator, ϕ wie in Lemma 10.3, so gilt $K = L \circ \phi$. Da L kompakt, ϕ stetig und beschränkt ist, folgt die Behauptung.

$\square$

Bemerkung 10.5 Damit sind nach Satz 2.10 und Satz 2.13 insbesondere Hammersteinoperatoren mit stetigem oder schwach singulärem Kern k kompakt. Man kann natürlich auch Bedingungen für die Kompaktheit der Integraloperatoren aus (10.4) und (10.7) in L^p–Räumen angeben. In [48] findet man etwa folgendes Resultat:

Es habe $k : G \times G \times \mathbb{R} \to \mathbb{R}$ *folgende Eigenschaften:*

- *Für alle* $(s,t) \in G \times G$ *ist* $k(s,t,.)$ *stetig.*

- *Es existieren* $a, b, c > 0$ *und* $r \in L^{a+1}(G \times G)$ *so, daß für alle* $(s,t,u) \in G \times G \times \mathbb{R}$ *gilt:* $|k(s,t,u)| \le r(s,t) \cdot (c + b \cdot |u|^a)$. *Dann bildet der durch* k *nach (10.4) definierte Integraloperator den Raum* $L^{a+1}(G)$ *in sich ab und ist kompakt.*

Für einen Hammersteinoperator kann man das Problem der Kompaktheit wie im Beweis zu Satz 10.4 lösen. Ist k so, daß der erzeugte lineare Integraloperator kompakt auf $L^p(G)$ ist, so genügt für die Kompaktheit des Hammersteinoperators, daß der "Nemytskii–Operator" ϕ gemäß (10.6) stetig und beschränkt auf $L^p(G)$ ist. Aus den (viel allgemeineren) Ergebnissen in [48] folgt, daß das sicher der Fall ist, falls mit $b > 0, a \in L^p(G)$ für alle $(t, u) \in G \times \mathbb{R}$ gilt: $|\varphi(t, u)| \le a(t) + b \cdot |u|$. Erfüllt also φ diese Bedingung mit $a \in L^2(G)$ und ist $k \in L^2(G \times G)$, so ist der Hammersteinoperator (10.7) kompakt auf $L^2(G)$. Die Gleichungen (10.1) bzw. (10.2) kann man also unter den diskutierten Kompaktheitsbedingungen als Gleichung der Gestalt

$$x - Kx = f \qquad (10.8)$$

auf einem Banachraum X mit einem nichtlinearen kompakten Operator K schreiben; da dann auch der Operator $x \to Kx - f$ für festes f kompakt ist, können wir o.B.d.A. die Fixpunktgleichung

$$x = Kx \qquad (10.9)$$

mit kompaktem nichtlinearem K als abstrakte Version von (10.1) bzw. (10.2) betrachten. Ist $L \in L(X)$, so enthält das unten ebenfalls betrachtete Problem

$$Lx = Kx \qquad (10.10)$$

(10.9) als Spezialfall.
Die Lösbarkeit von (10.9) bzw. (10.10) wird nun häufig über den "Abbildungsgrad" ("Leray–Schauder–Grad") bewiesen, dessen Existenz und wichtige Eigenschaften wir ohne Beweis angeben, da dieser Beweis sehr aufwendig wäre; wir verwenden folgende Bezeichnung: Für Banachräume X, Y und $D \subseteq X$ sei

$$\begin{aligned} \mathcal{K}(D, Y) &:= \{K : D \to Y/K \text{ kompakt}\}, \qquad (10.11) \\ \mathcal{K}(D) &:= \mathcal{K}(D, X). \end{aligned}$$

Satz 10.6 *Sei X ein reeller Banachraum. Für jedes offene beschränkte $D \subseteq X$, $K \in \mathcal{K}(\overline{D})$, $f \in X \setminus (I - K)(\partial D)$ existiert eine ganze Zahl $d(I - K, D, f)$, genannt der "(Leray-Schauder-)Grad" so, daß die so definierte Funktion d folgende Eigenschaften hat:*

a) Ist $f \in D$, so ist $d(I, D, f) = 1$; ist $f \notin \overline{D}$, so ist $d(I, D, f) = 0$.

b) Sind $D_1, \ldots, D_n$ offen, beschränkt und paarweise disjunkt $\cup_{i=1}^n D_i \subseteq D$, $\overline{D} = \cup_{i=1}^n \overline{D}_i$ und ist $K \in \mathcal{K}(\overline{D})$ und $f \notin \cup_{i=1}^n (I - K)(\partial D_i)$, so ist $d(I - K, D, f) = \sum_{i=1}^n d(I - K, D_i, f).$

c) *Ist* $H \in \mathcal{K}([0,1] \times \overline{D}, X)$, $f \in X \setminus \cup_{s \in [0,1]}(I - H(s,.))(\partial D)$, $D \subseteq X$ *offen und beschränkt, so ist*

$$d(I - H(0,.), D, f) = d(I - H(1,.), D, f).$$

d) *Ist* $d(I - K, D, f) \neq 0$, *so existiert ein* $x \in D$ *mit* $(I - K)x = f$.

e) *Sei* $r > 0$ *der Abstand von* f *von der abgeschlossenen Menge (vgl. [14],S. 55)* $(I - K)(\partial D)$, $g \in X$ *mit* $\|g - f\| < r$. *Dann ist* $d(I - K, D, f) = d(I - K, D, g)$.

Beweis. etwa [14], [15]

Bemerkung 10.7 Der Grad von $I - K$ bzgl. D und f ist also eine wohldefinierte ganze Zahl, falls die Gleichung $(I - K)x = f$ keine Lösung auf ∂D hat. Im einfachsten Fall $K = 0$ ist der Grad einfach die Anzahl der Lösungen in D (die hier nur 0 oder 1 sein kann; Satz 10.6 a)). Der Grad ist additiv bzgl. der betrachteten Menge (Satz 10.6 b)). Der Grad ist homotopie–invariant, wenn die Homotopie H kompakt (als Funktion beider Variablen) ist und während dieser Homotopie niemals die Gleichung $x - H(t,x) = f$ eine Lösung auf ∂D besitzt (Satz 10.6 c)). Ist der Abbildungsgrad ungleich 0, so existiert in D eine Lösung von $(I - K)x = f$ (aber nicht umgekehrt, siehe unten!).
Wie wir sehen werden, werden diese Eigenschaften in folgender Weise zu Existenzbeweisen herangezogen: Man verbindet $I - K$ mittels einer Homotopie, die die Voraussetzungen von Satz 10.6 c) erfüllt, mit einer Abbildung (etwa I), für die man direkt nachweisen kann, daß der Grad ungleich 0 ist. Nach Satz 10.6 d) ist dann $(I - K)x = f$ in D lösbar.
Kurz einige Bemerkungen zur Konstruktion des Abbildungsgrades:
Im ersten Schritt definiert man den Abbildungsgrad auf endlichdimensionalen Räumen für stetige Funktionen ("Brouwer–Grad"), und zwar wie folgt:
Sei $D \subseteq \mathbb{R}^n$ offen und beschränkt, $x : \overline{D} \to \mathbb{R}^n$ stetig differenzierbar (genauer: auf einer offenen Obermenge von $\overline{D}$), $f \notin x(\partial D)$; jeder Punkt $t \in x^{-1}(\{f\})$ sei regulär (d.h.: $\det(x'(t)) \neq 0$). Dann ist $x^{-1}(\{f\})$ endlich, und man definiert den Grad

$$d(x, D, f) := \sum_{t \in x^{-1}(\{f\})} \text{sgn}(\det(x'(t))).$$

In diesem einfachen Fall ist also der Grad die "Anzahl" der Lösungen von $x(t) = f$ in D, wobei jede Lösung positiv (negativ) gezählt wird, falls $\det(x'(t)) > 0 \ (< 0)$ ist.
Man könnte meinen, daß es sinnvoller wäre, den Grad in diesem Fall einfach als Anzahl der Lösungen zu definieren. Das ist aber nicht so: Sei $D = \,]-1,1[$, $h : [0,1] \times D \to \mathbb{R}$ definiert durch $h(s,t) := t^2 + s - \frac{1}{2}$. Dann ist h stetig, für $t \in \partial D$ und $s \in [0,1]$ ist stets $h(s,t) \neq 0$. Damit sollte (wenn später eine Chance auf den Beweis von Satz 10.6 c) bestehen soll) $d(h(0,.), D, 0) = d(h(1,.), D, 0)$

gelten; die Anzahl der Nullstellen von $h(0,.)$ bzw. $h(1,.)$ in D ist aber 2 bzw. 0, also verschieden. Mit der "richtigen" Definition ergibt sich 0 als Wert beider Grade, woraus man auch sieht, daß die Umkehrung von Satz 10.6 d) nicht gilt! Mit anderen Worten: Auch wenn der entsprechende Grad 0 ist, kann eine Gleichung lösbar sein.

Nun werden die Voraussetzungen für die Definition des Grades schrittweise abgeschwächt. Zunächst verwendet man folgende Aussage ("Lemma von Sard"): Ist $x : D \to \mathbb{R}^n$ stetig differenzierbar, so hat die Menge $x(\{t \in D / \det(x'(t)) = 0\})$ n–dimensionales Lebesguemaß 0.

Damit und mit mühsamen Abschätzungen kann man nun zeigen: Ist x wie oben, $f \notin x(\partial D)$, so existiert eine Folge $(f_k) \to f$ so, daß für alle $k \in \mathbb{N}$ gilt: $f_k \notin x(\partial D)$ und $x^{-1}(\{f_k\})$ enthält nur reguläre Punkte. Ferner existiert $d(x, D, f) := \lim_{k \to \infty} d(x, D, f_k)$ und ist unabhängig von der speziellen Folge (f_k).

Im letzten (endlichdimensionalen) Schritt zeigt man: Sei $x : \overline{D} \to \mathbb{R}^n$ stetig, $f \notin x(\partial D)$, (x_k) eine Folge von (auf einer offenen Obermenge von $\overline{D}$) stetig differenzierbaren Funktionen, die auf $\overline{D}$ gleichmäßig gegen x konvergiert und für die $f \notin x_k(\partial D)$ gilt (so eine Folge existiert nach dem Approximationssatz von Weierstraß). Dann existiert $d(x, D, f) := \lim_{k \to \infty} d(x_k, D, f)$ und ist unabhängig von der speziellen Wahl von (x_k).

Damit ist der "Brouwer–Grad" für stetige Funktionen auf $\mathbb{R}^n$ definiert. Er hat analoge Eigenschaften zu Satz 10.6 und kann (wie der Leray–Schauder–Grad zum Beweis des Fixpunktsatzes von Schauder, siehe unten) etwa zum Beweis des Fixpunktsatzes von Brouwer herangezogen werden.

Identifiziert man $\mathbb{R}^2$ mit $\mathbb{C}$ und ist $D := \{z \in \mathbb{C} / |z| < 1\}$ mit positiv orientierter Randkurve S, $x : \overline{D} \to \mathbb{R}^2$ stetig, $f \notin x(S)$, so ist übrigens $d(x, D, f)$ gerade die Windungszahl der Kurve $x(S)$ um den Punkt f. Beim Übergang ins Unendlichdimensionale geht man nun wie folgt vor:

Man zeigt, daß man K gleichmäßig durch kompakte Abbildungen K_n mit Wertebereich in einem n–dimensionalen Unterraum X_n beliebig genau approximieren kann und für hinreichend große n sich $d((I - K_n)\big|_{\overline{D} \cap X_n}, \overline{D} \cap X_n, f)$ nicht mehr ändert, wobei für alle n $f \notin (I - K)(\partial D \cap X_n)$ ist; diese Zahl ist dann zur Definition von $d(I - K, D, f)$ geeignet.

Man kann zeigen, daß durch die Forderungen von Satz 10.6 der Abbildungsgrad eindeutig festgelegt ist. Der Abbildungsgrad kann unter Erhaltung seiner Eigenschaften auf größere Klassen von Operatoren übertragen werden, nicht aber auf alle stetigen Operatoren, da man sonst analog zum Schauderschen Fixpunktsatz (siehe unten) zeigen könnte, daß jede stetige Selbstabbildung der Einheitskugel eines Banachraumes einen Fixpunkt besitzt, was nicht stimmt.

Wir werden nun den Schauderschen Fixpunktsatz aus einer allgemeinen Aussage über die Lösbarkeit von (10.10) herleiten. Eine etwas allgemeinere Version des folgenden Resultats und eine Anwendung auf das Problem der Existenz einer periodischen Lösung einer nichtlinearen Differentialgleichung finden sich in [6].

Satz 10.8 *Sei X ein reeller Banachraum, $L : D(L) \to X$ ein dicht definierter linearer Operator mit abgeschlossenem Graphen, $K : X \to X$ stetig und beschränkt. Es gelte:*

$$\dim N(L) < \infty \tag{10.12}$$

$$R(L) \text{ ist abgeschlossen}, \quad X = N(L) \oplus R(L). \tag{10.13}$$

Sei $P : X \to N(L)$ der durch die Aufspaltung (10.13) definierte Projektor, $H := (L\big|_{D(L) \cap R(L)})^{-1} : R(L) \to D(L) \cap R(L)$. Ferner möge gelten:

$$H(I - P)K \text{ sei kompakt}. \tag{10.14}$$

Seien $R, r > 0$ so, daß folgendes gilt (wobei wir für $x \in X$ mit $x_0 := Px$, mit $x_1 := (I - P)x$ bezeichnen):

$$\|Kx\| \leq \frac{r}{\|H(I - P)\|} \quad \text{für} \quad \|x_0\| \leq R, \ \|x_1\| = r. \tag{10.15}$$

$$\|PKx\|^2 \geq \|x_0 - PKx\|^2 - R^2 \quad \text{für} \quad \|x_0\| = R, \ \|x_1\| \leq r. \tag{10.16}$$

Dann existiert mindestens ein $\bar{x} \in X$ mit $\|P\bar{x}\| \leq R, \|(I - P)\bar{x}\| \leq r$ so, daß

$$L\bar{x} = K\bar{x} \tag{10.17}$$

gilt.

Beweis. Wir gehen von (10.10) aus und wenden darauf $(I - P)$ bzw. P an. Dann folgt $(I - P)Lx = (I - P)Kx$ und $0 = PKx$. Da $(I - P)L = L$ gilt und $(I - P)Kx \in R(L)$ ist (nach Definition von P), kann man auf die erste Gleichung H anwenden und erhält (da $Lx = L(x - Px)$ gilt) $x = Px + H(I - P)Kx$. Aus (10.10) folgt also das System

$$\begin{aligned} x &= Px + H(I - P)Kx \\ PKx &= 0 \end{aligned} \tag{10.18}$$

Wendet man umgekehrt auf die erste Gleichung von (10.18) L an, so erhält man:

$$Lx = LPx + LH(I - P)Kx = 0 + (I - P)Kx = Kx,$$

also (10.10). Damit sind (10.10) und (10.18) äquivalent. Aus (10.18) folgt sofort:

$$x = Px + H(I - P)Kx - PKx, \tag{10.19}$$

durch Anwenden von $(I - P)$ und P auf (10.19) folgt wieder (10.18). Also ist auch (10.19) zu (10.18) äquivalent.
Die Existenz einer Lösung von (10.19) weisen wir nun mittels Satz 10.6 nach. Dazu sei für $x \in \overline{D} := \{z \in X/\|Pz\| \leq R, \|(I - P)z\| \leq r\}$ und $s \in [0, 1]$

$$M(s, x) := s \cdot (Px + H(I - P)Kx - PKx). \tag{10.20}$$

P ist als endlichdimensionaler beschränkter linearer Operator, PK zusätzlich wegen der Stetigkeit und Beschränktheit von K, $H(I - P)K$ wegen (10.14) kompakt. Daraus folgt die Kompaktheit von M (bzgl. beider Variablen!). Annahme: Es existiert ein $s \in [0, 1[$ und ein $z \in \partial D$ so, daß

$$z = M(s, z) \tag{10.21}$$

gilt. Natürlich ist dann $s \neq 0$. Wir unterscheiden 2 Fälle:

a) $\|Pz\| \leq R, \|(I - P)z\| = r$. Aus (10.21) folgt dann:

$$0 = (I - P)(z - M(s, z)) = (I - P)z - sH(I - P)Kz.$$

Also ist

$$\begin{aligned}
r &= \|(I - P)z\| \\
&= s \cdot \|H(I - P)Kz\| \\
&\leq s\,\|H(I - P)\| \cdot \|Kz\| \leq sr.
\end{aligned}$$

Da $r > 0$ und $s < 1$ ist, ist das ein Widerspruch.

b) $\|Pz\| = R, \|(I - P)z\| \leq r$. Aus (10.21) folgt dann:

$$0 = P(z - M(s, z)) = Pz - sPz + sPKz = (1 - s)Pz + sPKz,$$

also

$$\|PKz\|^2 = \frac{(1 - s)^2}{s^2}\|Pz\|^2 = \frac{(1 - s)^2}{s^2}R^2.$$

Rechnet man andererseits aus obiger Gleichheit $P(z - Kz)$ aus, so folgt

$$\|P(z - Kz)\|^2 = \frac{1}{s^2}\|Pz\|^2 = \frac{R^2}{s^2}.$$

Zusammen folgt mit (10.16):

$$\frac{(1 - s)^2}{s^2}R^2 = \|PKz\|^2 \geq \|P(z - Kz)\|^2 - R^2 = \frac{R^2}{s^2} - R^2;$$

also $(1 - s)^2 \geq 1 - s^2$ und damit $s \cdot (s - 1) \geq 0$, Widerspruch!

Damit ist die Annahme falsch, es gilt somit, daß für alle $z \in \partial D$ und $s \in [0, 1]$ $z - M(s, z) \neq 0$ ist (wenn das für $s = 1$ nicht gilt, ist z bereits eine Lösung von (10.19) und damit von (10.10)).
Nach Satz 10.6 c) gilt damit

$$d(I - M(0, .), D, 0) = d(I - M(1, .), D, 0). \tag{10.22}$$

Da $0 \in D$ ist, folgt mit der Definition von M aus Satz 10.6 a), daß $d(I - M(0, .), D, 0) = 1$ ist. Damit ist auch $d(I - M(1, .), D, 0) = 1$, nach Definition von M also

$$d(I - P - H(I - P)K + PK, D, 0) = 1. \tag{10.23}$$

Aus (10.23) folgt zusammen mit Satz 10.6 d), daß (10.19) und damit (10.10) in D lösbar ist, woraus die Behauptung folgt.

$\square$

Bemerkung 10.9 Die Bedingungen von Satz 10.8 scheinen recht künstlich zu sein, sind es jedoch nicht, wie zumindest teilweise aus dem folgenden hervorgeht: Satz 10.8 enthält als Spezialfall viele wesentliche Existenzsätze für nichtlineare Gleichungen. Gleichungen der Art (10.10) bezeichnet man als "nonlinear alternative problems". Solche Probleme treten etwa bei dem Problem der Existenz periodischer Lösungen von Differentialgleichungen der Gestalt $x'(s) = f(x(s)) + q(s)$ $(s \in \mathbb{R})$ (siehe [6] für ein einfaches Beispiel, wo genau die Bedingungen von Satz 10.8 nachgeprüft werden) oder bei der Frage der Existenz von Lösungen von $\Delta u = f(u)$ unter Neumann–Randbedingungen auf. In beiden Fällen ist der lineare Operator auf der linken Seite singulär. Ferner treten solche Probleme bei Verzweigungsproblemen auf, wie wir am Ende dieses Kapitels sehen werden.
Sowohl für theoretische Überlegungen als auch zur numerischen Lösung solcher Probleme verwendet man die "Ljapunow–Schmidt–Methode", die in ihrer funktionalanalytischen Formulierung ("alternative method") auf L. Cesari zurückgeht und (in der speziellen Situation von Satz 10.8) in der Aufspaltung von (10.10) in das äquivalente System (10.18) besteht. Die erste Gleichung von (10.18) ("Hilfsgleichung") ist in Fixpunktform, die zweite Gleichung ("Bifurkationsgleichung") ist (vom Wertebereich gesehen) endlichdimensional. Numerische Methoden zur Lösung von (10.18) beruhen auf folgender Grundidee: man schreibt die Bifurkationsgleichung als $PK(x_0 + x_1) = 0$ (mit $x_0 \in N(L), x_1 \in R(L)$) und "löst" diese Gleichung mit einem geeigneten impliziten Funktionensatz nach x_0 auf: $x_0 = F(x_1)$. Setzt man in die Hilfsgleichung ein, so erhält man $x_1 = (I - P)x = H(I - P)K(x_0 + x_1) = H(I - P)K(x_1 + F(x_1))$. Diese Gleichung löst man in $R(L)$ mit einem Fixpunktverfahren. Bei Existenzbeweisen mittels Fixpunktsätzen ist meist der schwierigste Teil, eine beschränkte konvexe Menge zu finden, die durch den entsprechenden Operator in sich abgebildet wird. Bei Differentialgleichungen benötigt man dabei meist a–priori Schranken für Lösungen. Man beachte, daß in Satz 10.8 keine Bedingung, daß eine Menge in sich selbst abgebildet wird, nötig ist. Es wird nur etwas über das Verhalten der Nichtlinearität auf dem Rand des Bereiches, in dem eine Lösung gefunden werden soll, gefordert ((10.15), (10.16)). Ist X ein Hilbertraum, so ist Satz 10.8 etwa auf selbstadjungierte lineare Operatoren mit endlichdimensionalem Nullraum und abgeschlossenem Wertebereich anwendbar, also etwa auf die typischen Operatoren der Riesztheorie, aber auch auf viele Differentialoperatoren. Im Hilbertraum kann (10.16) in der Form $\langle PK(x_0 + x_1), x_0 \rangle \geq 0$ bzw., falls (etwa für selbstadjungiertes L) $N(L) = R(L)^\perp$ gilt,

$$\langle K(x_0 + x_1), x_0 \rangle \geq 0 \quad \text{für} \quad \|x_0\| = R, \|x_1\| \leq r \qquad (10.24)$$

geschrieben werden. Die Bedingung sagt etwas über die Richtung aus, in die das Vektorfeld K auf dem in (10.24) beschriebenen Teil des Randes der betrachteten

Menge zeigt. Da mit L auch $-L$ die Bedingungen von Satz 10.8 erfüllt, kann man K durch $-K$ ersetzen, sodaß man in (10.24) auch das Ungleichheitszeichen umdrehen kann.

Wir betrachten nun noch zur Illustration den linearen Fall ($Kx = f$ mit $f \in X$ fix) im Hilbertraum für selbstadjungiertes L. Dann hat (10.24) die Form

$$\langle f, x_0 \rangle \geq 0 \quad (x_0 \in N(L)), \tag{10.25}$$

also (da mit x_0 auch $-x_0$ in $N(L)$ ist)

$$\langle f, x_0 \rangle = 0 \quad (x_0 \in N(L)). \tag{10.26}$$

Da (10.26) genau die Bedingung der Fredholmschen Alternative für die Lösbarkeit von $Lx = f$ ist, ist (10.26) (also (10.16) in diesem Spezialfall) nicht nur hinreichend, sondern auch notwendig für die Existenz einer Lösung. In diesem Sinn ist die Bedingung (10.16) scharf. Dieser Zusammenhang mit der Fredholmalternative erklärt auch etwas die Bezeichnung "nonlinear alternative problem". Es sei noch ergänzt, daß unter den Voraussetzungen von Satz 10.8 die Lösung in der Menge $\{x/\|Px\| \leq R, \|(I - P)x\| \leq r\}$ eindeutig ist, falls keine Lösung am Rand existiert und für alle x im Inneren das "linearisierte Problem" nur die triviale Lösung besitzt, also $N(L - K'(x)) = \{0\}$ gilt (wobei K' die als existent vorausgesetzte Fréchetableitung von K ist). Den Beweis findet man in [6].

Nun sollen einige Folgerungen von Satz 10.8 angegeben werden:

Korollar 10.10 *(Fixpunktsatz von Rothe):*
Sei X reeller Banachraum, $K : X \to X$ kompakt, $r > 0$ so, daß

$$\|Kx\| \leq r \quad (\|x\| = r) \tag{10.27}$$

gilt. Dann hat die Fixpunktgleichung

$$x = Kx \tag{10.28}$$

eine Lösung $\bar{x}$ mit $\|\bar{x}\| \leq r$.

Beweis. folgt sofort aus Satz 10.8 mit $L = I$.

$\square$

Korollar 10.11 *(Schauderscher Fixpunktsatz):*
Sei X reeller Banachraum, $K : X \to X$ kompakt, $r > 0$ so, daß K die Menge $\{x \in X/\|x\| \leq r\}$ in sich abbildet. Dann hat (10.28) eine Lösung $\bar{x}$ mit $\|\bar{x}\| \leq r$.

Beweis. folgt sofort aus Korollar 10.10.

$\square$

Bemerkung 10.12 Zunächst sei bemerkt, daß in der Theorie des Abbildungs-grades die Vollständigkeit von X unnötig ist; damit kann in diesen beiden Sätzen "Banachraum" durch "normierter Raum" ersetzt werden.

Der Schaudersche Fixpunktsatz kann auf folgende Weise auf Operatoren, die auf konvexen Teilmengen definiert sind, übertragen werden:

Nach dem "Ausdehnungssatz von Tietze–Dugundji" (vgl. [15]) gilt: Sind X, Y normiert, $A \subseteq X$ abgeschlossen, $C \subseteq Y$ konvex, $f : A \to C$ stetig, dann existiert eine stetige Erweiterung von f, also ein stetiges $F : X \to C$ mit $F|_A = f$. Ist A zusätzlich beschränkt, f kompakt und Y vollständig, so existiert ein kompaktes F mit dieser Eigenschaft (vgl. [15], S.64).

Daraus folgt nun sofort: Ist X normiert, $C \subseteq X$ abgeschlossen und konvex, so existiert eine "stetige Retraktion" von X auf C, also ein stetiges $R_C : X \to C$ so, daß $R_C x = x$ für $x \in C$ gilt. Dazu braucht man nur den Fortsetzungssatz auf $f := \mathrm{id}_C$ anzuwenden.

Ist nun $C \subseteq X$ abgeschlossen, beschränkt und konvex, $K : C \to C$ stetig und so, daß $\overline{K(C)}$ kompakt ist, so hat K einen Fixpunkt ("Schauderscher Fixpunkt-satz"), wie man aus Korollar 10.11, angewandt auf die kompakte Abbildung $K \circ R_C : X \to C$ sieht.

Durch einen einfachen direkten Beweis mittels Abbildungsgrad beweist man fol-gende Version des Fixpunktsatzes nach Rothe: Ist X reeller normierter Raum, $C \subseteq X$ abgeschlossen, konvex, beschränkt, $K : C \to X$ stetig, $\overline{K(C)}$ kompakt und $K(\partial C) \subseteq C$, so besitzt K in C einen Fixpunkt.

Alle diese abstrakten Existenzresultate lassen sich natürlich zur Gewinnung von Existenzresultaten für Uryssohn– oder Hammerstein–Integralgleichungen verwenden:

Beispiel 10.13 Seien $k : G \times G \times \mathbb{R} \to \mathbb{R}$ stetig, $f : G \to \mathbb{R}$ stetig, $r > 0$, $m := \sup\{|f(t)|/t \in G\}$, $M := \sup\{|k(s,t,u)|/s, t \in G, |u| \leq r\}$. Dann besitzt die Gleichung

$$\lambda x(s) = \int_G k(s,t,x(t))dt + f(s) \quad (s \in G) \tag{10.29}$$

für $|\lambda| \geq \frac{M \cdot |G| + m}{r}$ eine stetige Lösung x mit $\sup\{|x(s)|/s \in G\} \leq r$. Das sieht man wie folgt: (10.29) ist äquivalent zu $x = \frac{1}{\lambda}(Kx + f)$ mit K nach (10.4); nach Satz 10.2 definiert die rechte Seite einen kompakten Operator auf $C(G)$. Ist $x \in C(G)$ mit $\|x\|_{C(G)} \leq r$, so ist

$$\left\|\frac{1}{\lambda}(Kx + f)\right\| \leq \frac{1}{|\lambda|} \cdot (M \cdot |G| + m) \leq r.$$

Also bildet $x \to \frac{1}{\lambda}(Kx + f)$ die Kugel mit Radius r in sich ab; damit folgt die Existenz eines Fixpunktes und damit einer Lösung von (10.29) aus Korollar 10.11.

Wir haben in Bemerkung 10.9 eine nichtlineare Version der Fredholmalter-native (im Zusammenhang mit (10.16)) diskutiert. Nun soll eine nichtlineare

Version des Hauptergebnisses der Riesztheorie ("Eindeutigkeit $\Rightarrow$ Existenz") angegeben werden. Dazu benötigen wir einen der zentralen Sätze der Gradtheorie:

Satz 10.14 *(Borsuk):*
Sei X normiert über $\mathbb{R}$, $D \subseteq X$ offen, beschränkt und symmetrisch bzgl. 0 (d.h.: $x \in D \Rightarrow -x \in D$), $0 \in D$, $K : \overline{D} \to X$ kompakt und ungerade (d.h.: $K(-x) = -K(x)$). Dann ist $d(I - K, D, 0)$ ungerade, falls er definiert ist.

Beweis. [14], [15]

Eine Abbildung $f : A \to B$ heißt "lokal injektiv", wenn für alle Punkte $a \in A$ eine Umgebung $U(a)$ existiert so, daß $f|_{U(a)}$ injektiv ist.

Satz 10.15 *Sei X normiert über $\mathbb{R}$, $K : X \to X$ kompakt, $I - K$ lokal injektiv. Dann ist $I - K$ offen. Gilt zusätzlich*

$$\lim_{\|x\| \to \infty} \|(I - K)x\| = +\infty, \tag{10.30}$$

dann ist $I - K$ surjektiv.

Beweis. Wir zeigen zunächst, daß $I - K$ offen ist, also jede offene Menge auf eine offene Menge abbildet. Sei $T := I - K$, D offen, $x_0 \in D$, $r > 0$ so, daß $\overline{B_r(x_0)} := \{x \in X / \|x - x_0\| \leq r\} \subseteq \overline{D}$ und $T|_{\overline{B_r(x_0)}}$ injektiv ist. Es genügt, zu zeigen, daß ein $s > 0$ mit $B_s(T(x_0)) \subseteq T(\overline{B_r(x_0)})$ existiert.
Durch Übergang zu $D - x_0$ und $\tilde{T}(x) := T(x + x_0) - T(x_0)$ können wir o.B.d.A. annehmen, daß $x_0 = 0$ und $T(0) = 0$ gilt. Es sei für $t \in [0,1]$, $x \in \overline{B_r(0)}$

$$\left.\begin{array}{rcl} H(t,x) & := & K\left(\frac{x}{1+t}\right) - K\left(\frac{-tx}{1+t}\right), \\ G(t,x) & := & I - H(t,x). \end{array}\right\} \tag{10.31}$$

H ist kompakt, es gilt $G(t,x) = T\left(\frac{x}{1+t}\right) - T\left(\frac{-tx}{1+t}\right)$. Also ist $G(0,.) = T$. Da $H(1,x) = K\left(\frac{x}{2}\right) - K\left(-\frac{x}{2}\right)$ gilt, ist $H(1,.)$ ungerade. Damit ist nach Satz 10.14 $d(G(1,.), B_r(0), 0)$ ungerade, insbesondere ist

$$d(G(1,.), B_r(0), 0) \neq 0. \tag{10.32}$$

Annahme: Für ein $(t,x) \in [0,1] \times \partial B_r(0)$ ist $G(t,x) = 0$. Für dieses (t,x) gilt dann: $T\left(\frac{x}{1+t}\right) = T\left(\frac{-tx}{1+t}\right)$. Da beide Argumente in $\overline{B_r(0)}$ liegen und r so gewählt war, daß dort T injektiv ist, folgt $\frac{x}{1+t} = \frac{-tx}{1+t}$, also $x = 0$, Widerspruch!
Damit ist Satz 10.6 c) anwendbar und liefert

$$d(T, B_r(0), 0) = d(G(0,.), B_r(0), 0) = d(G(1,.), B_r(0), 0)$$

zusammen mit (10.32) also

$$d(T, B_r(0), 0) \neq 0. \tag{10.33}$$

Nun ist (vgl. [14], S.55) $s := d(0, T(\partial B_r(0))) > 0$. Ist nun $y \in X$ mit $\|y\| < s$, so folgt aus Satz 10.6 e) und (10.33), daß

$$d(T, B_r(0), y) \neq 0 \tag{10.34}$$

gilt. Damit ist nach Satz 10.6 d) die Gleichung $Tx = y$ in $B_r(0)$ für alle $y \in B_s(0)$ lösbar, also ist $B_s(0) \subseteq T(B_r(0))$. Damit ist gezeigt, daß T offen ist. Insbesondere ist $R(T) = T(X)$ offen.

Es gelte nun zusätzlich (10.30). Sei $y \in \overline{R(T)}, (x_n)$ eine Folge in X mit $(Tx_n) \to y$. Wegen (10.30) muß (x_n) beschränkt sein. Damit besitzt, da K kompakt ist, (Kx_n) eine konvergente Teilfolge (Kx_{n_k}); wegen $x_{n_k} = Kx_{n_k} + Tx_{n_k}$ und der Konvergenz von (Tx_{n_k}) ist auch (x_{n_k}) konvergent; sei $x := \lim_{k \to \infty} x_{n_k}$. Da T stetig ist, folgt $Tx = y$, also $y \in R(T)$. Damit ist $R(T)$ abgeschlossen. Da $R(T)$ auch offen ist, folgt $R(T) = X$, also die Surjektivität von $T = I - K$.

$\square$

Bemerkung 10.16 Ist also lokal die Lösung von $(I - K)x = y$ stets eindeutig, so folgt unter der Zusatzvoraussetzung (10.30) die Existenz einer Lösung für alle rechten Seiten; das ist die gewünschte Analogie zur Riesztheorie. Die lokale Injektivität bei x kann man aus der Regularität von $I - K'(x)$ mit einer unendlichdimensionalen Version des Hauptsatzes über inverse Funktionen beweisen.

Bemerkung 10.17 Mit Gradargumenten kann man Existenzaussagen für lineare Gleichungen auch auf andere Weise auf nichtlineare Gleichungen übertragen; so gilt etwa: Ist $K : X \to X$ kompakt und asymptotisch linear mit Asymptote $L \in L(X)$ (d.h.: $\lim_{\|x\| \to \infty} \frac{\|Kx - Lx\|}{\|x\|} = 0$) und ist $1 \notin \sigma(L)$, so ist $I - K$ surjektiv. Diese Aussage kann noch wesentlich erweitert werden (vgl. [14], S66f.).

Wir diskutieren nun einige Anwendungen der Theorie des Abbildungsgrades auf nichtlineare Eigenwertprobleme und Verzweigungsprobleme. Für eine nichtlineare Abbildung $f : D \subseteq X \to X$ heißt in Analogie zum linearen Fall λ "Eigenwert", falls ein "Eigenvektor" $x \in D \backslash \{0\}$ mit $f(x) = \lambda x$ existiert.

Zunächst eine Aussage über die Existenz von Eigenwerten nichtlinearer Abbildungen zwischen endlichdimensionalen Räumen:

Satz 10.18 *Sei n ungerade, $D \subseteq \mathbb{R}^n$ offen, beschränkt, $0 \in D$, $f : \partial D \to \mathbb{R}^n \backslash \{0\}$ stetig. Dann existieren $\lambda \neq 0$, $x \in \partial D$ mit $f(x) = \lambda x$.*

Beweis. Sei $F : \overline{D} \to \mathbb{R}^n$ eine nach dem Satz von Tietze–Dugundji existierende stetige Erweiterung von f. Wegen $0 \notin F(\partial D) = f(\partial D)$ ist $d(F, D, 0)$ definiert.

a) Annahme: $d(F, D, 0) \neq -1$

$$h : \overline{D} \times [0, 1] \;\to\; \mathbb{R}^n$$
$$(x, t) \;\to\; (1 - t)F(x) - tx$$

ist stetig und $d(h(\cdot, 1), D, 0) = -1$. Wegen $0 \notin F(\partial D) \cup I(\partial D)$ und Satz 10.6 d) existieren $t \in \,]0, 1[$ und $x \in \partial D$ mit $h(x, t) = 0$, also $f(x) = \frac{t}{1-t}x$; mit $\lambda := \frac{t}{1-t}$ folgt die Behauptung.

b) Annahme: $d(F, D, 0) = -1$

$$h : \overline{D} \times [0, 1] \;\to\; \mathbb{R}^n$$
$$(x, t) \;\to\; (1 - t)F(x) + tx$$

ist stetig und $d(h(\cdot, 1), D, 0) = 1 \neq -1$. Analog zur Annahme a) zeigt man die Existenz von $t \in \,]0, 1[$ und $x \in \partial D$ mit $h(x, t) = 0$, also: $f(x) = \lambda x$ mit $\lambda := \frac{t}{t-1}$.

$$\square$$

Bemerkung 10.19 Die Tatsache "n ungerade" ist im Schritt 1 des letzten Beweises in der Form

$$d(h(\cdot, 1), D, 0) = d(-I, D, 0) = \text{sgn} \ \det \begin{pmatrix} -1 & & 0 \\ & \ddots & \\ 0 & & -1 \end{pmatrix} = (-1)^n = -1$$

eingegangen. Für "n gerade" ist der Satz falsch, wie man für die Einheitskugel (die wir im folgenden stets mit E bezeichnen) und folgendes f zeigen kann: Sei $\{x_1, \ldots, x_n\}$ Orthonormalbasis des $\mathbb{R}^n$ und A linear mit $A(x_i) := x_{i+1}$ und $A(x_{i+1}) := -x_i$ für $i \in \{1, 3, \ldots, n-1\}$,

$$f : \partial E \;\to\; \partial E$$
$$x \;\to\; \frac{A(x)}{\|A(x)\|}.$$

Es ist für alle $x \in \partial E \ f(x) \neq 0$, aber für alle $x \in \partial E \ \langle f(x), x \rangle = 0$. f ist also ein stetiges nichtverschwindendes Tangentialvektorfeld. Satz 10.18 zeigt, daß es ein stetiges nichtverschwindendes Tangentialvektorfeld in $\mathbb{R}^{\text{ungerade}}$ **nicht** gibt, man also einen "ungeraddimensionalen Igel" nicht stetig kämmen kann ("Igelsatz").

Von Interesse ist noch folgende Verallgemeinerung des Satzes von Borsuk:

Satz 10.20 *(Antipodensatz). Sei D wie in Satz 10.14, $f : \overline{D} \to \mathbb{R}^n$ stetig, $0 \notin f(\partial D)$; für alle $x \in \partial D$ gelte $\frac{f(x)}{\|f(x)\|} \neq \frac{f(-x)}{\|f(-x)\|}$. Dann ist $d(f, D, 0)$ ungerade.*

Beweis. $h : \overline{D} \times [0, 1] \to \mathbb{R}^n$, $(x, t) \to f(x) - t \cdot f(-x)$ ist stetig.

Annahme: Es existieren $t \in]0,1]$ und $x_0 \in \partial D$ mit $h(x_0, t) = 0$, also: $f(x_0) = tf(-x_0)$ und damit $\frac{f(x_0)}{\|f(x_0)\|} = \frac{tf(-x_0)}{\|tf(-x_0)\|}$; dies ist ein Widerspruch zur Voraussetzung.

Für $t = 0$ ist $0 \notin h(\partial D, 0) = f(\partial D)$. Nach Satz 10.6 c) ist also

$$d(f, D, 0) = d(f - f \circ (-I), D, 0)$$

ungerade (Satz 10.14).

$\square$

Satz 10.20 sagt insbesondere aus, daß unter seinen Voraussetzung $f|_{\partial D}$ keine stetige Fortsetzung F auf $\overline{D}$ mit $0 \notin F(\overline{D})$ hat (da ja $d(F, D, 0) \neq 0$ ist). Für $n = 1$ reduziert sich Satz 10.20 auf den Zwischenwertsatz.

Nun (mit einem grundsätzlich anderen Beweis) eine Aussage über die Existenz von Eigenwerten nichtlinearer Abbildungen zwischen unendlichdimensionalen Räumen:

Satz 10.21 *Sei X ein reeller, unendlichdimensionaler Banachraum, $D \subseteq X$ offen, beschränkt, $0 \in D$, $f_0 \in \mathcal{K}(\partial D)$ mit $\inf\limits_{x \in \partial D} \| f_0(x) \| > 0$. Dann hat f_0 mindestens einen positiven und einen negativen Eigenwert.*

Beweis. Da $d(0, f_0(\partial D)) > 0$, ist

$$
\begin{aligned}
f : \partial D &\to \partial E \\
x &\to \frac{-f_0(x)}{\|f_0(x)\|}
\end{aligned}
$$

kompakt. Sei F eine nach dem Satz von Tietze–Dugundji existierende (X ist Banachraum!) kompakte Erweiterung von f auf D. $\overline{F(\partial D)} \subseteq \partial E$ ist kompakt, ∂E ist nicht kompakt; also existieren $y_0 \in \partial E$ und $\epsilon > 0$ mit $\overline{F(\partial D)} \cap U_\epsilon(y_0) = \emptyset$ (da ja $\partial E \backslash \overline{F(\partial D)}$ relativ offen und nichtleer ist). Sei $c > 0$ so, daß für alle $x \in D$ $\| x \| < c$ ist,

$$
\begin{aligned}
G : \mathbb{R}^+ \times \overline{D} &\to X \\
(\lambda, x) &\to x + \lambda F(x).
\end{aligned}
$$

Sei $\lambda_0 > \frac{2c}{\epsilon}$. Wir nehmen an, es gebe $\mu \geq 0$ und $x \in \partial D$ mit $\mu y_0 = x + \lambda_0 \cdot F(x)$. Dann folgt:

$$
\begin{aligned}
c > \| x \| = \| \mu y_0 - \lambda_0 F(x) \| &\geq \left| \mu \underbrace{\| y_0 \|}_{=1} - \lambda_0 \underbrace{\| F(x) \|}_{=1} \right| = \\
= |\mu - \lambda_0| = \| (\mu - \lambda_0) y_0 \| &= \| x + \lambda_0 (F(x) - y_0) \| \\
&\geq \lambda_0 \| F(x) - y_0 \| - \| x \| \geq \lambda_0 \epsilon - c > c.
\end{aligned}
$$

Dies ist ein Widerspruch. Also gilt für $\lambda_0 > \frac{2c}{\epsilon}$:

$$G(\lambda_0, \partial D) \cap \{\mu y_0 | \mu \geq 0\} = \emptyset. \tag{10.35}$$

Wir wählen $\mu_0 > \lambda_0 + c$. Es gilt: $\mu_0 y_0 \notin \overline{D}$ und für alle $t \in [0,1], x \in \partial D$ ist

$$\| x + t\lambda_0 F(x) \| \leq \| x \| + \lambda_0 \underbrace{\| F(x) \|}_{=1} \leq c + \lambda_0 < \mu_0. \tag{10.36}$$

Sei $H : [0,1] \times \overline{D} \to X, (t,x) \to x + t\lambda_0 F(x)$.
Annahme:
$$0 \notin H([0,1], \partial D);$$

sei

$$H^* : [0,1] \times \overline{D} \quad \to \quad X$$
$$(t,x) \quad \to \quad \begin{cases} H(3t, x) & 0 \leq t \leq \frac{1}{3} \\ H(1, x) - (3t-1)\mu_0 y_0 & \frac{1}{3} \leq t \leq \frac{2}{3} \\ H(3-3t, x) - \mu_0 y_0 & \text{sonst.} \end{cases}$$

H^* ist eine kompakte Homotopie mit $0 \notin H^*([0,1], \partial D)$ im Sinne von Satz 10.6 c). Also gilt nach Satz 10.6 c) und wegen (10.35) und (10.36):

$$1 = d(I, D, 0) = d(H^*(0, \cdot), D, 0) = d(H^*(1, \cdot), D, 0) =$$
$$= d(I - \mu_0 y_0, D, 0) = d(I, D, \mu_0 y_0) = 0,$$

da $\mu_0 y_0 \notin \overline{D}$, Widerspruch.

Da $0 \notin H(\{0\}, \partial D)$, existieren $t_0 \in\,]0,1]$ und $x_0 \in \partial D$ mit $H(t_0, x_0) = 0$, also $x_0 + t_0 \lambda_0 F(x_0) = 0$, also $f_0(x_0) = \frac{\|f_0(x_0)\|}{t_0 \lambda_0} x_0$; da $t_0 \lambda_0 > 0$ ist, ist damit $\frac{\|f_0(x_0)\|}{t_0 \lambda_0}$ positiver Eigenwert.

Betrachtet man $-f_0$ statt f_0, so erhält man für $-f_0$ die Existenz eines positiven Eigenwerts und damit für f_0 die Existenz eines negativen Eigenwerts.

$\square$

Beispiel 10.22 Wir zeigen, daß die nichtlineare Fredholmsche Integralgleichung

$$x(t) = \lambda \int_0^1 (t^2 + s^2)(x(s))^2 ds \quad (t \in [0,1])$$

für mindestens je einen positiven und negativen Wert λ eine stetige Lösung $x \in C[0,1]$ mit $\| x \|_2 = 1$ hat.
Sei $X := L^2[0,1], \quad f_0 : \overline{E} \quad \to \quad X$
$$x \quad \to \quad (t \to \int_0^1 (t^2 + s^2)(x(s))^2 ds).$$

Für alle $x \in \partial E$, $t \in [0,1]$ ist $(f_0(x))(t) \geq \int_0^1 t^2(x(s))^2 ds = t^2$, also

$$\| f_0(x) \|_2 \geq \sqrt{\int_0^1 t^4 \, dt} = \frac{1}{\sqrt{5}}$$

und damit $\inf\limits_{x \in \partial E} \| f_0(x) \|_2 > 0$.

$f_0(x)$ hat die Form $c_1(x)t^2 + c_2(x)$, also ist $f_0(\overline{E}) \subseteq C[0,1]$. Nach Satz 10.2 ist $f_0 \in \mathcal{K}(\overline{D})$ und hat damit nach Satz 10.21 mindestens 2 Eigenwerte $\mu_1 < 0 < \mu_2$ mit Eigenvektoren $x_i \in \partial E$. Mit $\lambda_i := \frac{1}{\mu_i}$ gilt: $x_i(t) = \lambda_i \int_0^1 (t^2 + s^2)(x_i(s))^2 ds$ ($t \in [0,1]$), also auch $x_i \in C[0,1] \backslash \{0\}$.

Die Bedingung "dim $X = \infty$" haben wir im Beweis von Satz 10.21 wesentlich verwendet. Für dim $X < \infty$ ist der Satz i.a. falsch (vgl. Bemerkung 10.19). Die Voraussetzung $\inf\limits_{x \in \partial D} \| f_0(x) \| > 0$ ist so stark, daß sie lineare Operatoren ausschließt: Ist etwa $X := l^2$, $f_0 \in \mathcal{K}(X)$ linear, so ist $\inf\limits_{x \in \partial E} \| f_0(x) \| = 0$, wie man wie folgt sieht: Es gibt eine Folge (x_n) mit $\| x_n \| = 1$ und $\| x_n - x_m \| \geq 1$ für $n \neq m$ (z.B. $(x_n) = (e_n)$). Wäre $\inf\limits_{x \in \partial E} \| f_0(x) \| =: \alpha > 0$, so würde für $n \neq m$ gelten:

$$\| f_0(x_n) - f_0(x_m) \| \geq \left\| f_0 \left(\frac{x_n - x_m}{\| x_n - x_m \|} \right) \right\| \geq \alpha,$$

im Widerspruch zur Kompaktheit.

Satz 10.21 ist also ein "echt nichtlinearer und echt unendlichdimensionaler" Satz.

Zur Behandlung von Verzweigungsproblemen benötigen wir eine Aussage über den Zusammenhang zwischen $d(I - \lambda L, D, 0)$ für lineares L und dem Spektrum von L. Dazu benötigen wir noch folgende Aussagen über den Abbildungsgrad:

Satz 10.23 *Sei $X = X_1 \oplus X_2 \oplus \cdots \oplus X_n$ (im Sinn einer topologischen direkten Summe, also mit stetiger Projektion), $L_0 : X \to X$ linear und kompakt mit $L_0(X_i) \subseteq X_i$ ($1 \leq i \leq n$). $L := I - L_0$ sei bijektiv, also auch stetig invertierbar. Dann gilt*

$$d(L, E, 0) = \prod_{i=1}^n d(L|_{X_i}, E \cap X_i, 0), \tag{10.37}$$

wobei E die Einheitskugel ist.

Beweis. [15]

Satz 10.24 *Sei X normiert über $\mathbb{R}$, $L \in \mathcal{K}(X)$ linear, $\lambda \in \mathbb{R}\backslash\{0\}$, λ^{-1} kein Eigenwert von L; $D \subseteq X$ sei offen, beschränkt mit $0 \in D$; $\beta(\lambda)$ sei die Summe der algebraischen Vielfachheiten der Eigenwerte μ von L mit $\mu\lambda > 1$ (bzw. 0, falls kein solches μ existiert). Dann ist $\beta(\lambda) \in \mathbb{N}_0$ und $d(I - \lambda L, D, 0) = (-1)^{\beta(\lambda)}$.*

Beweis. Sei $M := I - \lambda L = -\lambda(L - \lambda^{-1}I)$. Nach Satz 2.20 ist M Homöomorphismus von X auf X, insbesondere ist $Mx \neq 0$ für alle $x \neq 0$. Nach Satz 10.6 b) können wir also o.B.d.A. annehmen, daß D die offene Einheitskugel ist. $\mu_1, \mu_2, \ldots, \mu_m$ seien die nach Satz 2.35 endlich vielen Eigenwerte μ von L mit $\mu\lambda > 1$; wir nehmen $m \geq 1$ an. Für $\mu \in \sigma(L)\backslash\{0\}$ sei $\nu(\mu)$ der Rieszindex von $\mu I - L$, $N(\mu) := N((\mu I - L)^{\nu(\mu)})$, $R(\mu) := R((\mu I - L)^{\nu(\mu)})$.

Wir benötigen folgende Ergänzung zur Riesztheorie: Für $\rho \neq \mu \in \sigma(L)\backslash\{0\}$ ist

$$N(\rho) \subseteq R(\mu). \tag{10.38}$$

$V := N(\mu_1) + \cdots + N(\mu_m)$. Wegen Satz 2.20 und (10.38) ist diese Summe direkt und topologisch. Ferner ist wegen Satz 2.20 $(\lambda L)(N(\mu_j)) \subseteq N(\mu_j)$ für alle j. Also ist Satz 10.23 anwendbar und liefert:

$$d(M|_V, D \cap V, 0) = \prod_{j=1}^{m} d(M|_{N(\mu_j)}, D \cap N(\mu_j), 0). \tag{10.39}$$

Wir halten ein beliebiges $j \in \{1, \ldots, m\}$ fest; $D_j := D \cap N(\mu_j)$;

$$H : [0,1] \times \overline{D_j} \rightarrow N(\mu_j)$$
$$(t, x) \rightarrow (2t - 1)x - t\lambda Lx$$

ist eine Homotopie mit $H(0, \cdot) = -I|_{\overline{D_j}}$ und $H(1, \cdot) = M|_{\overline{D_j}}$.
Annahme: Es existieren $t \in \,]0, 1]$, $x \in \partial D_j$ mit $H(t, x) = 0$. Dann gilt: $\mu := (t\lambda)^{-1}(2t - 1)$ ist Eigenwert von $L|_{N(\mu_j)}$.

Annahme: $\mu \neq \mu_j$. Wegen $N(\mu) \cap N(\mu_j) \subseteq R(\mu_j) \cap N(\mu_j) = \{0\}$ müßte der zugehörige Eigenvektor gleich 0 sein, Widerspruch.

Also ist $\mu = \mu_j$ und damit $t(2 - \lambda\mu_j) = t(2 - \lambda\frac{2t-1}{t\lambda}) = 2t - 2t + 1 = 1$, was ein Widerspruch zu $\lambda\mu_j > 1$ und $t \leq 1$ ist.

Zusammen mit $0 \notin H(\{0\}, \partial D_j)$ gilt: $0 \notin H([0, 1], \partial D_j)$. Nach Satz 10.6 c) gilt:

$$d(M|_{N(\mu_j)}, D_j, 0) = d(H(1, \cdot), D_j, 0) = d(H(0, \cdot), D_j, 0) = (-1)^{\alpha_j}$$

mit $\alpha_j := \dim N(\mu_j)$. Eingesetzt in (10.39) folgt: $d(M|_V, D \cap V, 0) = (-1)^{\beta(\lambda)}$.

Sei $W := \bigcap_{j=1}^{m} R(\mu_j)$. Wir zeigen: $X = V \oplus W$. Ist $x \in V \cap W$, so gilt $x = \sum_{j=1}^{m} x_j$ mit $x_j \in N(\mu_j)$ und $x \in R(\mu_j)$ $(1 \leq j \leq m)$. Wegen Satz 2.20 und

(10.38) ist $\sum\limits_{j=2}^{m} x_j \in R(\mu_1)$, also $x_1 = x - \sum\limits_{j=2}^{m} x_j \in R(\mu_1) \cap N(\mu_1) = \{0\}$ und damit $x_1 = 0$. Analog zeigt man $x_2 = \cdots = x_m = 0$, damit ist $x = 0$. Also gilt $V + W = V \oplus W$.

Sei $x \in X$. Wir zeigen: $x \in V + W$. Satz 2.20 impliziert, daß für alle $j \in \{1, \ldots, m\}$ ein $x_j \in N(\mu_j)$ und ein $y_j \in R(\mu_j)$ existieren so, daß $x = x_j + y_j$. Für alle $k \in \{1, \ldots, m\}$ gilt

$$x - \sum_{j=1}^{m} x_j = \underbrace{x - x_k}_{=y_k} - \underbrace{\sum_{\substack{j=1 \\ j \neq k}}^{m} x_j}_{\in R(\mu_k)} \in R(\mu_k),$$

also $x - \sum\limits_{j=1}^{m} x_j \in W$. Also existieren $w \in W$ und $v \in V$ ($v = \sum\limits_{j=1}^{m} x_j$) mit $x = v + w$. Damit gilt insgesamt $X = V \oplus W$. Die Stetigkeit der Projektoren zeigt man wie im Beweis von Satz 2.20.

W ist nach der Riesztheorie abgeschlossen, und $L(W) \subseteq W$.

$$\begin{aligned} h : [0,1] \times \overline{D} \cap W &\to W \\ (t, x) &\to x - t\lambda L x \end{aligned}$$

ist eine kompakte Störung von I. Wir nehmen an, es existieren $t \in \,]0,1[$ und $x \in \partial(D \cap W)$ mit $x - t\lambda L x = 0$. Dann gilt: $\frac{1}{t\lambda}$ ist Eigenwert von $L|_W$, wegen $\lambda \frac{1}{t\lambda} > 1$ existiert ein $j \in \{1, \ldots, m\}$ mit $\frac{1}{t\lambda} = \mu_j$; also ist μ_j Eigenwert von $L|_W$, also auch von $L|_{R(\mu_j)}$, im Widerspruch zu Satz 2.20.

Damit ist $0 \notin h(\,]0,1[, \partial(D \cap W))$. Aus den Satzvoraussetzungen folgt: $0 \notin h(\{0,1\}, \partial(D \cap W))$. Mit Satz 10.6 c) folgt:

$$d(M|_W, D \cap W, 0) = d(I|_W, D \cap W, 0) = 1,$$

da $0 \in D$.

Da V endlichdimensional und W abgeschlossen ist, ist die Summe $V \oplus W$ topologisch; $L(V) \subseteq V, L(W) \subseteq W$. Nach Voraussetzung und wegen Satz 2.20 ist $M = I - \lambda L$ ein Homöomorphismus von X auf X. Daher ist nach Satz 10.23 und (10.39)

$$d(M, D, 0) = d(M|_W, D \cap V, 0) \cdot d(M|_V, D \cap W, 0) = (-1)^{\beta(\lambda)} \cdot 1.$$

Falls keine Eigenwerte μ mit $\mu\lambda > 1$ existieren, ist W der ganze Raum X, also wieder $d(M, D, 0) = 1 = (-1^0) = (-1)^{\beta(\lambda)}$.

$\square$

Definition 10.25 *Sei X normiert über $\mathbb{R}$, $D \subseteq X$ offen, $T : \overline{D} \to X$, $x_0 \in D$ mit $x_0 = T(x_0)$. $\underline{x_0}$ heißt isolierter Fixpunkt von T, wenn ein $r > 0$ so existiert, daß für alle $x \in \overline{U_r(x_0)} \setminus \{x_0\}$ $x \neq T(x)$ gilt.*

Ist T kompakt und x_0 isolierter Fixpunkt von T, dann ist nach Satz 10.6 für hinreichend kleine $\rho > 0$ $d(I - T, U_\rho(x_0), 0)$ stets dieselbe Zahl. Daher ist folgende Definition sinnvoll:

Definition 10.26 *Seien X, D wie in Definition 10.25, $T \in \mathcal{K}(\overline{D})$, $x_0 \in D$ isolierter Fixpunkt von T. Der (Fixpunkt-)Index von x_0 (Symbol $i(x_0, T)$) ist definiert als $\lim_{\rho \to 0+} d(I - T, U_\rho(x_0), 0)$.*

Bemerkung 10.27 Hat $T \in \mathcal{K}(\overline{D})$ für beschränktes D nur isolierte Fixpunkte in D und keinen auf ∂D, so ist die Fixpunktmenge endlich und es gilt mit Satz 10.6

$$d(I - T, D, 0) = \sum_{\substack{z \in D \\ z = Tz}} i(z, T).$$

Satz 10.24 kann man dann so interpretieren, daß, wenn λ^{-1} kein Eigenwert von L ist, gilt: $i(0, \lambda L) = (-1)^{\beta(\lambda)}$, wenn 0 isolierter Fixpunkt ist.

Satz 10.28 *Sei X Banachraum, $D \neq \emptyset$ offen, beschränkt, $T \in \mathcal{K}(\overline{D})$, $x_0 \in D$, $x_0 = T(x_0)$, T sei Fréchet-differenzierbar in x_0 und $\lambda_0 = 1$ kein Eigenwert von $T'(x_0)$. Dann gilt: x_0 ist isolierter Fixpunkt von T mit $i(x_0, T) = (-1)^\beta$, wobei β die Summe der algebraischen Vielfachheiten der Eigenwerte $\lambda > 1$ von $T'(x_0)$ bezeichnet.*

Beweis. $T'(x_0)$ ist linear und kompakt (X Banachraum!). $I - T'(x_0)$ ist ein Homöomorphismus von X auf X (Satz 2.20). Daher existiert ein $c > 0$ (z.B. $c := \| (I - T'(x_0))^{-1} \|^{-1}$) mit

$$\| (I - T'(x_0))(x - x_0) \| \geq c \| x - x_0 \|$$

für alle $x \in X$. Wegen $x_0 = T(x_0)$ und nach der Differenzierbarkeit in x_0 existiert ein $r > 0$ so, daß $\| T(x) - x_0 - T'(x_0)(x - x_0) \| \leq \frac{c}{2} \| x - x_0 \|$ für alle $x \in \overline{U_r(x_0)}$. Sei

$$
\begin{aligned}
H : [0, 1] \times \overline{U_r(x_0)} &\to X \\
(t, x) &\to (I - T'(x_0))(x - x_0) - t[T(x) - x_0 - T'(x_0)(x - x_0)].
\end{aligned}
$$

H ist eine kompakte Störung von I. Aus den letzten beiden Abschätzungen folgt $\| H(t, x) \| \geq \frac{c}{2} \| x - x_0 \| > 0$ für alle $t \in [0, 1]$, $x \in \partial U_r(x_0)$. Mit Satz 10.6 d) folgt: $\underline{d((I - T'(x_0))(x - x_0), U_r(x_0), 0) = d(I - T, U_r(x_0), 0)}$. Sei $\rho > r$ so, daß $\overline{U_r(x_0)} \subseteq U_\rho(0)$,

$$
\begin{aligned}
h : [0, 1] \times U_\rho(0) &\to X \\
(t, x) &\to x - tx_0 - T'(x_0)x + tT'(x_0)x_0.
\end{aligned}
$$

Es gilt: $h(t, x) = (I - T'(x_0))(x - tx_0)$. Also ist $h(t, x) = 0$ nur für $x = tx_0$; damit ist aber $0 \notin h([0, 1], \partial U_\rho(0))$. Nach Satz 10.6 c) und Satz 10.24 ist also

$$d((I - T'(x_0))(\cdot - x_0), U_\rho(0), 0) \;=\; d(h(1, \cdot), U_\rho(0), 0) \tag{10.40}$$
$$=\; d(h(0, \cdot), U_\rho(0), 0)$$
$$=\; d(I - T'(x_0), U_\rho(0), 0)$$
$$=\; (-1)^\beta$$

Wegen $d((I - T'(x_0))(\cdot - x_0), U_\rho(0), 0) = d((I - T'(x_0))(\cdot - x_0), U_r(x_0), 0)$ gilt für alle hinreichend kleinen r insgesamt $d(I - T, U_r(x_0), 0) = (-1)^\beta$. Da auf $\overline{U_r(x_0)}$ $\| x - Tx \| \geq \frac{c}{2} \| x - x_0 \|$ gilt, ist x_0 isolierter Fixpunkt mit $i(x_0, T) = (-1)^\beta$.

$\square$

Diesen Satz werden wir als Haupthilfsmittel für die Charakterisierung von Verzweigungspunkten verwenden. Wir betrachten dabei parameterabhängige Gleichungen der Gestalt

$$x = \lambda T(x) \tag{10.41}$$

mit nichtlinearem kompakten T und interessieren uns für die Struktur der Lösungsmenge in Abhängigkeit von λ, insbesondere dafür, wann in einer Umgebung von (λ_0, x_0) eine eindeutige Lösung existiert bzw. wann das nicht der Fall ist, was man "Verzweigung (Bifurkation)" nennt. Ist T Fréchet-differenzierbar, so folgt aus dem Hauptsatz über implizite Funktionen sofort:

Satz 10.29 *Sei X Banachraum, $\rho > 0$, $x_0 \in X$, $D := U_\rho(x_0)$, $T \in \mathcal{K}(\overline{D})$ stetig Fréchet-differenzierbar in D, $\lambda_0 \in \mathbb{R}$ mit $x_0 = \lambda_0 T(x_0)$ und λ_0^{-1} kein Eigenwert von $T'(x_0)$. Dann existieren $\epsilon > 0$ und $r > 0$ so, daß (10.41) für jedes $\lambda \in \,]\lambda_0 - \epsilon, \lambda_0 + \epsilon[$ genau eine Lösung $x(\lambda)$ in $U_r(x_0)$ hat. Die so festgelegte Funktion $\lambda \to x(\lambda)$ ist stetig.*

Es ist also für das Auftreten von Verzweigungen notwendig, daß λ_0^{-1} Eigenwert von $T'(x_0)$ ist. Wir betrachten deshalb nun den Fall, daß λ_0^{-1} Eigenwert von $T'(x_0)$ ist. Es kann durchaus sein, daß die Aussage von Satz 10.29 trotzdem gilt, es können aber auch mehrere Lösungen $x(\lambda)$ mit $x(\lambda_0) = x$ existieren.

Definition 10.30 *Sei T kompakt; $\lambda \neq 0$ heißt "charakteristischer Wert von T", wenn λ^{-1} Eigenwert von T ist. Jeder Eigenvektor zu λ^{-1} heißt auch Eigenvektor zu λ. Unter der "Vielfachheit von λ" wollen wir, falls definiert, die algebraische Vielfachheit von λ^{-1} verstehen.*

Wir transformieren nun das Problem der Einfachheit halber so, daß für alle λ stets 0 eine Lösung von (10.41) ist, was man natürlich stets tun kann, und betrachten Verzweigung von dieser trivialen Lösung weg, und zwar beim Parameterwert $\lambda = \lambda_0$. Betrachten wir nichttriviale Lösungen

$$x(\lambda) = x_0(\lambda - \lambda_0) + o(\lambda - \lambda_0),$$

die bei λ_0 von 0 weg verzweigen, so können wir folgenden heuristischen (unter geeigneten Bedingungen exaktifizierbaren) Ansatz machen, indem wir in (10.41) einsetzen:

$$
\begin{aligned}
x_0 \cdot (\lambda - \lambda_0) &= \lambda T(x(\lambda)) = \\
&= [\lambda_0 + (\lambda - \lambda_0)]\{T'(0) \cdot [x_0 \cdot (\lambda - \lambda_0) + o(\lambda - \lambda_0)] + \\
&\quad + (\lambda - \lambda_0)N(x_0) + o(\lambda - \lambda_0)\}
\end{aligned}
$$

mit $N = T - T'(0)$; betrachtet man nur die Terme niedrigster Ordnung in $(\lambda - \lambda_0)$, so ergibt sich für x_0 die Gleichung

$$
(I - \lambda_0 T'(0))x_0 = N(x_0). \tag{10.42}
$$

Nach obigen Bemerkungen kann eine Verzweigung nur auftreten, falls λ_0 charakteristischer Wert von $T'(0)$ ist. Damit ist der lineare Operator auf der linken Seite von (10.42) singulär, (10.42) hat also die in Satz 10.8 betrachtete Form, was auch die Verwendung der Bezeichnung "Bifurkationsgleichung" im Zusammenhang mit Satz 10.8 erklärt.

Durch diese Betrachtungen motiviert, betrachten wir nun (10.41) mit Operatoren T der Gestalt

$$
T = L + N, \tag{10.43}
$$

wobei L linear und kompakt, N kompakt mit

$$
\lim_{h \to 0} \frac{N(h)}{\| h \|} = 0 \tag{10.44}
$$

sei. Ist T kompakt und Fréchet-differenzierbar, so ist $L = T'(0), N = T - T'(0)$.

Definition 10.31 *Sei X Banachraum, $D \subseteq X$ offen, $0 \in D$, $L \in \mathcal{K}(X)$ linear, $N \in \mathcal{K}(\overline{D})$ mit (10.44), $\lambda_0 \in \mathbb{R}$, $T := L + N$. $(\lambda_0, 0)$ heißt "Verzweigungspunkt (Bifurkationspunkt)" der Gleichung (10.41), wenn $\lambda_0 \neq 0$ und eine Umgebung U von $(\lambda_0, 0)$ so existiert, daß für alle Umgebungen $V \subseteq U$ von $(\lambda_0, 0)$ gilt: V enthält eine nichttriviale Lösung $(\lambda, x(\lambda))$ von (10.41).*

Die folgende Aussage folgt im Fréchet-differenzierbaren Fall sofort aus dem Hauptsatz über implizite Funktionen, gilt aber auch allgemeiner:

Satz 10.32 *Seien X, D, L, N, T wie oben. Sei $(\lambda_0, 0)$ Verzweigungspunkt von (10.41). Dann ist λ_0 charakteristischer Wert von L.*

Beweis. Annahme: λ_0 ist nicht charakteristischer Wert. Da $(\lambda_0, 0)$ Verzweigungspunkt ist, gibt es Folgen $(\lambda_n), (x_n)$ mit $(\lambda_n) \to \lambda_0, (x_n) \to 0$ so, daß für alle $n \in \mathbb{N}$ $x_n \neq 0$ und $x_n = \lambda_n T(x_n)$ gilt. Es sei für alle $n \in \mathbb{N}$ $y_n := \frac{x_n}{\|x_n\|}$. Es gilt für alle $n \in \mathbb{N}$ $\| y_n \| = 1$ und

$$(I - \lambda_0 L)y_n \qquad = \qquad (\lambda_n - \lambda_0)L(y_n) + \lambda_n \frac{N(x_n)}{\| x_n \|} \to 0,$$

$$\mid$$

$$y_n = \lambda_n L(y_n) + \frac{\lambda_n}{\|x_n\|} N(x_n)$$

da $\lambda_n \to \lambda_0$, $L(y_n)$ beschränkt ist und $\frac{N(x_n)}{\|x_n\|} \to 0$ für $n \to \infty$ gilt.

Da $(I - \lambda_0 L)(\partial E)$ abgeschlossen ist ([15]), folgt $0 \in (I - \lambda_0 L)(\partial E)$, Widerspruch!

$\square$

Eine teilweise Umkehrung liefert nun der folgende Satz:

Satz 10.33 *Seien X, D, L, N, T wie oben. Sei λ_0 charakteristischer Wert ungerader Vielfachheit von L. Dann ist $(\lambda_0, 0)$ Verzweigungspunkt von $x = \lambda T(x)$.*

Beweis. Es sei o.B.d.A. $\lambda_0 > 0$. Die charakteristischen Werte von L haben nach Satz 2.35 keinen Häufungspunkt, also existiert ein $\epsilon \in\,]0, \lambda_0[$ so, daß mit $J_1 :=\,]\, \lambda_0 - \epsilon, \lambda_0[$, $J_2 :=\,]\lambda_0, \lambda_0 + \epsilon[$ gilt: $J_1 \cup J_2$ enthält keinen charakteristischen Wert von L. Für $i \in \{1, 2\}$ sei $\lambda_i \in J_i$.

Für ein beliebiges $r > 0$ sei

$$\Phi : J_1 \cup J_2 \;\to\; \mathbb{Z}$$
$$\lambda \;\to\; d(I - \lambda L, U_r(0), 0).$$

Sei $\beta(\lambda)$ die Summe der algebraischen Vielfachheiten der Eigenwerte μ von L mit $\mu\lambda > 1$. Wegen Satz 10.24 gilt für alle $\lambda \in J_1 \cup J_2$:

$$\Phi(\lambda) = (-1)^{\beta(\lambda)} \neq 0. \tag{10.45}$$

Sei α die Vielfachheit von λ_0. Es gilt: $\Phi(\lambda_2) = (-1)^{\alpha}\Phi(\lambda_1) = -\Phi(\lambda_1)$, da α ungerade ist. Nach Satz 2.20 ist für $i \in \{1, 2\}$ $I - \lambda_i L$ ein Homöomorphismus von X auf X, also existiert ein $c > 0$ mit $\| x - \lambda_i L x \| \geq c \| x \|$ für alle $x \in X, i \in \{1, 2\}$. Wegen (10.44) existiert ein $r > 0$ so, daß $(\overline{U_r(0)}) \subseteq D$ und $\lambda_i \| N(x) \| \leq \frac{c}{2} \| x \|$ für alle $x \in D$ mit $\| x \| \leq r, i \in \{1, 2\}$. Sei r festgehalten;

$$H_i : [0, 1] \times \overline{U_r(0)} \;\to\; X$$
$$(t, x) \;\to\; x - \lambda_i L x - t\lambda_i N(x).$$

Für $i \in \{1, 2\}$ ist H_i eine kompakte Störung von I, wegen der letzten beiden Ungleichungen gilt: $0 \notin H_i([0, 1], \partial U_r(0))$. Nach Satz 10.6 c) ist also für alle $i \in \{1, 2\}$ $\Phi(\lambda_i) = d(I - \lambda_i L, U_r(0), 0) = d(I - \lambda_i T, U_r(0), 0)$. Nun ist $\Phi(\lambda_1) \neq \Phi(\lambda_2)$. Also gilt für die Homotopie

$$h : [0, 1] \times \overline{U_r(0)} \;\to\; X$$
$$(\lambda, x) \;\to\; x - [\lambda_1 + t(\lambda_2 - \lambda_1)]T(x) :$$

Es existieren $t_0 \in \,]0,1[$, $x_0 \in \partial U_r(0)$ mit

$$x_0 = \overline{\lambda} T(x_0),$$

wobei $\overline{\lambda} := \lambda_1 + t_0(\lambda_2 - \lambda_1) \in \,]\lambda_1, \lambda_2[$. Damit haben wir eine nichttriviale Lösung gefunden. Da $|\lambda_2 - \lambda_1|$ und r beliebig klein gewählt werden können, ist $(\lambda_0, 0)$ Verzweigungspunkt.

$\square$

Man kann alle diese Aussagen natürlich auf allgemeinere Verzweigungsprobleme der Art

$$x = T(\lambda, x) \tag{10.46}$$

übertragen.

Als Anwendung betrachten wir das klassische "Eulersche Knicklastproblem":

Beispiel 10.34 Ein Stab der Länge 1 sei am unteren Ende fest eingespannt, von oben wirke eine Kraft λ. Ein Maß für die Steifigkeit des Stabes am Ort s sei $\rho(s)$.

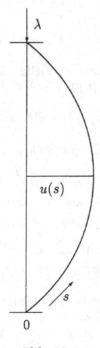

Abb. 10.1.

Die Auslenkung wird durch das Randwertproblem

$$u''(s) + \lambda\rho(s)u(s)\sqrt{1 - (u'(s))^2} = 0 \quad (s \in [0,1]) \qquad (10.47)$$
$$u(0) = u(1) = 0$$

beschrieben. Mit der Greenfunktion

$$K(s,t) := \begin{cases} s(1-t) & s \le t \\ t(1-s) & s > t \end{cases}$$

kann man dieses Randwertproblem in die nichtlineare Integralgleichung

$$x(s) - \lambda\rho(s)\int_0^1 K(s,t)x(t)dt \cdot \sqrt{1 - \left(\int_0^1 \frac{\partial K}{\partial s}(s,t)x(t)dt\right)^2} = 0 \qquad (10.48)$$

für $x := -u''$ (vgl. Beispiel 1.2) überführen.

Mit $D := \{x \in C[0,1] / \| \int_0^1 \frac{\partial K}{\partial s}(\cdot,t)x(t)dt \|_\infty \le 1\}$,

$$T : D \quad \to \quad C[0,1] \qquad (10.49)$$

$$x \quad \to \quad \rho \cdot \int_0^1 K(\cdot,t)x(t)dt \cdot \sqrt{1 - \left(\int_0^1 \frac{\partial K}{\partial s}(\cdot,t)x(t)dt\right)^2}$$

kann man (10.48) in der Form (10.41) schreiben. Man zeigt leicht, daß für hinreichend kleine $\lambda > 0$ λT kontrahierend ist, also nach dem Banachschen Fixpunktsatz eine eindeutige Lösung x von (10.48) (nämlich $x = 0$), also auch die eindeutige Lösung $u = 0$ von (10.47) existiert: Der Stab wird nicht ausgelenkt, solange die Kraft hinreichend klein ist. Man fragt nun nach dem kleinsten λ_0 so, daß (10.47) in einer Umgebung von $u = 0$ auch eine nichttriviale Lösung hat, der Stab also knickt ("Eulersche Knicklast"). Aus der eben vorgestellten Theorie folgt, daß Verzweigungspunkte charakteristische Werte ungerader Vielfachheit von $T'(0)$ sind, also Eigenwerte des linearen Randwertproblems

$$u''(s) + \lambda\rho(s)u(s) = 0 \qquad (10.50)$$
$$u(0) = u(1) = 0,$$

das mit den Mitteln von Kapitel 5 analysiert werden kann. Insbesondere haben alle Eigenwerte von (10.50) Vielfachheit 1, also ungerade Vielfachheit. Der kleinste positive Eigenwert von (10.50) ist die Eulersche Knicklast.

Bemerkung 10.35 Mit Methoden des Abbildungsgrades kann man auch numerische Methoden zur Lösung von Integralgleichungen 2. Art auf den nichtlinearen Fall übertragen, etwa Projektionsmethoden. Seien etwa auf einem Banachraum X $X_1 \subseteq X_2 \subseteq X_3 \subseteq \ldots$ endlichdimensionale Teilräume mit $\overline{\cup_{i=1}^\infty X_i} = X$, P_n gleichmäßig beschränkte lineare Projektoren auf X_n. Sei $D \subseteq X$ offen und beschränkt, $K : X \to X$ kompakt. Es gelte $0 \notin (I - K)(\partial D)$ und

$$d(I - K, D, 0) \neq 0, \tag{10.51}$$

sodaß in D eine Lösung von

$$x = Kx \tag{10.52}$$

existiert. Ferner sei die Lösung eindeutig.

Aus den Eigenschaften des Grades folgt, daß für n hinreichend groß aus (10.51)

$$d(I - P_n K|_{X_n}, D \cap X_n, 0) \neq 0 \tag{10.53}$$

folgt. Also ist für n hinreichend groß die projizierte Gleichung

$$x = P_n Kx, \ x \in X_n \cap D \tag{10.54}$$

lösbar. Wir zeigen nun: Ist (x_n) (ab einem hinreichend großen n) so, daß jedes x_n Lösung von (10.54) ist, so konvergiert (x_n) gegen die Lösung von (10.52). Sei (x_{n_k}) eine beliebige Teilfolge von (x_n), die wir o.B.d.A. wieder mit (x_n) bezeichnen. Da alle (x_n) in der beschränkten Menge D liegen, besitzt (Kx_n) eine konvergente Teilfolge (Kx_{n_k}). Sei $z := \lim\limits_{k \to \infty} Kx_{n_k}$. Da (P_{n_k}) punktweise gegen I konvergiert (Satz von Banach–Steinhaus!), gilt:

$$
\begin{aligned}
\|P_{n_k} Kx_{n_k} - z\| &\leq \ \|P_{n_k} Kx_{n_k} - P_{n_k} z\| + \|P_{n_k} z - z\| \\
&\leq \ \sup_k \|P_{n_k}\| \cdot \|Kx_{n_k} - z\| + \|P_{n_k} z - z\| \to 0.
\end{aligned}
$$

Also gilt $P_{n_k} Kx_{n_k} \to z$ und damit nach (10.54) und der Definition von (x_n) auch

$$x_{n_k} \to z. \tag{10.55}$$

Da auch $(Kx_{n_k}) \to z$, folgt aus der Stetigkeit von K, daß $z = Kz$ gilt, also z eine Lösung von (10.52) in $\overline{D}$ ist. Aus der angenommenen Eindeutigkeit dieser Lösung folgt, daß jede Teilfolge von (x_n) eine weitere Teilfolge hat, die jeweils gegen dieselbe Lösung von (10.52) konvergiert, also: Jede Folge (x_n) von Lösungen der (für hinreichend großes n lösbaren) Näherungsgleichungen (10.54) konvergiert gegen die eindeutige Lösung von (10.52). Für Abschätzungen der Konvergenzgeschwindigkeit siehe [48].

Abschließend sei darauf hingewiesen, daß auch für nichtlineare Gleichungen eine Theorie der kollektiv–kompakten Operatoren existiert, mit der etwa die Konvergenz von Quadraturformelmethode bewiesen werden kann (vgl.[74],[2]).

Literatur

[1] R.S. Anderssen, D.R. Jackett, Linear functionals of foliage angle density, J. Austral. Math. Soc. Ser. B 25 (1984), 431–442

[2] P. Anselone, Collectively Compact Operator Approximation Theory, Prentice–Hall, Englewood Cliffs, New Jersey (1971)

[3] K.E. Atkinson, A Survey of Numerical Methods for the Solution of Fredholm Integral Equations of the Second Kind, SIAM, Philadelphia (1976)

[4] C.T. Baker, The Numerical Treatment of Integral Equations, Clarendon Press, Oxford (1977)

[5] R. Barakat, G.N. Newsam, Essential dimension as a well defined number of degrees of freedom on finite–convolution operators appearing in optics, J. Opt. Soc. Amer. 2 (1985), 2027–2039

[6] L. Cesari, H.W. Engl, Existence and uniqueness of solutions for nonlinear alternative problems in a Banach space, Czech. Math. Journ. 31 (1981), 670–678

[7] F. Chatelin, Spectral Approximation of Linear Operators, Academic Press, New York (1983)

[8] J.A. Cochran, Applied Mathematics: Principles, Techniques, and Applications, Wadsworth, Belmont (1982)

[9] D. Colton, Analytic Theory of Partial Differential Equations, Pitman, Boston (1980)

[10] D. Colton, R. Kreß, Intgral Equation Methods in Scattering Theory, Wiley, New York (1983)

[11] D. Colton, R. Kreß, Inverse Acoustic and Electromagnetic Scattering Theory, Springer, Berlin (1992)

[12] D. Colton, P. Monk, A novel method for solving the inverse scattering problem for time–harmonic acousting waves in the resonance region I und II, SIAM J. Appl. Math. 45 (1985), 1039–1053, und 46 (1986), 506–523

[13] D. Colton, P. Monk, The inverse scattering problem for time–harmonic acoustic waves in an inhomogenous medium: Numerical experiments, IMA J. Appl. Math. 42 (1989), 77–95

[14] K. Deimling, Nonlinear Functional Analysis, Springer, New York(1985)

[15] K. Deimling, Nichtlineare Gleichungen und Abbildungsgrade, Springer, Heidelberg (1974)

[16] L.M. Delves, J. Walsh, Numerical Solution of Integral Equations, Oxford University Press, London (1974)

[17] G. Dötsch, Handbuch der Laplacetransformation, Bd.1–3, Birkhäuser, Basel (1972)

[18] H.W. Engl, Necessary and sufficient conditions for convergence of regularization methods for solving linear operator equations of the first kind, Numer. Funct. Anal. Opt. 3 (1981), 201–222

[19] H.W. Engl, A successive approximation method for solving equations of the second kind with arbitrary spectral radius, J. of Integr. Equ. 8 (1985), 239–247

[20] H.W. Engl, Inverse und inkorrekt gestellte Probleme, Jahrbuch Überblicke Mathematik, Vieweg, Wiesbaden (1991), 77–92

[21] H.W. Engl, H. Gfrerer, A posteriori parameter choice for general regularization methods for solving linear ill-posed problems, Appl. Numer. Math. 4 (1988), 395-417

[22] H.W. Engl, W. Grever, Using the L-curve for determining optimal regularization parameters, Numer. Math. 69 (1994), 25-31

[23] H.W. Engl, C.W. Groetsch, Inverse and Ill-Posed Problems, Academic Press, Orlando (1987)

[24] H.W. Engl, C.W. Groetsch (Hrsg.) Inverse and Ill–Posed Problems, Academic Press, Boston (1987)

[25] H.W. Engl, M. Hanke, A. Neubauer, Regularization of Inverse Problems, Kluwer, Dordrecht (1996)

[26] H.W. Engl, G. Landl, Convergence rates for maximum entropy regularization, SIAM J. Numer. Anal. 30 (1993), 1509-1536

[27] H.W. Engl, A.K. Louis, W. Rundell, Inverse Problems in Geophysical Applications, SIAM, Philadelphia (1996)

[28] H.W. Engl, A.K. Louis, W. Rundell, Inverse Problems in Medical Imaging and Nondestructive Testing, Springer, Wien, New York (1996)

[29] H.W. Engl, Regularization methods for the stable solution of inverse problems, Surv. Math. Ind. 3 (1993), 71–143

[30] H.W. Engl and J. McLaughlin, Inverse Problems and Optimal Design in Industry, Teubner, Stuttgart (1994)

[31] H.W. Engl, A. Neubauer, Convergence rates for Tikhonov regularization of implicitly defined nonlinear inverse problems with an application to inverse scattering, in: S. Kubo (Hrsg.), Inverse Problems, Atlanta Technology Publications, Atlanta (1993), 90-98

[32] H.W. Engl and W. Rundell, Inverse Problems in Diffusion Processes, SIAM, Philadelphia (1995)

[33] D. Gaier, Integralgleichungen erster Art und konforme Abbildungen, Math. Zeitschr. 147(1976), 113–129

[34] R. Gorenflo, S. Vessella, Abel Integral Equations: Analysis and Applications. Springer, Berlin (Lecture Notes in Mathematics, vol. 1461)(1991)

[35] C.W. Groetsch, The Theory of Tikhonov Regularization for Fredholm Equations of the First Kind, Pitman, Boston (1984)

[36] C.W. Groetsch, Generalized Inverses of Linear Operators: Representation and Approximation, Dekker, New York (1977)

[37] C.W. Groetsch, Inverse Problems in the Mathematical Sciences, Vieweg, Braunschweig (1993)

[38] C.W. Groetsch, Remarks on some iterative methods for an integral equation in Fourier optics; in: M.Z.Nashed (Hrsg.), Transport Theory, Invariant Embedding and Integral Equations, Lecture Notes in Pure and Appl. Math., vol. 115, Dekker, New York (1989), 313–324

[39] P.R. Halmos, Introduction to Hilbert Space, Chelsea, New York (1951).

[40] M. Hanke, Conjugate Gradient Type Methods for Ill-Posed Problems, Longman Scientific & Technical, Harlow, Essex (1995)

[41] M. Hanke, Limitations of the L-curve method in ill-posed problems, BIT 36 (1996), 287–301

[42] P.C. Hansen, Analysis of discrete ill-posed problems by means of the L-curve, SIAM Rev. 34 (1992), 561–580

[43] H. Hochstadt, Integral Equations, Wiley, New York (1989).

[44] J. Honerkamp, Ill–Posed Problems in Rhology, Rep. THEP 89/10, Univ. Freiburg (1989)

[45] M.A. Jaswon, G.T. Symm, Integral Equation Methods in Potential Theory and Elastostatics, Academic Press, New York (1977)

[46] A.J. Jerri, Introduction to Integral Equations with Applications, Dekker, New York (1985)

[47] A. Kirsch, Generalized Boundary Value– and Control Problems for the Helmholtz Equation, Habilitationsschrift, Göttingen (1984)

[48] M.A. Krasnoselskii, Topological Methods in the Theory of Nonlinear Integral Equations, Pergamon Press, Oxford (1983)

[49] R. Kreß, Linear Integral Equations, Springer, Berlin (1989).

[50] R. Kreß, On the Fredholm alternative, Integral Equations and Operator Theory 6 (1983), 453–457

[51] E. Kosarev, Applications of integral equations of the first kind in experiment physics, Comput. Phys. Comm. 20 (1980), 69-75

[52] G. Landl, T. Langthaler, H.W. Engl, H.F. Kauffmann, Distribution of event times in time–resolved fluorescence: The exponential series approach—algorithm, regularization, analysis, Journ. of Computat. Physics 95 (1991), 1–28

[53] J. Locker, P. Prenter, Regularization with differential operators I: General theory, J. Math. Anal. Appl. 74 (1980), 504-529

[54] A.K. Louis, Inverse und schlecht gestellte Probleme, Teubner, Stuttgart (1989)

[55] A. Louis, F. Natterer, Mathematical problems of computerized tomography, Proc. of the IEEE 71 (1983), 379–384

[56] W. Magnus, F. Oberhettinger, Formulas and Theorems for Special Functions of Mathematical Physics, Springer, New York (1966)

[57] F. Meister, Randwertprobleme der Funktionentheorie, Teubner, Stuttgart (1983)

[58] M.Z. Nashed (Hrsg.), Generalizes Inverses and Applications, Academic Press, New York (1976)

[59] M.Z. Nashed, G. Wahba, Convergence rates of approximate least squares solutions of linear integral and operator equations of the first kind, Math. Comp. 28 (1974), 69–80

[60] F. Natterer, The Mathematics of Computerized Tomography, Wiley, New York (1986)

[61] A. Neubauer, C.W. Groetsch, Regularization of ill–posed problems: Optimal parameter choice in finite dimensions, J. Approx. Theory 56 (1989),184–200.

[62] J. Radon, Gesammelte Abhandlungen, Birkhäuser, Basel (1987)

[63] A. Ramm, Scattering by Obstacles, Reidel, Dordrecht (1986)

[64] W. Schachermaier, Integral operators on L^p spaces, Part I, Indiana University Mathematics Journal 30 (1981), 123–140

[65] W. Schachermaier, Integral operators on L^p spaces, Part II, Indiana University Mathematics Journal 30(1981), 261–266

[66] W. Schachermaier, Addendum to Integral operators on L^p–spaces, Indiana University Mathematics Journal 31(1982), 73–81

[67] B. Sleeman, Multiparameter Spectral Theory in Hilbert Space, Pitman, London (1978)

[68] B. Sleeman, The three–dimensional inverse scattering problem for the Helmholtz equation, Proc. Camb. Phil. Soc. 73 (1978), 477–488

[69] C.R. Smith and W.T Grandy, Maximum-Entropy and Bayesian Methods in Inverse Problems, Fundamental Theories of Physics, Reidel, Dordrecht (1995)

[70] F. Smithies, Integral Equations, Cambridge University Press, Cambridge (1965)

[71] I. Stakgold, Boundary Value Problems of Mathematical Physics, Vol.1–2, Macmillan, New York (1968–69)

[72] N. Suzuki, On the convergence of Neumann series in Banach spaces, Math. Annalen 220(1976), 143–146

[73] E.C. Titchmarsh, Introduction to the Theory of Fourier Integrals, Clarendon Press, Oxford (1967)

[74] G. Vainikko, Funktionalanalysis der Diskretisierungsmethoden, Teubner, Leipzig (1976)

[75] C.R. Vogel, Non-convergence of the L-curve regularization parameter selection method, Inverse Problems 12 (1996), 535–547

[76] H. Weyl, Gesammelte Abhandlungen, Springer, Berlin (1968)

[77] J. Weidmann, Lineare Operatoren in Hilberträumen, Teubner, Stuttgart (1976)

[78] H. Widom, Lectures on Integral Equations, van Nostrand, New York (1969)

Index

SpringerMathematics

Heinz W. Engl, Alfred K. Louis, William Rundell (eds.)

Inverse Problems in Medical Imaging and Nondestructive Testing

Proceedings of the Conference in Oberwolfach,
Federal Republic of Germany, February 4–10, 1996

1997. 54 figures. VII, 211 pages.
Soft cover DM 98,–, öS 686,–, US $ 64.95
ISBN 3-211-83015-4

14 contributions present mathematical models for different imaging techniques in medicine and nondestructive testing. The underlying mathematical models are presented in a way that also newcomers in the field have a chance to understand the relation between the special applications and the mathematics needed for successfully treating these problems. The reader gets an insight into a modern field of scientific computing with applications formerly not presented in such form, leading from the basics to actual research activities.

 SpringerWienNewYork

Sachsenplatz 4-6, P.O.Box 89, A-1201 Wien, Fax +43-1-330 24 26
e-mail: order@springer.at, Internet: http://www.springer.at
New York, NY 10010, 175 Fifth Avenue • D-14197 Berlin, Heidelberger Platz 3
Tokyo 113, 3-13, Hongo 3-chome, Bunkyo-ku